国家出版基金项目
NATIONAL PUBLICATION FOUNDATION

“十三五”国家重点出版物出版规划项目·重大出版工程

高超声速出版工程

高超声速飞行器用热防护与热结构材料技术

王俊山 冯志海 徐 林 阎 君 等著

科学出版社

北 京

内 容 简 介

本书围绕高超声速飞行器用热防护与热结构材料展开,介绍了国外高超声速飞行器及其使用材料的总体发展历史,重点阐述了现阶段碳基热防护材料、陶瓷基热防护材料、碳基热结构材料、陶瓷基热结构材料、高温隔热材料、长时热透波材料、热疏导与热管理材料、热密封与热连接材料等 8 类材料的研究现状与最新研究进展,提出了存在的问题以及后续的研究重点和发展方向。

本书可供复合材料专业的研究生和热防护与热结构材料领域相关专业研究人员及生产设计人员参考。

图书在版编目(CIP)数据

高超声速飞行器用热防护与热结构材料技术／王俊山等著. —北京:科学出版社,2021.12
高超声速出版工程 "十三五"国家重点出版物出版规划项目 重大出版工程 国家出版基金项目
ISBN 978-7-03-070678-2

Ⅰ.①高⋯ Ⅱ.①王⋯ Ⅲ.①高超音速飞行器—航空材料—隔热材料—研究 Ⅳ.①V250.4

中国版本图书馆 CIP 数据核字(2021)第 238618 号

责任编辑:徐杨峰／责任校对:谭宏宇
责任印制:黄晓鸣／封面设计:殷 靓

科学出版社 出版
北京东黄城根北街 16 号
邮政编码:100717
http://www.sciencep.com

南京展望文化发展有限公司排版
广东虎彩云印刷有限公司印刷
科学出版社发行 各地新华书店经销

*

2021 年 12 月第 一 版 开本:B5(720×1000)
2024 年 5 月第九次印刷 印张:25 1/2
字数:443 000

定价:200.00 元
(如有印装质量问题,我社负责调换)

高超声速出版工程

专家委员会

高超声速出版工程·高超声速防热、材料与结构系列
编写委员会

主　编
杜善义

副主编
孟松鹤　　王俊山

编　委
（按姓名汉语拼音排序）

陈德江	成来飞	杜善义	方岱宁	龚春林
韩杰才	姜培学	孟松鹤	裴雨辰	汤龙生
王国林	王俊山	杨红亮	俞继军	张利嵩

丛书序

飞得更快一直是人类飞行发展的主旋律。

1903年12月17日,莱特兄弟发明的飞机腾空而起,虽然飞得摇摇晃晃,犹如蹒跚学步的婴儿,但拉开了人类翱翔天空的华丽大幕;1949年2月24日,Bumper-WAC从美国新墨西哥州白沙发射场发射升空,上面级飞行马赫数超过5,实现人类历史上第一次高超声速飞行。从学会飞行,到跨入高超声速,人类用了不到五十年,蹒跚学步的婴儿似乎长成了大人,但实际上,迄今人类还没有实现真正意义的商业高超声速飞行,我们还不得不忍受洲际旅行需要十多个小时甚至更长飞行时间的煎熬。试想一下,如果我们将来可以在两小时内抵达全球任意城市,这个世界将会变成什么样? 这并不是遥不可及的梦!

今天,人类进入高超声速领域已经快70年了,无数科研人员为之奋斗了终生。从空气动力学、控制、材料、防隔热到动力、测控、系统集成等,在众多与高超声速飞行相关的学术和工程领域内,一代又一代科研和工程技术人员传承创新,为人类的进步努力奋斗,共同致力于达成人类飞得更快这一目标。量变导致质变,仿佛是天亮前的那一瞬,又好像是蝶即将破茧而出,几代人的奋斗把高超声速推到了嬗变前的临界点上,相信高超声速飞行的商业应用已为期不远!

高超声速飞行的应用和普及必将颠覆人类现在的生活方式,极大地拓展人类文明,并有力地促进人类社会、经济、科技和文化的发展。这一伟大的事业,需要更多的同行者和参与者!

书是人类进步的阶梯。

实现可靠的长时间高超声速飞行堪称人类在求知探索的路上最为艰苦卓绝的一次前行,将披荆斩棘走过的路夯实、巩固成阶梯,以便于后来者跟进、攀登,意义深远。

以一套丛书,将高超声速基础研究和工程技术方面取得的阶段性成果和宝贵经验固化下来,建立基础研究与高超声速技术应用之间的桥梁,为广大研究人员和工程技术人员提供一套科学、系统、全面的高超声速技术参考书,可以起到为人类文明探索、前进构建阶梯的作用。

2016 年,科学出版社就精心策划并着手启动了"高超声速出版工程"这一非常符合时宜的事业。我们围绕"高超声速"这一主题,邀请国内优势高校和主要科研院所,组织国内各领域知名专家,结合基础研究的学术成果和工程研究实践,系统梳理和总结,共同编写了"高超声速出版工程"丛书,丛书突出高超声速特色,体现学科交叉融合,确保丛书具有系统性、前瞻性、原创性、专业性、学术性、实用性和创新性。

这套丛书记载和传承了我国半个多世纪尤其是近十几年高超声速技术发展的科技成果,凝结了航天航空领域众多专家学者的智慧,既可供相关专业人员学习和参考,又可作为案头工具书。期望本套丛书能够为高超声速领域的人才培养、工程研制和基础研究提供有益的指导和帮助,更期望本套丛书能够吸引更多的新生力量关注高超声速技术的发展,并投身于这一领域,为我国高超声速事业的蓬勃发展做出力所能及的贡献。

是为序!

2017 年 10 月

前　言

自 20 世纪 50 年代这一概念提出以来,高超声速飞行器技术一直是世界各军事强国竞相研究和发展的焦点,被认为是人类"进入空间、占领空间、利用空间"的根本和关键,更被视为维护国家安全必须抢占的战略制高点。进入 21 世纪以来,以美国系列高超声速飞行器计划和系列高超声速飞行试验为代表的高超声速技术热潮更是席卷了全球。

"一代材料,一代装备"。有别于传统的武器装备,"高温、长时、有氧、复杂热/力载荷"等典型工作环境特征使得高超声速飞行器对热防护与热结构材料提出了迫切需求和严峻挑战。近年来,在国家相关计划的支持下,国内在高超声速飞行器用热防护与热结构材料领域开展了大量的研究工作,本书是对相关研究团队开展的工作和取得的部分研究成果的提炼和总结。全书共 10 章。第 1 章介绍了国内外高超声速飞行器的研究进展,对高超声速飞行器使用热防护与热结构材料的总体发展历史和研究现状进行了阐述;第 2~10 章从碳基热防护材料、陶瓷基热防护材料、碳基热结构材料、陶瓷基热结构材料、高温隔热材料、长时热透波材料、热疏导与热管理材料、热密封与热连接材料 8 类材料的研究现状与最新研究进展、热防护与热结构材料性能测试与评价等方面进行了论述。

本书是对高超声速飞行器热防护与热结构材料领域相关国家重点基础研究发展计划项目和基础科研项目研究的总结,是相关研究团队的劳动和智慧结晶。相关研究单位除了航天材料及工艺研究所外,还包括中国航天科技集团有限公司第一研究院第十九研究所、哈尔滨工业大学、国防科技大学、中国科学院金属研究所等。本书的出版宗旨是为相关专业的学者、科学技术人员和工程技术人员提供参考和借鉴,并希望在此基础上推动相关学科的发展和我国高超声速工程技术的进步。

本书总体结构框架与内容设置由王俊山、冯志海、徐林、阎君设计，每章均由相关领域的一线科研人员执笔完成。第1章绪论，由王友利、徐林执笔，王俊山、阎君审稿；第2章碳基热防护材料，由宋永忠、李兴超、李美栓执笔，王俊山、许正辉审稿；第3章陶瓷基热防护材料，由胡平、程源执笔，张幸红、徐林审稿；第4章碳基热结构材料，由李同起、李新涛、杨文彬、张中伟执笔，王俊山、赵高文、阎君审稿；第5章陶瓷基热结构材料，由马登浩、孙新执笔，冯志海、李军平审稿；第6章高温隔热材料，由杨海龙、冯坚执笔，王俊山、李俊宁审稿；第7章长时热透波材料，由张敬义执笔，王俊山、冯志海审稿；第8章热疏导与热管理材料，由罗正平、樊桢执笔，冯志海、卢鹉审稿；第9章热密封与热连接材料，由周雨琪、任忆箫执笔，王俊山、孙妮娟审稿；第10章热防护与热结构材料性能测试与评价，由徐林、刘晓龙、金珂、赵建华、林鑫、黄汝超、辛春锁、吴君豪、何小瓦执笔，王俊山、卢鹉、何凤梅审稿。全书由王俊山、冯志海、徐林、阎君统稿、修改、完善和审定。

中国运载火箭技术研究院航天材料及工艺研究所所长李仲平院士对本书的撰写给予了大力支持和悉心指导，他的远见卓识和严谨的治学态度使作者受益匪浅，在此表示深深的谢意！此外，航天材料及工艺研究所的王金明研究员、张大海研究员、周延春研究员、胡子君研究员在本书编写过程中给予了大力支持，在此一并表示感谢！

由于作者水平所限，书中不足之处在所难免，诚挚地希望广大读者、同行批评指正。

作　者

2021年6月

高超声速出版工程

目　录

第 3 章　陶瓷基热防护材料

59

第 4 章　碳基热结构材料

81

第 5 章　陶瓷基热结构材料

———— 153 ————

第 8 章　热疏导与热管理材料

第 9 章　热密封与热连接材料

第 10 章 热防护与热结构材料性能测试与评价

— 361 —

第1章

绪　论

1.1　概述

高超声速飞行器,泛指飞行速度超过马赫数5,采用新型动力方案推进(如重复使用火箭发动机、超燃冲压发动机或组合循环发动机等)或采用滑翔等飞行方式,可在临近空间、亚轨道、近地轨道进行长时间高速飞行的新型空天飞行器。高超声速飞行器具有速度快、航程远、机动能力强等特点,可实现全球快速到达,能执行远程快速打击和力量投送、快速情报侦察、快速响应进出空间等任务,代表了航空航天飞行器未来的发展方向。

1.2　高超声速飞行器分类和发展历程

根据飞行方式、飞行区域和飞行任务的差异,目前高超声速飞行器大体可分为三类:高超声速滑翔飞行器、高超声速巡航飞行器和重复使用天地往返飞行器。

1.2.1　高超声速滑翔飞行器

高超声速滑翔飞行器一般采用助推火箭推送到 $40\sim130$ km、加速到高超声速的飞行速度,之后滑翔飞行器与助推火箭分离,凭借较高的初始速度在临近空间进行远距离滑翔飞行。目前,国外典型高超声速滑翔飞行器上没有安装动力系统,未来可能出现有动力的滑翔飞行器。高超声速滑翔飞行器的弹道式助推段较短,大部分轨迹为滑翔飞行段,飞行轨迹机动性强、跟踪与定位难度大。目前,弹道导弹防御系统无法在其滑翔阶段进行跟踪,而末段防空和导弹防御系统也无法应对此类飞行器的高速度和强机动性。因此,高超声速滑翔飞行器具有很强的突防能力。

高超声速滑翔飞行器是在早期高速再入机动飞行器的基础上发展而来的。美国、苏联在20世纪50~60年代就启动了早期战略机动弹头研究计划,包括美国的助推滑翔再入飞行器(boost glide reentry vehicle, BGRV)、先进机动再入飞行器(advanced maneuvering reentry vehicle, AMaRV)、桑迪亚有翼再入飞行器(Sandia winged energetic reentry vehicle experiment, SWERVE)和苏联的助推滑翔飞行器。随着多项研究计划的实施,系列关键技术不断成熟。然而随着冷战的结束,最终没有部署战略机动弹头。

进入21世纪,美国为发展常规战略打击力量、实现全球快速精确打击的目标,将前期的技术积累应用到临近空间助推滑翔飞行器中,重点研制并试验了HTV-2高超声速技术飞行器。两次HTV-2飞行试验失利后,美国将高超声速滑翔导弹的发展思路由突出战略打击转向战略、战术并重发展,着力打造“三位一体”的高超声速滑翔导弹型谱。美国重点研发中远程滑翔飞行器(advanced hypersonic weapon, AHW),并以AHW为原型提出通用高超声速滑翔飞行器(common hypersonic glide body, C-HGB)方案,海军、空军、陆军基于C-HGB均提出各自的高超声速武器项目,即海军中程常规快速打击武器(intermediate range conventional prompt strike, IRCPS)、空基高超声速常规打击武器(hypersonic conventional strike weapon, HCSW)和陆基远程高超声速武器(long range hypersonic weapon, LRHW);2020年,美空军取消HCSW项目,海军和陆军则联合开展C-HGB的飞行试验。另外,美国国防高级研究计划局(Defense Advanced Research Projects Agency, DARPA)聚焦战术导弹武器,启动战术助推滑翔项目(tactical boost glide, TBG),在TBG的基础上,空军提出空射快速响应武器(air-launched rapid response weapon, ARRW),DARPA和陆军则计划发展陆基的作战火力(operational fires, OpFires)项目。

俄罗斯以突破美国导弹防御系统为目标,在4202项目下积极开展Yu-71滑翔飞行器的飞行试验,新型先锋滑翔导弹以Yu-71为基础,已完成定型飞行试验,开始装备部署。此外,俄新型匕首战术高超声速导弹已投入战斗值班。国外高超声速滑翔飞行器的发展历程见图1.1。

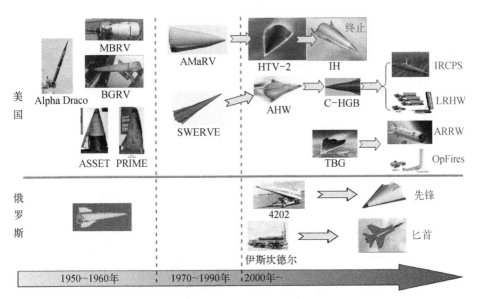

图 1.1 国外高超声速滑翔飞行器的发展历程

1.2.2 高超声速巡航飞行器

高超声速巡航飞行器包括一次性的高超声速巡航导弹和重复使用的高超声速飞机。高超声速巡航导弹主要以超燃冲压发动机为动力,可由地面系统、飞机或舰船发射,并在 19~30 km 的高度巡航飞行,尽管它们在现代防空和地对空导弹的高度范围内,但其速度高,机动能力强,难以被跟踪、拦截。高超声速飞机是在高超声速巡航导弹技术上的进一步发展,实现从"一次性"到"重复使用"的能力跃变。高超声速飞机以组合循环发动机,如涡轮基组合循环发动机(turbine based combined cycle, TBCC)、火箭基组合循环发动机(rocket based combined cycle, RBCC)等为动力,可从机场跑道水平起飞或着陆,在临近空间进行长时间的高速巡航飞行,在战场条件下具有很强的生存突防能力,可执行远程侦察监视、远程打击等任务。

高超声速巡航飞行器伴随着超燃冲压发动机技术的研发和逐步成熟而发展。20 世纪 50 年代末~70 年代初是超燃冲压发动机的基础技术研究阶段,美国、苏联均开展了相关的研究项目。20 世纪 80 年代末~90 年代初,以美国国家空天飞机(National aero-space plane, NASP)为代表的单级入轨空天飞机研究热潮的兴起,推动了超燃冲压发动机技术的发展。20 世纪 90

年代中后期至今,国外高超声速巡航飞行器采取渐进式发展策略,首先发展一次性的高超声速巡航导弹,进而发展重复使用的高超声速飞机,最终支撑重复使用天地往返飞行器的发展。

21世纪初,美国通过开展 X-43A、X-51A 飞行试验,推动超燃冲压发动机技术向前发展。随着 X-51A 第四次飞行试验取得成功,美国开始加快高超声速巡航导弹的武器化研制,同时积极探索可重复使用的高超声速飞机方案。目前,美国空军提出并发展了高超声速打击武器(high-speed strike weapon, HSSW)项目,为支撑 HSSW 项目,DARPA 启动了高超声速吸气式武器方案(high-speed air-breathing weapon concept, HAWC),验证超声速巡航导弹的技术成熟度。在高超声速飞机研制方面,美国洛克希德·马丁公司在 HTV-3X 验证机的基础上提出了 SR-72 方案;此外,DARPA 通过先进全速域发动机(advanced full range engine, AFRE)项目,开展了 TBCC 的地面演示验证,不断储备技术。20 世纪 90 年代,俄罗斯在"冷"计划下首次实现了超燃冲压发动机飞行试验。2016~2017 年,俄罗斯成功开展了锆石高超声速巡航导弹的飞行试验,该导弹计划后续已实现装备部署。此外,俄罗斯还与印度合作研发了布拉莫斯2高超声速巡航导弹。国外临近空间高超声速巡航飞行器的发展历程见图1.2。

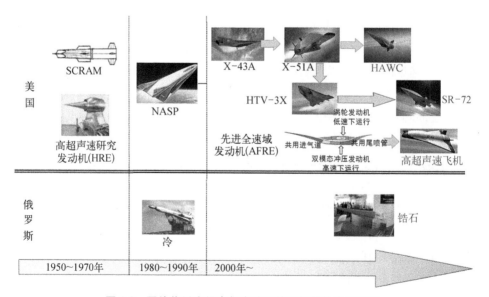

图1.2　国外临近空间高超声速巡航飞行器的发展历程

1.2.3 重复使用天地往返飞行器

重复使用天地往返飞行器与高超声速飞机具有技术继承性,以重复使用火箭发动机或组合循环发动机提供动力,主要在亚轨道或近地轨道飞行,执行快速响应进出空间、远程快速打击与力量投送、全球快速情报侦察等任务。重复使用天地往返飞行器的核心技术是重复使用火箭发动机、预冷组合循环发动机等新型动力技术。各国都在推动此类新型发动机的技术研发,但目前多处于技术研发和验证阶段。

重复使用天地往返飞行器的技术研发历史悠久。20 世纪 60 年代起,美国、俄罗斯开始从事重复使用天地往返飞行器的基础技术研究工作。20 世纪 80 年代,航天飞机的问世,标志着重复使用运载器技术取得重大突破。但是,航天飞机过于复杂,载人兼运货,操作效率低,每年的飞行次数不到 10 次,未能实现最初设想的通过部分重复使用来大幅降低航天发射费用的目的。2011 年 7 月,航天飞机完成第 135 次任务后正式退役。尽管没有达到预期目标,但作为一个时代的标志,航天飞机极大地推动了天地往返飞行器技术的进步。20 世纪 80 年代中后期~90 年代末,国外开始发展单级入轨(single stage to orbit, SSTO)飞行器的方案;美国主要开展以吸气式发动机为动力的国家空天飞机计划(X-30/NASP)和以火箭发动机为动力的 X-33/冒险星计划,俄罗斯提出图-2000 方案,但都由于研制费用过高、技术难度太大,这些计划均先后终止。

2001 年之后,美国重点发展两级重复使用入轨方案。美空军大力推动"作战快速响应空间"(operationally responsive space, ORS)概念,要求研制快速响应运载器;先后开展了"猎鹰"(force application and launch from the continental, FALCON)计划、"快速响应、小载荷、经济上可负担的发射"(responsive accss small cargo affordable launch system, RASCAL)计划、"经济上可负担的快速响应航天运输"(affordable responsive spacelift, ARES)计划、X-37B 轨道试验飞行器计划以及可重复使用助推系统(reusable booster system, RBS)计划等。近期,以火箭发动机为动力的 X-37B 轨道飞行试验已经取得重大突破,多次开展了在轨飞行试验;RBS 项目终止后,DARPA 接手空军继续发展火箭动力的可重复使用第一级方案,提出了"试验性太空飞机"(XS-1)项目。目前,在完成发动机地面试验后,XS-1 项目取消,但仍实现了重要的技术验证和能力储备。此外,多家商业公司也提出了新型亚轨道运输飞行器方案,重复使用运载器技术有望迎来全面发展。

　　欧洲在20世纪桑格尔、霍托尔重复使用运载器方案的基础上,继续开展重复使用技术攻关。2003年,欧洲开始执行未来运载器准备计划(future launchers preparatory programme,FLPP),通过过渡性试验飞行器(intermediate experimental vehicle,IXV)研究可重复使用再入返回技术。IXV项目的主要目标是研制气动控制的升力体布局飞行器,通过飞行试验验证与高速再入相关的关键技术(包括防热、制导控制等)。2015年2月,IXV成功开展首飞试验。此外,英国还在研制采用吸气组合动力的单级入轨飞行器"云霄塔",目前该飞行器已经在组合动力发动机上取得了一定成果。国外重复使用天地往返飞行器的技术发展历程见图1.3。

图1.3　国外重复使用天地往返飞行器的技术发展历程

1.3　典型高超声速飞行器及其选材

1.3.1　高超声速滑翔飞行器

　　高超声速滑翔飞行器是目前美国在高超声速领域的发展重点。2003年,美国DARPA和空军联合制定了"猎鹰"计划,开展高超声速无动力滑翔武器(common aero vehicle,CAV)及其增强型(enhanced common aero vehicle,ECAV)的研制和飞行试验,发展常规快速全球打击能力。2004 年,"猎鹰"计划被调整为非武器技术验证计划,利用 HTV-2 验证高超声速滑翔武器的关键技术。

HTV-2 项目的目标是发展并试验一种利用火箭助推加速、以马赫数 20 以上的速度再入大气层的无人滑翔机动飞行器。HTV-2 采用优化设计的乘波体外形,机身长度为 3~3.5 m,升阻比为 3.5~4。设计的 HTV-2 飞行器沿发射方向的射程为 16 678.8 km,横向机动距离为 5 559.6 km。HTV-2 的有效载荷能力为 454 kg,总质量为 908 kg[1]。

HTV-2 的关键技术挑战和主要成就包括:设计一个创新的高升阻比气动外形,采用先进的轻质、坚固热防护结构,采用先进材料和制造技术,采用自主导航、制导和控制系统,采用自主飞行安全系统。

与传统的弹道式飞行器仅在大气层内作短时间飞行不同,HTV-2 在大气内的滑行时间可长达 3 000 s,累积的热载荷随时间不断增加,且高升阻比也对材料和隔热能力提出了很高的要求,因此 HTV-2 采用了 C/C 复合材料防热外壳,以尽量降低烧蚀的程度。在项目发展过程中,为了解决热防护材料和结构面临的技术难题,项目团队专门成立了材料一体化产品研发小组对备选的前缘材料、难熔复合材料、高温多层隔热材料、大面积防热材料和密封材料等进行了试验研究。在飞行器制造过程中,项目组取得了重大突破,实现了多项第一[2-5]。

(1) 成功制造了有史以来最大、最厚、结构最复杂的高升阻比 C/C 壳体,并实现尖锐前缘设计。

(2) 取得了 C/C 复合材料处理工艺的重大突破。

(3) 采用了先进的无损检测技术。

(4) 推动了 C/C 复合材料制备工艺的发展与进步。

图 1.4 为 HTV-2 飞行器外形及各部位的表面温度分布计算结果,图 1.5 为 HTV-2 飞行器结构分解图。

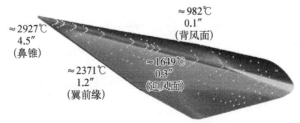

图 1.4　HTV-2 飞行器外形及各部位表面温度分布计算结果[6]

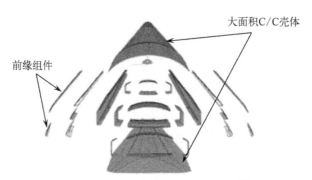

图 1.5　HTV – 2 飞行器结构分解图[7]

2010 年 4 月 22 日和 2011 年 8 月 11 日,HTV – 2 先后进行了两次飞行试验,但两次均在火箭发射后 9 min 左右发生故障。初步结果判定为当 HTV – 2 飞行马赫数达到 17 以上后,飞行器控制系统和防热系统出现异常。两次飞行试验后,HTV – 2 项目终止[8,9]。

1.3.2　高超声速巡航飞行器

在高超声速巡航飞行器领域,最具代表性的是美国 X – 51A 飞行器计划,其先后开展了四次飞行试验,并在第四次飞行试验中取得成功[10,11]。

X – 51A 飞行器计划重点验证主动冷却碳氢燃料超燃冲压发动机的方案可行性、热防护材料与结构、机身与发动机的一体化设计,以及验证机的稳定性与控制技术,实现马赫数 6.5~7、高度 27 km、高超声速状态下持续飞行 5 min 的目标。

X – 51A 飞行器结构由弹体、舵面、发动机组成(图 1.6)。其中,发动机位于

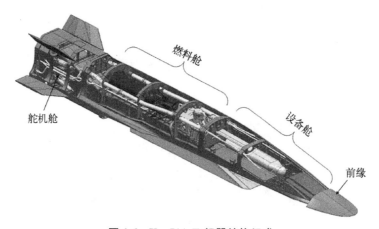

图 1.6　X – 51A 飞行器结构组成

弹体腹部；喷管与弹体采取一体化结构设计方案；弹体由前缘、设备舱、燃料舱和舵机舱组成[12]。

　　X-51A飞行器采用了多种组合式热防护方案，其中，前缘、舵面、发动机隔离段、发动机整流罩采用热结构方案(被动式热防护)；设备舱和燃料舱采用冷结构方案(外防热+内承载)；尾喷管采用烧蚀防热层/结构层/隔热层组合方案；发动机燃烧室采用主动冷却方案；发动机与弹体之间采用隔热毡进行隔热处理[12]。

　　X-51A的材料体系如图1.7所示，其中，前缘采用钨合金；巡航器翼舵前缘采用碳/碳热结构复合材料；迎风面等部位采用非烧蚀型陶瓷防热瓦BRI-16；背风面采用涂覆有烧蚀涂层BLA-S的隔热毡FRSI；尾喷管内部采用蜂窝增强的烧蚀材料BLA-HD；设备舱、燃料舱主承载结构采用铝合金；舵机舱主承载结构采用钛合金；舵面主体、发动机隔离段和发动机燃烧室采用铬镍铁高温合金[13]。

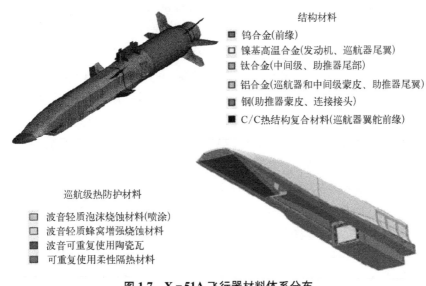

结构材料
- 钨合金(前缘)
- 镍基高温合金(发动机、巡航器尾翼)
- 钛合金(中间级、助推器尾部)
- 铝合金(巡航器和中间级蒙皮、助推器尾翼)
- 钢(助推器蒙皮、连接接头)
- C/C热结构复合材料(巡航器翼舵前缘)

巡航级热防护材料
- 波音轻质泡沫烧蚀材料(喷涂)
- 波音轻质蜂窝增强烧蚀材料
- 波音可重复使用陶瓷瓦
- 可重复使用柔性隔热材料

图1.7　X-51A飞行器材料体系分布

　　2010年5月26日~2013年5月1日，X-51A先后进行了四次飞行试验[1]。首次飞行试验为200多秒的飞行过程，主动冷却超燃冲压发动机成功地将验证机的巡航飞行马赫数加速至5，但飞行210 s后，遥测数据丢失，试验提前结束，超燃冲压发动机和机身尾喷管之间的密封故障引起的热燃气泄漏是导致试验提前结束的主要原因。在对飞行器进行相应结构优化改进后，进行了第二、三次飞行试验，但分别因进气道不起动、巡航级控制舵意外解锁等导致发动机没有点火而失败；2013年5月1日，进行了第四次飞行试验，助推器将验证机加速至马赫数 4.8,发动机点火,飞行器最大速度达马赫数 5.1,飞行距离为 426 km,有动力飞行时间为 240 s,采集到 370 s 的试验数据,飞行试验成功,初步验证了 X-51A 飞行器热防护材料体系和结构方案的可行性。

1.3.3 重复使用天地往返飞行器

1. 美国 X-37B 飞行器

在天地往返飞行器研制领域,美国空军 X-37B 项目持续开展了飞行试验,显示出足够的技术成熟度。X-37 是美国空军、美国国家航空航天局(National Aeronautics and Space Administration, NASA)和波音公司于 1999 年联合研制的可入轨并能再入返回的可重复使用轨道验证飞行器。X-37B 是 X-37 项目中的轨道试验飞行器,最初研制 X-37 飞行器的目的是验证先进航天运输技术,大幅度降低进入空间的成本,并作为未来的空间作战平台,满足军事方面的需求。

1998~2001 年,NASA 利用空军试验室研制的 X-37 飞行器的缩比模型 X-40A 进行了多次超低速/空飞行试验。2004 年 9 月,NASA 将 X-37A 计划移交给 DARPA,自此该项目转为秘密研制项目。2006 年 9 月,DARPA 成功进行一系列进场与着陆试验飞行器(approach and landing test vehicle, ALTV)与"白骑士"载机的挂载和自由飞行试验,完成了 X-37 计划中的 ALTV 部分的工作。2006 年 11 月,美国空军宣布采用 NASA 的 X-37A 飞行器研制 X-37B 轨道试验飞行器(orbital test vehicle, OTV)[14,15]。

美国空军接手 X-37B 项目以后,主要目标是将其研制成一种高可靠性、可重复使用的无人空间机动飞行器(space maneuver vehicle, SMV)的技术验证机。X-37B 飞行器的大小为航天飞机的 1/4,长度为 8.9 m、高度为 2.9 m、翼展为 4.5 m、质量为 4 989 kg,实验舱长度为 2.1 m、直径为 1.2 m,能够安装 227~272 kg 的有效载荷;X-37B 飞行器的设计轨道高度为 177~805 km,飞行器再入时重约为 3 402 kg[14,15]。

X-37B 项目主要验证的技术包括先进的制导、导航与控制系统,电子设备,高温结构与密封,可重复使用隔热层和轻质机电飞行系统。此外,X-37B 轨道试验飞行器可验证自主轨道飞行、再入和着陆。X-37B 飞行器尾部装有的火箭发动机,用于在轨期间执行轨道机动和完成在轨任务返回前的离轨机动。该火箭发动机采用一甲基肼和四氧化二氮作为推进剂。在轨期间,有效载荷舱门打开后,太阳能帆板也将展开,为在轨的 X-37B 电源充电。

波音公司共研制 2 架 X-37B 飞行器,正在开展第六次在轨飞行试验。前五次飞行试验任务中,X-37B 累积在轨时间已经达到 2 865 天,远超当初设计的单次 270 天。除了借鉴航天飞机成熟技术以外,飞行试验的成功也与系列先进防热材料与结构设计和研制密不可分。

1) 头锥和翼前缘热防护材料

X-37B 头锥和翼前缘采用新型韧化纤维增强一体化抗氧化复合材料(toughened uni-piece fibrous reinforced oxidation-resistant composite, TUFROC),具有三个显著特点:一是能承受 1 700℃以上高温,高于航天飞机采用的碳/碳防热材料,而且可重复使用;二是密度低、质量轻,航天飞机机翼前缘采用增强碳/碳防热系统,密度约为 1.6 g/cm³,而 TUFROC 防热系统的密度仅为 0.4 g/cm³;三是制造周期短、成本低,TUFROC 防热系统的制造周期是航天飞机防热系统的 1/6~1/3,成本为 1/10[16]。

TUFROC 由经过表面韧化的耐高温端帽和低热导率纤维隔热层两部分组成。端帽由耐高温抗氧化轻质碳陶材料(refractory oxidation-resistant ceramic carbon insulation, ROCCI)制成,表面制备高效钽基涂层复合材料(high efficiency tantalum-based composite, HETC),形成高辐射、弱催化、耐高温韧化表面。底部为刚性陶瓷瓦隔热材料,表面制备强化单体纤维隔热瓦(toughened unipiece fibrous insulation, TUFI)高辐射涂层[14,15,17,18]。TUFROC 电弧风洞试验试样见图 1.8。

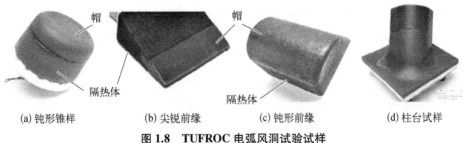

| (a) 钝形锥样 | (b) 尖锐前缘 | (c) 钝形前缘 | (d) 柱台试样 |

图 1.8 TUFROC 电弧风洞试验试样

2) 机身大面积热防护材料

X-37B 飞行器机身迎风面大面积采用波音可重复使用隔热材料(Boeing reusable insulation, BRI)刚性陶瓷瓦。BRI 刚性陶瓷瓦是由波音公司研制的最新一代陶瓷瓦,主要成分为氧化硅和氧化铝纤维,具有良好的力学性能和高温稳定性。BRI-8 厚度方向拉伸强度为 0.41 MPa,比铝增强隔热栅(alumina enhanced thermal barrierl, AETB)-8(AETB-8)还高(0.38 MPa);相同实验条件下,AETB－8 厚度方向的线性收缩率为 3.8%,而 BRI－8 的线性收缩率为 2.2%。目前,关于 BRI 性能的报道较少。

X－37B 飞行器背风面大面积采用波音公司研制的柔性隔热毡(conformal reusable insualtion, CRI),使用温度可达 1 204℃。CRI 的高温面使用耐高温纤维布,如 Nextel 440;低温面使用石英纤维布,如 E－glass 等;中间层是主要组分为氧化铝、氧化硅、氧化硼或其混合物的陶瓷纤维材料,通过陶瓷纤维线将其缝合在一起,其中经历高温的部分使用 Nextel 440 纤维线,低温部分使用石英纤维线。此外,在 CRI 上表面还可以涂敷陶瓷涂层,如氧化铝/氧化硅、磷酸镧等。

3) 先进结构材料

X－37B 飞行器的设计尺寸相对较小,因而需要先进的高温结构控制面(hot structure control surface, HSCS)。HSCS 的研究目标是尽可能采用较轻的、合格的结构组件,但要求结构组件要严格满足设定的质量和强度要求。X－37B 飞行器将经历类似于航天飞机的再入环境,将承受最高可达 1 538℃的高温。X－37B 飞行器的两种主要气动翼面是襟副翼和方向升降舵,厚度为 25.4~127 mm[14,15,19,20]。

由科学应用国际公司(Science Applications International Corporation, SAIC)和碳/碳先进技术有限公司(Carbon-Carbon Advanced Technologies Corporation, C－CAT)组成的研究小组研制了 C/C HSCS。同时,通用电气的动力系统复合材料有限公司(General Electric Energy Powder Systems Composites, GE－PSC)和材料研究设计公司(Materials Research and Design, MR&D)组成的研究小组研制了 C/SiC HSCS。两个小组均在设计、分析和制造试样、试件,并开展工程部件的研制工作,所取得的主要成果有: 制造出了 C/C 和 C/SiC 的襟副翼分组件。图 1.9 给出了不同结构及材料种类的活动部件及其试验照片。

2. 欧洲 IXV

IXV 是欧洲航天局发展的用于验证未来天地往返运输系统的技术验证机,主要目标是发展升力体气动控制再入飞行器,完成飞行试验验证[21,22],具体目标包括:积累欧洲升力体气动控制再入飞行器研制经验;验证先进防热系统和热结构的性能;验证先进制导、导航和控制技术;收集典型再入飞行性能数据,调研相应的气动热力学分析以及验证系统设计工具,评估升力体飞行器周围的大气特性。2011 年,IXV 完成关键设计评审,转入制造、组装、集成、测试阶段;2013 年 6 月 19 日,欧洲航天局组织开展了全尺寸模型飞行姿态测试和降落伞系统性能的 3 km 高空直升机投放试验;2015 年 2 月 11 日,IXV 完成了首次飞行试验[23]。IXV 在距地面 120 km 处开始执行再入操作,再入期间,飞行器承受的温

(a) 碳/碳襟副翼   (b) 碳化硅襟副翼

(c) 碳/碳方向/升降舵部件

图 1.9 热结构控制面部件

度接近 1 649℃,飞行器的小推力发动机点火并转动其襟翼,以执行一系列 S 转弯侧倾机动,类似于航天飞机从轨道返回时执行的操作。从火箭发射到溅落于太平洋,此次飞行试验持续了约 100 min,验证了飞行器的机动性、制导系统和热防护系统(thermal protection system,TPS)。

IXV 长 4.4 m,宽 2.2 m,高 1.6 m,估计总质量为 1 987 kg。IXV 主结构框架和纵梁为铝合金,气动壳体表面有 Kalver 层的铝合金蜂窝,推力段及后舱隔板为碳纤维增强塑料,如图 1.10 所示。

IXV 热防护系统采用了多种防隔热材料,头锥、迎风面大面积及控制舵采用 C/SiC 复合材料;背风面采用柔性隔热毡(Flexible External Insulation,FEI);侧面下部中后端采用表面防护柔性隔热(surface protected flexible insulation,SPFI)材料,侧面上部采用金属热防护材料。其中,柔性隔热毡直接黏接在主结构蒙皮上,其他材料通过半柔性金属连接件连接在主结构上。IXV 热防护系统材料体系如图 1.11 所示。

1)头锥和迎风面大面积热防护系统

IXV 头锥和迎风面(图 1.12)大面积采用由相同工艺制造的 C/SiC 复合材料,包括防脱层的多层编织、铺层、缝纫以及化学气相渗透(chemical vapor

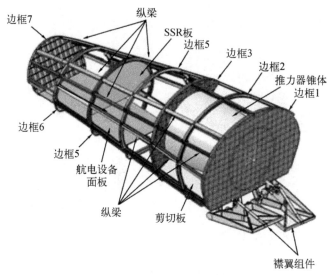

图 1.10 IXV 的冷结构示意图

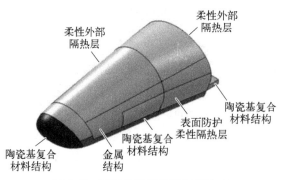

图 1.11 IXV 热防护系统材料体系

infiltration，CVI）致密技术，设计承担单位为法国赛峰集团公司[24,25]。C/SiC 面板通过半柔性金属连接件连接到飞行器的冷结构上，连接件的刚度需避免面板因在超高温下发生热膨胀而产生较大应力，并安装隔热的陶瓷垫圈，以降低向飞行器冷结构的热传导。

C/SiC 部件与冷结构间的内部空间填充轻质隔热材料，包括 ASPEN 公司 Pyrogel 气凝胶纳米隔热材料、氧化铝纤维毡及氧化锆纤维毡等。虽然这些隔热材料已经有成熟产品，但经过进一步性能改进及多层组合结构设计后，隔热性能显著提升，满足了 IXV 在高热流环境下的飞行热防护要求。

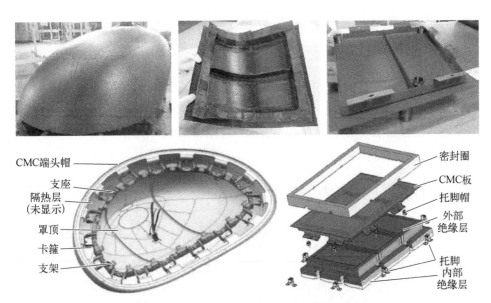

图 1.12 IXV 头锥和迎风面大面积 C/SiC 部件

迎风面的面板周围安装了陶瓷纤维密封材料,由 Nextel 440 纤维布包裹氧化锆纤维,以防止气动热穿透两个面板之间的接缝从而使结构过热。同时,密封结构(图 1.13)具有良好的透气性,保证发射阶段热防护系统内部的气体排出。

图 1.13 热密封结构

2) 背风面 FEI 柔性隔热毡

IXV 背风面采用欧洲发展的 FEI,包括 FEI-650 和 FEI-1000,FEI 柔性隔热毡最早是为 X-38 飞行器研制的。FEI-650 表层为石英纤维布,芯层为石英纤维,使用温度为 650℃,极限使用温度为 850℃;FEI-1000 推测由氧化铝纤维材料制备而成,材料使用温度为 1 000℃,极限使用温度为 1 200℃。FEI 柔性隔热毡表面也可制备相应的高辐射涂层,提高材料性能。总之,FEI柔性隔热毡与美国航天飞机使用的柔性隔热毡的组分、结构和性能均十分相似。

3) 侧面SPFI热防护系统

IXV侧面采用了SPFI材料(图1.14)。SPFI表面为氧化物陶瓷基复合材料,内部为FEI柔性隔热毡。SPFI用于承受中等载荷环境的部位,欧洲已经具有制造平面和曲面大尺寸SPFI部件的能力,相邻SPFI材料之间采用近梯形的纤维填充材料密封。

图1.14 SPFI材料

SPFI材料先后突破了材料制备、密封设计(图1.15)、阵列组件设计、曲面结构制造及氧化物陶瓷复合材料厚度控制等多项技术。大尺寸构件已经进行了热、力加载试验(图1.16),并在德国的SHEFEX飞行器上进行了飞行试验验证,技术成熟度达到5级以上。

图1.15 SPFI材料的密封设计

4) 侧面金属热防护系统

IXV侧面采用金属热防护系统,IXV金属热防护系统可能有蜂窝结构和三

图 1.16　SPFI 材料热、力加载试验

明治结构,分别如图 1.17 和图 1.18 所示。蜂窝结构热防护系统由金属蜂窝面
板、隔热层和主结构组成,其中金属蜂窝面板有两种:一种是 Astrium 公司的钛
合金基体材料(titanium alloy matrix material, TIMETAL),使用温度 850℃;另一
种是 Dutch Space 公司研制的一种增强高温合金(oxide dispersion strengthening,
ODS),使用温度为 1 250℃。根据现有资料推测,IXV 金属热防护系统主要采用

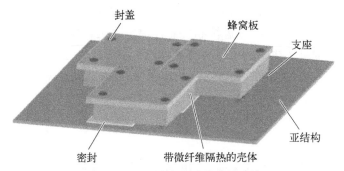

图 1.17　IXV 蜂窝金属热防护系统

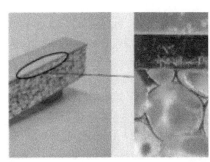

图 1.18　IXV 机身侧面金属热防护系统

氧化物增强高温合金,TIMETAL 仅作为搭载验证材料。三明治结构的金属热防护系统经过了 900℃ 多次循环测试,芯层是不锈钢空心球。三明治结构的金属热防护系统技术成熟度为 2~4 级,也是作为 IXV 的搭载试验材料。

1.4　小结

　　人类生活依赖于对时间和空间的运用,随着科学技术的飞速进步,人类实现了从传统的陆、海、空向更为广阔的临近空间和太空的拓展。进入 21 世纪,以滑翔类、巡航类及可重复使用天地往返类飞行器为代表的高超声速飞行器研究计划在航空航天领域掀起新的热潮。高超声速飞行器能够实现全球远程快速抵达和力量投送、快速情报侦察、快速响应进出空间,不仅可以大幅度提高人类"进入空间""控制空间"和"利用空间"的能力,在全方位开发空间中发挥关键的作用,而且对国家未来的政治、经济、军事和外交均具有重要价值和影响,被视为维护国家安全和夺取制天权的战略制高点。

　　材料是高超声速飞行器的载体,也是高超声速飞行器突破"热障"、实现高超声速飞行的基本保障,其先进性和可靠性决定了飞行成败。高超声速飞行器技术的发展也促进了热防护与热结构材料技术的飞速进步,后面章节将从高温防热、热结构、隔热、热透波、热密封、热疏导、性能测试与表征等方面进行分别论述。

参考文献

[1] Walker S H, Partch R, Qassim K. Hypersonic force application and launch technology demonstration[J]. Hypersonic Force Application & Launch Technology Demonstration, 2004, 1: 1-29.

[2] Walker S H, Sherk J, Shell D, et al. The DAPPA/Falcon program: the technology vehicle #2 (HTV-2) flight demonstration Phase[C]. 15th AIAA International Space Planes and Hypersonic Systems and Technologies Conference, Dayton, 2008.

[3] Glass D E. Ceramic matrix composite (CMC) thermal protection systems (TPS) and hot structures for hypersonic vehicles[C]. 15th AIAA International Space Planes and Hypersonic Systems and Technologies Conference, Dayton, 2008.

[4] Glass D E, Dirling R, Croop H, et al. Materials development for hypersonic flight vehicles [C]. 14th AIAA/AHI Space Planes & Hypersonic Systems & Technologies Conference, Canberra, 2006.

［ 5 ］康开华.高超声速技术飞行器（HTV）相关试验情况［J］.国际航天,2010(40)：5 - 12.

［ 6 ］Maher M M. DARPA Efforts and Interests in Composites［OL］.https：//www.energy.gov/
sites/default/files/2014/02/f7/DARPA＿efforts＿and＿interests＿mick＿maher＿FRPC＿
manufacturing_workshop_011314.pdf［2021 - 8 - 23］.

［ 7 ］David C L. DAPPA launches the Integrated Hypersonics program［R］. Missiles &
Rockets, 2012.

［ 8 ］Doug R. Falcon Hypersonic Technology Vehicle exceeded its control capability［R］. Missiles &
Rockets, 2010.

［ 9 ］Gareth J. Aeroshell degradation caused second HTV - 2 flight test failure, report finds［R］.
Defence Weekly, 2012.

［10］王友利,才满瑞.美国 X - 51A 项目总结与前景分析［J］.飞航导弹,2014(3)：17 - 21.

［11］宋博,沈娟.美国的 X - 51A 高超声速发展计划［J］.飞航导弹,2009(5)：36 - 40.

［12］Mutzman R C, Murphy J S. X - 51 development：a chief engineer's perspective［C］. 17th
AIAA International Space Planes and Hypersonic Systems and Technologies Conference, San
Francisco, 2011.

［13］郭朝邦,李文杰.高超声速飞行器结构材料与热防护系统［J］.飞航导弹,2010(4)：
88 - 94.

［14］许红英,侯丹,陈杰,等.美空军发射 X - 37B 飞行器简析［J］.中国航天,2010(6)：
21 - 25.

［15］郑雯.X - 37B 轨道试飞器发展分析［J］.飞航导弹,2012(10)：22 - 24.

［16］鲁芹,姜贵庆.X - 37B 轨道飞行器热防护系统概况［J］.飞航导弹,2011(3)：91 - 95.

［17］Stewart D A, Leiser D B. Toughened uni-piece, fibrous, reinforced, oxidization-resistant
composite［P］. US7381459 B1, 2008.

［18］李虹琳,陈杰.X - 37B 轻质低成本可重复使用防热系统简析［J］.战术导弹技术,2013
(4)：13 - 16.

［19］Grosveld F W, Rizzi S A, Rice C E. Dynamic response of X - 37 hot structure control surface
exposed to controlled reverberant acoustic excitation［R］. NASA - TM - 2005 - 213519,
2005.

［20］Spivey N D. High temperature modal survey of a hot structure control surface［R］. DFRC -
E - DAA - TN 1742, 2010.

［21］Tumino G, Angelino E, Leleu F. The IXV project—the ESA re-entry system and technologies
demonstrator paving the way to European autonomous space transportation and exploration
endeavours［R］. IAC - 08 - D2. 6. 01, 2008.

［22］康开华,才满瑞.欧洲过渡性实验飞行器项目［J］.导弹与航天运载技术,2012(4)：
62 - 66.

［23］李文杰,牛文.IXV 再入飞行器完成降落着陆试验［J］.飞航导弹,2014(1)：18 - 19.

［24］Barreteau R, Pichon T. CMC windward TPS and nose of the IXV vehicle：full-scale
manufacturing, qualification, and integration［R］. IAC - 14, D2.6.2, 22100, 2016.

［25］Pichon T. Development and testing of C_f ceramic matrix composite（CMC）thermal protection
system for the IXV European atmospheric re-entry［R］. AC - 11 - D2.6.7, 2010.

第2章

碳基热防护材料

2.1 概述

　　高超声速飞行器以高马赫数在大气层内滑翔、巡航飞行或再入返回大气层时,飞行器表面猛烈压缩大气并引起摩擦,形成激波层,大量气体动能转变为热能,引发激波层内气体离解、电离和电子激发,并将热量传递给飞行器,使飞行器表面温度急剧升高,热防护材料在高温有氧环境中会发生氧化、烧蚀,导致飞行器外形尺寸和形状发生显著变化,影响飞行器的气动特性,严重时甚至出现飞行器部件烧蚀损毁,直接关系到飞行器安全。因此,高温、超高温热防护材料技术是高超声速飞行器亟须解决的瓶颈技术。

　　纵观国内外发展历史,航天热防护材料经历了由烧蚀防热向非烧蚀防热、从单一功能向多功能化、单次使用向可重复使用的发展历程,材料体系逐步完善,热防护机制不断创新。诸多材料体系中,以碳/碳(C/C)复合材料为代表的碳基热防护材料,集高比强、高比模、低膨胀、高热导和耐高温等优异特性于一身,在航天航空领域具有不可替代的性能优势,广泛应用于高超声速飞行器鼻锥/前缘、发动机燃烧室/喷管/喉衬等高温热端部件。

2.2 国内外碳基热防护材料研究现状

2.2.1 C/C 复合材料

　　C/C 复合材料属于高性能高温复合材料家族,由碳纤维预制体骨架和碳质或石墨基体组成。C/C 复合材料结合了复合材料良好的力学性能及可设计性和碳材料优异的高温性能,兼具结构材料与功能材料的特性,广泛应用于航天、航空、核能、化工、医用等各个领域。

C/C 复合材料最大的特点是完全由单一的碳元素所构成,它不仅具有碳和石墨材料优异的耐烧蚀性能、良好的高温强度和低密度,而且通过碳纤维的增强,在一定程度上改善了碳材料的脆性和对裂纹的敏感性,以及热解石墨的明显各向异性和易分层等弱点,大大提高了碳材料的力学性能[1]。作为一种被广泛研究和大量应用的新型超高温材料,C/C 复合材料具有如下显著的特点:① 密度小(<2.0 g/cm³),仅为镍基高温合金的 1/4,陶瓷材料的 1/2,这对要求轻质化的航天飞行器部件意义重大;② 高温力学性能保持率高,性能优良,在 2 000~2 500℃ 下的性能仍高于室温,这是其他材料,如金属材料、树脂基复合材料、金属基复合材料、陶瓷材料等所无法比拟的;③ 抗烧蚀性能良好,烧蚀均匀,使用温度高达 3 000℃ 以上,广泛应用于短时烧蚀环境;④ 耐摩擦磨损性能优异,摩擦系数小、性能稳定,是各种耐磨损部件的最佳候选材料之一;⑤ 具有其他复合材料的特征,如高强度、高模量、高疲劳强度和抗蠕变性能等。

自 1958 年被人类发现至今,C/C 复合材料的发展已超过半个多世纪,其主要发展历程可以分为五个阶段[2,3]。

(1)第一阶段:20 世纪 50 年代后期~60 年代中期,是 C/C 复合材料的起步阶段。1958 年,美国 CHANCE‒VOUGHT 公司在研究碳/酚醛材料时,偶然发现了 C/C 复合材料。20 世纪 60 年代,美国在莱特-帕特森空军基地空军材料实验室的发起下制备出了 C/C 复合材料[1,4],随后用碳纤维对 C/C 复合材料开展了大量的研究工作,解决了提高碳纤维弹性模量和强度的关键问题。同时,以化学气相沉积(chemical vapor deposition,CVD)工艺为代表对 C/C 复合材料的复合工艺进行了深入研究。美国、法国等国制定并执行了系列以 C/C 复合材料为重要内容的开发计划。与此同时,各国相继发展了原材料及 C/C 复合材料性能测试与表征方法,给出了相应的检测手段[1,4,5]。

(2)第二阶段:20 世纪 60 年代中期~70 年代初期,C/C 复合材料研究逐渐深入,开始进入工程化应用阶段。这一时期,研究人员对 C/C 复合材料的纤维表面处理及其编织技术、基体碳及复合工艺继续开展了大量的研究工作,并研制出了具有代表性的三维立体编织 C/C 复合材料,同时开始将 C/C 复合材料作为热防护材料,应用于火箭发动机喷管、卫星、太空飞船等尖端领域,如美国阿波罗飞行器燃料储箱和航天飞机机头锥、前缘等关键防热部件[6-9]。

(3)第三阶段:20 世纪 70 年代中期~80 年代中期,为 C/C 复合材料的高速发展阶段,C/C 复合材料的研制水平、工业化程度不断提高,材料性能进一步提升。这一时期,开发和进一步完善了碳纤维的多向编织技术、高压液相浸渍工艺和化学气相渗透(chemical vapor infiltration, CVI)等致密化工艺,特别是进入20 世纪 80 年代以后,更多国家进入这一研究领域,不断开发出新的工艺,在性能提升、快速致密化、抗氧化等研究领域都取得了较大发展。在航天及军事需求的推动下,其应用基础研究与工程化研究水平也得到大幅提升,材料设计水平、制备能力日趋成熟,C/C 复合材料鼻锥成功应用于美国第三代洲际弹道导弹弹头防热系统,大量固体火箭发动机喷管材料使用 C/C 复合材料,先进抗氧化 C/C 复合材料也保证了航天飞机成功再入返回[4,10-12]。

(4) 第四阶段:20 世纪 80 年代中期~80 年代末期,为 C/C 复合材料精细化和低成本化研究阶段。随着在航天领域应用的不断深入,C/C 复合材料的开发和应用广度与深度不断加强[13-15]。人们对材料的环境、结构、工艺之间相互关系的认识不断深入,其综合性能不断提升,生产自动化程度不断提高,材料成本大幅度降低,应用也逐渐向航空(如刹车材料)、医疗(如生物材料)、工业(如保温材料、发热体)等领域延伸。

(5) 第五阶段:21 世纪初至今,为 C/C 复合材料向高温有氧服役环境集中攻关和全速迈进的阶段。随着航空航天事业的飞速发展,再加上高超声速飞行器研制的迫切需求,材料使用条件更为苛刻,开发应用于高温、有氧条件下的高温/超高温热防护材料变得极为迫切,这给 C/C 复合材料技术发展提供了契机和动力。经过多年的研究和攻关,目前 C/C 复合材料已在美国系列高超声速飞行器防热部件获得应用,大量地面试验和部分短时飞行试验证明了其应用的可行性。但是,先进高温抗氧化 C/C 复合材料距离工程化应用还有一定距离,C/C 复合材料的高温基体改性技术、高温抗氧化涂层技术及基体改性与抗氧化涂层耦合技术研究还不够深入,如耐温等级、抗冲刷性能及性能离散性等还有待进一步改善。

鉴于传统再入飞行器和固体火箭发动机用 C/C 复合材料技术相对成熟,本章重点介绍大气层内高超声速飞行器长时热防护用 C/C 复合材料的研究进展。

2.2.2 碳质材料高温抗氧化技术

众所周知,碳具有优异的化学稳定性,在常温环境下几乎呈化学惰性,但温度较高时容易和氧化性气体发生化学反应。通常,碳纤维均质碳基体复合材料的氧化速度比热解石墨和未增强的均质碳都要快,原因是 C/C 复合材料内存在着较多高能及活性区域(如 C/C 内的孔隙、裂纹等缺陷表面、纤维基体界面等)。

这些活性区域易吸附氧而优先发生氧化,成为 C/C 的优先氧化区域。C/C 复合材料的氧化区域依次为层间、非均质碳基体、均质碳基体、碳纤维轴向表面、纤维末端,最后是纤维芯部[16]。对于不同组织形态的热解碳基体,氧化由易到难的顺序依次为粗糙层热解碳、光滑层热解碳和各向同性热解碳,但它们在界面处的氧化深度却是依次增大的。

根据对碳材料氧化行为和氧化机理的认识,可以从两方面考虑来提高其高温抗氧化能力:一方面是采用基体改性技术,即在碳材料内部添加抗氧化组元,降低材料的氧化活性,提高本体材料的抗氧化能力;另一方面是采用抗氧化涂层技术,即在碳材料表面制备抗氧化涂层,将碳材料与环境中的氧进行隔离,保证复合材料不发生氧化烧蚀。其中,基体改性技术是通过向基体中添加抑制剂或密封剂封闭氧化活性点,在高于碳基体氧化温度时能形成熔融的玻璃态固熔体或具有氧化阻挡作用的保护层,从而降低材料的整体氧化烧蚀速率。

基体改性技术起初主要用于 900℃以下的抗氧化防护,添加剂主要有硼化物(B_4C、B_2O_3、BN 等)、硅化物(SiC、Si_3N_4、$MoSi_2$、SiO_2 等),或直接浸渍磷酸、硼酸等;研究人员在基体内同时添加多种添加剂,使不同组元在不同温度阶段发挥各自的抗氧化作用,利用此方法制备的材料,其使用温度可提高到 1 300℃;对于2 000℃以上更高的使用温度,采用具有较高熔点的难熔金属化合物(ZrC、HfC、WC、TaC、ZrB_2、HfB_2 等)作为添加剂是一种行之有效的技术途径[17-22]。

目前,公开报道的采用基体改性技术制备低烧蚀 C/C 复合材料的方法有固相复合工艺、CVI 法、液相浸渍法和反应熔体浸渍(reactive melt infiltration, RMI)法[19-22]。

1. 固相复合工艺

固相复合是将难熔金属化合物添加剂以固相颗粒的形式引入 C/C 基体,来提高材料的抗烧蚀能力。将难熔金属 Ti、Zr、Hf、Ta、Mo、Al、W 等的碳化物、硼化物及氧化物作为添加剂合理地充填到 C/C 复合材料的基体中,形成内保护层,使基体自身的抗氧化性能提高。另外,添加剂堵塞了碳材料中的孔隙,减少了与空气的有效接触面积,从而延长了碳材料的使用寿命[3,21,22]。其中,采用不同种类的金属元素或化合物配合使用并采用合理的制备工艺方法,可以在基体内形成多元金属化合物的复合体系,实现分段式抗氧化功能,从而在添加较少金属化合物的情况下,大幅度提高材料的高温抗氧化性能。

在碳材料基体改性工艺过程中,引入难熔金属化合物的方式有如下几种。

(1) 粉末烧结法。将纤维用陶瓷微粉浆料进行浸渍处理后,经缠绕、烘干制成预浸无纬布,然后将无纬布裁剪,并按照设计方案铺叠在一起,预压、烧结制成复合材料,Kim 等[23]对此进行了报道。另外,还有一种冷等静压方法,就是将纤维束与粉末交替铺放在模具里,然后冷压成型,再热等静压。在冷压和热等静压过程中,颗粒对纤维有很强的腐蚀作用,导致材料性能降低。另外,由于这种工艺在垂直铺层方向没有纤维增强,复合材料的层间剪切强度较低。

(2)混杂纤维烧结法。混杂纤维复合材料是利用两种或两种以上的纤维增强制备得到的。在兼顾纤维增强复合材料优点的同时,可以通过实际使用需求进行合理化设计,依据混杂纤维弥补单一材料性能不足的缺点,实现复合材料性能更优、使用范围更广和功能性更强的目标。航天材料及工艺研究所的王俊山等[21,22]将钽丝、钨丝混编入 C/C 复合材料中,然后与碳反应生成碳化物。结果表明,条件不同,难熔金属钨丝、钽丝与不同形式碳的反应活性、反应产物及结构有很大的区别。低温区,难熔金属与碳不发生明显化学反应;中温区,钨丝可与气态的碳氢气体发生轻微化学反应;高温区,钨丝、钽丝可与固态沥青碳以及碳纤维发生反应。通过控制反应条件,可以得到含难熔金属碳化物、难熔金属纤维和碳纤维混杂增强的碳基体复合材料。

(3)粉末掺杂法。在预制体制备过程中,将难熔金属化合物颗粒掺杂到预制体内部,这种工艺方法克服了粉末烧结法不能充分发挥碳纤维增强作用的弊端。Johnson 等[24]利用溶盐法在碳纤维表面涂敷抗氧化组分,如 ZrC、TaC、TiC、HfC 等,旨在提高 C/C 复合材料基体的抗氧化性能。中南大学的赵磊[25]在制备基体改性 C/C 复合材料预制体时,采用网状织物与无纬布相叠层,在每一叠层单元添加一定量的 TaC 粉末,连续针刺制成。而后经过 CVD 增密、树脂浸渍/碳化增密、高温热处理制备出添加 TaC 的 C/C 复合材料。

2. CVI 法

CVI 法是在碳材料制备的致密化阶段,通过反应气体的扩散在预制体内沉积气体裂解产物,从而引入部分陶瓷基体,利用陶瓷的抗氧化作用提高 C/C 复合材料的抗氧化、抗烧蚀性能。Emig 等[26]在 1993 年发表了采用 CVI 法制备 C/C – HfC 复合材料的工艺,通过以 H_2 或者 Ar 为载体将 $HfCl_4$ 和 CH_4 带入沉积炉内,在 1 300℃ 高温下沉积生成 C 和 HfC。这种工艺的主要优点如下:① 在低温低压下进行基体制备,材料内部残余应力小,纤维受损伤小;② 采用气相工艺方法,能实现形状复杂、纤维体积分数高的零部件近尺寸成型;③ 在同一 CVI 反应室中,可依次进行纤维基体界面、中间相、基体以及部件外表面涂层的制备。但是,为了进行深孔均匀沉积,CVI 反应必须尽量在低温、低压下进行,以降低反应速度并增大气体分子在多孔预制体中的平均自由程。另外,由于 $HfCl_4$ 和 $TaCl_5$ 等物质比重大,依靠 H_2 或者 Ar 为源头的载入量受到一定限制,并且在 HfC 和 TaC 的生成过程中 HCl 的生成对设备有很强的腐蚀作用,从而使这种工艺方法受到一定限制。

3. 液相浸渍法

基体碳在成型、烧结过程中会不可避免地产生较多气孔,气孔的存在为氧的扩散提供了通道。液相浸渍技术采用含有阻氧成分的液体渗透到 C/C 织物或在制品的孔隙中,经热处理碳化、裂解后形成整体,从而阻断氧气扩散通道,降低 C/C 复合材料的氧化活性点,有效提高材料的抗氧化、抗烧蚀性能[27,28]。

采用液相浸渍技术制备低烧蚀 C/C 复合材料是比较广泛使用的方法,常用的液相浸渍剂主要有难熔金属元素的有机溶液、掺杂有难熔金属化合物的改性前驱体等。

英国帝国理工学院的 Paul 等[29]采用液相浸渍技术制备了不同体系的基体改性 C/C 复合材料,在系统分析了不同陶瓷组分高温稳定性的基础上,设计了多种改性材料体系,并采用超细粉末浸渍工艺实现了材料制备。研究结果表明,含 HfC 的复合材料在 2 000℃氧化环境中表现出优异的抗烧蚀性能,考核后的 C-HfC复合材料的表面烧蚀凹坑较小,且氧化膜比较致密,如图 2.1 所示。

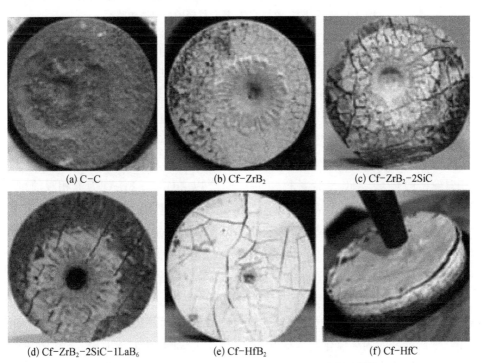

(a) C-C   (b) Cf-ZrB$_2$ (c) Cf-ZrB$_2$-2SiC

(d) Cf-ZrB$_2$-2SiC-1LaB$_6$ (e) Cf-HfB$_2$ (f) Cf-HfC

图 2.1 不同体系 C/C 复合材料的氧乙炔烧蚀试验[29]

英国帝国理工学院的 Paul 等[29]和 Johnson 等[30]分析认为,采用液相浸渍工艺,在二维或三维 C/C 复合材料中引入 HfC、ZrC 等陶瓷粉体,最大的问题就是毛细阻塞效应导致材料内部抗氧化组元分布不均(图 2.2),材料的宏观和微观组分与组织结构差异较大,从而影响材料性能的一致性。

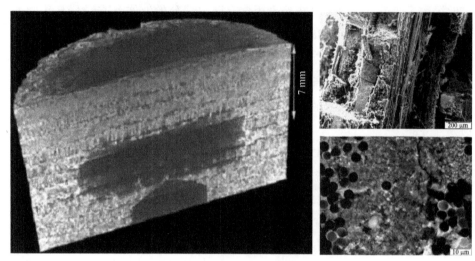

图 2.2 典型 HfC 改性 C/C 复合材料的内部形貌照片

西北工业大学的相华等[31,32]在采用液相先驱体转化法制备含 TaC 的低烧蚀 C/C 复合材料方面开展了大量研究工作。首先,他利用"TaCl$_5$+HF 酸+呋喃树脂"或"氟化钽溶液+固化剂"合成了碳化钽有机先驱体溶液;然后,采用真空浸渗和加压浸渗等工艺将先驱体溶液引入复合材料内部,在一定条件下固化,经900℃预处理后试样中生成晶粒度较细小的 Ta,经 1 600℃、1 800℃和 2 000℃高温处理后,试样中的 Ta 完全转化成立方相 TaC;最后,经过反复浸渍-裂解得到相对致密的 C/C - TaC 复合材料。Shen 等[33]以 ZrOCl$_2$·8H$_2$O 为液相浸渍剂,采用真空浸渍、热梯度化学气相渗透致密化、高温石墨化等工艺,通过不同轮次和时间控制,制备得到不同 ZrC 含量的基体改性 C/C 复合材料,并对 ZrC 含量对材料抗氧化性能的影响进行了考核评价。由试验结果可以看出,随着 ZrC 含量的增加,材料的线烧蚀率呈直线下降,而质量烧蚀率呈先升高后明显下降趋势,说明 ZrC 的加入有效改善了 C/C 复合材料的抗氧化和抗烧蚀性能。

研究者在树脂或沥青内掺杂难熔金属化合物粉体,制备改性前驱体。崔红[3]把研磨好的固体氧化物或碳化物(如 Ta$_2$O$_5$、ZrO$_2$、TaC、WC)粉末利用超声波振荡法使其均匀分散在树脂中,通过浸渍得到一定密度的毡基 C/C 复合材料,经固化、碳化、烧结等工序,材料最终密度达 $1.90~\mathrm{g/cm^3}$。此工艺的优点是材料中的固体氧化物或碳化物含量容易控制,工艺简单、易于实现、成本低。为了达到一定的抗烧蚀组元含量,需要采用高温高压设备,且需要进行反复浸渍,因此该工艺繁杂、周期长。

4. RMI 法

RMI 法是由德国的 Firzer 于 20 世纪 80 年代发明的,采用液态 Si 浸渗 C/C 多孔体来制备 C/C-SiC 复合材料。RMI 工艺是制备 C/C-SiC 复合材料的一种快速、低成本的工艺方法[34],其具体制备过程是在碳纤维表面涂覆一层理想的保护层,然后将带有保护涂层的碳纤维编织成织物;通过 CVI、前驱体浸渍裂解(precursor infiltration pyrolysis,PIP)技术在预制体内部引入基体碳,得到低密度 C/C 预制体;将低密度 C/C 预制体置于金属 Si 粉末中,通过高温下的金属熔化,以及毛细作用渗入预制体孔隙内部,然后通过高温原位反应形成 SiC,最终制备得到 C/C-SiC 复合材料。

王一光等、黄启忠、董绍明等[35-38]通过 SiZr、B_4C、Si 等单一或者多种混合合金,采用反应熔体浸渍工艺制备得到了系列 C/C-SiC-ZrC、C/C-SiC-ZrB$_2$-ZrC 复合材料,研究了材料制备过程中的物相转变机理,考察了材料力学的承载特性及抗氧化性能。结果表明,在保持较高力学性能的同时,基体改性 C/C 复合材料具有优异的抗氧化抗烧蚀性能[36]。国防科技大学的白书欣等[39]采用 Si-10Zr 合金,利用 RMI 工艺制备了 C/C-SiC-ZrC 复合材料,其弯曲强度达 353.6 MPa,抗氧化性与传统 C/C 复合材料相比也得到了大幅度提升。

RMI 工艺具有制备周期短、成本低、残余孔隙率低等优点,并且可用于制备几何形状复杂的结构件,如尖锐翼前缘和火箭发动机燃烧室等。但是,采用 RMI 工艺在制备低烧蚀 C/C 复合材料过程中易对碳纤维造成化学或物理损伤,且残余金属难以完全消除,会在一定程度上影响材料的高温性能和性能一致性。

2.3　碳基热防护材料体系设计

C/C 复合材料本身不具有抗氧化性,且 C 发生氧化时会形成 CO 或 CO_2 气体释放到环境中。因此,改性 C/C 复合材料的抗氧化性能主要取决于内部抗烧蚀组元熔点和表面形成的氧化物的存在状态,即耐温性、玻璃相或液相的形成及其黏度、氧扩散系数、产物氧化膜的完整性、氧化膜的挥发性等。表面能否形成完整致密的氧化膜,从而起到隔离氧化性介质、阻碍基体材料进一步氧化的作用最为关键,而氧化膜的完整性又与抑制剂的添加量、颗粒大小、对应氧化物的耐温性、蒸汽压等有关。对于低烧蚀 C/C 复合材料,基体内可以选择添加高熔点的过渡金属碳化物或硼化物[40-44],如 ZrC、HfC、TaC、SiC、ZrB$_2$、HfB$_2$ 等。为了对基体改性 C/C 复合材料在超高温条件下的氧化烧蚀机理进行深入的了解,以及明确更有效的烧蚀抑制剂的种类及其存在状态,对 C/C - MC(B)(M 指过渡金属)体系中主要组元与氧的反应活性、平衡产物相、界面蒸汽压等进行了热力学分析。

1. $\Delta_r G_m^\circ$-T 计算分析

材料氧化反应的标准摩尔吉布斯自由能与温度的 $\Delta_r G_m^\circ$-T 图(Ellingham 图)可以很好地反映该材料在不同温度下与氧的反应活性(氧亲和力)的大小和变化趋势。通过比较不同材料在相同温度下的氧亲和力的大小,能够评价其氧化产物的稳定性。

对于如下的氧化反应过程:

$$yY + zZ = y'Y' + z'Z' \tag{2.1}$$

根据热力学定义,在等压条件下,此反应在温度为 T 时的标准摩尔吉布斯自由能的变化量 $\Delta_r G_m^\circ(T)$ 可由相应的标准摩尔焓变 $\Delta_r H_m^\circ(T)$ 和熵变 $\Delta_r S_m^\circ(T)$ 来计算:

$$\Delta_r G_m^\circ(T) = \Delta_r H_m^\circ(T) - T\Delta_r S_m^\circ(T) \tag{2.2}$$

而根据焓变的基尔霍夫(Kirchhoff)定律及熵变的定义,上述反应中的标准摩尔焓变 $\Delta_r H_m^\circ(T)$ 和熵变 $\Delta_r S_m^\circ(T)$ 的计算公式分别为

$$\Delta_r H_m^\circ(T) = \Delta_r H_m^\circ(298\ \text{K}) + \int_{298}^{T} \Delta C_{p,m} \mathrm{d}T + \sum_i H_i \tag{2.3}$$

$$\Delta_r S_m^\circ(T) = \Delta_r S_m^\circ(298\ \text{K}) + \int_{298}^{T} \frac{\Delta C_{p,m}}{T} \mathrm{d}T + \sum_i \frac{H_i}{T_i} \tag{2.4}$$

式中,$\Delta_r H_m^\circ(298\ \text{K})$ 和 $\Delta_r S_m^\circ(298\ \text{K})$ 分别为反应温度为 298 K 时的标准摩尔焓变和熵变;$\Delta C_{p,m}$ 为反应中生成物与反应物的摩尔等压热容之差;H_i 为反应中所涉及的相变的潜热;T_i 为相变的温度,下标 i 表示相变的个数。

因此,温度为 T 时的标准摩尔吉布斯自由能变化量 $\Delta_r G_m^\circ(T)$ 可以写为

$$\Delta_r G_m^o(T) = \Delta_r H_m^o(298\ \text{K}) - T \Delta_r S_m^o(298\ \text{K})$$

$$+ \int_{298}^{T} \Delta C_{p,m} dT - T \int_{298}^{T} \frac{\Delta C_{p,m}}{T} dT + \sum_i H_i - T \sum_i \frac{H_i}{T} \qquad (2.5)$$

式中，$\Delta_r H_m^o(298\ \text{K})$ 和 $\Delta_r S_m^o(298\ \text{K})$ 可由如下通式计算得出：

$$\Delta_r X = [y \Delta_f X(Y) + z \Delta_f X(Z)] - [y' \Delta_f X(Y') + z' \Delta_f X(Z')] \qquad (2.6)$$

式中，$X = H_m^o(298\ \text{K})$ 或 $S_m^o(298\ \text{K})$；$\Delta_f X$ 代表反应中各物质的标准摩尔生成焓或熵。

而 $\Delta C_{p,m}$ 同样可由反应中各生成物与反应物的摩尔等压热容 $C_{p,m}$ 之差来计算：

$$\Delta C_{p,m} = [y C_{p,m}(Y) + z C_{p,m}(Z)] - [y' C_{p,m}(Y') + z' C_{p,m}(Z')]$$

$$\qquad (2.7)$$

另外，物质的摩尔等压热容 $C_{p,m}$ 可由如下公式确定：

$$C_{p,m} = a + b \times 10^{-3} T + c \times 10^5 T^{-2} + d \times 10^{-6} T^2 \qquad (2.8)$$

式中，a、b、c、d 为常数，可由热力学数据手册查得。

从上述推导可知，可以通过式(2.5)~式(2.8)计算得出在任何温度 T 时化学反应的 $\Delta_r G_m^o(T)$。其中，需要确定的参数包括反应中所涉及各物质的 $\Delta_f H_m^o(298\ \text{K})$、$\Delta_f S_m^o(298\ \text{K})$、$H_i$ 及计算 $C_{p,m}$ 时所用的 a、b、c、d 常数。这些参数均可通过查询相关热力学数据手册获得。然后，利用 Matlab 编程可以计算获得该化学反应的标准摩尔吉布斯自由能与温度的关系曲线。

具体来讲，以 ZrB_2 与 O_2 的反应为例，其反应方程式为

$$\frac{2}{5} ZrB_2(s) + O_2(g) = \frac{2}{5} ZrO_2(cr) + \frac{2}{5} B_2O_3(s/l) \qquad (2.9)$$

由式(2.5)~式(2.7)可知：

$$\Delta_r H_m^o(298\ \text{K}) = \left[\frac{2}{5} \Delta_f H_m^o(ZrO_2, 298\ \text{K}) + \frac{2}{5} \Delta_f H_m^o(B_2O_3, 298\ \text{K}) \right]$$

$$- \left[\frac{2}{5} \Delta_f H_m^o(ZrB_2, 298\ \text{K}) + \Delta_f H_m^o(O_2, 298\ \text{K}) \right] \qquad (2.10)$$

$$\Delta_r S_m^o(298\ \text{K}) = \left[\frac{2}{5}\Delta_f S_m^o(\text{ZrO}_2,\ 298\ \text{K}) + \frac{2}{5}\Delta_f S_m^o(\text{B}_2\text{O}_3,\ 298\ \text{K}) \right]$$

$$- \left[\frac{2}{5}\Delta_f S_m^o(\text{ZrB}_2,\ 298\ \text{K}) + \Delta_f S_m^o(\text{O}_2,298\ \text{K}) \right] \quad (2.11)$$

$$\Delta C_{p,m} = \left[\frac{2}{5}C_{p,m}(\text{ZrO}_2) + \frac{2}{5}C_{p,m}(\text{B}_2\text{O}_3) \right] - \left[\frac{2}{5}C_{p,m}(\text{ZrB}_2) + C_{p,m}(\text{O}_2) \right]$$

$$(2.12)$$

查询热力学数据手册[45]，可以获得此反应中各物质的相关热力学参数值，如表 2.1 所示。需要说明的是，由于此反应中的反应产物 ZrO_2 和 B_2O_3 在 723 K、1 400 K、1 478 K、2 950 K 等温度存在相变或热容的变化，需要对 $\Delta_r G_m^o(T)$ 进行温度分段计算。

表 2.1 ZrB_2 氧化反应涉及物质的热力学数据[45]

物质	$\Delta_f H_m^o(298\ \text{K})$ /(kJ/mol)	$\Delta_f S_m^o(298\ \text{K})$/ [J/(mol·K)]	$C_{p,m}$/[J/(mol·K)]				T/K	H_i /(kJ/mol)
			a	b	c	d		
ZrB_2	−322.59	35.94	64.212	9.427	−16.581	—	298~3 323	—
O_2	0	205.04	29.957	4.184	−1.674	—	298~3 000	—
ZrO_2	−1 097.46	50.36	69.622	7.531	−14.058	—	298~1 478	5.94
			74.475	—	—	—	1 478~2 950	87.03
			87.864	—	—	—	2 950~3 300	—
B_2O_3	−1 270.43	53.85	102.776	−84.902	−24.376	145.331	298~723	22.01
			245.814	−145.511	−171.167	48.166	723~1 400	—
			127.779	—	—	—	1 400~2 316	—

依据上面介绍的计算方法并编制 Matlab 计算程序，可分别计算得到碳和一些难熔金属硼/碳/硅化物的氧化反应在不同温度下的 $\Delta_r G_m^o$ 并绘制成图，如图 2.3 所示。需要说明的是，为了方便进行对比，在所有氧化反应中统一考虑固

相反应物与 1 mol O_2 反应的情况。然而,在热力学数据手册中所收集的部分物质的热力学数据并没有达到 3 500 K(表 2.1)。因此,图 2.3 中在实际温度范围以外的数据均为计算时进行外延的结果。

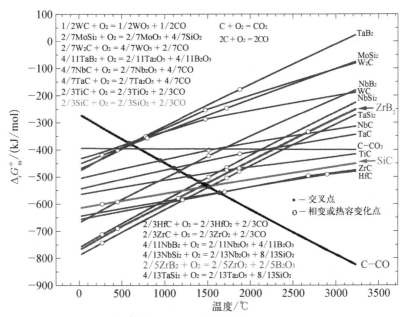

图 2.3　碳和一些难熔金属硼/碳/硅化物氧化反应的 $\Delta_r G_m^o$-T 图

碳在高温下的氧化产物主要为 CO 气体,因此下面讨论中所提及的碳氧化反应仅指 $2C+O_2=2CO$。从图 2.3 中可以看出:① 在 3 000℃以内,除 TaB_2 外,所有其他物质氧化反应的 $\Delta_r G_m^o$ 均为负值。表明,这些反应在此温度范围内热力学上均可发生;② 随着温度的增加,碳氧化反应的 $\Delta_r G_m^o$ 呈不断减小的趋势(即曲线的斜率为负),而其他物质的 $\Delta_r G_m^o$ 则呈现不断增大的趋势(即曲线的斜率为正)。也就是说,随温度的上升,碳的氧化反应是一个熵增的过程,而其他物质的氧化反应是一个熵减的过程。研究表明,碳发生氧化反应的热力学倾向性随温度的升高而变大,而其他物质则相反;③ 对于不同物质的 $\Delta_r G_m^o$-T 曲线,在相同温度下,$\Delta_r G_m^o$ 越负(即曲线位置越靠下),其氧亲和力越大,即发生氧化反应的热力学倾向性越大,且相应的氧化产物的稳定性越高,反之亦然;④ $\Delta_r G_m^o$-T 曲线上的交点位置表示两种物质在该温度具有相同的 $\Delta_r G_m^o$,即两种物质的氧亲和力相同,且氧化产物具有相同的稳定性。在交点温度以下,$\Delta_r G_m^o$-T 曲线斜率较大的物质的氧亲和力高于曲线斜率较小的物质。相反,在交点温度以上,

$\Delta_r G_m^o$-T 曲线斜率较大的物质的氧亲和力将越来越低于曲线斜率较小的物质。

具体来讲,由于碳氧化反应的 $\Delta_r G_m^o$-T 曲线斜率为负,而其他物质氧化反应的 $\Delta_r G_m^o$-T 曲线斜率为正,两者存在一系列的交点。从热力学上来说,在交点温度以下,其他物质的氧亲和力大于碳,即两者共存时其他物质更倾向于优先被氧化;反之,在交点温度以上,碳的氧亲和力较大,更倾向于被氧化。因此,对于用于改善碳抗高温氧化性能的氧化抑制剂,应该选择与石墨氧化反应的 $\Delta_r G_m^o$-T 曲线交点温度尽可能高的材料。这样一来,当氧化温度低于交点温度时,复合材料中的氧化抑制剂成分可以优先被氧化,从而在材料表面形成氧化膜,阻碍基体材料的进一步氧化。从图 2.3 中可以看出,与碳氧化反应的 $\Delta_r G_m^o$-T 曲线交点温度较高的几种材料依次为(按交点温度由高到低排序)ZrC、HfC、TaSi$_2$、SiC、ZrB$_2$、NbSi$_2$、TiC 等。

2. 平衡氧分压计算分析

在碳-氧化抑制剂复合材料的氧化过程中,当材料表面形成氧化膜以后,在氧化膜中会形成氧压力(或称氧浓度)梯度,即氧压力从氧化膜外表面至氧化膜/基体界面不断降低。其中,在氧化膜/基体界面处的氧压力一定不低于氧化抑制剂成分在该温度下的氧化反应的平衡氧分压,否则氧化膜会发生分解。需要考虑的是,如果此时界面处的氧压力低于碳在该温度下氧化反应的平衡氧分压,则基体中的碳便不会被继续氧化。因此,欲改善碳的抗氧化性能,还需要选择氧化反应的平衡氧分压尽可能低于碳氧化平衡氧分压的氧化抑制剂材料。

根据化学平衡理论[7-9,40],对于凝聚态物质的氧化反应,可以利用反应的标准平衡常数 $K^o(T)$ 与标准摩尔吉布斯自由能函数 $\Delta_r G_m^o(T)$ 和平衡氧分压 $P_{O_2, eq}$ 之间的关系,建立后两者之间的关系,从而计算得到相应物质氧化反应的平衡氧分压。仍以 ZrB$_2$ 与 O$_2$ 的反应为例[式(2.9)],其反应平衡时的氧分压 $P_{O_2, eq}$ 和 $\Delta_r G_m^o(T)$ 的关系式如下:

$$\Delta_r G_m^o(T) = -RT \ln K^o(T) = -RT \ln \frac{a(ZrO_2)^{\frac{2}{5}} a(B_2O_3)^{\frac{2}{5}}}{a(ZrB_2)^{\frac{2}{5}}(P_{O_2, eq}/P^o)} \quad (2.13)$$

式中,a 为活度,对于凝聚态纯物质,其活度均为 1,即 $a(ZrB_2) = a(ZrO_2) = a(B_2O_3) = 1$;$R$ 为标准气体常数;$P^o = 1$ atm(1 atm $= 1.01 \times 10^5$ Pa),为标准状态下的气体压力。

因此,式(2.13)可以简化为

$$\Delta_r G_m^\circ(T) = RT \ln P_{O_2,\,eq} = 2.303 RT \log P_{O_2,\,eq} \text{ 或 } \log P_{O_2,\,eq} = \frac{\Delta_r G_m^\circ(T)}{2.303 RT}$$

$$(2.14)$$

同理,可以得出各物质氧化反应的平衡氧分压 $P_{O_2,\,eq}$ 与 $\Delta_r G_m^\circ(T)$ 的关系。需要说明的是,在难熔金属碳化物等一些物质的氧化反应过程中,同时涉及 O_2 和气相产物 $CO(g)$ 两种气体。因此,在计算这些物质的氧化反应的平衡氧分压过程中,需要考虑系统中的 $CO(g)$ 分压。以 ZrC 和 O_2 的反应为例,其反应平衡时的氧分压 $P_{O_2,\,eq}$ 和 $\Delta_r G_m^\circ(T)$ 的关系式如下:

$$\frac{2}{3} ZrC(s) + O_2(g) = \frac{2}{3} ZrO_2(cr) + \frac{2}{3} CO(g)$$

$$(2.15)$$

$$\Delta_r G_m^\circ(T) = -2.303 RT \log \frac{(P_{CO})^{\frac{2}{3}}}{P_{O_2,\,eq}}$$

$$(2.16)$$

由热力学计算结果表明[45],在碳-氧化抑制剂-氧气共存的系统中,当反应达到平衡时,$CO(g)$ 是系统中存在的主要气相,所占气相比例>99%。因此,在计算碳及碳化物等产生 $CO(g)$ 的氧化反应在不同温度下的 $P_{O_2,\,eq}$ 时,设定 $P_{CO} = 1$ atm。这样一来,式(2.16)即等同于式(2.14),利用该式可以计算获得碳和所有氧化抑制剂候选材料氧化时的平衡氧分压和温度的关系。

依据式(2.14),计算了碳、ZrC、HfC、$TaSi_2$、SiC、ZrB_2、$NbSi_2$、TiC 等物质的氧化反应的平衡氧分压随温度的变化,如图 2.4 所示。由图可知,针对所有上述物质,其氧化反应的平衡氧分压均随着温度的升高呈指数式增大,其中:① 当环境中的氧分压低于曲线所示平衡氧分压时,物质将不被氧化,反之亦然;② 当环境中的氧分压处于某两条曲线之间时,曲线处于较低位置的物质被氧化,而曲线处于较高位置的物质不被氧化;③ 两曲线相交表明两物质在交点温度下的氧化具有相等的平衡氧分压。因此,选择氧化反应的平衡氧分压尽可能低于碳的氧化抑制剂材料,即选择与碳氧化反应的 $P_{O_2,\,eq}$-T 曲线交点温度尽可能高的材料,依次为(按交点温度由高到低排序)ZrC、HfC、$TaSi_2$、SiC、ZrB_2、$NbSi_2$、TiC 等。

3. MC/MO 界面蒸汽压计算与分析

具有抗氧化性的氧化物主要包括 SiO_2、Al_2O_3、Cr_2O_3 和 BeO。在超高温条件下还应该考虑 ZrO_2、HfO_2 和 Ta_2O_5 等。氧化膜的保护性与其完整性密切相关。氧化物的完整性除与界面结合强度及所受应力有关外,还与氧化物的挥发性及

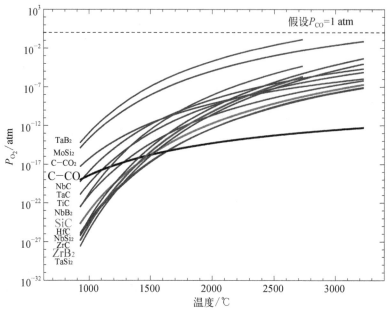

图 2.4 碳及一些难熔金属硼/碳/硅化物氧化反应的 $P_{O_2, eq}$-T 图

氧化物/基体界面的蒸汽压有关,而后两者受温度的影响明显,因此绘制不同温度下的氧化物的蒸汽压图是十分必要的。已有研究者给出了 2 227℃下 Si - O、Cr - O、Be - O、Al - O、Zr - O、B - O 体系中氧化物的蒸汽压。但是,考虑到低烧蚀 C/C 复合材料中添加的抗氧化剂主要为过渡金属的碳化物,界面的平衡相区应为 MC/MO。基于热力学数据,计算了部分典型的 MC - MO 体系的氧化物蒸汽压,如图 2.5 所示。

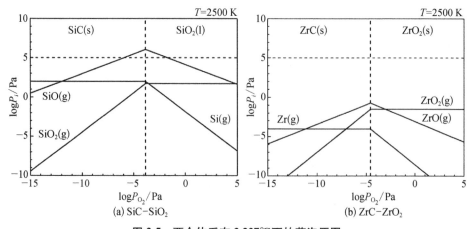

图 2.5 两个体系在 2 227℃下的蒸汽压图

从图 2.5 看出,在 2 227℃下,ZrC 氧化形成固相 $ZrO_2(s)$,而 SiC 氧化形成液相 $SiO_2(1)$。在 ZrC 与 $ZrO_2(s)$界面,$Zr(g)$、$ZrO(g)$及 $ZrO_2(g)$的蒸汽压较高,但不超过 1 Pa。而在 SiC 与 $SiO_2(1)$的界面,$SiO(g)$的蒸汽压超过了 10^5 Pa(一个标准大气压)。因此,在 2 227℃下,$ZrO_2(s)$可以在 ZrC 表面稳定存在,而由于 $SiO(g)$的界面蒸汽压超过了一个标准大气压,$SiO(g)$急速向外流动,$SiO_2(1)$在 SiC 表面不能稳定地存在;另外,在存在冲蚀的条件下,液相 SiO_2 膜也易于被气流剥离。ZrC、ZrB_2、SiC、TaC 氧化时,界面蒸汽压随温度的变化如图 2.6 所示。随温度升高,各种挥发性物质的蒸汽压也会提高。在 ZrB_2 - $ZrO_2(s)$体系中,B_2O_3 气体界面处的蒸汽压超过一个标准大气压所对应的温度为 2 350 K;在 ZrC - $ZrO_2(s)$体系中,CO 气体界面处蒸汽压超过一个标准大气压所对应的温度为 1 920 K,而在 TaC - Ta_2O_5 体系中相应的温度仅约为 1 400 K。界面处气体或氧化物的蒸汽压很高(达到 10^4 Pa)时,内外界面的压力差导致氧化膜破坏。因

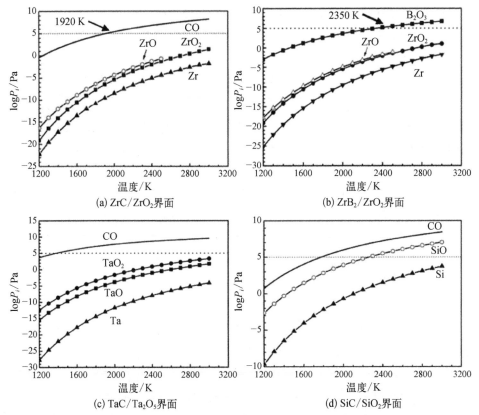

图 2.6　ZrC、ZrB_2、SiC、TaC 氧化体系界面挥发相蒸汽压随温度的变化曲线

此,在选择氧化抑制剂的时候首先要考虑添加的抑制剂氧化后生成的氧化物的蒸汽压要相对较低。从此点考虑,ZrB_2的抗氧化性能要优于ZrC的,这与实际测试结果吻合。

作为 C/C 复合材料的添加剂,在超高温条件下本身必须保持稳定,然后发生氧化后可以形成稳定存在的氧化产物从而对基体材料起到保护作用。除对应的氧化物熔点高且蒸汽压低外,还需要满足其他方面的要求。综合上述热力学分析,为了提高 C/C 复合材料超高温抗氧化性能,选择的添加剂必须满足如下要求:① 熔点高,应远超过 1 800℃;② 蒸汽压低,即挥发性要小,实际应用中要求低于 10 Pa;③ 在超高温条件下,与基体保持热力学平衡,可以稳定存在;④ 化学稳定性好,不与其他环境介质发生反应;⑤ 添加量应在临界质量分数以上,可以形成完整的氧化产物膜覆盖基体表面,从而有效隔离氧化性介质;⑥ 添加量应控制在明显影响 C/C 复合材料基体力学性质的范围以内。

依据上述条件,C/C 复合材料抗氧化添加剂主要选择 Zr、Hf、稀土元素(如 Y、Ce、Th)的碳化物、硼化物或硅化物。另外,上述分析针对单一类型的添加剂。事实上,研究表明,一种固相氧化物和一种熔融态氧化物的复合膜的抗氧化性能效果更好,主要是由于在超高温氧化过程中,氧化膜/基体界面处氧化物的蒸汽压可能很高。在超高温条件下,挥发性氧化物的界面蒸汽压有可能超过一个大气压,在内外压力差的作用下容易使膜破坏。另外,C/C 复合材料在超高温氧化过程中产生的 CO 或 CO_2 气体向环境中释放,也会在膜内留下大量扩散通道,使得氧化膜无法保持完整致密。因此,一种氧化物骨架发挥整体结构稳定,另一种熔融氧化物质起到裂纹和孔洞愈合作用,可以有效保持材料表面氧化膜产物的动态稳定性。大量氧化实验表明[41],ZrB_2+SiC 具有优异的抗氧化性能,原因正是表面形成了 ZrO_2 固相结构与 B_2O_3 液相或硅硼酸盐玻璃相的复合氧化层。

2.4　碳基热防护材料氧化机理和失效机制

如前所述,碳材料在高温下极易与氧化性气体发生化学反应,这与碳晶体中的碳网平面在空间上的分布有限关。在碳网平面内总存在一定数量的边缘碳原子,这些边缘碳原子具有未饱和的化学键和自由的 π 电子,活性很大,容易受到氧原子的化学侵蚀。图 2.7 描述了边缘碳原子的两种不同的排列方式$\langle 10\bar{1}0 \rangle$方向和$\langle 11\bar{2}0 \rangle$方向,通常称为"armchair"位和"zigzag"位。在 900℃以下氧化时,

"zigzag"位的碳原子比"armchair"位的碳原子的反应活性更高。从边缘碳原子开始的氧化使碳网平面减小,而从内部活性碳原子(位错、空位)开始氧化,会使其周围的碳原子逐个发生断键,生成 CO_2 或 CO,最终在碳网平面上形成氧化腐蚀坑。因此,碳材料的氧化优先在表面、晶界或位错等区域。碳材料的这种属性也是 C/C 复合材料高温易氧化的根本原因。此外,C/C 制备工艺复

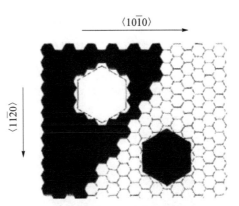

图 2.7　碳网平面的氧化模型图

杂,基体及碳纤维与基体界面存在很多微裂纹、孔隙(图 2.8),氧化性气体可以通过这些微裂纹、孔隙不断向材料内部渗透,从而加剧材料的氧化速度。

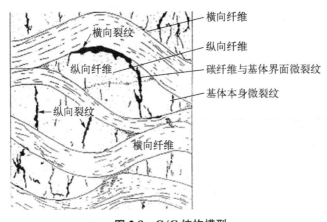

图 2.8　C/C 结构模型

　　按照前述理论计算与分析结果,研制了基体内含有抗烧蚀组元的低烧蚀 C/C 复合材料。由于抗烧蚀组元的存在,材料的氧化特征发生了改变。

　　(1)热力学计算数据表明,抗烧蚀组元在氧化性气体下,氧化活性比碳高,因此当氧到达低烧蚀 C/C 复合材料表面时,优先被氧化的不是边缘碳原子,而是 MC(M=Zr、Hf、Ta、Si 等)。MC 的优先氧化,消耗了一定的氧,具体的量取决于 MC 的含量,MC 含量越高消耗的氧含量越大,进入材料内部的氧含量也相应降低。

　　(2)随着氧化反应的进行,碳开始氧化,以 CO 气体的形式从材料表明释放,MC 的氧化产物 MO_2 则附着在材料表面,且越聚越多,在一定的温度下(1 800~

2 500℃),形成具有一定厚度的连续 MO_2 膜(图 2.9)。一方面,氧化膜可以阻挡氧的扩散,延缓了氧到达基材的时间;另一方面,氧化膜可以阻碍 CO 的逸出,氧化产物浓度增大,限制了氧化反应的正向进行。因此,两方面的共同作用,极大降低材料的氧化速率,提高了 C/C 复合材料的抗氧化性能。

(a) 烧蚀前　　　(b) 纯C/C　　　(c) 低烧蚀C/C　　(d) 低烧蚀C/C表面氧化膜

图 2.9　烧蚀面氧化膜形貌

(3)随着氧化烧蚀的进行,材料反应可进行到一定深度范围内。如图 2.10 所示,为烧蚀面到约 3.7 mm 深度的背散射照片,由图可见,在材料深度范围内,

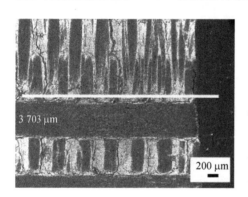

图 2.10　C/C - MC 在 2 800℃烧蚀后的截面背散射照片

MC 有明显被氧化的现象,表面由于大量 MO_2 堆积,M 和 O 的含量明显高于材料内部,材料在 3.7 mm 深度范围内明显有 O 存在,说明已经有 MO_2 形成。而从 MC 向 MO_2 转变的过程中,伴随着体积的增大,起到了对原有材料裂纹及微裂纹的愈合作用,氧的扩散通道封闭或变窄,对氧的进一步扩散起到了很好的阻挡作用,因此随着反应时间的增加,材料的抗氧化性能有所增强,一定时间后氧化行为表现为线性规律。

为了研究材料的烧蚀动力学规律,选取抗烧蚀组元质量分数为26%和12%的两种低烧蚀 C/C 复合材料,在亚声速高频等离子体风洞进行了氧化烧蚀试验。模型尺寸为 ϕ15 mm×15 mm,试验温度为 2 300℃±20℃,试验时间为 101 ~ 601 s。两种模型的线烧蚀量如图 2.11 所示。

从图 2.11 看出,随着氧化烧蚀时间延长,C/C - 26%MC 和 C/C - 12%MC 两种模型的线烧蚀百分比均增加,例如601 s 时分别达到8.9%和10.1%。拟合发现,线烧蚀量随时间呈分阶段线性变化。表 2.2 为拟合曲线得到的速度常数 k 值。

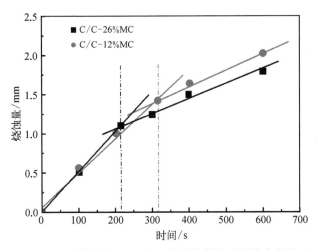

图 2.11　两种模型在 2 300℃下的线烧量随时间的变化关系

表 2.2　由拟合曲线得到的速度常数 k 值

材　　料	$k_1/(10^{-3}$ mm/s$)$	$k_2/(10^{-4}$ mm/s$)$
C/C – 26%MC	5.1(0~215 s)	1.8(215~601 s)
C/C – 12%MC	4.8(0~316 s)	2.1(316~601 s)
C/C	约 16	—

由于添加的抗烧蚀剂在超高温烧蚀过程中在表面形成了一层氧化物,可以阻止氧向材料内部扩散,从而可以降低材料的烧蚀速率。初始烧蚀时,表面形成的氧化层疏松或不完整,氧化烧蚀速率较高;一定时间后,才能形成起阻挡作用的较厚的氧化层。添加剂含量越高,形成起阻挡作用的氧化层的时间就越短,且阻挡作用的效果也越好。由以上对比试验可以看出,添加 MC 后使 C/C 的线烧蚀速率降低了 68%~70%。

为了精确评定 C/C – MC 复合材料在超高温下的氧化动力学规律,设计并制备了多种样品进行等离子体风洞氧化烧蚀试验。样品为 C/C –(A、B、C),组元含量依次递减:26%,12%,4%。实验状态 I:热流密度为 3.8 MW/m²,驻点压力为 17 kPa;实验状态 II:热流密度为 2.4 MW/m²,驻点压力为 17 kPa。线烧蚀量随时间的变化如图 2.12 所示,由图可以看出,纯 C/C 的氧化动力学性能遵从线性规律,而低烧蚀 C/C 遵从两阶段线性规律。添加 MC 后使 C/C 的线烧蚀速率最大可降低 83.3%,且 MC 含量越高,降低越显著。

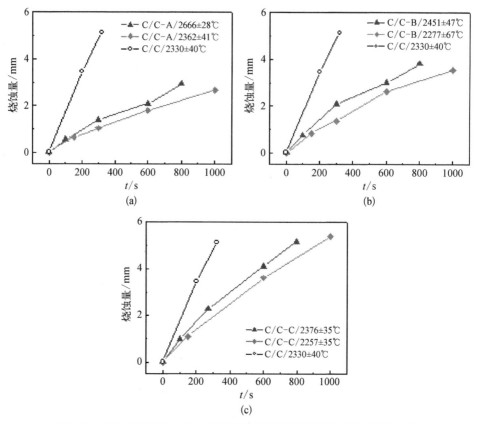

图 2.12 三种 C/C 复合材料在两种实验状态下的线烧蚀量随时间的变化

由烧蚀后的产物相及形貌分析可以看出,经过氧化烧蚀试验后,模型表面覆盖一层白色氧化产物相。该产物膜疏松,结合差,易剥落。利用 X 射线衍射(X-ray diffraction, XRD)对脱落的白色产物进行了分析(图 2.13),所有低烧蚀 C/C 复合材料上的白色产物为同一种相 MO_b。从图可以看出,白色氧化物不是均匀地覆盖表面,其间规则地分布有黑色凹坑。烧蚀后试样的扫描电子显微镜(scanning electron microscope, SEM)表面形貌照片如图 2.14 所示。

基于所采用的低烧蚀 C/C 复合材料制备工艺,所测试的材料内添加剂主要分布在碳布层间及纤维束间的碳基体内,而纤维束内部的含量很少。烧蚀后,试样表面 Z 向纤维束烧蚀速率较 XY 向(碳布层面方向)高,从而形成对应的凹坑。含添加剂较少的 Z 向纤维束的烧蚀速率高,表明添加剂明显降低了基体的烧蚀速率。烧蚀优先发生在纤维间的界面,时间越长,界面烧蚀越严重。表面氧化物呈等轴晶粒状,晶粒间疏松堆积,结合不致密。

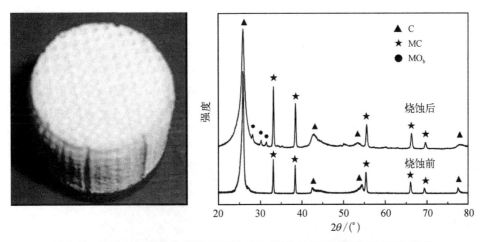

图 2.13　C/C－A 模型在 2 300℃烧蚀 600 s 后的宏观形貌照片及 XRD 谱图

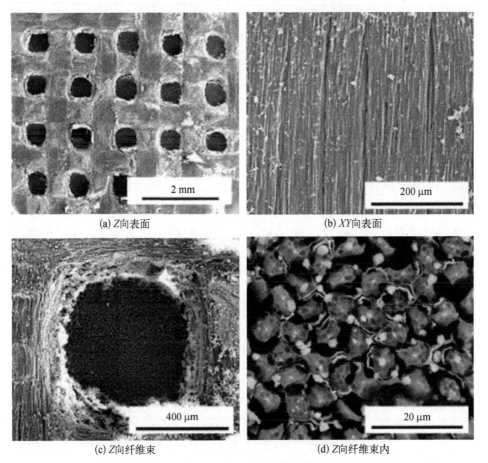

(a) Z向表面　　　　　　　　　　(b) XY向表面

(c) Z向纤维束　　　　　　　　　(d) Z向纤维束内

图 2.14　C/C－A 在 1 970℃亚声速烧蚀 200 s 后的表面形貌

当温度达到 2 500~2 700℃时,烧蚀面堆积的 MO_2 逐渐变软、熔融,在气流的作用下,不断被吹掉(图 2.15),对氧的扩散阻挡作用越来越小。而在材料深度范围,温度大于 2 370℃以后,MO_2 出现相变,由四方相变为立方相。同时伴随着体积的减小(大约 3%),材料内部裂纹及微裂纹数量增加,导致 O 的扩散通道增加。在这种情况下,低烧蚀 C/C 抗氧化性能降低,抗烧蚀组元的抗氧化作用减弱。

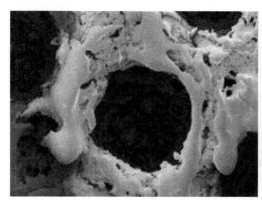

图 2.15　低烧蚀 C/C 烧蚀过程熔融氧化膜的形成与消耗

通过对比上述烧蚀前后以及不同状态下烧蚀后的试样断面形貌和成分分布,可以得出如下结论,并建立如图 2.16 所示的氧化模型。

(1) 由于碳布层间的碳基体中的抗氧化添加剂 MC 含量较高,烧蚀过程中在 XY 碳布层上形成 MO_b,可以阻挡氧向内传输,因而烧蚀速率低。在 Z 向纤维束内,MC 含量低,烧蚀端面上未形成连续 MO_b 层,烧蚀速率较高。在超声速状态下,气流速度高,冲蚀作用明显,MO_b 层的阻挡作用减弱,XY 碳布面与 Z 向纤维束的烧蚀速率接近。

(2) 低烧蚀 C/C 复合材料烧蚀过程中,表面形成的氧化物层由颗粒状 MO_b 疏松堆积。氧主要是通过 MO_b 层内的颗粒间隙以气态向内传输。添加剂含量越高,MO_b 层越厚且堆积密度越大,MO_b 层的保护作用越有效。

(3) 由于纤维束内的 MC 含量低,不能形成完整覆盖的 MO_b 层,氧化速度较高。因此,烧蚀后的复合材料表面 Z 向纤维端面低于周边基体,呈现凹坑状。当凹坑较深成深孔时,此时孔内气流流动性差,反应释出的 CO 聚集,导致孔内氧分压降低,气体有可能具备还原性,氧化速度降低或受到抑制。因此,Z 向纤维端面与基体表面保持一个平衡的高度差。

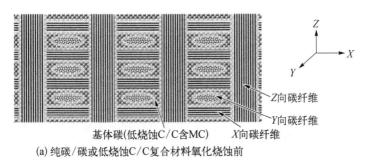

(a) 纯碳/碳或低烧蚀C/C复合材料氧化烧蚀前

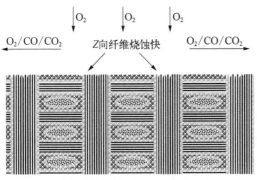

(b) 纯C/C复合材料氧化烧蚀后

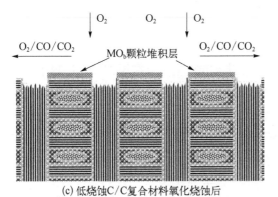

(c) 低烧蚀C/C复合材料氧化烧蚀后

图 2.16   C/C复合材料超高温氧化烧蚀表面演化模型

（4）在烧蚀后的表面向内无明显的热影响区存在，即在材料的次表层中，无论微观结构还是主要元素分布都无明显变化。这是由于复合材料中基体碳或碳纤维的熔点都在3 000℃以上，热稳定性好。

（5）在纤维和基体界面存在裂隙，当这些裂隙暴露在超高温气体中时，环境中的氧会沿着裂隙快速向内渗透，最后在裂隙处形成深入基体的 MO_b

富集带。

（6）气流速度对材料的线烧蚀率有显著影响，气流速度越高，材料的线烧蚀率越高。主要原因如下：减薄 MO_b 氧化层，在材料表面保持一个高的 P_{O_2}。无论哪种作用占优势，总的效果都是导致材料烧蚀速率增加。

综上所述，含抗烧蚀组元的低烧蚀碳/碳具有较好的抗氧化和抗烧蚀性能是因为抗烧蚀组元优先氧化形成氧化膜，阻挡氧扩散及氧化产物 CO 的逸出，延缓了氧化反应的进行。同时，MC 氧化过程中伴随着体积的增加，弥合了材料内部的微裂纹和孔洞，抑制了氧向材料内部的扩散，从而显著提高了材料的抗氧化和抗烧蚀性能。

2.5　碳基热防护材料制备及性能考核

抗烧蚀组元是低烧蚀 C/C 复合材料具有超高温抗氧化、抗烧蚀性能的关键。综合考虑各类难熔金属化合物的熔点、蒸汽压、氧扩散率及碳扩散率等数据，锆、铪、硅、钛类化合物具有很高的熔点和热稳定性，在高温下无固相相变，并且氧化生成的氧化物可以有效阻挡氧扩散等优点，选择锆、铪、硅、钛类化合物作为抗烧蚀组元的候选组分。

1. 抗烧蚀组元种类研究

复合材料中抗烧蚀组元的引入方式主要有在织物编织过程中直接添加粉体颗粒、制备特种前驱体液相浸渍碳化引入、织物添加结合特种前驱体协同引入等。根据设计结果，选取典型化合物形式，对其添加效果及其对材料综合性能的影响进行了研究。选取难熔金属的氧化物、碳化物、硼化物及其组合的形式作为抗烧蚀组元引入 C/C 复合材料中制备低烧蚀 C/C 复合材料，并对复合材料中碳纤维的微结构形貌的影响进行了研究对比。

从材料的微观形貌照片［图 2.17（a）~（c）］可以看出，含 M1O2、M1B2+M3C 组元材料的拉伸断口形貌基本呈现脆性断裂的状态。进一步增大放大倍数观察可发现，纤维束边缘的纤维形貌发生了异常变化，基本形貌为辐射状的片层式结构，越是靠近纤维束边缘纤维的形貌越是杂乱，并且纤维与周围基体呈现比较强的界面结合，没有微裂纹产生。进而对比引入 M1C+M3C 材料的拉伸断口形貌［图 2.17（d）~（f）］，材料断口基本呈现小台阶状，纤维与基体的界面结合也比较强，纤维束边缘的纤维单丝形貌略有变化，表面有呈径向辐射的浅沟槽，而引入 M1C 组元材料的纤维断口形貌没有发生明显变化,可以看到有单丝纤维拔出的迹象,说明在材料拉伸过程中,纤维起到了承力作用,纤维/基体界面结合相对比较适中。

　　由此说明,M1O2、M1B2、M3C 两种组元在材料复合热处理过程中,会引起纤维的结构重排,导致纤维形貌发生变化,并且纤维与基体表现出较强的化学界面结合现象,可以判断这种现象是由催化石墨化引起的。此外,M1B2 的线膨胀系数相比 M1C 要高一些,因此引入 M1B2 加剧了材料在高温处理过程中因热物理性能不匹配而带来的热失配问题,降低了纤维性能,从而使其力学性能严重下降。后续在制备含有 M1B2 组元或含双组元材料的过程中,需在组元引入前对纤维进行适当的界面保护,防止因热物理性匹配或化学反应问题导致材料力学性能下降。引入 M1C 到 C/C 复合材料中,由于高温热处理次数较少,其对碳纤维的物理和化学损伤大大减小,最终材料性能有了较大幅度的提高[图 2.17(g)、(h)]。

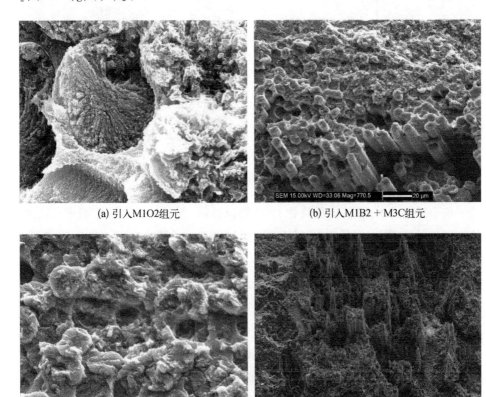

(a) 引入M1O2组元　　　　　　　　(b) 引入M1B2 + M3C组元

(c) 引入M1B2 + M3C组元　　　　　　(d) 引入M1C + M3C组元

| (e) 引入M1C + M3C组元 | (f) 引入M1C + M3C组元 |

| (g) 引入M1C组元 | (h) 引入M1C组元 |

图 2.17　不同组元种类材料的拉伸断口形貌

基于优化结果,制备出低烧蚀 C/C 复合材料,并对材料烧蚀性能进行了考核验证。在 6 MW/m² 的条件下采用电弧风洞对材料进行了 600 s 的考核,表 2.3 列出了两类双组元材料体系的烧蚀性能数据,并给出含 M1C 材料与纯 C/C 复合材料的烧蚀性能对比数据。从表中数据可以看出,在相同烧蚀状态下 (6 MW/m²) 引入 M1B2+M3C 与 M1C+M3C 后,材料的抗烧蚀性能均较 C/C 复合材料有一定程度的提高,但较引入 M1C 单一组元材料的抗烧蚀性能下降,其中含 M1C+M3C 组元材料的烧蚀性能下降幅度较大,比含 M1C 组元材料的烧蚀速率增大 70% 以上。分析认为,在高温、低氧的环境下,引入 M1B2+M3C、M1C+M3C 组元材料中的 M3C 与氧发生反应生成气态的 M3O,并且迅速挥发,使得抗烧蚀组元的抗氧化保护能力下降。

表 2.3　不同组元材料的烧蚀性能

抗烧蚀组元种类	烧蚀前		烧蚀后		线烧蚀速率/10^{-3} mm/s
	质量/g	长度/mm	质量/g	长度/mm	
M1C+M3C	94.43	65.00	65.53	52.56	20.73
M1B2+M3C	91.95	65.00	68.62	55.00	16.67
M1C	103.83	65.00	85.745	57.71	12.15
C/C	90.81	64.00	49.90	48.48	25.87

2. 抗烧蚀组元含量设计与优选

抗烧蚀组元含量对低烧蚀 C/C 复合材料力学性能及烧蚀性能的影响较为明显。为了系统研究 M1C 抗烧蚀组元含量对材料力学性能与烧蚀性能的影响规律,揭示抗烧蚀组元含量、力学性能、烧蚀性能之间的关系,开展了 M1C 目标质量分数为 10%、20%、30%、40% 的不同组元含量工艺样件的制备研究。表 2.4 为不同组元含量工艺样件的拉伸性能测试结果。

表 2.4　不同组元含量工艺样件的拉伸性能

抗烧蚀组质量分数/%	拉伸强度/MPa		弹性模量/GPa		断裂应变/%	
	XY 向	Z 向	XY 向	Z 向	XY 向	Z 向
10	179	151	70.87	53.67	0.27	0.27
20	132.3	129.3	58	33.8	0.26	0.43
30	88.1	108	48.0	36.9	0.21	0.36
40	76.8	98.9	47.2	33.3	0.2	0.31

从表 2.4 可以较明显地看出,XY 向和 Z 向的拉伸性能均随组元含量的增加而降低,这种变化规律与引入氧化物组元材料的变化规律是一致的。经研究分析认为,组元含量的增加造成材料力学性能下降的原因主要如下。首先,在前期研究中表明 M 的碳化物对碳材料有催化石墨化作用,其作用机理可以用熔解析出理论解释,即催化剂能够熔解碳形成固溶体,无序碳熔解达到饱和时,在无序碳和石墨晶体之间的能差作用下,熔解的部分碳会以低能级的石墨结晶形态从液相中结晶析出。抗烧蚀组元含量越高,这种催化石墨化作用越明显,从图 2.18 中的微观形貌照片也可以明显看出这种变化。C/C 复合材料的石墨化度与材料的力学性能成反比例关系,因此材料的力学性能随材料内抗烧蚀组元含量的增

加而降低;其次,抗烧蚀组元的线膨胀系数与碳纤维的线膨胀系数差距较大,使得材料在热处理过程中,会因两者热膨胀不匹配而在纤维/基体界面产生局部热应力,在这种热应力作用下,纤维受到损伤而导致材料力学性能降低。

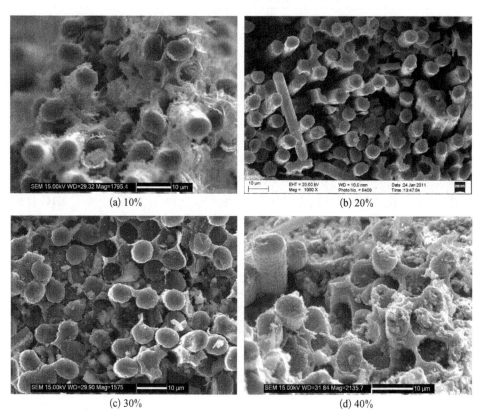

(a) 10%　　　(b) 20%

(c) 30%　　　(d) 40%

图 2.18　不同组元含量材料的拉伸断口形貌

3. 低烧蚀 C/C 复合材料性能

基于材料体系设计、组元种类、含量对材料性能的影响研究,优化了低烧蚀 C/C 复合材料制备工艺,制备的典型低烧蚀 C/C 复合材料拉伸性能、线膨胀胀系数结果如表 2.5 所示。

表 2.5　典型低烧蚀 C/C 复合材料拉伸性能和线膨胀胀系数

项　　目	方　　向	实　测　值
常温拉伸强度/MPa	XY 向	151
	Z 向	121

（续表）

项　目	方　向	实　测　值
拉伸弹性模量/GPa	XY 向	37.8
	Z 向	28.5
拉伸断裂应变/%	XY 向	0.46
	Z 向	0.43
平均线膨胀系数/（1×10⁻⁶/℃） （室温~1 000℃）	XY 向	2.15
	Z 向	2.65

　　除了室温性能以外,对低烧蚀 C/C 复合材料进行了高温拉伸性能测试,测试结果如图 2.19 所示。由图 2.19（a）可以看出,在室温~2 000℃内,材料 XY 向的拉伸强度随温度升高而增大,在 2 300℃以后迅速下降;而 Z 向的拉伸强度在 1 800℃时达到峰值,保持到 2 000℃左右后随着温度的升高而逐渐下降。由

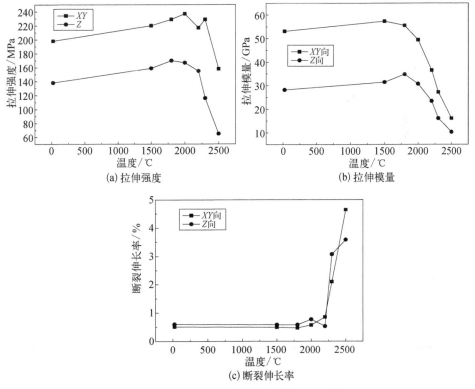

(a) 拉伸强度　　　　　　　(b) 拉伸模量

(c) 断裂伸长率

图 2.19　低烧蚀 C/C 复合材料的高温拉伸性能

图2.19(b)可以看出,材料 XY 向的拉伸模量在1 500℃时达到峰值,此后随着温度的升高而下降;Z 向的拉伸模量则在1 800℃时达到最大值。由图2.19(c)可以看出,从2 300℃时开始,材料 Z 向和 XY 向的断裂应变明显提高。与常温相比,在2 000~2 200℃下,低烧蚀 C/C 复合材料在 XY 向和 Z 向的拉伸强度均提高了20%左右;材料的模量也都有不同程度的提高。

采用超声速电弧风洞,对低烧蚀 C/C 复合材料在2 000~3 000℃温度的烧蚀性能进行了测试。试验条件分为低、中、高和超高四种状态,对应的温度范围分别为2 100~2 200℃,2 300~2 400℃,2 500~2 600℃,2 800~3 000℃。低、中状态试验时间为600 s,高、超高状态为300 s;气流马赫数为5.6~5.8。

在三种试验状态下,低烧蚀 C/C 复合材料的线烧蚀(质量)速率均比 C/C 复合材料有大幅度降低。例如,在低、中状态下,C/C 复合材料的线烧蚀速率分别为 $2.4×10^{-2}$ mm/s 和 $3.7×10^{-2}$ mm/s,而低烧蚀 C/C 复合材料的线烧蚀速率达到 $3.5×10^{-3}$ mm/s(低状态)和 $5.2×10^{-3}$ mm/s(中状态),比 C/C 复合材料降低了近一个数量级。抗烧蚀组元的存在可以大幅度提高了 C/C 复合材料的超高温烧蚀性能,且随组元含量增加,低烧蚀 C/C 复合材料的烧蚀性能也在提高(图2.20)。总体上,随着烧蚀温度升高,材料的线烧蚀速率也有一定程度的增大。在2 800℃以下,低烧蚀组元对 C/C 复合材料抗烧蚀性能的改善作用都很明显。

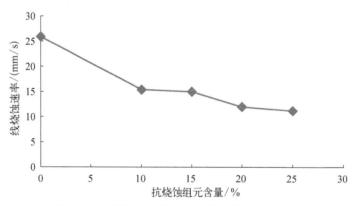

图2.20 不同组元含量试验件的线烧蚀速率对比

利用 SEM 对低、中、高和超高状态烧蚀后的模型表面形貌及微观结构进行了细致观察与分析。其中,典型的表面形貌照片如图2.21所示。

烧蚀实验后,多数模型表面的白色氧化物(MO_b)层呈粉体疏松状。从实验

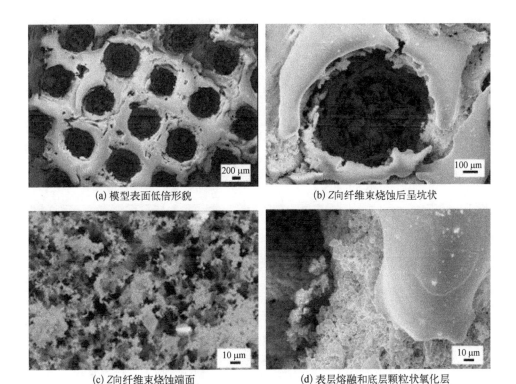

(a) 模型表面低倍形貌　　　　　　　(b) Z向纤维束烧蚀后呈坑状

(c) Z向纤维束烧蚀端面　　　　　　(d) 表层熔融和底层颗粒状氧化层

图 2.21　低烧蚀 C/C 复合材料在高状态烧蚀 300 s 后的表面形貌照片

看出,烧蚀温度越高,表面越粗糙。烧蚀表面主要有四种形貌区:XY 向纤维束区,Z 向纤维暴露端面,纤维束间的碳基体区,以及残留有氧化物的表面区。在低、中状态,Z 向纤维束暴露端面呈蜂窝状,单根纤维间界面优先发生烧蚀;表面氧化物呈颗粒状疏松堆积。在高状态时,模型表面温度很高,超过了 MO_b 的熔点,因而氧化层的表层明显熔融,形成致密的玻璃态膜。但由于 MO_b 的热导率低,氧化层表层以下的温度没有达到熔点,仍然呈颗粒状。

对未烧蚀试样的断面微观结构以及抗氧化添加剂的存在状态进行分析,如图 2.22 所示。图中黑灰色区域对应 C,白亮区对应 MC 相。看出,MC 主要分布在 C 基体中,而在 XY 和 Z 向纤维束内部的含量较少。在 C 基体中,MC 不是均匀分布,在靠近 C 布层间及 XY 向 C 布与 Z 向纤维束界面处含量较高,且以弥散颗粒分布。

在低和高状态下烧蚀后的模型断面 SEM 照片分别如图 2.23 和图 2.24 所示。从图中可以看出,材料内部 Z 向纤维束与周围材料界面存在明显的缝隙和孔洞,这些缝隙和孔洞是在织物制备和材料致密化过程中形成的。在烧蚀

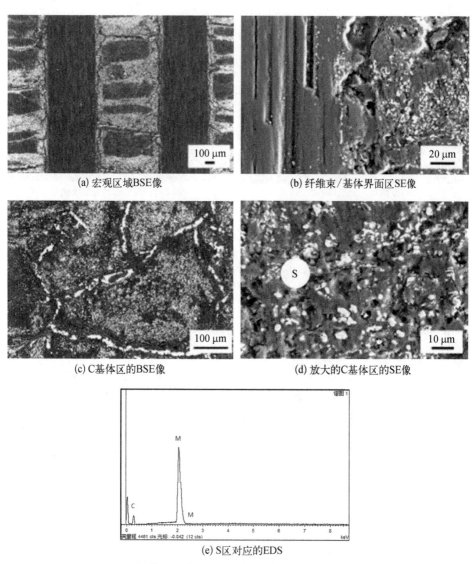

(a) 宏观区域BSE像

(b) 纤维束/基体界面区SE像

(c) C基体区的BSE像

(d) 放大的C基体区的SE像

(e) S区对应的EDS

图 2.22　低烧蚀复合材料原始样品微观结构及 MC 分布图

过程中,随着热流向材料内部的传递和氧气沿纵向缝隙向内渗透,部分基体 C 也被氧化而损失,加大了 Z 向纤维束周围界面的缝隙尺度。Z 向纤维束内部抗烧蚀组元的含量低,相比 XY 向 C 布较难以形成致密的氧化物颗粒层,纤维束端面被烧蚀呈锯齿状,且明显低于周围 XY 向 C 布层表面。正是因为 MO_b 颗粒堆积于 C 布表面,阻挡了氧气直接向内扩散,从而有效地降低了 XY 向 C 布的烧蚀速率。

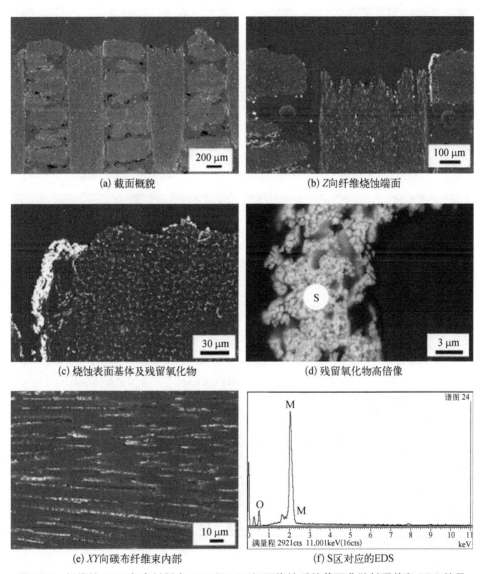

(a) 截面概貌

(b) Z向纤维烧蚀端面

(c) 烧蚀表面基体及残留氧化物

(d) 残留氧化物高倍像

(e) XY向碳布纤维束内部

(f) S区对应的EDS

图 2.23 低烧蚀 C/C 复合材料在 2 200℃±100℃下烧蚀后的截面背散射照片和 EDS 结果

分别采用 X 射线能量色散谱(energy dispersive spectrum,EDS)及电子探针显微分析(electron probe micro analysis,EPMA)对超高状态下烧蚀 300 s 后的低烧蚀 C/C 样品元素质量分数分布进行了分析(图 2.25 和图 2.26)。看出材料内部存在纵向裂纹和孔洞,部分氧气通过这些缺陷扩散进入材料内部一定深度与 MC 反应生成 MO_b。C 元素和 M 元素的分布与试样未烧蚀时基本相同,这说明烧蚀后表面无明显的热影响区存在,即材料的次表层中无论微观结构还是主

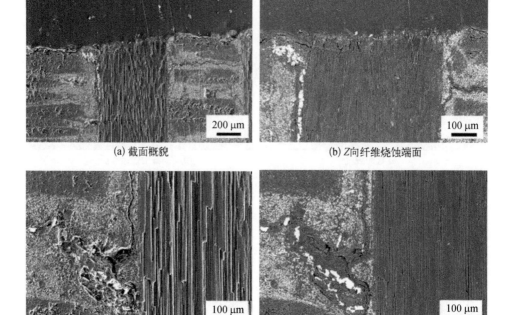

(a) 截面概貌　　　　　　　　　　(b) Z向纤维烧蚀端面

(c) 材料内部基体碳与Z向纤维束界面　　(d) 材料内部基体C与Z向纤维束界面

图 2.24　低烧蚀 C/C 复合材料在 2 800℃±100℃下烧蚀后的截面形貌

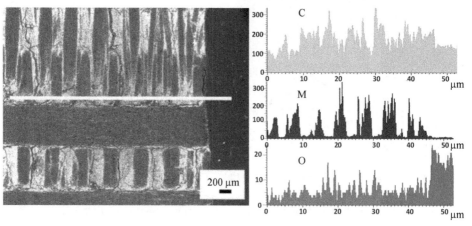

图 2.25　C/C‑26%MC 在超高状态下烧蚀 300 s 后的断面 EDS 分析

要元素分布都无明显变化。这是由于复合材料中石墨或 C 纤维的熔点都在 3 000℃ 以上,自身热稳定性好,氧化过程主要受氧从材料表面向内部扩散程度的影响。超高温条件下,O_2 与 C 或 MC 的反应速率高,氧在材料表面几乎被全部

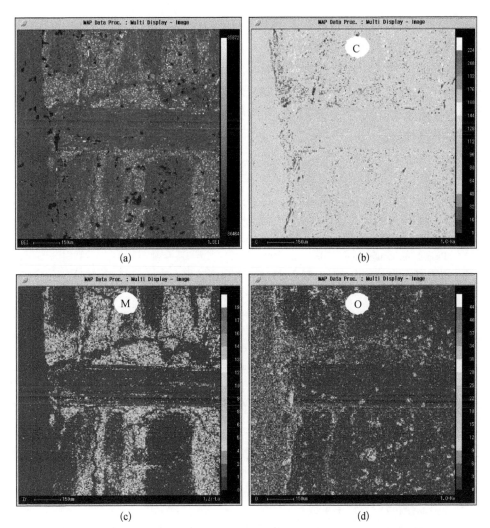

图 2.26 C/C-26%MC 在超高状态下烧蚀 300 s 后材料内部的 EDS 分析

消耗,在材料次表面以下区域几乎没有氧化反应发生。

2.6 小结

针对高超声速飞行器端头等超高温热防护部件在长时间飞行条件下的低烧蚀要求,通过对内部抗烧蚀组元的设计与引入、致密化工艺优化、纤维预制体结构设计与编织技术优化,获得了烧蚀性能和超高温力学性能兼顾的低烧蚀 C/C

防热复合材料。该类材料集 C/C 复合材料的高温力学、热物理性能和超高温陶瓷材料抗氧化性能于一身,在 2 000~3 000℃风洞烧蚀条件下具有低烧蚀特性(线烧蚀速率为纯 C/C 复合材料的 50%~10%),并获得了材料的抗氧化、抗烧蚀机理。后续研究重点是进一步提高材料在更恶劣环境、更长使用时间时的抗氧化、抗烧蚀、抗冲刷性能,探索快速、低成本制造技术,拓展高温、超高温热防护材料的应用领域。

参考文献

[1] Schmidt D L. Carbon-carbon composites (CCC) — a historical perspective[R]. WL‐TR = 96‐4107, 1996.

[2] Choury J J. Carbon-carbon materials for nozzles of solid propellant rocket motors[C]. 12th Propulsion Conference, Palo Alto, 1976.

[3] 崔红.多元基体抗烧蚀 C/C 复合材料的研究[D].西安:西北工业大学,2000.

[4] Buckley J D. Carbon-carbon — an overview[J]. Ceram Bull, 1988, 67(2): 364‐368.

[5] Montaudon M. Arane 5 SRM carbon/carbon nozzle throat: development result[C]. 31th AIAA/ASME/SAE/ASEE Jiont Propulsion Conference and Exhibit, San Diego, 1995.

[6] Kowbel W, Chellappa V, Withers J C, et al. Applications of net-shape molded carbon-carbon composites in IC engines[J]. Journal of Advanced Materials-Covina, 1996, 27(4): 2‐7.

[7] Awasthi S, Wood J L. C/C composite materials for aircraft brakes[J]. Advanced Ceramic Materials, 2008, 3: 553‐559.

[8] Kuhn J L, Benner S M, Butler C D, et al. Thermal and mechanical performance of a carbon/carbon composite spacecraft radiator[J]. Proceedings of SPIE — The International Society for Optical Engineering, 1999, 3786: 162‐178.

[9] Meyer R A. Overview of international carbon-carbon composites research[J]. structural carbons, 1992: 147‐158.

[10] 戴耀松.战斧助推器 Mk‐111 替代喷管的研制[J].飞航导弹,1996(4): 29‐35.

[11] 张勇,周声劢,夏金童.炭/炭复合材料高温抗氧化研究进展[J].炭素技术,2004(4): 20‐25.

[12] 赵稼祥.航天先进复合材料的现况与展望[J].飞航导弹,2000(1): 58‐63.

[13] 李秀涛.多组元掺杂抗烧蚀炭材料制备、性能及结构的研究[D].太原:中国科学院山西煤炭化学研究所,2006.

[14] 宋桂明,周玉,王玉金,等.固体火箭发动机喉衬材料[J].固体火箭技术,1998(2): 51‐55.

[15] 罗瑞盈,杨峥.炭/炭复合材料研究新进展[J].炭素技术,1997(3): 36‐40.

[16] 郭伟明,肖汉宁,田荣一安.2D‐C/C 复合材料氧化动力学模型及其氧化机理[J].复合材料学报,2007,24(1): 45‐52.

[17] Hoffman W P, Wapner P G, Wurm P J, et al. Near net-shape ultra-high melting recession-

resistant rocket nozzles II: low cost carbon-carbon technology for use in ultra-high temperature oxidative environments[R]. AFRL－PR－ED－TP－2003－311, 2003.

[18] Zhou G H, Wang S W, Guo J K, et al. The preparation and mechanical properties of the unidirectional carbon fiber reinforced zirconia composite[J]. Journal of the European Ceramic Society, 2008, 28(4): 787－792.

[19] Kim C, Grummon D S, Gottstein G. Processing and interface characteristics of graphite fiber reinforced tantalum carbide matrix composites[J]. Scripta Metallurgica Et Materialia, 2015, 25(10): 2351－2356.

[20] Lobiondo N E, Clare A G, Jones L E. Halogenated glass systems for the protection of structural carbon-carbon composites[J]. Carbon, 1995, 33(4): 499－508.

[21] 王俊山,李仲平,敖明,等.掺杂难熔金属碳化物对炭/炭复合材料烧蚀机理的影响[J]. 新型炭材料,2005(2): 97－102.

[22] 王俊山,李仲平,许正辉,等.难熔金属及其化合物与 C/C 复合材料相互作用研究[J].宇航材料工艺,2006(2): 50－55.

[23] Kim C, Grummon D S, Gottstein G. Processing and interface characteristics of graphite fiber reinforced tantalum carbide matrix composites[J]. Scripta Metallurgica Et Materialia, 2015, 25(10): 2351－2356.

[24] Johnson S M, Gasch M, Lawson J W, et al. Recent developments in ultra high temperature ceramics at NASA AMES[C]. 16th AIAA/DLR/DGLR/International Space Planes and Hypersonic Systems and Technologies Conference, Bremen, 2009.

[25] 赵磊.添加碳化钽炭/炭复合材料的制备及其性能研究[D].长沙:中南大学,2007.

[26] Emig G, Schoch G, Wormer O. Chemical vapor deposition of hafnium carbide and hafnium nitride[J]. Journal de Physique Archives, 1993, 3(3): 535－540.

[27] 李晔,黄启忠,朱东波,等.液相浸渍法制备 C/C 复合材料[J].炭素,2001(4): 14－18.

[28] 林朝平.真空浸渗技术的应用[J].机械制造,2003,41(2): 38－39.

[29] Paul A, Jayaseelan D D, Venugopal S, et al. UHTC composites for hypersonic applications [J]. American Ceramic Society Bulletin, 2012, 91(1): 22－29.

[30] Johnson S M, Stackpoole M, Gusman M. Development of matrix microstructures in UHTC composites[R]. ARC－E－DAA－TN4631, 2012: 1－27.

[31] 相华.化学液相浸渗法制备 C/C－TaC 复合材料及其烧蚀性能研究[D].西安:西北工业大学,2006.

[32] 相华,徐永东,张立同,等.液相先驱体转化法制备 TaC 抗烧蚀材料[J].无机材料学报, 2006(4): 893－898.

[33] Shen X T, Li K Z, Li H J, et al. Microstructure and ablation properties of zirconium carbide doped carbon/carbon composites[J]. Carbon, 2010, 48(2): 344－351.

[34] Zou L H, Wali N, Yang J M, et al. Microstructural development of a Cf/ZrC composite manufactured by reactive melt infiltration[J]. Journal of European Ceramic Society, 2010 (30): 1527－1535.

[35] Wang Y G, Zhu X J, Zhang L T, et al. C/C－SiC－ZrC composites fabricated by reactive melt infiltration with $Si_{0.87}Zr_{0.13}$ alloy[J]. Ceramics International, 2012, 38(5): 4337－

4343.

[36] Pi H L, Fan S W, Wang Y G. C/SiC－ZrB$_2$－ZrC composites fabricated by reactive melt infiltration with ZrSi$_2$ alloy[J]. Ceramics International, 2012, 38(8)：6541－6548.

[37] Yang X, Su Z, Huang Q Z, et al. Microstructure and mechanical properties of C/C－ZrC－SiC composites fabricated by reactive melt infiltration with Zr, Si mixed powders[J]. 材料科学技术(英文版),2013(29)：702－710.

[38] Zhang L R, Dong S M, Zhou H J, et al. 3D Cf/ZrC－SiC composites fabricated with ZrC nanoparticles and ZrSi$_2$ alloy[J]. Ceramics International, 2014, 40(8)：11795－11801.

[39] Tong Y G, Bai S X, Zhang H, et al. C/C－SiC composite prepared by Si－10Zr alloyed melt infiltration[J]. Ceramics International, 2009, 35(4)：3301－3307.

[40] 钟洪彬.改性 C/C 复合材料超高温氧化烧蚀机理研究[D].沈阳：中国科学院金属研究所,2008.

[41] Shen X T, Li K Z, Li H J, et al. The effect of zirconium carbide on ablation of carbon/carbon composites under an oxyacetylene flame[J]. Corrosion Science, 2011, 53(1)：105－112.

[42] 程家,张中伟,许正辉,等.添加难熔金属化合物 C/C 复合材料的微观结构[J].宇航材料工艺,2010(2)：106－108.

[43] 宋永忠,徐林,许正辉,等.超高温本体抗氧化碳/碳复合材料研究[J].中国材料进展,2012(8)：15－19.

[44] Xu L, Cheng J, Li X C, et al. Preparation of carbon/carbon-ultra high temperature ceramics composites with ultra high temperature ceramics coating[J]. Journal of the American Ceramic Society, 2018, 101(9)：3830－3836.

[45] 梁英教,车荫昌.无机物热力学数据手册[M].沈阳：东北大学出版社,1993.

第3章

陶瓷基热防护材料

3.1 概述

国家安全和社会经济发展依赖于采用科学技术对时间和空间的掌握与运用,那些在历史上率先掌握克服空间障碍技术的国家相继成为世界政治经济话语权的拥有者。站在21世纪的风口浪尖,高超声速飞行器作为空间技术的重要载体,可以显著提高人类进入、控制和利用空间的能力,在临近空间资源开发和博弈中发挥着近乎决定性的作用[1]。作为高超声速飞行器的关键部件,鼻锥、前缘/翼前缘、超燃冲压发动机燃烧室及火箭发动机喷管/喉衬等用热防护材料扮演着举足轻重的角色,已成为发展高超声速飞行器的安全基石[2]。

大气层内的高超声速飞行是最为复杂和危险的,随着飞行马赫数的提高($Ma>5$),来流通过激波压缩或黏性阻滞减速,导致大量动能转变成热能,气体混合物温度升高并发生能量激发、离解、电离、电子激发等一系列复杂的物理化学反应(非平衡效应)[3],鼻锥、前缘/翼前缘、超燃冲压发动机燃烧室及火箭发动机喷管/喉衬等关键热结构的表面不仅需要承受长时间、超高温、高焓值及中低热流的气动热环境,而且这种"非平衡效应"滋生的高温气流会与飞行器表面材料发生强烈的非线性耦合作用(图3.1)[4,5]。在这样极端复杂的环境下,无疑对飞行器关键热防护材料的耐温性、可靠性和结构效率提出了极为苛刻的要求,超高温非烧蚀防热材料已成为当前制约高超声速飞行器发展的难题之一。

超高温陶瓷材料由于具有极高的熔点(>3 000℃)和优异的抗氧化、抗烧蚀性能[6],能够在2 000℃以上的氧化环境中长时间使用,并维持非烧蚀性和结构完整性,是一类极具应用前景的超高温非烧蚀型防热材料(图3.1)[7],是高超声速飞行器鼻锥、前缘等关键热结构件的重要或首要候选材料。

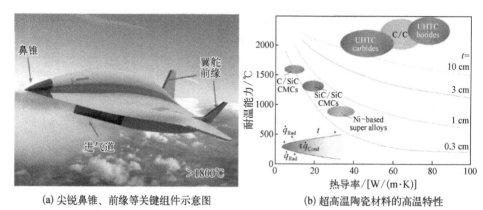

(a) 尖锐鼻锥、前缘等关键组件示意图　　(b) 超高温陶瓷材料的高温特性

图 3.1　高超声速飞行器关键部件及典型高温结构材料性能对比[7]

3.2　国内外研究现状

3.2.1　超高温陶瓷材料

超高温陶瓷复合材料主要指由 ZrB_2、ZrC、HfB_2、HfN、HfC、TaC 等过渡族难熔硼化物、碳化物和氮化物组成的一类先进陶瓷材料,其熔点高于 3 000℃,是一类非常重要的高温结构材料,近年来在基础研究和应用基础方面均受到了极大的关注[8,9]。其中,ZrB_2 和 HfB_2 基超高温陶瓷复合材料具有较高的热导率、适中的热膨胀系数和良好的抗氧化、抗烧蚀性能,可以在 2 000℃ 以上的氧化环境中更为广泛使用[10],可用于再入飞行器、大气层内高超声速飞行器的鼻锥、前缘及发动机燃烧室等关键热端部件,在提升高速飞行器气动性能、控制能力、飞行效率等方面发挥重要作用。

超高温陶瓷材料的发展历程见图 3.2,其最早可追溯到 20 世纪 50 年代,HfB_2 和 ZrB_2 具备优异的耐高温和耐腐蚀等性能,被用作核反应堆材料,从而受到了人们的关注[11,12]。20 世纪 60～80 年代,美国兴起了高超声速飞行器的研发热潮[13,14],空军材料实验室为了研发满足高超声速飞行器鼻锥和机身前缘热防护需求的超高温材料,资助曼徕佰斯公司探索超高温陶瓷材料在抗氧化烧蚀方面的重要潜力(图 3.2)。20 世纪 90 年代,美国 NASA 艾姆斯研究中心进一步围绕 HfB_2-SiC 和 ZrB_2-SiC 超高温陶瓷的力学性能和抗氧化性能开展了系统性基础研究[15,16]。21 世纪初,艾姆斯研究中心联合桑迪亚国家实验室及空军航天司令部开展了超高温陶瓷材料热防护结构的飞行演示验证试验[17,18],暴露了超高温陶瓷的本征脆性问题(图 3.2)。

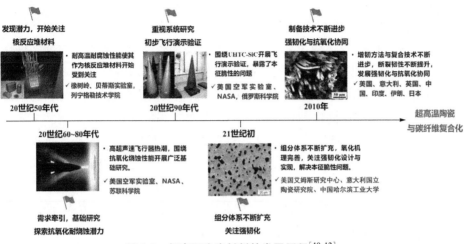

图 3.2　超高温陶瓷材料的发展历程[10,12]

21 世纪初期,美国艾姆斯研究中心也在后续研究中不断投入精力,围绕超高温陶瓷的强韧化技术开展了基础性研究,这一阶段的超高温陶瓷材料组分体系也得到了不断的扩充,从之前的 ZrB_2、HfB_2 体系不断发展到以 ZrC、HfC、TaC、ZrB_2、HfB_2 等为典型代表的第四、第五过渡族元素的硼化物、碳化物和氮化物,抗氧化机理也得到了完善和系统建立,强韧化设计与实现成为超高温陶瓷领域的研究热点。2010 年,关于超高温陶瓷的韧化方法得到了显著的发展和进步,科学家们试图通过引入 SiC 颗粒、石墨软相、SiC 晶须及纤维来制备超高温陶瓷基复合材料,以提升断裂韧性和断裂功,从而改善超高温陶瓷材料的本征脆性和损伤容限[19,20]。

3.2.2　超高温陶瓷基复合材料

随着材料技术的发展和进步,超高温陶瓷与碳纤维复合化也逐渐成为超高温陶瓷及其复合材料的发展趋势,碳纤维主要包括短切碳纤维、二维铺层碳纤维及碳纤维编织体[21,22]。短切碳纤维增韧超高温陶瓷复合材料的制备工艺简单快速,可以用常见的热压烧结、放电等离子烧结等方式制备,所制陶瓷的致密度高,碳纤维含量精确可控[23]。然而,较小的长径比使得短切碳纤维对裂纹偏转、桥接的能力不足,对陶瓷韧性的提高有限[24]。二维铺层碳纤维增韧超高温陶瓷基复合材料在二维平面内具有良好的力学性能,但由于厚度方向缺少纤维,其层间剪切强度较低,所制材料的力学性能存在各向异性。关于连续碳纤维增韧超高温陶瓷复合材料,国内外近些年来开展了大量深入和系统的研究,在连续碳纤维增韧超高温陶瓷复合材料结构设计与制备、结构表征和性能测试等方面奠定了良好的研究基础[12]。图 3.3(a)为典型的工程陶瓷材料屈服强度与断裂韧性的 Ashby 图[25],从图中可以看出通过改变材料的组分,断裂韧性能够沿着白色箭头所指的方向逐渐提高。图 3.3(b)显示了在裂纹扩展的情况下,材料的本征韧化(塑性)和非本征韧化(对裂纹的屏蔽)对材料强韧化行为的影响。本征韧化主要来源于材料自身的塑性,通过影响裂纹萌生和扩展,提升材料的抗损伤容限;非本征韧化依赖于裂纹萌生之后对裂纹扩展的抑制,通过降低裂纹尖端的局部应力和应变场,来提升材料的韧性。对于超高温陶瓷,主要通过引入颗粒、石墨、晶须、碳纳米管、石墨烯等韧化相,借助韧化相的拔出、桥联等方式,诱发裂纹的偏转与分叉,抑制裂纹尖端向前扩展,从而起到增韧的效果。

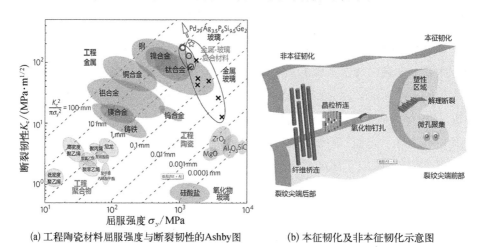

(a) 工程陶瓷材料屈服强度与断裂韧性的Ashby图　　　　(b) 本征韧化及非本征韧化示意图

图 3.3　强度与韧性之争

碳纤维具备密度小、耐疲劳、热膨胀系数小、比强度和比模量高等优点,可以自由铺设或编织成型,在高温环境中仍能保持优异的力学性能。碳纤维增韧超高温陶瓷基复合材料既能够满足高温抗氧化、抗烧蚀性能的要求,又能通过纤维拔出、桥联和裂纹偏转等多尺度增韧机制有效克服陶瓷材料的本征脆性问题。基于上述优点,碳纤维增韧超高温陶瓷基复合材料的制备已成为高超声速飞行器热防护材料领域的研究热点。

常用的碳纤维增韧超高温陶瓷基复合材料的制备方法包括热压烧结、料浆刷涂、料浆浸渍、前驱体裂解、反应熔体浸渗(reactive melt infiltration,RMI)等。

其中,热压烧结可以降低烧结温度,从而抑制晶粒长大,但是会使短切碳纤维倾向于在垂直于加压方向分布,导致短切碳纤维增韧超高温陶瓷基复合材料呈现出各向异性,而且高温加压烧结的过程中会损伤纤维。无界面层保护的短切纤维在一定程度上会与基体材料发生反应,导致纤维表面粗糙,从而影响增韧效果。中国科学院上海硅酸盐研究所的孟祥玮研究员等在制备短切碳纤维增韧 C/SiC 复合材料的过程中,将短切碳纤维、SiC 颗粒、四甲基氢氧化铵(tetramethylammonium hydroxide,TMAH)、聚乙烯吡咯烷酮(polyvinylpyrrolidone,PVP)等原料按照一定比例加入去离子水中,并以 SiC 球为介质进行球磨混料。为了避免熔融 Si 对纤维的侵蚀,选择用不同浓度的树脂浸渍基体,引入外部 C 源,抑制纤维损伤[26]。中南大学的黄启忠教授团队在采用无压烧结制备短切碳纤维增韧 ZrB_2-ZrC 复合材料时,发现烧结温度为 1 900℃时,加入 10%(体积分数)的碳纤维可使材料达到最高的相对密度(95.8%),开孔率仅为 0.3%。但是对材料截面进行金相分析发现,碳纤维与基体相结合部位存在黑色轮廓,孔洞较多,结合疏松,分析可能因为高温影响,碳纤维表面发生结构损伤[27]。

浆料刷涂法是在制备纤维增韧超高温陶瓷或者在基体上制备超高温涂层的一种工艺,通过将原料粉体、黏结剂混入溶剂制备成浆料,按照设计要求裁切碳纤维布,并逐层铺入模具中,均匀适量地涂刷浆料,通过模压成型和烧结使预制体致密化。航天特种材料及工艺研究所的孙同臣等[28]通过制备 ZrC 涂层提高了 C_f/SiC – ZrC 复合材料的耐烧蚀性能。国防科技大学的 Hu 等[29]采用浆料刷涂+浆料浸渍+PIP 复合工艺得到了层状 C/ZrC – SiC 材料和层状 C/ZrB_2 – SiC 复合材料,材料具备较高的断裂韧性(8.1~17.7 MPa·$m^{1/2}$)和良好的抗氧化、抗烧蚀性能。

浆料浸渍法,又称为泥浆浸渍法,是将所需的陶瓷粉体制成泥浆,随后将碳纤维编织体放置到泥浆中,主要通过毛细的作用向编织体内部渗透浆料。由于溶剂的存在,坯体中始终存在孔隙,利用浆料浸渍法制备材料时一般需要热压烧结才能成型。浆料浸渍法具备操作简单、设备要求低等优点,但是在编织体纤维束内和纤维束间的间隙中,由于润湿角和陶瓷含量的影响,浆料难以填充内部孔隙,实现完全浸渍和陶瓷组分的均匀分布,导致成品材料的致密度不高、烧结后陶瓷相分布不均匀等问题。中国科学院上海硅酸盐研究所的 Zhou 等[30]采用浆料浸渍+化学气相渗透法成功制备了 3D C/C – ZrC 材料和 C/SiC – ZrC 复合材料,其拉伸强度分别为 89.4 MPa±8.4 MPa 和 182.2 MPa±14.0 MPa。中国科学院上海硅酸盐研究所的 Wang 等[31]对热解碳(PyC)界面对材料性能的影响进行了分析,通过浆料浸渍+反应熔渗法制备了 C/ZrC – SiC 复合材料。PyC 界面的存在可以产生连续的 ZrC – SiC 势垒,防止 ZrSi₂合金熔体对纤维的侵蚀,有效保护了纤维束的完整性,材料的弯曲强度和断裂韧性分别能够达到 125.67±2.49 MPa 和 4.82±0.48 MPa · m$^{1/2}$。

PIP 法是以 3D 碳纤维编织体为骨架,经过多次陶瓷前驱体真空或真空加压浸渍-固化-裂解,从而实现碳纤维增韧陶瓷基复合材料的制备。PIP 工艺的制备温度较低,设备要求简单,能够制备出形状复杂的大型构件。Padmavathi 等[32]采用 PIP 法,设计出的 ZrB₂质量分数为 5%~20%,通过重复低温裂解,分别在 1 600℃和 1 700℃高温下处理制备了 C/ZrB₂ – SiC 复合材料。Li 等[33]采用含锆有机高分子前驱体(organic Zr-containing precursor, PZC)和聚碳硅烷(polycarbosilane, PCS)为原料制备了 C/ZrC – SiC 复合材料,研究了两种原料的配比、热解温度和热解时间对基体微观结构的影响。严春雷[34]等利用含锆的配合物(乙酰丙酮)和 PCS、酚醛树脂为原料制备了 C/SiC – ZrC 复合材料,PCS 循环周期为 6 次的材料弯曲强度(142.4 MPa± 17.5 MPa)、弹性模量(19.2 GPa± 2.9 GPa)、断裂韧性(7.6 MPa · m$^{1/2}$±0.3 MPa · m$^{1/2}$)均优于相同条件下循环周期为 20 次的材料,具备较高的致密性和力学性能。烧蚀过程中,中心区的熔融 ZrO₂层和过渡区的 SiC 基体起到了有效的抗氧化保护作用。

RMI 法是将金属或者合金熔体浸渗到预先制备好的多孔 C/C 预制体中,利用熔体与预制体的反应得到复合材料[35,36]。理想情况下,采用 RMI 法可以将所有可用的宏观孔隙(纤维束间)迅速填充,制备出致密且分布均匀的超高温陶瓷材料。但在高于 1 858℃下,熔渗 Zr 金属与碳反应,可能对碳纤维产生一定的侵蚀影响。Zou 等[37]通过毛细力作用沿碳纤维束浸渗熔融金属 Zr,与预先沉积的碳反应形成 ZrC,研究结果表明材料中存在 C 相、ZrC 相和 α – Zr 相,并且纤维表面被严重侵蚀。为控制反应过程,常亚斌等将 Zr 粉、Si 粉压制成片作为熔渗剂来减少接触面积,研究发现,复合材料组织呈现梯度分布,沿渗透方向,ZrC 含量增加、SiC 含量减少[38]。近年来,研究人员发现 Si₀.₈₇Zr₀.₁₃、Zr – 8.8Si 等合金能有效降低熔渗温度、减少碳纤维的热损伤。西北工业大学的张立同团队[39]在 1 800℃反应条件下通过熔渗 Si₀.₈₇Zr₀.₁₃合金制备了 C/C – SiC – ZrC 复合材料,发现基体组成呈梯度变化,从纤维丝束表面到基体内部依次为 C、SiC、ZrC,材料表现出伪塑性断裂行为。国防科技大学的 Tong 等[40]通过预先沉积热解碳,结合熔渗 Si₈.₈Zr₉₁.₂合金来得到由 C、Si、Zr 组成的复合基体,密度达到 2.46 g/cm³,孔隙率下降到 5.00%,断裂面上有大量纤维拔出。航天特种材料及工艺研究所的孔英杰等[41]研究了 RMI 工艺的热处理温度及时间对复合材料力学性能的影响，结果显示，随着反应熔渗热处理温度的升高及熔渗时间的增加，复合材料的弯曲强度呈现出先升高后降低的变化趋势，当熔渗温度从 1 450℃提升到 1 550℃时，复合材料的弯曲强度提升了 70%。西北工业大学的李贺军团队[42]将 Zr、Si、C、ZrO_2粉体进行混合，通过 RMI 工艺获得了 C/C - SiC - ZrC 复合材料，并探讨了不同密度 C/C 预制件对 C/C - SiC - ZrC 复合材料烧蚀性能的影响。结果表明，当预制件密度为 1.51 g/cm³时，C/C - SiC - ZrC 复合材料的线烧蚀速率和质量烧蚀速率分别为 1.44×10^{-3} mm/s 和 0.21×10^{-3} g/s。美国 Ultramet 公司对通过 RMI 工艺研制的 C/ZrC 复合材料喷管进行了多次热试车考核(图 3.4)，每次试车的时间为 30 s，试车温度为 2 399℃，复合材料表现出优异的服役性能[43]。

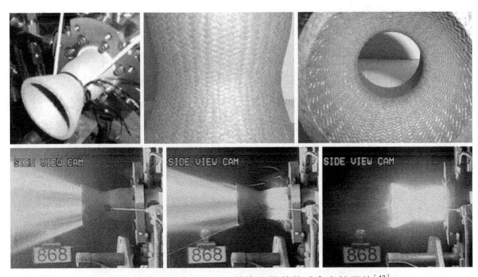

图 3.4　熔渗法制备 C/ZrC 燃烧室及其热试车考核照片[43]

单一工艺在制备 C/UHTC - SiC 复合材料过程中有利有弊，在工艺技术不断发展过程中，研究人员通过结合两种或多种制备工艺的优点，如 PIP+RMI、CLVD+PIP、CVD+RMI 等，逐步制备出性能好、周期短且成本低的超高温陶瓷基复合材料。

国防科技大学的 Jiang 等[44]结合"PIP+RMI"工艺，通过计算模拟确定了硅锆比和熔融温度，首先在 1 200℃惰性气体环境下，通过裂解 PCS 制备了 3D C/C - SiC 复合材料，其密度为 1.35 g/cm³；然后在 1 600℃热处理温度下，通过反应熔渗 $Zr_{0.912}Si_{0.088}$合金，借助 C 与液态锆-硅熔体反应生成 ZrC，获得的 3D C_f/

ZrC‐SiC 复合材料的弯曲强度和弹性模量分别为 101.5 MPa 和 35.18 GPa±9.58 GPa。西北工业大学的 He 等[45]采用 CLVD 工艺结合 PIP 工艺来弥补单一制备方法的不足,复合周期仅为 40 h,较单一 PIP 工艺降低 120%,且因为兼具 PIP 工艺短路径传质和 CVI 连续沉积的优点,制备过程中渗透速率提高,致密度也提高了 15%。该材料密度为 1.98 g/cm³,弯曲强度为 154.1 MPa±9.2 MPa,弹性模量为 17.8 GPa±2.4 GPa。国防科技大学的 Chen 等[46]采用气相硅渗透(vapor silicon infiltration,VSI)+RMI 的工艺制备了 C/ZrC‐SiC 复合材料,其密度为 3.09 g/cm³,孔隙率为 4.8%,弯曲强度和弹性模量分别为 235 MPa 和 18.3 GPa,烧蚀后的质量损失速率和线烧蚀速率分别为 0.007 1 g/s 和 0.004 7 mm/s。

3.2.3 陶瓷基防热材料应用评价

以美国、欧洲、俄罗斯等为代表的西方国家,一直进行着新型热防护材料/结构的应用评价研究。美国 NASA、空军和桑迪亚国家实验室联合实施了 SHARP 计划,用于研究一些具有尖锐前缘结构、新型气动外形和新型陶瓷热防护系统的空天飞行器,并开展了以考核超高温热防护材料为目的的系列飞行试验计划,其中 SHARP‐B1、SHARP‐B2 计划分别对采用超高温陶瓷材料制备的鼻锥及前缘部件进行了飞行测试。SHARP‐B1 飞行数据表明,超高温陶瓷材料是非常有前途的(图 3.5)。

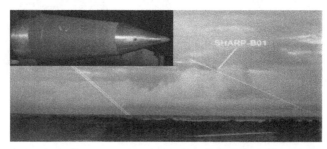

图 3.5 SHARP‐B1 计划锐形气动外形和超高温材料的演示验证

SHARP‐B2 再入飞行器上搭载了由 3 种超高温陶瓷材料组分组成的前缘结构件(图 3.6),并测试了两种典型高度下结构与材料的服役性能。飞行试验结果表明,超高温陶瓷前缘结构件发生了多处破裂,但没有发生氧化烧蚀型的破坏。进一步研究表明,材料内部缺陷、组分分布不均匀及较低的抗热冲击性能是材料失效的主要原因。因此,超高温陶瓷复合材料的力学性能及抗热冲击性能有待于大幅度提高。

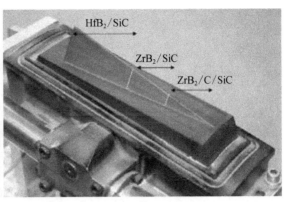

图 3.6　SHARP‒B2 飞行器超高温陶瓷前缘飞行验证试验[47]

意大利陶瓷材料国家研究委员会(Institute of Science and Technology of Ceramics, National Research Council of Italy, CNR‒ISTEC)从 20 世纪 90 年代初就着重研究开发具有优良抗氧化性和力学性能的超高温陶瓷复合材料。意大利宇航研究中心(Centro Italiano Ricerche Aerospaziali, CIRA)在无人驾驶航天器(unmanned space vehicle, USV)国家计划资助下开始正式启动锐形的热结构(sharp hot structures, SHS)材料研发计划,这项计划的目标是使用超高温陶瓷复合材料结合传统的陶瓷基复合材料或金属支撑结构来制备新型锐形热结构。SHS 项目中将硼化物作为重点研究对象,尤其是 ZrB_2‒SiC 和 HfB_2‒SiC 复合材料,因为这些复合材料的使用温度超过 2 200 K。该研究的目的是制备出用于空天飞行器鼻锥和翼前缘等部位的材料,并通过地面试验保证其使用性能满足要求。P‒0 模型是 SHS 计划最早设计的鼻锥热结构模型,其结构较为简单,它由以下几种结构组成:一个石墨核心、一个使用聚合物渗透/裂解法制备的 C/SiC 框架结构,在 C/SiC 框架结构表面使用离子气相沉积法涂覆的 ZrB_2 复合材料涂层,如图 3.7 所示。

P‒0 模型的目的在于测试超高温陶瓷材料涂层与 C/SiC 框架的黏结性。模型在 CIRA 的 SCIROCCO 风洞上进行了成功测试。P‒0 模型的顶锥直径为 6.5 mm,测试环境如下:静点压力为 10 mbar*,静点热流密度为 900 kW/m^2,离子焓值为 5~10 MJ/kg。风洞试验共进行了 3 次,时间为 20~50 s。

SHS 计划的第二步目标是制备结构更加复杂的锐形鼻锥结构,这种结构主要由以下几个部分组成:一个石墨核心、一个去掉顶部的圆锥形 C/SiC 框架,框

---

* 1 mbar = 100 Pa。

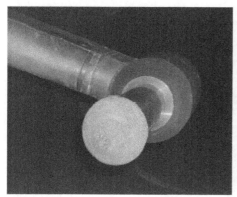

图 3.7　P-0 模型风洞试验

架使用聚合物渗透和裂解法制备;在 C/SiC 框架表面使用离子溅射沉积技术涂覆 ZrB_2 - SiC 涂层;一个由 ZrB_2 - SiC、ZrB_2 - $MoSi_2$、ZrB_2 - SiC - Si_3N_4、HfB_2 - SiC - Si_3N_4 等超高温陶瓷材料制备的圆锥顶部结构(图 3.8)[48]。

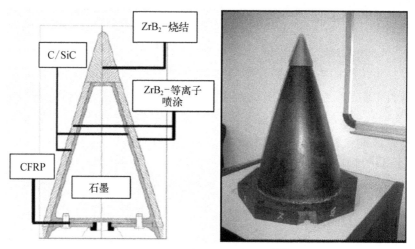

图 3.8　P-1 锐形热结构模型[48]

此外,近期研制的再入飞行器大都采用超高温陶瓷复合材料作为鼻锥和翼前缘等热防护组件。图 3.9 为欧空局返回型实验舱(European experimental re-entry test-bed, EXPERT),其翼前缘采用 ZrB_2 - SiC 复合材料,研究表明,采用 UHTCs 制备翼前缘等尖锐热结构可提高飞行器的稳定性和可靠性,其高温承受能力达 2 500℃。

意大利 CIRA 设计和制造的高超声速大气层再入探测舱(sounding

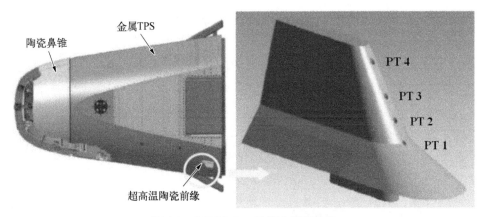

图 3.9　EXPERT 飞行器及其翼前缘

hypersonic atmospheric re-entering "klapsule", SHARK)如图 3.10 所示,于 2010 年 3 月由欧洲航天局探测火箭 MAXUS8 发射,经过 15 min 的弹道飞行后,成功返回大气层并安全着陆,其尖端同样采用超高温陶瓷复合材料作为其热防护系统。

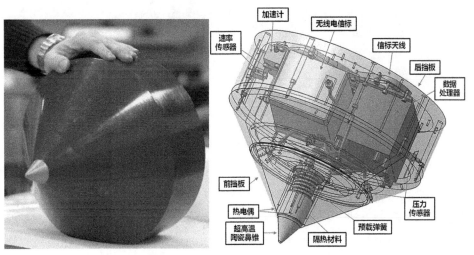

图 3.10　SHARK 尖端采用的超高温陶瓷复合材料[49]

3.3　陶瓷基热防护材料制备与评价

哈尔滨工业大学从 2003 年开始,针对新型高超声速飞行器高温和超高温热防护需求,在杜善义院士和韩杰才院士的带领下开展了大量超高温陶瓷基防热材料设计、制备及评价技术研究,取得了大量原创性研究成果,支撑了我国系列重大背景型号基础研究和技术攻关。

3.3.1 超高温陶瓷抗氧化机理

开展 $ZrB_2 - SiC$ 超高温陶瓷的抗氧化、抗烧蚀性能和机理研究,摸清超高温陶瓷在抗氧化烧蚀方面的潜力,掌握 $ZrB_2 - SiC$ 超高温陶瓷抗氧化烧蚀机理(图 3.11),可为超高温陶瓷材料应用提供理论依据和技术基础。

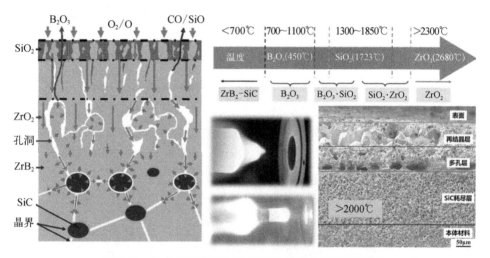

图 3.11 超高温陶瓷在 2 000℃以上的静/动态氧化模型

通过试验研究与理论建模分析,团队开展了大量超高温陶瓷材料在不同热/力/氧耦合环境下的长时间抗氧化机理研究,给出了超高温陶瓷复合材料由非烧蚀向烧蚀转变的临界状态判据,建立了极端环境条件下超高温陶瓷材料的性能预报和失效抑制方法。利用超高温氧化炉、高频等离子风洞和电弧风洞等多种氧化测试设备研究了温度、压力、气体组分、时间等服役环境参数对超高温陶瓷材料的氧化烧蚀性能影响和氧化层的演变规律,建立了超高温陶瓷材料的氧化相图与化学稳定性判据(图 3.12),实现了超高温陶瓷在全温区内、不同压力下的氧化反应模式及氧化产物化学稳定性的定量化表征,揭示了该材料在不同热/力/氧耦合条件下的氧化机理,指导了抗氧化体系的设计与优化。

为实现高超声速飞行器千秒级的长时间飞行,在国内率先提出满足 2 000℃以上、2 000 s 长时间使用的非烧蚀防热材料设计方法,填补了国内空白。提出了 $Zr(Hf) - Si - B(C) - O$ 长时间非烧蚀型超高温陶瓷复合材料设计新方法,揭示了

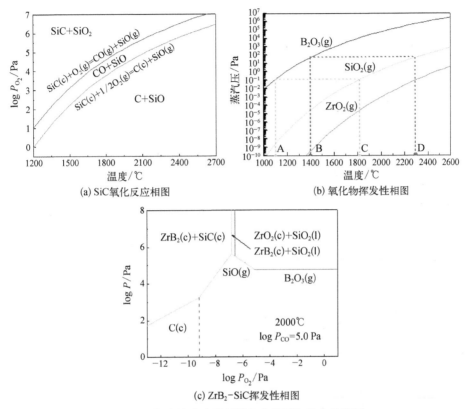

(a) SiC氧化反应相图

(b) 氧化物挥发性相图

(c) ZrB₂-SiC挥发性相图

图 3.12　超高温陶瓷材料的氧化相图和稳定性判据

超高温陶瓷在温度为 1 800 ~ 2 200℃ 时在不同模拟大气环境下氧化层形成、演化、失效的微观机理和规律,提出了极端热/力耦合环境下材料氧化烧蚀抑制的机制与方法,发展了超高温防热材料热/力耦合破坏理论与热冲击阻力评价方法,研究了大尺寸防热构件的制备方法与优化工艺。

　　本书作者所在的研究团队研制的高超声速飞行器头锥、翼前缘、发动机支板等构件通过了多次极端热/力环境地面风洞模拟试验考核,表现出优异性能,相关基础研究成果也得到了国际上的认可,被美国 NASA 相关研究中心、空军研究实验室、法国航天研究中心、意大利宇航中心等著名机构多次引用或直接应用,被美国 NASA 和空军研究室同行评价为"系统的研究工作"。NASA 兰利中心防热首席科学家利用测试获得的试验结果绘制了超高温陶瓷氧化图谱,在美国第二届陶瓷领袖峰会的大会邀请报告中被 NASA 科学家列为"超高温陶瓷知名研究团队",与同行共同组织了国家重大专项、863 计划等相关领域的"高超声速飞行器防热材料与结构"学术会议 10 余次,在重要学术会议做邀请报告 11 次。面向进一步工程化应用,ZrB$_2$超高温陶瓷的本征脆性和低损伤容限是需要进一步研究解决的核心问题。

3.3.2   超高温陶瓷强韧化研究

在掌握超高温陶瓷抗氧化烧蚀潜力和机理的基础上,针对其本征脆性问题,系统开展了超高温陶瓷的强韧化技术研究,先后历经 SiC 颗粒、石墨软相、短切碳纤维、铺层碳纤维、连续碳纤维强韧方法的改进(图 3.13),强韧化机理逐步清晰,材料综合性能不断提高。

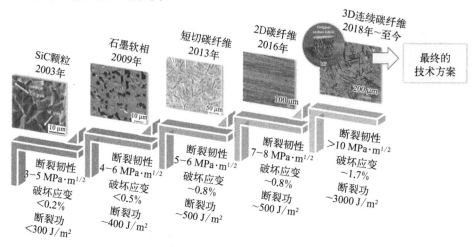

图 3.13   超高温陶瓷强韧化技术方案演化历程

(1) SiC 颗粒增韧。通过引入不同尺寸的 SiC 颗粒对 ZrB$_2$陶瓷进行增韧,结果表明,细小 SiC 颗粒能抑制 ZrB$_2$晶粒长大而促进致密化,同时伴随裂纹偏转和裂纹桥联机制,从而提升 ZrB$_2$-SiC 陶瓷材料的力学性能,SiC 晶粒尺寸降低,对应致密度提升,弯曲强度由 389 MPa±45 MPa 提升到 909 MPa±136 MPa,断裂韧性由 4.5 MPa·m$^{1/2}$±0.1 MPa·m$^{1/2}$提高到 4.6 MPa·m$^{1/2}$±0.1 MPa·m$^{1/2}$。细小 SiC 颗粒的引入抑制了 ZrB$_2$晶粒长大且促进了裂纹偏转和裂纹桥联,改善了 ZrB$_2$陶瓷材料的本征脆性(图 3.14)。

(2) 石墨软相增韧。系统研究了石墨片含量和石墨片取向对 ZrB$_2$-SiC 陶瓷材料的微结构及力学性能的影响(图 3.15)。ZrB$_2$-SiC-G 陶瓷材料的断裂韧性由 6.06 MPa·m$^{1/2}$±0.21 MPa·m$^{1/2}$提升到 6.11 MPa·m$^{1/2}$±0.24 MPa·m$^{1/2}$,临界裂纹尺寸也由 152.95 μm 提升到 162.03 μm,断裂韧性和临界裂纹尺寸的提升归结于裂纹偏转和裂纹分支,以及裂纹尖端附近的应力松弛等增韧机制。

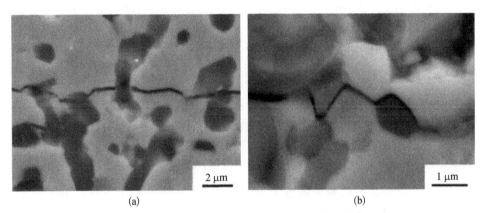

(a)　　　　　　　　　(b)

图 3.14　ZrB$_2$ - SiC 陶瓷材料裂纹扩展微观形貌

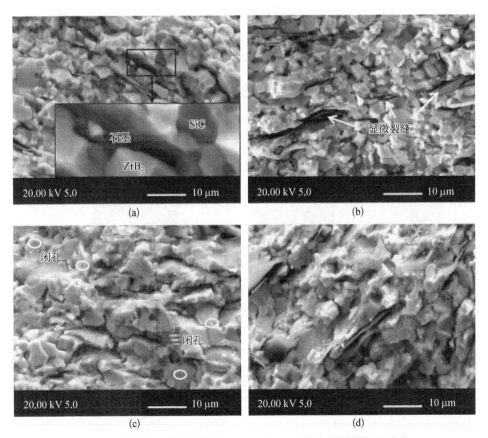

(a)　　　　　　　　　(b)

(c)　　　　　　　　　(d)

图 3.15　不同石墨片含量的 ZrB2 - SiC - G 陶瓷材料的断口形貌

（3）短切/2D/3D 碳纤维增韧。在前期对 SiC 颗粒、石墨等增韧方式研究的基础上，继续开展了短切、2D 及 3D 碳纤维增韧超高温陶瓷复合材料的可控制备与热-力-氧性能研究，对纤维的形式进行了优选。

结果表明，3D 碳纤维材料的纤维拔出长度最大（>100 μm），对韧性提高最为明显，是最佳的增韧相（图 3.16），从根本上解决了超高温陶瓷材料的本征脆性问题，突破了超高温陶瓷基复合材料宽温域强韧化与抗氧化协同这一瓶颈，为其在高超声飞行器热防护系统中的工程化应用提供了有力支撑。复合材料的断裂功和断裂应变提高了 10 倍以上，断裂韧性也从 3~5 MPa·m$^{1/2}$ 提高到 15 MPa·m$^{1/2}$，临界热冲击温差较纯相超高温陶瓷提升 3 倍以上，弯曲强度分别高达 385 MPa±74 MPa（室温）和 420 MPa±28 MPa（1 400℃），从根本上改变了超高温陶瓷材料脆性断裂模式，克服了本征脆性这一长期制约工程化应用的科学难题。与此同时，实现了 1 600~2 500℃ 宽温域长时间非烧蚀，在真正意义上突破了强韧化与抗氧化的协同瓶颈。另外，研究团队提供了鼻锥、翼前缘、超燃冲压发动机支板前缘等典型模型和试样，开展了地面模拟环境考核试验和飞行演示验证试验。

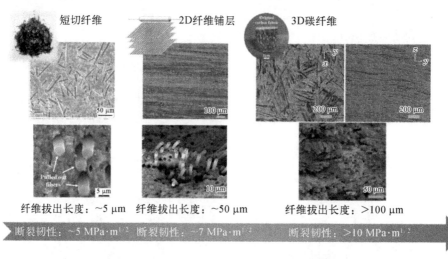

图 3.16 不同碳纤维形式的超高温陶瓷复合材料

典型尺寸超高温陶瓷前缘通过了典型模拟环境、1 500 s 长时间地面模拟环境考核试验。试验后的材料结构保持完整，无崩块等破坏现象，烧蚀量小于 0.2 mm，表现出优异的耐烧蚀抗氧化性能（图 3.17）。此外，针对发动机被动热防护领域，在燃烧室温度最高、热冲刷最严重部位采用超高温陶瓷作为内衬，通过了 300~600 s 的发动机试车考核试验，超高温陶瓷部段表现出了零烧蚀特征，结构保持完整。

(a) 考核前　　　　　　　　　　　(b) 考核中

(c) 考核后

图 3.17　超高温陶瓷前缘 1 500 s 风洞试验

3.3.3　超高温陶瓷基防热材料制备技术研究

针对超高温、强氧化、高动压等使役需求,前期的材料体系和工艺方案难以满足需求,为了提高材料及结构的整体可靠性,在前期丰富基础和工程应用研究的基础上,开始利用 3D 连续碳纤维进行增韧,将连续碳纤维增韧 ZrB_2 基超高温陶瓷基复合材料(具体组分为连续碳纤维、ZrB_2、SiC)作为最终材料方案。随后,对制备方案也进行了"ZrB_2- SiC 陶瓷浆料真空浸渍–热压""ZrB_2- SiC 陶瓷注浆浸渍–热压""ZrB_2- SiC 陶瓷振动辅助注浆–热压""ZrB_2 陶瓷振动辅助注浆– SiC 前驱体浸渍裂解"的多轮优化,最终采用"ZrB_2 陶瓷振动辅助注浆– SiC 前驱体浸渍裂解"低温无压制备方法作为最终工艺方案。提出了高频机械振动辅助注浆的超高温陶瓷引入方法,实现了超高温陶瓷粉体在三维碳纤维编织体内部的高含量均匀引入。

通过 SiC 前驱体超高压浸渍裂解补给方法,将超高温陶瓷的致密化温度从 2 000℃ 大幅降低至 1 350℃,实现了连续碳纤维增韧超高温陶瓷复合材料的低温无压制备,解决了超高温陶瓷复合材料本征脆性和低损伤容限这一技术难题。

制备的连续纤维增韧 ZrB_2 基超高温陶瓷复合材料的断裂功和断裂应变较单相超高温陶瓷材料或采用其他方法增韧的超高温陶瓷复合材料实现了量级提升,从根本上改变了超高温陶瓷材料脆性断裂模式,克服了本征脆性这一长期制约工程化应用的科学难题。复合材料通过了 1 600~2 000℃ 宽温域长时间氧乙炔考核,表现出优异的抗氧化和抗烧蚀性能(近零烧蚀),在真正意义上实现了超高温陶瓷复合材料强韧化与抗氧化协同。最终,面向工程任务,确定了以连续碳纤维增韧 ZrB_2-SiC 超高温陶瓷基复合材料为材料方案,以 ZrB_2 陶瓷振动辅助注浆-SiC 前驱体浸渍裂解低温无压制备工艺方案,通过科技成果转化与工程化应用,搭建了产品专用生产线,实现了规模化生产。

采用上述方法研制的超高温陶瓷基防热材料经过了系列地面试验考核,均表现出优异的抗氧化性能和抗热振性能。图 3.18 所示为带测压孔的小尺寸前缘件(孔径为 0.7 mm)风洞试验考核,试验前后试样没有发生明显变化,表现出近零烧蚀特征,充分验证了方案优化后纤维增韧超高温陶瓷复合材料体系和低温无压制备技术方案的可行性。

图 3.18 带测压孔(孔径为 0.7 mm)小尺寸前缘件风洞试验考核

3.4 小结

陶瓷基热防护材料作为一类极具应用价值的非烧蚀型防热材料,对于推动高超声速飞行器迈向更快、更轻以及更高效的方向发展具有重要的科学意义和工程价值,极端热/力/氧耦合环境下陶瓷基热防护的使役安全是目前限制该类材料发展和应用的核心科学问题。围绕这一核心科学问题,后续应重点研究极端气动热环境与超高温碳/陶复合材料表面多物理场/多化学场耦合作用机制,着力发展超高温碳/陶复合材料宏微观结构与关键性能的跨尺度设计理论及计算方法,实现宽温域(1 600~2 500℃)长时间使役环境下高致密超高温碳/陶复合材料的低温无压致密化及三维强韧化-抗氧化协同,并根据不同复杂热/力/氧耦合环境需求,建立超高温碳/陶复合材料组分、含量及微结构的梯度化设计与调控方法,揭示与"温度场-应力场-化学场"的多场耦合交互响应机制,从而推动陶瓷基热防护材料向宽温域、长时间、轻质化及多功能化的方向综合协调发展。

参考文献

[1] 黄宛宁,张晓军,李智斌,等.临近空间科学技术的发展现状及应用前景[J].科技导报,2019(37):46-62.

[2] 廖孟豪.2018 年度国外高超声速飞行器发展动向[J].飞航导弹,2019,411(3):10-13.

[3] 金华.防热材料表面催化特性测试与评价方法研究[D].哈尔滨:哈尔滨工业大学,2014.

[4] Yang X, Gui Y, Tang W, et al. Surface chemical effects on hypersonic nonequilibrium aeroheating in dissociated carbon-oxygen mixture[J]. Journal of spacecraft and rockets, 2018, 55(3): 687-697.

[5] Glass D E. Hypersonic Materials and Structures[R]. NF16761-21257, 2016.

[6] Guo S Q. Densification of ZrB_2-based composites and their mechanical and physical properties: a review[J]. Journal of the European Ceramic Society, 2009, 29(6): 995-1011.

[7] Padture N P. Advanced structural ceramics in aerospace propulsion[J]. Nature Materials, 2016, 15(8): 804-809.

[8] Golla B R, Mukhopadhyay A, Basu B, et al. Review on ultra high temperature boride ceramics[J]. Progress in Materials Science, 2020, 111: 100651.

[9] Feng L, Fahrenholtz W G, Hilmas G E. Processing of dense high-entropy boride ceramics [J]. Journal of the European Ceramic Society, 2020, 40(12): 3815-3823.

[10] 张幸红,胡平,韩杰才,等.超高温陶瓷复合材料的研究进展[J].科学通报,2015(3):257-266.

[11] Paul A, Jayaseelan D D, Venugopal S, et al. UHTC composites for hypersonic applications [J]. American Ceramic Society Bulletin, 2012, 91(1): 22-29.

[12] Binner J, Porter M, Baker B, et al. Selection, processing, properties and applications of ultra-high temperature ceramic matrix composites, UHTCMCs-a review[J]. International

Materials Reviews, 2019(19): 1 – 56.

[13] Sackheim, Robert L. Overview of United States space propulsion technology and associated space transportation systems[J]. Journal of Propulsion & Power, 2006, 22(6): 1310 – 1333.

[14] 宋博,李高峰.美国 X – 37B 轨道试验飞行器的发展及分析[J].飞航导弹,2012(12): 7 – 13.

[15] Upadhya K Y, Yang J M, Hoffman W P. Materials for ultrahigh temperature structural applications[J]. American Ceramic Society Bulletin, 1997, 76(12): 51 – 56.

[16] Bansal P N. Handbook of ceramic composites[J]. Materials Today, 2005(8): 57.

[17] Loomis M, Palmer G. Pre-flight CFD analysis of arc jet and flight environments for the SHARP – B2 flight experiment[C]. 39th Aerospace Sciences Meeting & Exhibit, Reno, 2001.

[18] 郭朝邦,邢娅.美国艾姆斯研究中心超高温陶瓷材料研究进展[J].飞航导弹,2010(11): 82 – 84.

[19] 于多,殷杰,张步豪,等.碳化物超高温陶瓷材料研究进展[J].航空制造技术,2019,62 (19): 53 – 64.

[20] 齐方方,王子钦,李庆刚,等.超高温陶瓷基复合材料制备与性能的研究进展[J].济南大学学报(自然科学版),2019,33(1): 8 – 14.

[21] Yan C L, Zhang C R, Liu R J, et al. Fabrication and properties of PIP 3D Cf/ZrC – SiC composites[J]. Materials Science & Engineering, 2014, 591: 105 – 110.

[22] Wang D, Dong S, Zhou H, et al. Fabrication and microstructure of 3D Cf/ZrC – SiC composites: Through RMI method with ZrO_2 powders as pore-making agent[J]. Ceramics International, 2016, 42: 6720 – 6727.

[23] Sha J. Improved microstructure and fracture properties of short carbon fiber-toughened ZrB_2-based UHTC composites via colloidal process[J]. International Journal of Refractory Metals & Hard Materials, 2016, 60: 68 – 74.

[24] Nasiri Z, Mashhadi M, Abdollahi A. Effect of short carbon fiber addition on pressureless densification and mechanical properties of ZrB_2 – SiC – C_{sf} nanocomposite[J]. International Journal of Refractory Metals & Hard Materials, 2015, 51: 216 – 223.

[25] Ritchie R O. The conflicts between strength and toughness[J]. Nature Materials, 2011, 10: 817 – 822.

[26] 孟祥玮.短切碳纤维增强 Cf/SiC 复合材料制备与性能研究[D].北京:中国科学院大学,2019.

[27] 周润星,苏哲安,谢翔旻,等.短切炭纤维对无压烧结 ZrB_2 – ZrC 复合陶瓷性能的影响 [J].炭素技术,2018,37: 35 – 40.

[28] 孙同臣,于新民,王涛,等.锆组元改性 Cf/SiC 的制备及烧蚀性能[J].宇航材料工艺,2015,45(4): 35 – 39.

[29] Hu H F, Wang Q K, Chen Z H, et al. Preparation and characterization of C/SiC – ZrB_2 composites by precursor infiltration and pyrolysis process[J]. Ceramics International, 2010, 36: 1011 – 1016.

［30］ Zhou H J, Ni D W, He P, et al. Ablation behavior of C/C－ZrC and C/SiC－ZrC composites fabricated by a joint process of slurry impregnation and chemical vapor infiltration ［J］. Ceramics International, 2018, 44: 4777－4782.

［31］ Wang D K, Dong S M, Zhou H J, et al. Effect of pyrolytic carbon interface on the properties of 3D C/ZrC－SiC composites fabricated by reactive melt infiltration［J］. Ceramics International, 2016, 42: 10272－10278.

［32］ Padmavathi N, Kumari S, Prasad V V B, et al. Processing of carbon-fiber reinforced (SiC+ ZrC) mini-composites by soft-solution approach and their characterization［J］. Ceramics International, 2009, 35: 3447－3454.

［33］ Li Q G, Zhou H J, Dong S M, et al. Fabrication of a ZrC－SiC matrix for ceramic matrix composites and its properties［J］. Ceramics International, 2012, 38: 4379－4384.

［34］ Yan C L, Liu R J, Cao Y B, et al. Ablation behavior and mechanism of C/ZrC, C/ZrC－SiC and C/SiC composites fabricated by polymer infiltration and pyrolysis process［J］. Corrosion Science, 2014, 86: 131－141.

［35］ 朱强强,范金娟,邬冠华.Cf/SiC 复合材料的氧化及抗氧化技术研究进展［J］.失效分析与预防,2018,13: 54－66.

［36］ 欧阳海波,李贺军,齐乐华,等.SiC/PyC 复合涂层碳纤维微观结构及氧化行为研究［J］.无机材料学报,2009(1): 103－106.

［37］ Zou L H, Natalie W, Yang J M, et al. Microstructural development of a C_f/ZrC composite manufactured by reactive melt infiltration［J］. Journal of the European Ceramic Society, 2009, 30: 1527－1535.

［38］ Chang Y B, Sun W, Xiong X, et al. Microstructure and ablation behaviors of a novel gradient C/C－ZrC－SiC composite fabricated by an improved reactive melt infiltration［J］. Ceramics International, 2016, 42: 16906－16915.

［39］ Wang Y G, Zhu X J, Zhang L T, et al. C/C－SiC－ZrC composites fabricated by reactive melt infiltration with $Si_{0.87}Zr_{0.13}$ alloy［J］. Ceramics International, 2012, 38: 4337－4343.

［40］ Tong Y G, Bai S X, Chen K. C/C－ZrC composite prepared by chemical vapor infiltration combined with alloyed reactive melt infiltration［J］. Ceramics International, 2012, 38: 5723－5730.

［41］ 孔英杰,于新民,裴雨辰.熔渗温度和时间对 C/C－SiC－ZrC 复合材料性能的影响研究［J］.装备环境工程,2016,13(3): 88－92.

［42］ Li Z Q, Li H J, Zhang S Y, et al. Microstructures and ablation properties of C/C－SiC－ZrC composites prepared using C/C skeletons with various densities［J］. Ceramics International, 2013, 39: 8173－8181.

［43］ Sciti D, Guicciardi S, Nygren M. Spark plasma sintering and mechanical behaviour of ZrC－based composites［J］. Scripta Materialia, 2008, 59: 638－641.

［44］ Jiang J M, Wang S, Li W, et al. Preparation of 3D C_f/ZrC－SiC composites by joint processes of PIP and RMI［J］. Materials Science & Engineering A, 2014, 607: 334－340.

［45］ He Q C, Lu J H, Wang Y W, et al. Effects of joint processes of CLVD and PIP on the microstructure and mechanical properties of C/C－ZrC composites ［J］. Ceramics

International, 2016, 42: 17429 - 17435.

[46] Chen S A, Li G D, Hu H F, et al. Microstructure and properties of ablative C/ZrC - SiC composites prepared by reactive melt infiltration of zirconium and vapour silicon infiltration [J]. Ceramics International, 2017, 43: 3439 - 3442.

[47] 郭朝邦,邢娅.美国艾姆斯研究中心超高温陶瓷材料研究进展[J].飞航导弹,2010(11): 82 - 84.

[48] 周印佳,张志贤.航天器可重复使用热防护技术研究进展与应用[J].航天返回与遥感, 2019,40(5): 27 - 40.

[49] Saccone G, Gardi R, Alfano D, et al. Laboratory, on-ground and in-flight investigation of ultra high temperature ceramic composite materials[J]. Aerospace Science and Technology, 2016, 58: 490 - 497.

第 4 章

碳基热结构材料

4.1 概述

C/C 复合材料具有优异的高温力学、热物理性能和抗烧蚀/侵蚀性能,一直是弹道式洲际导弹弹头端头帽及固体发动机喷管喉衬无可替代的防热材料。随着高性能碳纤维和先进编织物技术的发展,C/C 复合材料的性能得到了显著的提高,C/C 复合材料已逐渐由航天飞机的鼻锥帽、翼前缘等防热部件拓展至大面积热结构部件[1-6]。不同于烧蚀防热 C/C 复合材料,碳基热结构材料在服役过程中除了需要具有较好的耐高温抗氧化性能以外,还需要具有较好的高温承载性能。因此,需要通过表面抗氧化涂层设计和制备实现抗氧化和非烧蚀,通过内部碳/碳本体发挥高温承载,利用涂层和基体的协调匹配,从而发挥较好的防热和承载一体化功能[7-11]。

4.2 国内外研究现状

自 1958 年问世以来,C/C 复合材料由于具有优异的高温比强度、比模量、较小的热膨胀系数等特性而备受关注,其使用最早可追溯至美国航天飞机的高温部位。早期航天飞机鼻锥帽、翼前缘等部位(图 4.1)采用抗氧化 C/C 复合材料(reinforced carbon carbon, RCC),其强度在 40 MPa 以下。后来通过增强体改进和制备工艺优化后,碳基热结构材料升级换代为先进 C/C 复合材料(advanced carbon carbon, ACC),其力学性能大幅提升,面内拉伸强度可达 300 MPa 以上,压缩强度可达 170 MPa[12-15]。

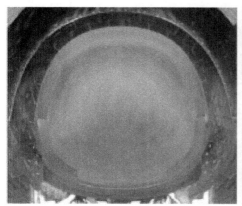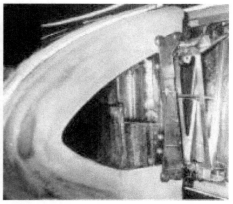

图 4.1 航天飞机的鼻锥帽和翼前缘构件

正是碳基热结构材料在高温部位的应用成就了美国航天飞机在多次飞行任务中的成功,也正是翼前缘部位 C/C 复合材料部件的受损,造成了"哥伦比亚号"航天飞机在返回地面前发生烧毁爆炸[16-19]。航天飞机之后,以 C/C 复合材料为代表的复合材料热结构,成为后续高超声速飞行器热防护系统设计的范本,并由此发展了系列热防护系统以及各类热结构,影响深远。其中,有代表性的是碳基热结构复合材料在 HTV - 2 验证飞行器上的应用,不仅促进了航天飞行器向高超声速、大机动等更高性能化方向的发展,也说明了碳基热结构材料在高超声速飞行器中具有非常重要的应用潜力。

从碳基热结构材料研究的现状来看,碳/碳热结构材料的耐热温度高达 2 500℃以上,但受到氧化防护涂层耐温等级的限制,只有 1 650℃以下温度范围内的碳基热结构复合材料成熟度较高,而在更高温度的应用场合下通常采用烧蚀型方案,或者仅在验证飞行器的较短服役时间工况下应用。本章将根据近年来碳基热结构复合材料的研发成果,从碳基热结构复合材料设计与制备、C/C 复合材料连接件、氧化防护涂层、评价与应用等几个方面阐述碳基热结构复合材料技术的发展情况。

4.3 碳基热结构材料设计与制备

除了需要较高的力学性能和表面需要进行氧化防护外,碳基热结构材料通常被设计成大尺寸薄壁结构和复杂异形特征的构件,以实现高超声速飞行器的防热和承载功能。碳基热结构材料这个设计要求决定了其制备方法和工艺与传统 C/C 复合材料制品(通过块体织物致密化后加工形成)明显不同,需要碳纤维织物仿形制备、致密化过程防变形、复杂外形构件均匀致密化等,同时也需要根据构件的承载特征设计内部的碳纤维增强形式[20,21]。碳基热结构材料成型的复杂性带来了 C/C 复合材料的工艺力学、构件变形控制、物料场/温度场的均匀控制、特定结构的可实现性等问题,远比烧蚀防热 C/C 复合材料复杂。另外,碳基热结构材料的高力学性能和大尺寸构件的可实现性是材料研究的前提保证,碳纤维增强体的选择、织物结构的设计、基体碳类型的选用、致密化工艺的选择、高温热处理制度设计优化等都是碳基热结构材料研究需要关注的内容。传统烧蚀防热 C/C 复合材料通常采用沥青基体碳前驱体,通过浸渍/碳化、高压浸渍/碳化和高温热处理(最高温度可达 2 500℃以上),其中高压浸渍/碳化过程在高温等静压设备中实现[22-24]。而碳基热结构材料的薄壁异形特征及大尺寸特征等都决定了无法采用高压浸渍/碳化过程实现材料的高致密化。因此,树脂浸渍/碳化工艺、化学气相渗透工艺及其组合工艺等成为碳基热结构材料研究的主要工艺。

热结构材料是航天飞行器在高温下的力学承载主体,除了飞行器外壳的薄壁异形大尺寸热结构舱盖、底板外,与之配合使用的内部支撑框、纵向梁等也是重要的热结构部件。热结构舱盖、底板、梁具有薄壁、异型、尺寸大等特点,通常用二维铺层结构、缝合结构和针刺结构的复合材料来制备,而支撑框的尺寸略小,为异形闭合结构,可以用三向结构的复合材料块体加工,或用编织结构的材料仿形制造。不同于传统的烧蚀防热碳基复合材料,热结构碳基复合材料追求更高的力学性能,尤其是在不同的应用载荷特征下追求与之相适应的承载特性,如拉伸载荷和剪切载荷均较高的场合,对热结构材料不能单单追求拉伸强度或剪切强度单一性能的极限化,需要综合考虑两种性能的均衡[25,26]。下面将针对碳基复合材料中四种典型结构的热结构复合材料分别给予阐述。

4.3.1　二维铺层 C/C 复合材料

二维铺层 C/C 复合材料是碳基热结构材料中研究最早、应用最成熟的一种材料形式,通过碳布预浸料铺层、压实、固化、碳化、反复树脂浸渍/碳化/高温热处理等过程制备获得。二维铺层 C/C 复合材料采用的浸渍树脂和预浸料中的树脂通常为高残碳率的酚醛树脂,如氨酚醛树脂、钡酚醛树脂等。不同于树脂基复合材料,在 C/C 复合材料制备过程中,碳化和高温热处理阶段都会促进固化树脂的碳化转变,这个过程中基体不断裂解收缩,产生大量裂纹和孔隙,需要进行反复的树脂浸渍/固化和后续的碳化、高温热处理,以实现基体碳的连续和C/C 复合材料的高力学性能化[27,28]。

二维铺层 C/C 复合材料中碳纤维增强方式的变化通常是通过不同碳布、不同铺层方式来实现,如碳布采用不同国产碳纤维(T300 级、T700 级、M40 级等)的无纬布、缎纹布等形式,铺层方式包括[0°,45°,90°,−45°]、[0°,90°]等。碳纤维增强方式将对二维铺层 C/C 复合材料的性能产生影响[29]。

采用国产 T700 − 12K 无纬布增强氨酚醛树脂(ammonia phenolic resin, AR)制备二维铺层 C/C 复合材料,结合实际的使用需求,分析了五种典型铺层方式对材料力学性的影响,其中铺层方式如表 4.1 所示。

表 4.1 五种铺层方式

铺 层 类 型	铺 层 方 式	各向纤维含量
0°铺层	[0°,90°]	0°/80%、90°/20%
准各向同性铺层	[0°,45°,90°,−45°]	0°/25%、90°/25%、45°/25%、−45°/25%
拉压型铺层	[45°,−45°,0°,90°]	0°/50%、90°/16.67%、45°/16.67%、−45°/16.67%
0°/90°型铺层	[0°,90°]	0°/50%、90°/50%
±45°型铺层	[45°,−45°]	45°/50%、−45°/50%

不同铺层方式无纬布增强的二维铺层 C/C 复合材料力学性能见表 4.2。所有板材厚度为 30 mm,热处理最高温度为 2 300℃。由表可知,二维铺层 C/C 复合材料的力学性能与测试方向上碳纤维的含量密切相关:通常碳纤维含量越高,该方向上的拉伸、压缩和弯曲的强度、模量也会相应提高。二维铺层 C/C复合材料的层间性能较弱,如面外拉伸强度低于 2 MPa,层间剪切强度通常低于 10 MPa。准各向同性铺层的 C/C 复合材料具有最高的面内剪切强度,但其拉伸强度、压缩强度和弯曲强度均较低,仅高于±45°型铺层的 C/C 复合材料。因此,在复合材料中增加±45°碳纤维可以改善材料的抗剪切性能,但由于其他方向上纤维含量相应减少,将明显降低材料在这些方向上的拉伸、压缩和弯曲强度。

表 4.2　国产 T700/AR 无纬布铺层 C/C 复合材料力学性能

性　　能	0°	准各向型	拉压型	0°/90°	±45°	90°
面内拉伸强度/MPa	>400.2*	265	452	309	40.9	178
面内拉伸模量/GPa	168.7	75.6	125	98.2	17.7	47.2
面内拉伸断裂应变/%	>0.28*	0.41	0.38	0.31	0.52	0.39
面外拉伸强度/MPa	1.4	1.6	—	1.98	—	—
面内压缩强度/MPa	171.5	162	210	208.2	43.8	—
面内压缩模量/GPa	131.8	67.8	149	82.7	17.9	—
弯曲强度/MPa	165.3	132	182	186	73.8	—
弯曲模量/GPa	97.1	54	80.7	54.4	17.0	—
面内剪切强度/MPa	22.5	144.5	113	28	68.4	23.4
面内剪切模量/GPa	4.92	28.5	17	6.7	46.2	5.70
层间剪切强度/MPa	8.48	9.71	9.79	14.6	10.7	—
密度/(g/cm³)	1.63	1.66	1.62	1.65	1.65	1.63

注:">"表示试样夹持端脱黏,实际数值大于测试值。

　　表 4.3 给出了不同纤维种类 0°铺层 C/C 复合材料的力学性能,可见纤维种类对材料性能有一定的影响,但影响程度没有铺层方式的影响大。国产 T800 碳纤维和国产 M40J 级碳纤维单丝的直径约 5 μm,而 T700 级碳纤维单丝的直径在 7 μm 左右[30],由表 4.3 中的数据可知,较细单丝碳纤维形成的二维铺层 C/C 复合材料中层间具有更高的结合力,例如,面外拉伸强度由 T700 级碳纤维的 1.4 MPa 提升到了 2.34 MPa 和 5.73 MPa,而层间剪切强度则由 8.48 MPa 提高到了 15.3 MPa 和 11.4 MPa。

表 4.3　不同纤维种类 0°铺层 C/C 复合材料力学性能

项　　目	T800 级	M40J 级	T700 级
面内拉伸强度/MPa	>346.4*	459	>400.2*
面内拉伸模量/GPa	160.7	179	168.7
面内拉伸断裂应变/%	>0.24*	0.25	>0.28*
面外拉伸强度/MPa	5.73	2.34	1.4
面内压缩强度/MPa	169.1	293	171.5
面内压缩模量/GPa	167	171	131.8
弯曲强度/MPa	167	150	165.3
面内弯曲模量/GPa	81.1	85.1	97.1

（续表）

项　目	T800 级	M40J 级	T700 级
面内剪切强度/MPa	—	19.7	22.5
面内剪切模量/GPa	—	4.52	4.92
层间剪切强度/MPa	11.4	15.3	8.48
密度/（g/cm³）	1.57	1.63	1.63

注：>表示试样夹持端脱黏，实际数值大于测试值。

对国产 T700 – 12K 和 T800 – 12K 纤维增强的 0°铺层二维 C/C 复合材料经 2 300℃处理后进行了线膨胀系数测试，结果见表 4.4。可以看出，T800 级纤维增强 C/C 复合材料的线膨胀系数小于 T700 级纤维增强材料。线膨胀系数较小时有利于降低材料成型过程中的内应力，避免产生层间裂纹，这也是复合材料层间性能提升的另一个原因。

表 4.4　国产 T700 和 T800 级纤维碳/碳单向板线膨胀系数（单位：$10^{-6}/℃$）

温　度	T700 级		T800 级	
	0°	90°	0°	90°
室温~100℃	−0.42	−0.54	−0.33	−0.50
室温~200℃	−0.28	−0.47	−0.50	−0.43
室温~300℃	−0.26	−0.22	−0.33	−0.24
室温~400℃	−0.14	−0.06	−0.19	−0.11
室温~500℃	−0.06	0.10	−0.06	0.03
室温~600℃	0.1	0.18	0.03	0.12
室温~700℃	0.22	0.32	0.13	0.23
室温~800℃	0.32	0.39	0.26	0.32
室温~900℃	0.44	0.64	0.37	0.40

4.3.2　碳布缝合结构 C/C 复合材料

顾名思义，碳布缝合结构 C/C 复合材料是由碳布叠层后缝合在一起，主要是为了克服传统二维叠层复合材料层间性能弱的缺点和不足。不同于二维铺层 C/C 复合材料采用预浸布叠层压实固化的成型方式，碳布缝合结构 C/C 复合材料中，碳布采用干布(不含树脂浸渍剂)直接缝合，先形成碳纤维预制体，再进行致密化复合，形成 C/C 复合材料。图 4.2 给出了碳布叠层缝合织物的结构示意图[31]。

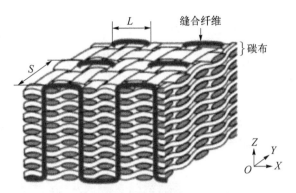

图 4.2　碳布叠层缝合织物结构示意图

　　碳布缝合结构织物的成型工艺是依据设计尺寸将 2D 布裁剪,按照构件外形铺层并加压密实到需要的厚度,利用缝合设备控制缝合针距和行距并引入缝合纤维,即成为碳布缝合织物[32]。图 4.3 给出了碳布缝合结构的模型图和工艺示意图。与二维铺层结构、正交三向结构、三维编织结构、2.5D 编织结构等织物成型工艺相比,碳布缝合方法可以实现复杂异形薄壁构件的织物成型,既能使层间力学性能达到较高水平,又能满足高效率的成型要求。缝合工艺可提高预制体成型的整体化程度,用于制备大型、复杂的异形热结构复合材料构件。

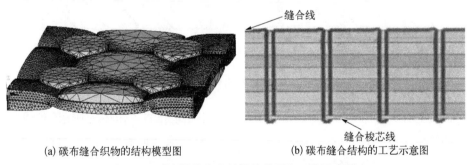

(a) 碳布缝合织物的结构模型图　　　　　(b) 碳布缝合结构的工艺示意图

图 4.3　碳布缝合织物的结构模型和工艺示意图

　　缝合工艺虽成型相对简易,但因缝合方式的多样化,其结构、成型效率、层间连接等性能不同,其对不同形式复杂型面织物的适用性也存在一定的差异,图 4.4 和图 4.5 为常见的缝合方式,主要包括双边缝合(锁式缝合、链式缝合,改进型缝合)和单边缝合[33,34]。

　　通过对比可知,锁式缝合缝线和底线的节点在制件厚度的中间位置,对于复合材料来说,节点处的应力集中在很大程度上会损伤复合材料的性能。虽然改

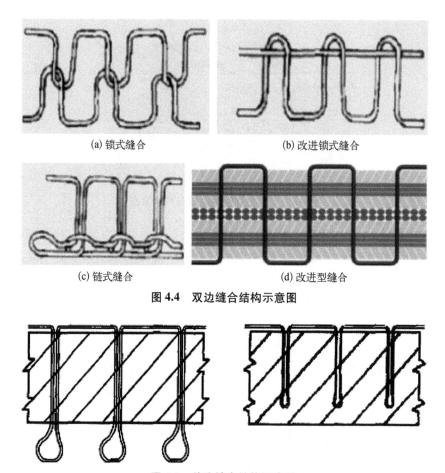

(a) 锁式缝合 (b) 改进锁式缝合

(c) 链式缝合 (d) 改进型缝合

图 4.4 双边缝合结构示意图

图 4.5 单边缝合结构示意图

进锁式缝合引起的应力集中较小,但因其受双面缝合的工作原理所限,预成型体的缝合工作只能在缝合设备平台上完成,所以通常此种缝合方式只适用于曲率相对较小的预制体。链式缝合适用于复杂曲面预制体,但由于缝针为弯月形,通常用于制备厚度较薄、纤维体积分数相对较低的预制体。单边缝合的缝线几乎处于自由状态,张力很小,仅靠缝线与预制体的静摩擦力把缝线留在预制体内部,通常需要定位胶黏剂来增大预制体与缝线的摩擦,方能保证缝合的顺利进行。采用改进型缝合方法,缝合线在织物内部基本处于伸直状态,织物两侧缝合线对布层束缚均匀,工艺适应性高,可用于复杂型面织物的成型。因此,现有碳/碳热结构复合材料主要采用此种缝合方式完成织物的高效率层间连接。

与其他纤维增强复合材料类似,碳布缝合织物的结构及参数也是影响碳布缝合碳/碳热结构复合材料性能的关键因素。通过采用不同的碳纤维(如 T300 级、T700 级、T800 级、M40J 级、M55J 级)、碳布形式(如平纹布、缎纹布、展宽布、单向布)、缝合参数(如针孔直径、缝合间距、缝合线粗细)、碳布铺层角度(如 0°/90°、0°/45°/90°/-45°)等,可以实现不同承载模式的碳布缝合 C/C 复合材料设计和制备。针对热结构部件的外形及结构布局特点,研究团队提出适用于碳/碳热结构复合材料的叠层缝合织物结构形式,并且可以在仿形工装上进行碳布铺层和缝合,实现碳纤维预制体的仿形成型。在厚度方向上采用碳纤维进行缝合锁紧,可以减少工艺过程中和材料使用过程中的开裂风险,并提高复合材料的层间性能。制备碳布缝合 C/C 复合材料时,可以采用传统烧蚀防热 C/C 复合材料的沥青液相浸渍/碳化制备工艺,也可以通过树脂液相浸渍/碳化工艺、化学气相渗透工艺等进行致密化复合,大大提升了异形碳基热结构复合材料的制备途径。

下面从碳布缝合预制体结构参数和成型工艺对材料力学性能的影响等方面阐述碳布缝合 C/C 复合材料的特点。

对于碳布缝合织物结构来说,其主要的结构参数包括缝合间距、碳布铺层方向、碳纤维及碳布类型与规格、层密度或纤维体积分数等[35]。下面从碳纤维类型、缝合间距、碳布规格、碳布层密度、碳布铺层顺序等方面对材料的性能进行对比分析,详细阐述碳布缝合结构中织物参数对 C/C 复合材料力学性能的影响情况。

1. 碳纤维类型对材料力学性能的影响

采用国产 T300 级、国产 T800 级和国产 M40J 级碳纤维分别设计了不同结构参数的碳布缝合结构 C/C 复合材料平板,固定碳布缝合织物的碳布规格为八枚缎纹布,固定铺层顺序为 0°/45°/90°/-45°,调控碳纤维类型和缝合间距,获得碳布缝合织物。具体的结构参数如表 4.5 所示。

表 4.5　材料对比方案中的结构参数

材料编号	纤维类型	碳布规格	缝合间距	碳布铺层顺序
1#	T300 小丝束	八枚缎纹布	4 mm	0°/45°/90°/-45°
2#	T300 大丝束			
3#	T800			
4#	M40J			

（续表）

材料编号	纤维类型	碳布规格	缝合间距	碳布铺层顺序
5#			4 mm	
6#	T300 小丝束	八枚缎纹布	5 mm	0°/45°/90°/−45°
7#			6 mm	
8#			8 mm	

采用液相浸渍/碳化致密化方法制备碳布缝合结构 C/C 复合材料,对材料的拉伸、弯曲、压缩、面内剪切等常温力学性能进行分析表征,如表4.6所示。

表4.6　不同织物结构和工艺平板的力学性能

测 试 项 目	1#	2#	3#	4#	5#	6#	7#	8#
面内拉伸强度/MPa	241	198	194	194	232	235	230	230
面内拉伸模量/GPa	55.7	54.5	53.9	56.2	55.5	56.4	64.9	66.2
面内拉伸断裂应变/%	0.63	0.6	0.47	0.46	0.57	0.52	0.44	0.38
面内压缩强度/MPa	132	152	138	119	149	145	154	163
面内压缩模量/GPa	38.1	60.7	55.5	56.4	54.0	57.4	58.2	62.1
面内弯曲强度/MPa	191	182	174	180	208	185	258	267
面内弯曲模量/GPa	32.1	48.0	34.1	49.0	47.5	37.5	47.7	57.4
面内剪切强度/MPa	153	113	117	119	145	145	138	153
面内剪切模量/GPa	22.2	24.1	23.2	25.3	25.9	25.9	27.5	28.2

由表4.6给出的不同纤维碳布缝合 C/C 复合材料(8#、9#、11#和14#)的力学性能数据可知,不同碳纤维对材料力学性能的影响并不大,其力学性能处于相当的水平。其中,小丝束 T300 碳纤维增强复合材料的拉伸强度、弯曲强度和面内剪切强度略高,这可能与小丝束纤维形成的碳布中纤维的平直度更高,纤维在复合材料中更能发挥承载能力有关。但具有较高模量的 M40J 级碳纤维增强复合材料的拉伸、弯曲和面内剪切模量略高。而较大丝束的 T300 级碳纤维增强复合材料的面内压缩强度和压缩模量均最高,这与大丝束纤维增强结构中存在较多的较大孔隙,更容易形成对压缩性能起到重要贡献的连续结构基体碳有关。总体而言,通过改变碳纤维类型很难实现碳布缝合结构 C/C 复合材料力学性能的大幅提升,但适当降低碳布中纤维丝束直径可以实现对 C/C 复合材料力学性能的小幅提升。

2. 缝合间距对材料力学性能的影响

缝合间距是碳布叠层缝合结构织物中最重要的参数之一,在固定纤维类型为 T300 级、铺层顺序为 0°/45°/90°/−45° 的前提下,调控缝合间距分别为 4 mm、5 mm、6 mm、8 mm,获得的 C/C 复合材料编号分别为 18#、19#、20#和 21#。

由表 4.6 中给出的不同缝合间距 C/C 复合材料的力学性能数据可知,在纤维类型相同的情况下,上述四种 C/C 复合材料的拉伸强度处在同一水平,为 4~8 mm,缝合间距对拉伸强度的影响不明显。但缝合间距对 C/C 复合材料的拉伸模量具较大的影响,当缝合间距增加后,碳布的损伤程度会降低,材料抵抗拉伸变形的能力有所提升。

对于压缩、弯曲等这些受基体特性控制较明显的力学性能,四种 C/C 复合材料之间表现出一定的差异性:小缝合间距(4 mm 和 5 mm)材料的面内压缩及弯曲性能(包括强度和模量)要低于大缝合间距(6 mm 和 8 mm)材料(表 4.6)。这主要是大缝合间距 C/C 复合材料的 Z 向纤维含量少,面内方向上的基体含量相对较高,连续性好,其承载能力相对较强,材料宏观性能表现较高;而小缝合间距材料中的 Z 向纤维多,单位面积内碳布损伤大,并且基体碳的长程连续性受到了破坏,导致对缺陷敏感和基体碳敏感的弯曲与压缩性能下降。

另外,研究中发现 Z 向纤维的增加虽然会对碳布产生明显损伤效果,但可以强化缝合结构 C/C 复合材料厚度方向上碳布层间的连接性能。层间剪切强度反映的是材料的层间结合性能,当 Z 向纤维含量提高时,Z 向缝合纤维对 XY 向碳布的约束能力强,材料的层间剪切性能将得到提高。

综上可知,在一定范围内,碳布缝合结构 C/C 复合材料中的缝合间距对拉伸强度影响不大,但对压缩、弯曲、面内剪切性能和拉伸模量有一定的影响,适当增加缝合间距对提高这些性能有利。对于层间剪切性能要求较高的场合,需要适度减小缝合间距,在强化层间剪切性能的同时,尽量不降低其他性能。

3. 碳布规格对材料力学性能的影响

选用四枚缎纹碳布和八枚缎纹碳布缝合结构织物,分别采用 A(沥青碳含量高)和 B(树脂碳含量高)两种工艺进行致密化,获得不同的 C/C 复合材料,材料的力学性能数据如表 4.7 和图 4.6 所示。对比两种规格碳布缝合材料的力学性能发现:无论采用哪种致密化工艺制备 C/C 复合材料,八枚缎纹碳布缝合材料的综合力学性能明显高于四枚缎纹布缝合材料,其中拉伸强度可提高 27%;由于致密化工艺不同,压缩强度、弯曲强度和面内剪切强度相当或提高。这是因为八枚缎纹布中纤维比四枚缎纹布中纤维的屈曲程度小,从而更利于发挥面内碳纤维的承载性能。综合来看,八枚缎纹碳布更适于缝合结构 C/C 复合材料承载性能的发挥。

表 4.7 两种碳布缝合结构 C/C 复合材料力学性能测试结果

结构、工艺及测试项目	1-1	1-2	2-1	2-2
织物结构参数	T300,4 mm,0°/45°/90°/-45°			
碳布规格	四枚缎纹布(4HS)		八枚缎纹布(8HS)	
制备工艺	A	B	A	B
面内拉伸强度/MPa	160.6	149.6	204.2	197.6
面内拉伸模量/GPa	52.9	45.9	53.4	57.4
面内拉伸断裂应变/%	0.44	0.57	0.40	0.39
面内压缩强度/MPa	115.6	115.8	150.2	113.6
面内压缩模量/GPa	57.3	49.3	47.1	42.9
面内弯曲强度/MPa	192.2	149.8	196.6	219.6
面内弯曲模量/GPa	40.0	31.2	42.5	43.5
层间剪切强度/MPa	16.9	10.0	19.3	15.2
短梁剪切强度/GPa	14.4	12.4	18.5	13.1
面内剪切强度/MPa	126	95.3	137.2	131.8
面内剪切模量/GPa	25.1	23.0	25.0	27.8

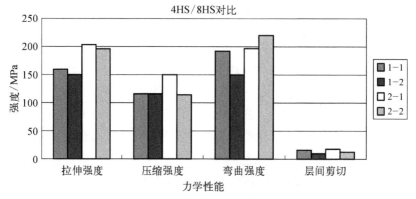

图 4.6 不同规格碳布对碳布缝合结构 C/C 复合材料力学性能的影响

4. 碳布层密度对材料力学性能的影响

层密度是指单位厚度内完整叠层碳布的层数,它是碳布缝合织物的一项重要结构参数,决定复合材料中纤维的体积分数。对于 T300 级碳纤维布缝合材料,当层密度为 24.8 ~ 29.6 层/cm 时,对应织物的纤维体积分数为 46.9% ~ 56.0%。在碳布缝合结构 C/C 复合材料的制备过程中,受复合工艺影响,材料维形加压或首轮致密化的模具定型过程会造成织物层密度增加,带来纤维体积分数的改变,且改变量与加压大小有关。采用如表 4.8 所示的不同碳布层密度(或纤维体积分数)的织物,通过液相浸渍/碳化致密化方法制备了 C/C 复合材料。材料制备过程中,需要先通过维形工艺将软化的碳纤维织物进行固化,使其保持需要的外形特征。研究中采用两种维形方式,其中 1+2 atm 维形是指第一次维形压力为 1 atm,第二次维形压力为 2 atm;1+0 atm 是指第一次维形压力为 1 atm,第二次维形压力为常压。力学性能数据如表 4.9 和表 4.10 所示。

表 4.8 不同碳布层密度的工艺平板织物参数

编 号	21#	22#	23#	24#	25#	26#
碳 布	T300(8HS)					
缝合间距	4 mm					
铺层方向	0/45/90/−45					
层密度/(层/cm)	24.8	25.9	27.0	27.6	28.6	29.6
厚度/mm	15.8	15.08	15.2	15.2	15.4	15.2
纤维体积分数/%	46.9	49.0	51.0	52.2	54.1	56.0

表 4.9 不同碳布层密度的碳布缝合 C/C 复合材料力学性能数据(1+2 atm 维形)

测 试 项 目		21 − A#	22 − A#	23 − A#	24 − A#	25 − A#	26 − A#
面内拉伸性能	强度/MPa	221.8	225.8	234.6	225.4	238.6	269.2
	模量/GPa	63.9	65.1	65.3	64.1	64.4	63.0
	断裂伸长率%	0.45	0.52	0.53	0.52	0.48	0.57
面内压缩性能	强度/MPa	141.6	149.6	153.0	142.4	139.8	148.4
	模量/GPa	74.6	64.5	67.6	69.0	67.4	62.7
弯曲性能	强度/MPa	170.8	185.2	157.4	171	179.4	198.8
	模量/GPa	42.0	46.7	44.4	45.2	43.4	42.7

（续表）

测 试 项 目		21－A#	22－A#	23－A#	24－A#	25－A#	26－A#
面内剪切性能	强度/MPa	147.4	120.6	124.8	132.2	133.2	138.0
	模量/GPa	27.2	28.7	27.1	28.5	26.0	26.3
层间剪切性能	双缺口/MPa	6.2	11.0	9.9	12.9	7.7	15.2
	短梁/MPa	13.0	14.7	14.5	12.9	14.6	14.0

表 4.10 不同碳布层密度的碳布缝合 C/C 复合材料性能数据（1+0 atm 维形）

测 试 项 目		21－B#	22－B#	23－B#	24－B#	25－B#	26－B#
面内拉伸性能	强度/MPa	213.0	212.2	220.2	220.5	210	226.6
	模量/GPa	62.5	59.8	60.8	58.8	58.1	61.3
	断裂伸长率/%	0.50	0.46	0.49	0.53	0.51	0.54
面内压缩性能	强度/MPa	157.8	150	153.8	130.2	150.4	150.4
	模量/GPa	60.4	67.1	58.5	65.3	68.7	72
面内弯曲性能	强度/MPa	188.8	196.2	177.2	188.8	176.8	192.2
	模量/GPa	42.5	44.0	42.5	39.4	40.7	43.1
面内剪切性能	强度/MPa	125.4	124.2	122.8	122.4	127.4	132
	模量/GPa	25.9	25.6	24.4	28.3	27.7	27.1
层间剪切性能	双缺口/MPa	10.4	13.4	9.5	13.8	9.2	10.8
	短梁/MPa	12.4	12.4	14.1	14.4	14.1	13.1

由表 4.9 和表 4.10 中 C/C 复合材料的力学性能数据可以看出：对于不同碳布层密度的平板织物，经过相同维形工艺制备，其最终的材料性能差异并不显著，说明虽然织物结构中的碳布层密度存在明显差异，但经过维形过程中的加压作用，碳布层密度有趋于一致的趋势，而无法表现出明显的力学性能差异；采用"1+2 atm"与"1+0 atm"两种维形工艺制备的材料纤维体积分数分别达到 65% 与 57%，但力学性能差异不大，仅前者的拉伸强度与面内剪切强度略大于后者，而其他性能相当，其原因在于高压力维形时，材料中的层密度和纤维体积分数增加，在面内方向上的单位面积内承载的纤维体积分数增加，提高了拉伸性能和剪切性能；但纤维体积分数的增加，减少了 C/C 复合材料中基体碳的含量，造成前者压缩性能低于后者。

总体而言,对于 C/C 复合材料液相浸渍/碳化工艺,初始的碳纤维织物中,碳布层密度的大小并不关键,通过加压维形可以将材料中的碳布层密度控制到相当的水平,从而保证 C/C 复合材料的最终力学性能处于较高水平。但对于不需要加压维形的工艺过程,初始织物中的碳布层密度将决定了最终材料中的纤维体积分数,对材料的最终力学性能将影响较大,在织物制备时就要控制碳布的层密度在一定的水平上,才能保证 C/C 复合材料具有较高的力学性能。

5. 不同碳布铺层方式对材料力学性能的影响

和二维铺层结构 C/C 复合材料类似,碳布缝合结构中的碳布铺层方式对 C/C 复合材料的力学性能影响也较大。针对不同承载要求的热结构复合材料,需要通过调控材料中纤维的方向实现拉伸、剪切等不同的主应力承载模式,而碳布缝合结构 C/C 复合材料中纤维方向的改变是通过改变碳布的铺层方向实现的。此外,在制备复杂异形构件时,为实现仿形制造和构件的复杂承载要求,适当地调控碳布铺层方向不仅是力学承载的需求,而且是仿形工艺实现的需要。

表 4.11 给出了铺层方向分别为 0°/90°,0°/90°/45°/0°/90°/−45°,0°/45°/90°/−45°与 0°/30°/60°/90°/−60°/−30°的碳布缝合 C/C 复合材料的织物结构参数和 C/C 复合材料力学性能测试数据。其中,材料的其他结构参数固定不变:碳布为 T300 级八枚缎纹布,缝合间距为 4 mm,碳布层密度为 26~27 层/cm,纤维体积分数为 50%~52%。

表 4.11 不同铺层方向 C/C 复合材料织物的结构参数和力学性能数据

参 数		15#	17#	16#	19#
层密度/(层/cm)		26.5	27.4	26.9	26.9
纤维体积分数/%		50.1	51.7	50.8	50.4
铺层方向		0°/90°	0°/90°/45°/ 0°/90°/−45°	0°/45°/ 90°/−45°	0°/30°/60°/ 90°/−60°/−30°
面内拉伸性能	强度/MPa	321.0	271.2	250.0	185.6
	模量/GPa	94.6	72.1	68.4	62.7
	断裂伸长率/%	0.46	0.56	0.55	0.51
面内压缩性能	强度/MPa	157.4	151.8	153	140.4
	模量/GPa	99.7	78.6	73.2	61.0

（续表）

参 数		15#	17#	16#	19#
弯曲性能	强度/MPa	187.4	181.6	198.8	160.6
	模量/GPa	63.4	52.8	48.1	39.3
面内剪切性能	强度/MPa	34.7	99.2	128.6	125.8
	模量/GPa	7.4	19.3	26.9	26.8
层间剪切性能	双缺口/MPa	5.6	7.8	8.1	13.1
	短梁/MPa	12.1	12.6	14.3	14.6

从表 4.11 中的 C/C 复合材料力学性能数据来看,碳布铺层方向的改变造成了材料拉伸模量、压缩模量、弯曲模量及面内剪切模量的显著变化,这表明 C/C 复合材料的各方向模量主要与该方向上的纤维体积分数有关,这与其他复合材料性能变化规律一致;材料的拉伸强度和面内剪切强度与铺层方向的关系也非常密切,这主要是由于这两种性能除了与纤维-基体间的界面性能有关以外,主要受承力方向上(特别是承受拉伸载荷时)纤维体积分数影响,这与上述模量的影响一致;弯曲强度和压缩强度与铺层方向的相关性相对较弱,这两方面性能主要由碳基体决定。

总体来看,织物结构参数中,碳布铺层方向是影响 C/C 复合材料力学性能的重要因素,通过调控碳布的铺层方向来改变碳纤维的增强方向,进而实现 C/C 复合材料主要承载模式的转变,可为不同承载需求的热结构部件提供多种热结构用碳基复合材料。

6. 复合工艺对缝合结构 C/C 复合材料性能的影响

缝合结构 C/C 复合材料的致密化工艺主要包括液相浸渍/碳化工艺和化学气相渗透工艺,其中根据前驱体的不同,液相浸渍/碳化工艺又可以分为树脂浸渍/碳化工艺和沥青浸渍/碳化工艺两种。用于 C/C 复合材料制备的树脂主要是高残碳率的酚醛树脂、糠醛(酮)树脂等,沥青主要是中温煤沥青,气相碳源主要是甲烷、丙烷、丙烯等物质[36,37]。

对于液相浸渍/碳化工艺,热结构 C/C 复合材料的致密化可分为前期、中期与后期三个阶段。其中,前期致密化主要是复合材料的第一轮复合(浸渍、固化、碳化),完成后,C/C 复合材料预制体具备初步的硬挺度与刚度,即碳纤维预制体在该阶段完成维形[38]。维形效果对保证热结构件的最终轮廓度与尺寸精度至关重要,同时维形阶段的致密化过程也是纤维与基体间界面形成的关键步骤,而界面性能与最终的材料性能息息相关。因此,C/C 复合材料的前期致密化效果是控制材料的尺寸、外形特征和最终性能的关键因素之一。中期致密化主要是基体碳大量引入材料孔隙的过程,液相工艺致密化过程中通常需要经过反复的浸渍—碳化—高温热处理[39]。在此阶段,因材料中的孔隙较多,基体碳易于引入和形成。致密化后期主要是为达到 C/C 复合材料所需的较高密度,在这个阶段,基体碳的引入效率明显因为孔隙的减少而降低,基体碳通常是在前期形成的基体碳收缩后形成的孔隙、裂纹中或未能有效填充的大孔隙中形成的[40]。

对于 CVD 工艺,C/C 复合材料的致密化过程相对简单:气相碳源在高温下形成自由基,自由基发生聚合反应长大,当遇到沉积表面后形成热解碳沉积物。热解碳的形成优先在碳纤维预制体或材料半成品的高温外表面沉积,容易在材料表面结壳而堵塞进入内部的通道。通常在制备 C/C 复合材料过程中进行表面加工去皮或进行高温热处理开孔处理,以达到继续致密化的目的[41-44]。根据沉积的过程,也大致可以分为前期、中期与后期三个阶段。在致密化前期,主要是在纤维单丝表面形成热解碳覆层,该覆层在最终的 C/C 复合材料中起到界面层的作用。在致密化中期,热解碳不断填充纤维束内,将纤维束内孔隙形成较致密的热解碳填充相。在致密化后期,热解碳主要在纤维束间的较大孔隙中形成。由于可沉积表面的减少,致密化效率明显降低,而且这个过程中容易在材料表面结壳,需要进行机械加工或高温热处理开孔。

出于 C/C 复合材料高致密度、高力学性能、特定热物理性能、大尺寸构件仿形成型等多方面的要求,在实际制备热结构 C/C 复合材料时会使用多种复合工艺,即将液相浸渍/碳化和 CVD 工艺进行组合使用。为方便表达,C/C 复合材料的致密化工艺中 CVI 工艺简称 C、树脂浸渍/碳化工艺简称 R,沥青浸渍/碳化工艺简称 P。按照各阶段致密化工艺的不同,可以形成 CRR、RCR、RRR 等不同的组合工艺。

(1) CRR 工艺。经过处理后的碳纤维缝合织物直接进入沉积炉进行 CVD,形成热解碳界面层和一定密度的填充,完成材料的维形;然后采用多轮次的树脂浸渍、固化及碳化,完成复合材料中后期的致密化。该方法采用气相沉积完成织物的前期增密,具有热应力小、大尺寸构件致密化成型变形小的优点。

(2) RCR 工艺。与 CRR 工艺不同的是,在进行气相沉积以前,先采用一定质量分数的树脂对碳纤维织物进行浸渍、固化与碳化,完成织物的维形,随后采用 CVD 法进行中期致密化,将纤维与基体界面上产生的裂纹进行修复,并实现较小孔隙的热解碳填充。在后期的致密化中,再采用树脂浸渍/碳化工艺进一步对较大孔隙进行填充,提高材料的密度。该方法的优点在于首轮树脂加压成型能保证材料具有较高的纤维体积分数,从而提高材料的力学性能。但加压成型会在材料中产生有较大的工艺应力,易导致 C/C 复合材料(特别是异形件)产生较大变形,给后期致密化和加工带来困难。

(3) RRR 工艺。该方法采用树脂对碳纤维织物进行全程的浸渍、固化及碳化,完成 C/C 复合材料部件的维形及中后期致密化。该方法的优点在于对设备要求简单,仅需烘箱、浸渍、固化设备及高温处理设备即可。

图 4.7 为复合后的 C/C 复合材料平板实物照片。图 4.8 给出了上述三种致密化工艺制备的 C/C 复合材料的力学性能对比图,通过材料力学性能对比可以发现,虽然不同 C/C 复合材料的性能之间存在差异,但是不同工艺对应的材料性能的变化趋势是一致的,即不同结构织物通过不同工艺制备的 C/C 复合材料的性能同步提升或降低。综合各项力学性能数据可知,树脂工艺(指采用树脂工艺维形,包括 RCR 及 RRR 工艺,下同)材料性能优于气相工艺(增密初期采用气相工艺维形,主要指 CRR,下同)。其中,采用 CRR 工艺制备的 C/C 复合材料拉伸性能为 RCR 工艺的 50% ~ 70%,剪切性能为 RCR 工艺的 70% ~ 90%,压缩性能为 RCR 工艺的 70% ~ 90%。这种性能差异主要归因于材料中的纤维体积分数不同:由于树脂维形时采用加压的方式实现织物与工装的贴模,织物在外压作用下得到压实,XY 向碳布的层密度增加,纤维体积分数也相应增加;而采用沉积方法维形时,沉积工装主要起支撑维形作用,对增加纤维体积分数基本无贡献(甚至出现织物蓬松而夹持不到位的情况),因此纤维体积分数较低。

图 4.7　C/C 复合材料平板实物照片

采用 CVD 工艺维形的材料性能虽然低,但首轮采用化学气相工艺,可以通过石墨工装将薄壁织物紧密贴合在仿形工装上,工序结束后,材料内部残余应力

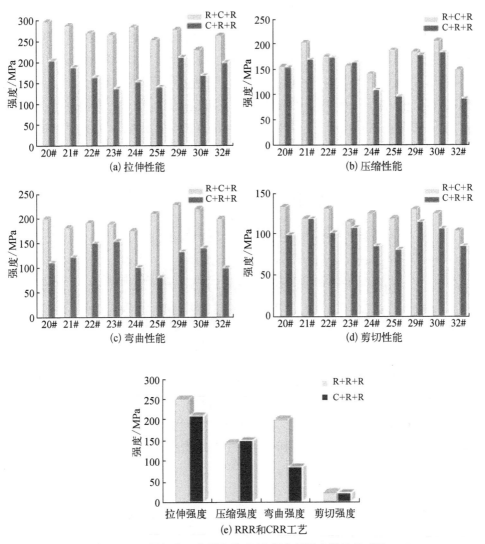

图 4.8　不同复合工艺制备的 C/C 复合材料力学性能对比

小,基本上不存在回弹变形的现象,材料内部纤维"骨架"基本固定,材料或构件外形基本定型,可以有效实现大尺寸薄壁复杂织物的近尺寸、近型面成型。

如图 4.9 所示,对于 RCR 与 RRR 工艺,从典型的拉伸断口照片可以看出(上面两行为 RCR 工艺材料,下面两行为 RRR 工艺材料),两种工艺方法制备的 C/C 复合材料断口破坏形貌差异较大。RCR 法样件的断口形貌虽然参差不齐,呈现出明显的纤维拔出模式,但在拉伸载荷作用下仍表现为材料整体受力断裂,材料性能较高,断裂应变较大。而 RRR 工艺制备的 C/C 复合材料则差别较大,纤维拔出较多,表明基体与纤维之间并未形成有效且合理的界面结构。树脂碳与气相热解碳形成机制不同:沉积碳首先在小孔隙进行填充,而树脂碳形成过程中会发生收缩开裂,不能有效形成纤维与基体间的完整界面,在外载荷作用下,采用 RRR 工艺制备的材料内部纤维之间不能协调承载,导致材料性能偏低。而在 R 工艺中加入 C 工艺后,热解碳的填充可以保障连续界面相的快速有效形成,使 C/C 复合材料在承受外力时,纤维和基体碳协同承载,从而表现出较高的力学性能。

图 4.9　典型的 C/C 复合材料拉伸断口形貌

对于 RRR 工艺,由于全程采用树脂碳化工艺,树脂在固化、碳化过程中因体积收缩造成材料内部存在较大的工艺压力,材料层间开裂的风险较高。而 RCR 工艺平板材料在致密化中期采用 CVD 方法,该方法的工艺应力较小,可有效避免分层缺陷的产生,而当进入后期的树脂工艺步骤时,材料已具有足够刚度与强度,开裂出现的风险也会有所降低。

基于力学性能数据和上述工艺特点分析可知,采用 RCR 工艺可以获得较高的材料性能,采用树脂加压维形,可以实现大尺寸复杂形状碳基热结构件的近净尺寸成型,同时可以有效降低分层开裂的工艺风险。

4.3.3　针刺结构 C/C 复合材料

如前所述,二维铺层结构和碳布缝合结构的 C/C 复合材料更适于制备薄壁结构的热结构件,而不太适合制备厚壁结构的构件。为了研制满足厚壁使用要求的碳基热结构复合材料,需要研制出较大尺寸、可仿形制造、纤维体积分数较高的碳纤维预制体。常用的适用于制备厚壁材料的 C/C 复合材料预制体的结构主要包括碳布穿刺、正交三向结构、三维编织和针刺结构等,其中碳布穿刺、正交三向结构无法实现织物的仿形编织,主要用于制备实心块体或厚壁材料,而三维编织结构因 Z 向纤维磨损过大而无法实现大尺寸碳纤维预制体编织[45-48]。

　　针刺结构通过网胎在碳布层间的"接力式"传递,不但具有准三维结构较高的层间性能,而且具有纤维方向可设计性强、平面方向纤维利用率高的优点,比较适合于复杂结构的仿形成型。更重要的是其制备过程自动化程度高、周期短、质量稳定性易控制,这是其他预制体结构所难以比拟的[49-51]。通过编织工艺形成适于针刺工艺的碳纤维织物(如无纬布、平纹布、缎纹布)和短切纤维构成的低密度网胎,按照结构设计对它们进行叠层,然后采用适宜的针刺工艺参数进行针刺,形成层间连接的碳纤维预制体。

　　针刺预制体多应用于发动机喉衬、扩散段、出口锥等简单外形及其他对承载能力要求不高的热防护部件,其预制体中的碳纤维体积分数较低,形成的 C/C 复合材料力学性能普遍不高[52-54]。对于热结构 C/C 复合材料而言,碳纤维是承载的主体,利用针刺结构碳纤维预制体作为增强体时,需要进一步提高针刺织物中碳纤维的体积分数,以强化 C/C 复合材料的力学性能。同时,也需要针对热结构件的外形特征进行仿形制备。

　　通过控制针刺工艺的针刺深度、针刺密度、网胎面密度和碳纤维布面密度,可以得到不同织物状态的碳纤维针刺预制体,对于较厚的预制体,采用液相高压致密化工艺来制备 C/C 复合材料[55]。表 4.12 给出了不同结构针刺预制体的结构参数及经过沥青高压浸渍/碳化法制备的 C/C 复合材料的密度。

表 4.12　不同成型工艺参数和结构参数的针刺织物及其 C/C 复合材料密度

序号	网胎面密度 /(g/m²)	碳布面密度 /(g/m²)	针刺深度 /mm	针刺密度 /(针/cm²)	层密度 /(层/cm)	织物体积密度 /(g/cm³)	碳/碳密度 /(g/cm³)
1	200	300	13	22	10.3	0.31	2.08
2-1				12		0.45	2.06
2-2				22		0.44	2.05
2-3	140	340	13	27	13.5	0.44	2.05
2-4				35		0.45	2.05
2-5				12		0.44	2.04
2-6	140	340	15	22	13.5	0.45	2.04
2-7				35		0.44	2.03

（续表）

序号	网胎面密度/(g/m²)	碳布面密度/(g/m²)	针刺深度/mm	针刺密度/(针/cm²)	层密度/(层/cm)	织物体积密度/(g/cm³)	碳/碳密度/(g/cm³)
2-8				12	13.9	0.44	2.04
2-9	140	340	18	22	14.2	0.44	2.04
2-10				35	15.2	0.44	2.04
2-11	120	300	13	22	15.5	0.46	2.04
2-12	140	340	13	22	13.5	0.45	2.05
2-13	140	340	13	22	13.5	0.45	2.05
3	80	380	13	22	15.8	0.60	2.02

由表4.12中的数据可知,通过采用高密度的网胎和低密度的碳布进行针刺,可以得到密度较小的针刺织物;反之,通过降低网胎的密度和提高碳布的密度,可以得到密度较高的针刺织物。表4.12中给出了密度为0.3~0.6 g/cm³的针刺织物。在使用相同的网胎和碳布条件下,改变针刺深度和针刺密度对调控针刺织物的体积密度影响不大。采用沥青高压浸渍/碳化工艺对不同密度的针刺织物进行致密化,均可实现密度为2.0 g/cm³以上的C/C复合材料的制备。织物密度越小,相同工艺条件下得到的C/C复合材料的密度越高,这与基体碳的体积密度高于碳纤维体积密度有关。

表4.13给出了不同特性C/C复合材料的力学性能数据,从表中可以看出,随着针刺织物的针刺深度增加,C/C复合材料面内方向的拉伸、压缩和弯曲性能(包括强度和模量)总体均表现出逐渐降低的趋势。由于复合材料的面内拉伸和弯曲性能与其面内方向上纤维的体积分数和连续性有关、压缩性能与基体的连续性有关,在C/C复合材料的其他参数几乎相同的前提下,其力学性能随针刺深度的增加而降低的现象说明面内方向上的纤维损伤随着针刺深度的增大而加剧,同时使该方向上基体碳的连续性降低。对比不同针刺面密度下的数据可知,随着针刺密度的增加,材料的拉伸、压缩和弯曲性能均呈总体下降的趋势,也说明了更多的针刺将会加剧面内方向上纤维的损伤和基体碳在该方向上的连续性,不利于提高面内方向上的力学性能。这也从C/C复合材料的面内剪切性能随针刺密度和针刺深度增加而减小的现象中得到了进一步佐证。

表 4.13 针刺结构 C/C 复合材料平板的力学性能数据

序号	拉伸强度/MPa	拉伸模量/GPa	压缩强度/MPa	压缩模量/GPa	弯曲强度/MPa	弯曲模量/GPa	面内剪切强度/MPa	面内剪切模量/GPa	层间剪切强度/MPa
1	84.7	44.2	130.0	37.2	145.6	36.8	68.0	11.7	23.6
2-1	139.2	55.6	161.4	56.2	211.8	43.8	66.1	12.1	21.9
2-2	93.0	55.1	149.2	52.7	202.2	45.3	64.2	11.0	22.1
2-3	122.1	51.8	151.6	49.5	207.2	48.8	65.3	11.2	22.7
2-4	128.6	50.4	145.6	53.0	171.8	45.1	60.6	11.2	24.4
2-5	100.5	56.6	147.0	49.5	158.4	42.3	62.1	10.1	20.5
2-6	92.3	40.9	134.0	40.1	185.6	44.1	59.6	9.8	31.0
2-7	104.8	50.0	150.0	46.8	174.0	41.0	59.6	10.4	30.0
2-8	87.7	39.4	144.0	45.1	137.2	38.5	58.6	9.4	36.0
2-9	81.3	43.3	139.0	43.3	127.4	35.2	59.5	9.2	40.4
2-10	72.2	39.6	143.6	40.4	121.6	33.6	56.4	8.9	33.4
2-11	115.0	51.7	158.4	52.0	165.8	40.6	62.6	9.9	27.8
2-12	99.3	43.6	150.4	53.4	159.0	42.9	60.7	10.2	24.6
2-13	112.0	56.7	155.2	55.0	190.6	44.0	60.6	10.8	22.4
3	147.0	68.1	166.6	69.2	218.0	58.8	54.1	10.8	25.1

虽然随着针刺深度和针刺密度增加,C/C 复合材料面内方向所有力学性能均表现出逐渐下降的趋势,但针刺深度和针刺密度的增加将使材料厚度方向上的纤维数量和纤维连续长度大幅增加,这显著提高了材料的层间性能。材料的层间剪切强度随着针刺深度的增加而明显增大,随着针刺密度由 12 针/cm² 增加到 22 针/cm² 时,C/C 复合材料的层间剪切强度也增加,但继续增加针刺面密度后,针刺深度为 22 mm 和 35 mm 的材料层间剪切强度有所降低,这可能与过密过深的针刺过程造成了面内方向纤维的过度损伤有关,层间剪切破坏时面内纤维的过早破坏影响了层间性能的进一步提升。

由表 4.12 和表 4.13 中的数据还可以看出,随着网胎面密度的降低,针刺织物的密度明显增加,相应的 C/C 复合材料的力学性能明显变化。同时,随着网胎面密度的降低,C/C 复合材料的拉伸、压缩和弯曲性能(包括强度和模量)均增加,当网胎面密度由 120 g/m² 降低到 80 g/m² 时,材料的拉伸、压缩和弯曲性能增加有明显加速的趋势(图 4.10)。这是由于当网胎面密度降低后,针刺织物中起到主要承载作用的碳布含量将明显增加,力学性能明显提升。

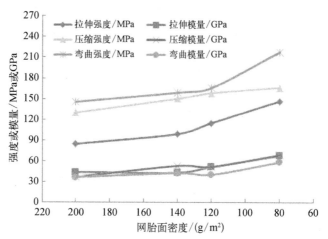

图 4.10　网胎面密度对 C/C 复合材料力学性能的影响

　　C/C 复合材料的面内剪切性能随着网胎面密度的降低大致呈逐渐减小的趋势,这说明随着网胎面密度降低(主要是网胎厚度降低),相同针刺条件下 C/C 复合材料厚度方向上形成的针刺纤维对面内纤维的剪切稳定性约束逐渐下降。在网胎面密度降低的前期和中期,层间剪切强度明显提升,这是由于网胎密度较低,针刺到织物中后经过加压针刺其密度有所提升所致。当网胎面密度较大时(厚度较厚),C/C 复合材料中网胎区域的层间破坏弱区较厚,更易于在小剪切力下破坏。随着网胎面密度降低(其厚度降低),C/C 复合材料中的剪切弱区变薄,材料在更大的剪切力下才能破坏,因此层间剪切强度逐渐增大。但当网胎面密度太小(厚度太薄,网胎中可针刺形成厚度方向的针刺纤维体积分数少)时,材料厚度方向上起到层间结合作用的针刺纤维的体积分数就会明显减小,材料的层间剪切强度明显降低,例如,网胎面密度为 80 g/m² 时,层间剪切强度明显低于网胎面密度为 120 g/m² 时的性能。

　　综上来看,对于针刺 C/C 复合材料热结构而言,在以较高的材料拉伸、压缩和弯曲性能为设计目标时,适宜选用面密度较低的网胎与面密度较高的碳布进行针刺,并且在针刺过程中控制为较浅的针刺深度和较低的针刺密度,防止面内方向上纤维的过度损伤;但当以材料的层间剪切性能为设计目标时,应采用适宜面密度的网胎(如 120 g/m²)进行针刺,针刺过程中选用较深的针刺深度和适宜的针刺密度(如 22 针/cm²);但当设计目标为 C/C 复合材料的面内剪切性能时,需要选用较大面密度的网胎,并且针刺深度和针刺密度都选用较小的参数为宜。在实际应用时,往往需要综合考虑材料的拉伸、压缩、弯曲和剪切性能,进行材料设计时需要对各个性能指标进行统筹兼顾。

4.3.4　立体三向结构 C/C 复合材料

能够应用于热结构部件的立体三向结构 C/C 复合材料主要包括碳布穿刺结构 C/C 复合材料和正交三向结构 C/C 复合材料。其中,正交三向结构中 X、Y 和 Z 向的碳纤维束相互垂直,每个方向上的碳纤维体积分数可以通过调节纤维束粗细、间距等实现[56,57];在碳布穿刺织物成型过程中,先把碳布穿刺到钢针阵列上形成穿刺层叠体,然后用纤维(或纤维棒)替换掉钢针,形成立体三向织物结构。通常碳布穿刺结构的 Z 向纤维阵列的间距较小时(如低于 2 mm)称为细编穿刺结构。碳布穿刺结构中,碳布形式(如平纹布、缎纹布)和铺层取向对材料 XY 向的力学性能有较大影响。与二维铺层结构和缝合结构的 C/C 复合材料相比,立体三向结构的 C/C 复合材料通常可以实现厚度方向纤维体积分数的大幅增加,适于制备厚壁结构件。与针刺结构形成的厚壁结构相比,立体三向结构的 C/C 复合材料中,Z 向碳纤维的连续性更好,纤维承载能力更高,通常具有更高的 Z 向拉伸性能[58-63]。

立体三向结构的 C/C 复合材料通常采用液相浸渍/碳化工艺制备,通过加压将液相沥青或树脂等前驱体浸渍到立体三向结构的碳纤维织物中,然后通过碳化和高温热处理将液相前驱体裂解、缩聚等形成碳基体。由于液相前驱体在成碳过程中不断收缩,织物中的孔隙需要通过多次的浸渍、碳化和高温热处理来实现填充。随着孔隙填充程度的增加,前驱体进入孔隙的难度不断增大,需要提高液相浸渍压力来提升浸渍效果。此外,材料中的较大孔隙很难在常压碳化过程中被充分填充,可以通过高压碳化工艺(如等静压高温碳化)来实现 C/C 复合材料中孔隙的填充与基体引入[64,65]。

表 4.14 给出了三种碳纤维增强的正交三向结构 C/C 复合材料的性能参数,其中国产 T300 级碳纤维和 T800 级碳纤维增强 C/C 复合材料具有相同的增强织物结构,M40J 级碳纤维增强 C/C 复合材料中的 Z 向纤维束略粗,间距略大。由表中数据可以看出,正交三向结构的 C/C 复合材料中面内方向(XY 面内方向)上的碳纤维分散在 X 向和 Y 向,这两个方向上的拉伸性能均较高。通过采用高模量的 M40J 纤维可以较大幅度提升这两个方向上的拉伸模量,但断裂应变有所降低。与二维铺层结构、碳布铺层缝合结构和针刺结构的 C/C 复合材料相比,正交三向结构的 C/C 复合材料 Z 向力学性能明显提高,拉伸强度可达100 MPa 以上;而二维铺层结构 C/C 复合材料厚度方向的拉伸强度仅约 1 MPa,

碳布铺层缝合结构 C/C 复合材料低于 5 MPa,针刺结构 C/C 复合材料则低于
20 MPa。说明通过在 Z 方向上引入大量连续碳纤维,显著提高了立体三向结构
的 C/C 复合材料在厚度方向上的力学性能,使得 C/C 复合材料力学性能的各向
同性特征得到提升。

表 4.14　三种碳纤维增强正交三向结构碳/碳热结构材料的性能参数

碳　纤　维	T300 级碳纤维		T800 级碳纤维		M40J 级碳纤维	
	纤维束 K 数、间距相同				Z 向纤维束 K 数略大,间距增大,体积分数较低	
方向	XY 向	Z 向	XY 向	Z 向	XY 向	Z 向
拉伸强度/MPa	350	153	424	102	331	58.5
拉伸断裂应变/%	0.35	0.32	0.36	0.29	0.25	0.21
压缩强度/MPa	166	234	151	212	143	302
弯曲强度/MPa	256	163	232	146	292	118
弯曲模量/GPa	59	32.1	44	22	69.5	29.4
面内剪切强度/MPa	21.6	21.8	23.4	13.6	—	—
面内剪切模量/GPa	2.58	1.99	3.7	1.8	—	—
体积密度/(g/cm³)	1.89		1.84		1.95	

应当指出,当正交三向结构 C/C 复合材料中的 Z 向间距增大后,材料中的
Z 向纤维的体积分数将降低,该方向上的承载能力有所下降,例如,M40J 碳纤维
增强 C/C 复合材料的 Z 向纤维束间距增大后,其 Z 向的拉伸性能明显降低。总
体而言,C/C 复合材料中各个方向上的碳纤维体积分数决定了该方向上的力学
承载能力,纤维体积分数较高时可以提升材料的力学性能,但碳纤维织物中的纤
维总体积分数是有限制的,当某个方向上的纤维体积分数提高后,其他方向上或
某些特定方向上的体积分数势必会减少,因此在实际应用过程中应当根据材料
的使用情况进行材料结构设计,通过提高主承力方向上的碳纤维体积分数来实
现该方向上力学性能的提升。

碳布穿刺结构 C/C 复合材料与正交三向结构 C/C 复合材料在结构上类似,
但 XY 方向采用的是碳布,每层碳布中 X 向和 Y 向碳纤维相互交织,碳布穿刺过
程中,碳布被钢针刺出孔洞,纤维有所损伤。因此,纤维体积分数相同的情况下,

细编穿刺结构 C/C 复合材料与正交三向结构 C/C 复合材料相比,XY 方向的力学性能略有降低,如表 4.15 所示。正是由于细编穿刺结构的 C/C 复合材料中 XY 向纤维交织在一起,X 向和 Y 向纤维的耦合承载作用更强,其面内剪切强度和模量均较正交三向结构的 C/C 复合材料高,细编穿刺结构 C/C 复合材料的这个特点更适合用作连接件。通过碳布层的铺层角度控制,可以实现面内准各向同性(0°/45°/90°/-45°)C/C 复合材料的制备。

表 4.15　细编穿刺 C/C 复合材料的性能数据

C/C 复合材料编号	A		B		C		D	
碳　纤　维	T300 级碳纤维		T300 级碳纤维		T800 级碳纤维		M40J 级碳纤维	
	Z 向纤维束粗,间距大		Z 向纤维束细,间距小		Z 向纤维束细,间距中		Z 向纤维束细,间距中	
碳布铺层方式	0°/90°		0°/45°/90°/-45°					
取样方向	XY 向	Z 向	XY 向	Z 向	XY 向	Z 向	XY 向	Z 向
拉伸强度/MPa	230.4	88.7	152.8	190.2	135.4	223.4	188.2	233.4
拉伸模量/GPa	86.3	37.1	43.4	66.3	43.2	57.1	46.2	60.1
拉伸断裂应变/%	0.4	0.26	0.43	0.33	0.38	0.42	0.53	0.40
压缩强度/MPa	170.2	—	162	—	126.2	—	141.4	—
弯曲强度/MPa	225.7	—	173.7	—	178.7	—	189.3	—
弯曲模量/GPa	51.8	—	28.6	—	31.3	—	31.1	—
面内剪切强度/MPa	40.2	—	109.5	—	107.8	—	126.8	—
面内剪切模量/GPa	6.0	—	14.6	—	15.1	—	16.5	—
层间强度/MPa	17.0	—	27.2	—	22.8	—	21.7	—

4.4　C/C 复合材料抗氧化涂层技术

碳基热结构复合材料在航天飞行器上应用时,其服役时大多需要经历高温有氧气动加热环境。虽然碳质材料力学性能高,在高温下的力学性能还有所提升,但在高于400℃的有氧环境中易发生明显氧化或烧蚀。随着环境中氧分压的增大、温度的提高和服役时间的延长,C/C复合材料将会发生更为严重的氧化烧蚀[66]。碳质材料的氧化或烧蚀将明显降低碳基复合材料的力学承载能力。研究表明,特定尺寸的C/C复合材料氧化烧蚀质量损失达到4%~5%时,其力学性能损失可达30%~50%[67],极大影响了C/C复合材料作为热结构件的长时使用。在航天飞行器上应用时,热结构部件外表面的气动加热环境随飞行器部位的不同而有所差异,碳基热结构材料直接应用时会发生局部严重烧蚀的情况,使飞行器外形发生改变,严重时会造成构件被烧穿,出现飞行器烧毁的情况[5,7,68-71]。因此,严格控制碳质热结构复合材料的氧化烧蚀问题是其能够在航天飞行器上可靠应用的关键之一。

在碳基热结构复合材料外表面形成有效的氧化防护涂层,将环境氧与材料隔离,避免材料因氧化烧蚀造成力学性能下降和外形变化,是解决碳质热结构复合材料在航天飞行器热结构部件应用的重要手段。抗氧化涂层的氧化防护效果、耐温等级、涂层的制备工艺方法、自愈合能力等决定了碳基热结构材料的服役温度等级和效果[72-76]。因此,抗氧化涂层的体系选择、结构设计、制备工艺方法、性能评价等都是碳基热结构材料研究中需要关注的问题。本节将针对碳基热结构复合材料工程化应用需求,重点阐述涂层体系、制备方法,并分别对防护涂层的快速修补和制备防护涂层的碳基热结构复合材料的性能进行论述。

4.4.1 氧化防护涂层的体系设计

航天热结构材料用氧化防护涂层的体系设计是与使用环境和服役要求密切相关的,航天飞行器在大气层中高速飞行、机动变轨或火箭发动机燃烧等过程中,热端部件要经受高速氧化性气流冲刷,氧化防护涂层必须具备如下功能:① 良好的耐高温氧化和抗烧蚀能力;② 与基材良好的物理、化学相容性能,高温下可稳定存在;③ 良好的抗热振性能,且与基材结合强度高,不易被高速气流剪切破坏。为满足上述全部功能要求,从功能性能上,氧化防护涂层通常包括过渡层、主体层和氧化层等多层体系。

(1)过渡层是实现氧化防护涂层体系热防护性能的纽带和关键素。过渡层直接与基材相连,主要使外部涂层与基材的高温热匹配性得到协调,通过缓释热应力防止热应力破坏。同时,该涂层还应具有充当碳扩散阻挡层的作用,防止基材中的碳过渡向外扩散造成损耗。因此,过渡层必须与碳质基体具有良好的物理、化学相容性和热胀匹配性,硅基类陶瓷(SiC)材料与碳/碳基材料的热膨胀系数相近且具有良好化学相容性,是氧化防护涂层中使用最多的材料体系。

(2)主体层是氧化防护涂层耐高温、抗氧化的主体,通过阻止碳向外和氧向内扩散而实现氧化防护。主体层体系的选择与其服役的最高温度密切相关,根据耐温等级可以采用 SiC、ZrB_2/$MoSi_2$、HfC 等非氧化物陶瓷体系。

(3)氧化层为主体层外表面用于孔隙封填和防止主体层过度氧化的氧化物陶瓷层,该层为涂层体系的最外层,直接接触高温、有氧、气流冲刷环境,必须具有良好的耐高温、自愈合和抗冲刷能力。同时,该层需要最大程度上阻挡氧向材料向内部的扩散,降低次表面发生氧化的概率。因此,要求氧化层组分具有较高的熔点、低的氧扩散率、较低的蒸汽压以及一定的自愈合能力。根据耐温等级,可以采用硼硅玻璃、SiO_2、ZrO_2-SiO_2、ZrO_2 等氧化物陶瓷体系,也可以通过主体层的预氧化处理形成氧化层。

氧化防护涂层的多层防护体系是从功能性进行划分的,在实际的防护层制备过程中,一种涂层体系可能会兼顾两种或更多的作用,从而减少实际获得的防护层中的涂层数量。例如,SiC 材料本身与碳基复合材料物理、化学匹配性好,而且其可以在有氧环境中耐受 1 650℃的高温,可以作为过渡层和主体层使用,在耐 1 650℃以下的涂层应用中,SiC 通常作为一层存在,再在表面施加氧化层即可。

1. SiC/SiO_2/釉层复合多层氧化防护涂层

美国航天飞机的头锥和翼前缘等大量高温部件采用了碳基热结构材料,即抗氧化 C/C 复合材料,其中 C/C 复合材料采用了二维铺层结构,抗氧化涂层采用了 SiC/SiO_2/釉层复合多层结构[12,16]。

美国航飞机碳基热结构材料抗氧化涂层的底层为采用固渗法或固相转化法形成的 SiC 涂层,也是涂层的主体层。具体制备过程是将 C/C 复合材料包埋到由硅粉、碳化硅粉和氧化铝粉构成的混合粉料中,然后在 1 450~1 650℃的惰性环境中进行高温处理,促进含硅组分在 C/C 复合材料表层内扩散和反应,形成碳化硅涂层。美国航天飞机碳基热结构材料抗氧化涂层中碳化硅底层的厚度可达 1.5 mm。固相反应形成的碳化硅涂层表面存在大量微裂纹,容易为环境氧进入涂层内部提供通道。为此,美国航天飞机碳基热结构材料抗氧化涂层在碳化硅底层基础上继续进行 SiO_2 封填,其中 SiO_2 封填层是通过正硅酸乙酯水解形成硅溶胶,然后将硅溶胶通过真空浸渍法引入碳化硅涂层表面孔隙和裂纹中,再经老化和干燥形成的。SiO_2 的熔点较高,在航天飞机服役的温度范围内不能熔融实现自愈合,因此在表面进一步形成可以在高温下自愈合的釉层十分必要。美国航天飞机碳基热结构材料抗氧化涂层的表面釉层采用了 A 型密封剂,其为由硅酸钠溶液、SiC 粉和短 SiC 纤维构成的混合料,将 A 型密封剂分两次涂覆到涂层表面形成有效的多层复合抗氧化涂层。图 4.11 给出了美国航天飞机用碳基热结构材料和其表面 SiC/SiO$_2$/釉层氧化防护涂层的结构示意图。

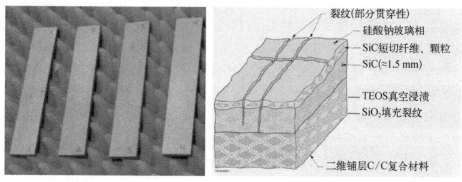

图4.11　美国航天飞机碳基热结构材料抗氧化涂层的结构示意图

　　总体来看,美国航天飞机中采用的碳基热结构材料的力学性能不高,其热结构功能中承载性能较弱,以防热功能为主,其最高弯曲强度约 8 ksi(55 MPa)、拉伸强度约 5.2 ksi(35.9 MPa)、压缩强度约 2.8 ksi(19.3 MPa)。随着温度从 $-300\ °F(-184℃)$ 升高到 $3\ 000\ °F(1\ 650℃)$,其力学性能逐渐增加[77,78]。但结合 RCC 材料所应用的碳纤维和氧化防护涂层的制备工艺来看,其较低的力学性能除了与采用了力学性能较低的碳纤维之外,还与其氧化防护涂层制备过程中对 C/C 复合材料基材造成了过度损伤有关。

　　2. SiC/Si-B-O-C 复合氧化防护涂层

　　前述的美国航天飞机碳基热结构材料抗氧化涂层的主体碳化硅层采用了固相包埋法,在该涂层制备过程中,包埋物料与 C/C 复合材料的反应程度较大,对 C/C 复合材料基材性能造成了一定损伤。有一些文献中报道,在固相包埋粉体中加入碳粉(或石墨粉),通过消耗硅活性组元的方法,降低反应活性,但大尺寸薄壁异形构件不易实现碳化硅涂层,而且高温反应造成的材料损伤和构件变形问题是难以解决的[77,79,80]。对于 C/C 复合材料密度较低或结构粗糙的情况,采用包埋法无法获得有效的碳化硅涂层,严重影响了材料或构件的外观质量。

　　针对上述问题,研究人员在大量研究和探索基础上,提出了一种涂覆烧结法制备碳化硅涂层的方法,该方法有效结合了涂刷方法和包埋反应法的优点,通过将含硅物料涂覆到 C/C 复合材料表面,然后通过高温真空烧结形成碳化硅涂层。采用该方法制备碳化硅涂层时反应可控,可原位形成可控厚度的涂层,并且涂层制备时不需要大量的粉体包埋,非常适合制备碳基热结构材料大尺寸异形构件氧化防护涂层。在实际应用过程中,为保证氧化防护涂层的连续性和满足厚度要求,涂覆烧结法制备碳化硅过程中需要重复涂覆烧结 2~3 次。图 4.12~图 4.14 给出了不同涂覆烧结过程中试样表面的 XRD 谱图。可以看出,随着涂覆烧结次数的增加,试样表面碳化硅含量增多、连续性变强,直至检测不到 C/C 复合材料的物相谱峰,形成完整连续的防护层。采用涂覆烧结法获得的碳化硅涂层为细颗粒烧结在一起的连续致密涂层,但仍存在一些微裂纹,如图 4.15 所示。

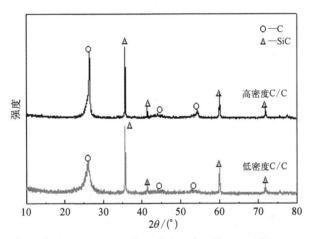

图 4.12　一次涂覆烧结碳化硅涂层的 XRD 谱图

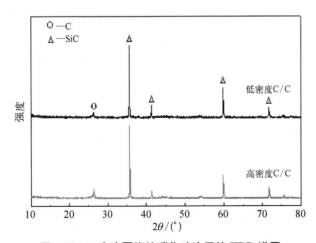

图 4.13　二次涂覆烧结碳化硅涂层的 XRD 谱图

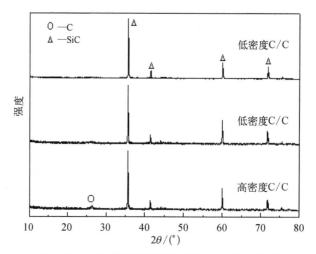

图 4.14　三次涂覆烧结碳化硅涂层的 XRD 谱图

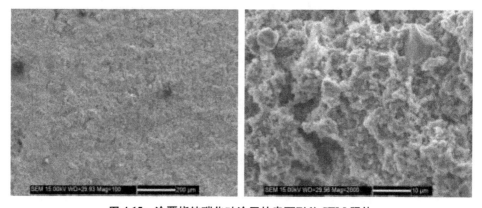

图 4.15　涂覆烧结碳化硅涂层的表面形貌 SEM 照片

　　与固相包埋法获得的碳化硅涂层相比,涂覆烧结法获得的碳化硅涂层的表面致密度更高、粗糙度更小,图 4.16 给出了不同方法获得的碳化硅涂层的表面粗糙度分析结果。

　　如上所述,采用涂覆烧结法获得的碳化硅涂层表面仍存在热应力释放造成的微裂纹,单独的碳化硅涂层不能有效保护内部 C/C 复合材料不被氧化损伤。在碳化硅表面浸渍硅溶胶,干燥后可以形成抗氧化性能较好的 SiC/SiO$_2$ 复合涂层。但正如前面所述,SiO$_2$ 材料在低于其熔点的温度范围内无法实现自愈合功能,因此造成抗氧化 C/C 复合材料的抗氧化效果不能满足使用要求,尤其是在力学加载的条件下,其氧化防护性能更差。

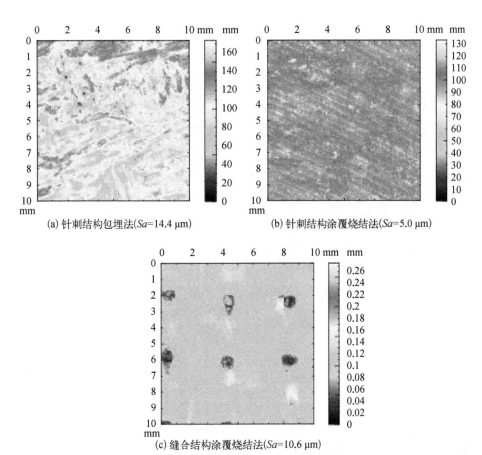

(a) 针刺结构包埋法(*Sa*=14.4 μm)　　　　(b) 针刺结构涂覆烧结法(*Sa*=5.0 μm)

(c) 缝合结构涂覆烧结法(*Sa*=10.6 μm)

图 4.16　不同方法制备的碳化硅涂层表面粗糙度分析

为进一步优化提高碳化硅涂层的氧化防护效果,提出了一种 Si－B－O－C 多元复合釉层,图 4.17 给出了涂覆烧结法碳化硅涂层和 Si－B－O－C 复合釉层表面及复合涂层断面的 SEM 微观照片。Si－B－O－C 复合釉层包含硅、硼的氧化物和碳化物及单质物质,具有全温域的自愈合能力[81]:在低温段,釉层中含有氧化硼可以反应形成熔融态的氧化硼物质,具有自愈合作用;中温段,釉层中的氧化硼和反应形成的氧化硼、氧化硅形成硼硅酸玻璃相,发挥自愈合作用;高温段,主要通过反应形成的 SiO_2 物质(夹杂少量硼硅酸玻璃相)发挥自愈合作用。SiC/Si－B－O－C 复合涂层在 900℃、1 200℃和 1 500℃下静态氧化 2 h,在这个过程中,试样持续增重,而且温度越高增重率越大(图 4.18),说明抗氧化涂层通过自身组元的氧化形成自愈合组分有效保护了内部 C/C 复合材料。氧化考核后试样表面致密,而且服役温度越高,试样表面的平整度越高,如图 4.19 所示。该氧化防护涂层体系对内部基材起到了较好的保护作用,从而保障了其具有优异的高温承载特性。

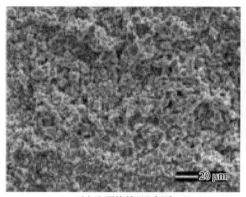

(a) 涂覆烧结SiC表面

(b) Si-B-O-C复合釉层表面

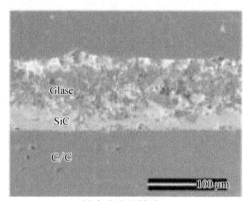

(c) 复合涂层断面

图 4.17　SiC/SiO₂复合涂层的 SEM 形貌和结构照片

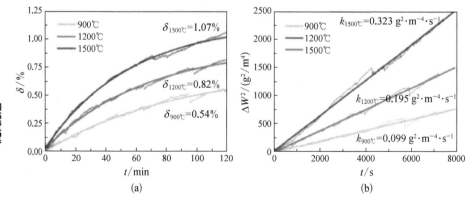

(a)　　　　　　　　　　　　(b)

图 4.18　SiC/SiO₂复合涂层在不同温度下的增重曲线

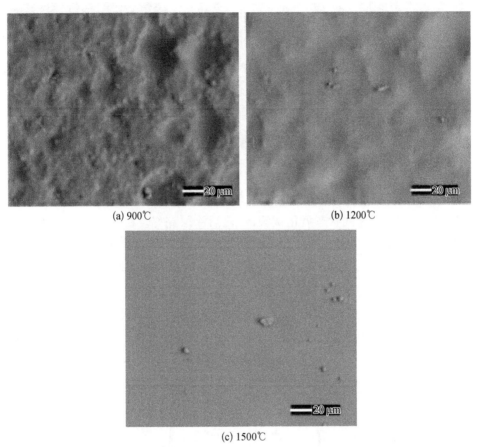

(a) 900℃ (b) 1200℃

(c) 1500℃

图 4.19 试样在不同温度下氧化 2 h 后的表面 SEM 显微照片

3. SiC/Zr(Hf)B₂-MoSi₂高温氧化防护涂层

采用等离子喷涂法可以在基材表面制备高温陶瓷涂层,其形成原理为高温等离子体热源将陶瓷粉体材料加热到熔化状态,并用高速射流使之雾化成微细液滴或熔融态颗粒反复喷射到固相表面,形成具有一定厚度的涂层,该方法制备的涂层致密、厚度可控、与基体的结合强度较高,同时涂层制备效率高,适合大面积生产,已经广泛应用于金属材料表面的氧化物(如 ZrO_2 或 HfO_2)涂层制备中[82,83]。利用等离子喷涂技术方法可以在制备了 SiC 底层的碳/碳热结构复合材料上继续制备耐高温的 HfB_2-$MoSi_2$高温氧化防护涂层,实现碳基热结构复合材料的高温氧化防护。图 4.20 是采用低压等离子喷涂法获得的 SiC/HfB_2-$MoSi_2$高温氧化防护涂层的实物图和表面、断面 SEM 照片。

图 4.20 SiC/HfB$_2$-MoSi$_2$高温氧化防护涂层实物图和表面、断面放大 SEM 照片

SiC/HfB$_2$-MoSi$_2$高温氧化防护涂层试样在电弧风洞中进行了四次热流 1.3 MW/m^2、300 s 相同状态氧化试验,考核后涂层完好。在四次重复氧化试验过程中,涂层表面的温度随时间和次数增加而逐渐增加,在第四次试验过程中表面温度从较高温度逐渐降低到平衡温度(图 4.21)。图 4.22 给出了 SiC/ZrB$_2$-MoSi$_2$高温氧化防护涂层第一次和第四次试验后表面涂层的 XRD 谱图。分析认为,氧化过程中试样表面的 HfB$_2$-MoSi$_2$涂层被逐渐氧化成低辐射系数的 HfO$_2$、SiO$_2$和高辐射系数的 HfSiO$_4$物质。

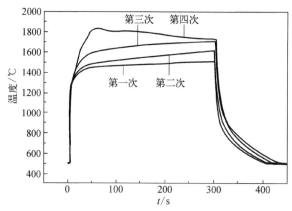

图 4.21 SiC/ZrB$_2$-MoSi$_2$涂层四次风洞试验考核过程表面温度曲线

在试验条件下,第一次试验过程中,高辐射系数的 HfSiO$_4$物质较多,涂层的表面温度较低,随着试验次数的增加,低辐射系数物质 HfO$_2$增多,而高辐射系数物质 HfSiO$_4$较少,涂层表面温度逐渐升高。由第四次试验过程中的表面温度变化曲线推断可知,氧化形成的 HfO$_2$、SiO$_2$、HfSiO$_4$物质可能存在相互转变过程,即在第三次试验的冷却过程中,HfSiO$_4$物质可能分解形成了单质相的 HfO$_2$和 SiO$_2$。在第四次试验刚开始时表面表现出较高的温度,但随着试验进行,HfO$_2$和 SiO$_2$逐

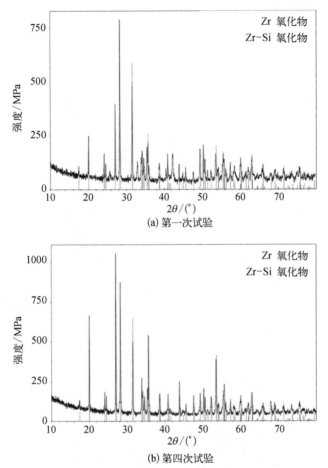

图 4.22　SiC/ZrB₂-MoSi₂涂层第一次和第四次试验后表面 XRD 谱图

渐重新形成 HfSiO₄物质,表面温度逐渐降低。从最高温度可以判断,SiC/HfB₂-MoSi₂抗氧化防护涂层可以在 1 800℃以上高温环境下应用。

采用等离子喷涂法制备的抗氧化涂层的性能除了与喷涂过程中的参数[环境气体(空气、真空)、压力;喷涂电流、电压、喷涂距离;送粉量、氩气流量等]有关外,还与喷涂粉体的特性(复相组元配比、颗粒大小、致密度、球形度、流动性等)密切相关,因此等离子喷涂粉体的造粒参数条件也是决定涂层最终性能的关键[84],进一步研究需要重点考虑等离子喷涂工艺参数对涂层质量的影响。

4. SiC/HfC/SiO₂高温氧化防护涂层

为了进一步提高涂层耐温等级,提出了 SiC/HfC/SiO₂复合抗氧化涂层体系。与 Zr 的碳化物、硼化物相比,SiC/HfC/SiO₂复合抗氧化涂层中的 HfC 具有更高的耐温特性,可以在更高服役温度条件下使用。该体系中的 SiC 作为防护层与 C/C 复合材料的应力缓释层存在,HfC 为主体高温氧化防护层,而 SiO_2 为涂层微裂纹和孔隙的填充相,三层结构的复合涂层可以使 C/C 复合材料实现高达近 2 000℃的氧化防护。采用固相包埋法制备 SiC 应力缓释层,然后采用固相包埋法制备 HfC 层,再通过溶胶−浸渍−干燥法形成 SiO_2 填充相,各功能层的表面 SEM 照片如图 4.23 所示,其断面元素分布如图 4.24 所示。

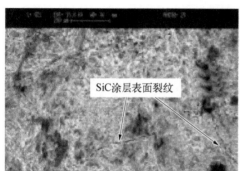

(a) SiC 层表面　　　　　　　　　　(b) HfC 层表面

(c) SiO_2 层表面

图 4.23　SiC/HfC/SiO_2 复合涂层各功能层的表面 SEM 照片

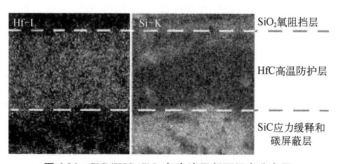

图 4.24　SiC/HfC/SiO_2 复合涂层断面元素分布图

在热流密度为 1.56 MW/m²、压力为 20 kPa 的等离子风洞加热环境中对 SiC/HfC/SiO₂ 复合抗氧化涂层进行了 200~600 s 的氧化考核,经过侧面双比色计监测和正面红外光谱仪校正,测试过程中表面最高温度达到 2 000℃。考核过程中试样质量损失率呈先增加后逐渐减小趋势,在 310 s 时达到最大值,如图 4.25 所示。

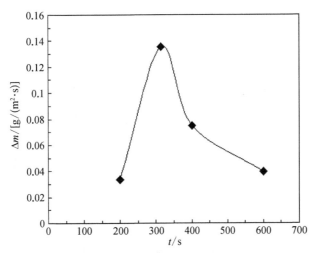

图 4.25　等离子体风洞中 SiC/HfC/SiO₂ 复合抗氧化
涂层样品的质量损失率变化曲线

分析可知,热结构材料样品的质量变化是两方面因素耦合作用的结果。

一方面,主要是涂层组分与环境氧反应形成氧化物,造成质量增加。

$$HfC + O(O_2) \longrightarrow HfO_2 + CO(CO_2) \uparrow \qquad (4.1)$$

$$SiC + O(O_2) \longrightarrow SiO_2 + CO(CO_2) \uparrow \qquad (4.2)$$

HfC 和 SiC 的分子质量分别为 190.5 g/mol 和 40.1 g/mol,而它们的氧化物 HfO₂ 和 SiO₂ 的分子质量分别为 210.5 g/mol 和 60.1 g/mol,这说明 HfC 和 SiC 氧化后质量增加,它们的质量增加率分别为 10.5% 和 49.9%。

另一方面是造成样品质量减少的因素,这种情况比较复杂,包括如下内容。

(1)环境中的氧通过涂层中的气孔进入内部,与基体中的碳元素发生反应 [式(4.3)],造成碳的消耗,这种情况受环境氧向内部扩散速率的影响极大。

$$C + O(O_2) \longrightarrow CO(CO_2) \uparrow \qquad (4.3)$$

(2)当涂层表面温度高于氧阻挡剂 SiO₂ 的熔点很多时,氧阻挡剂的蒸汽压也较大,使该组分不断减少,从而引起样品质量减少。

$$SiO_2(s) \longrightarrow SiO_2(g) \tag{4.4}$$

(3) 表面的氧阻挡剂 SiO_2 液膜与环境中的原子氧或氮形成更易于气化的 SiO:

$$SiO_2 + O \longrightarrow SiO\uparrow + O_2\uparrow \tag{4.5}$$

$$SiO_2 + N \longrightarrow SiO\uparrow + NO\uparrow \tag{4.6}$$

(4) 高速气流冲刷掉表面的氧阻挡剂液膜或涂层剥落,使样品质量快速减小,但这种情况发生时势必会造成涂层快速失效。实验中的涂层保持完整有效,也没有出现液相流淌的痕迹,说明这种造成失重的情况并没有发生,因此在本涂层的烧蚀过程分析时不考虑这种情况。

既然涂层样品的质量变化与涂层组分的氧化增重、环境氧进入内部消耗基体材料、氧阻挡剂的气化蒸发和 SiO_2 与氧反应形成易挥发 SiO 有关,那么涂层质量损失速率变化规律可以由以下影响机制来解释。

(1) 开始时(200 s 以内),涂层内部通往 C/C 基体的孔隙为环境氧进入内部提供了条件,从而造成了基体碳的消耗。但这时氧进入内部时必须经过 HfC 和 SiC 功能层,难免与其发生反应,生成氧化物,增大质量。这时由于烧蚀时间较短,表面上因为 SiO_2 气化蒸发和反应形成的 SiO 蒸发较少。因此,材料表观上显示出一个较低的质量损失率。

(2) 在烧蚀时间为 200~300 s 的过程中,环境氧继续向内部扩散,消耗基体中的碳。但由于在 200 s 内通过孔道的氧与 HfC 和 SiC 已经形成了氧化物,这时有很少量氧被涂层成分反应形成氧化物增加质量,而是直接进入内部消耗碳,这个过程中 SiO_2 和 SiO 继续减少。这些因素都促使样品的质量损失率快速增大。

(3) 当烧蚀时间继续延长时(300 s→600 s),表面液态 SiO_2 逐渐封闭了表面的孔道,使通过孔道进入内部的氧总量大大减少,而避免了内部的碳基体受到进一步氧化而继续失重。同时,通过氧阻挡层液膜渗透到 HfC、进而通过 HfC 渗透到 SiC 层的氧总量增大,使氧化物的量增加。虽然这个过程中仍伴随着 SiO_2 的不断消耗,但总体来看,质量损失率却呈现出逐渐减小的趋势。这个过程中涂层不断氧化形成氧化膜,封闭孔道和孔隙,涂层致密度会不断增加。

在整个烧蚀实验过程中,样品质量的变化与环境氧向涂层内部扩散的速率密切相关,也与涂层组分和氧的反应速率相关。因此,样品质量损失率的变化趋势在一定程度上反映了 SiC/HfC/SiO$_2$ 复合抗氧化涂层防护的 C/C 复合材料的氧化动力学过程。

图 4.26 给出了样品的长度和表面后退率随时间的变化曲线,由图中数据可以看出,烧蚀实验完成后,样品长度有所增加,但不同时间烧蚀后的长度增量 Δl 基本维持在一个稳定的数值上。随着烧蚀时间的延长,表面后退率 $\Delta l/t$ 的绝对值(即单位时间的长度增量)逐渐减小。经过拟合,样品的表面后退率可用式 (4.7)来表示,即样品的表面后退率可以由指数函数来表达。

$$\Delta l/t = -\,0.000\,57 - 0.005\,04\mathrm{e}^{(-t/150.54)} \qquad (4.7)$$

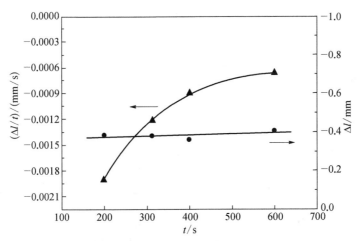

图 4.26　等离子体风洞中 SiC/HfC/SiO$_2$ 涂层样品的
长度和表面后退率变化曲线

样品表面后退率的变化同样是由控制涂层增厚和减薄的两方面因素变化引起的,下面进行详细的分析和解释。

HfC 和 SiC 的密度分别为 12.20 g/cm^3 和 3.22 g/cm^3,氧化物 HfO$_2$ 和 SiO$_2$ 的密度为 9.68 g/cm^3 和 2.21 g/cm^3,这说明 HfC 和 SiC 在氧化过程中,其体积会膨胀。对 HfC 而言,其完全氧化后的体积为氧化前的 1.393 倍,即体积膨胀率为 39.3%;对 SiC 而言,其完全氧化后的体积为氧化前的 2.184 倍,即体积膨胀率为 118.4%。

当涂层表面的温度远超过氧阻挡剂(SiO$_2$)的熔点时,过高的蒸汽压会造成氧阻挡剂的快速气化,从而使涂层表面出现气泡,这种氧阻挡剂气泡在样品冷却过程中会保留下来,增加了涂层的厚度。实验中,样品表面温度高达 2 000℃,已

经远超过了 SiO_2 氧阻挡剂的熔点,样品冷却后表面形成气体氧化产物,这是在烧蚀时间为 200 s 时样品厚度有一个突然增量的原因。另外,涂层表面的温度远远超过氧阻挡剂的熔点,较高的蒸汽压也会增加氧阻挡剂的消耗量,在一定程度上降低了涂层的厚度。

因此,涂层样品的增厚与涂层中碳化物氧化形成氧化物、氧阻挡剂形成泡状突起两者引起的厚度增加值明显大于微量氧阻挡剂的气化蒸发引起的厚度减小值有关。但样品长度增量随着烧蚀时间延长变化不大,可以推断:样品长度的增量主要是由表面氧阻挡剂形成泡状突起造成的,表面后退率绝对值的不断减少则是由于氧阻挡剂不断蒸发减少和气泡高度发生变化引起的;而氧渗入涂层内部与碳化物反应形成氧化物增加涂层厚度,这种情况对涂层后退率变化的贡献不大。这又说明了复合抗氧化涂层体系有效防止了环境氧向内部的扩散,因此从动力学上防止了环境氧与基体 C/C 复合材料的反应,从而起到了很好的氧化防护作用。

由上分析可知,采用 $SiC/HfC/SiO_2$ 涂层可以实现对碳基热结构材料在高达近 2 000℃时的氧化防护,但涂层的固相包埋法制备工艺对于大尺寸薄壁异形构件的适用性差,可以考虑采用涂覆烧结法、CVD 法或等离子喷涂法实现 HfC 涂层主体的制备。

5. $SiC/HfC/SiC-ZrB_2$ 高温氧化防护涂层

以 SiC 为过渡层、HfC 为主体层和 SiO_2 为氧化层时,在较高的热流密度下服役时,表面 SiO_2 的耐温性有限,随着时间延长会出现逐渐消耗的情况,提高氧化层的耐温能力是进一步提升氧化防护涂层耐温等级的关键。将氧化层 SiO_2 更换为 $SiC-ZrB_2$ 复相陶瓷后,防护层服役时会先发生复相陶瓷的氧化形成 Si-Zr-O 多元氧化物(SiO_2、ZrO_2 或 $ZrSiO_4$),从而提升涂层耐温等级。

采用等离子喷涂法在 SiC/HfC 涂层表面制备 $SiC-ZrB_2$ 复相陶瓷涂层,喷涂过程在惰性气体环境中进行,以避免喷涂过程中粉体发生过渡氧化现象。通过对涂层样品的 XRD 谱图分析可知,惰性气体下等离子喷涂形成的 $SiC-ZrB_2$ 复相陶瓷涂层中没有氧化物,以 ZrB_2 陶瓷为主,涂层较致密,如图 4.27 所示。

利用高频等离子风洞模拟长时间飞行状态,对氧化防护涂层进行了连续变状态考核,考核条件为 4.1 MW/m²、400 s + 3.4 MW/m²、150 s + 2.5 MW/m²、2 000 s。试验过程中样件表面最高温度超过 2 000℃,考核结束后样件涂层完好,质量烧蚀率和线烧蚀率都基本为 0,而且试样件表观形貌完好,该高温氧化防护涂层体系表现出优异的高温抗氧化能力。

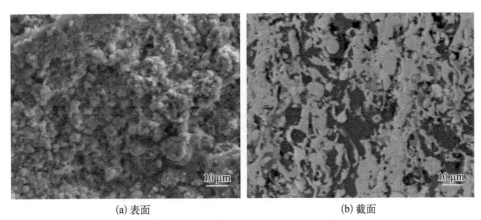

(a) 表面   (b) 截面

图 4.27　ZrB$_2$涂层的表面和截面形貌图

在低倍 SEM 下,防护层考核前后的形貌基本没有变化(图 4.28);但在高倍 SEM 下,其表面形成了微熔融氧化物冷却后形成的致密氧化膜,表面形成了 Zr-Si-O 氧化物,封填了防护层中的孔隙。从截面微观形貌来看(图 4.29),考核后的防护层仅表层约 20 μm 的范围内形成了氧化物,主体部分并未氧化,说明防护层远未达到服役极限,其服役寿命远大于试验考核的时间(累积为 2 550 s)。

(a) 考核前   (b) 考核后

图 4.28　样件考核前后表面形貌对比图

6. 其他多元高温氧化防护涂层

除了上述介绍的碳质热结构复合材料的氧化防护涂层之外,文献[85]~[88]中还介绍了许多涂层体系,包括纯陶瓷体系、陶瓷和金属复合体系等,如 SiC/TaB$_2$-TaC-SiC、TaSi$_2$-TaC-SiC-Si-HfC$_{nanowire}$、SiC/MoSi$_2$-Si-Cr-B/玻璃、SiC-TaSi$_2$、SiC/W-Al-Si、SiC-HfSi$_2$、SiC-HfSi$_2$-TaSi$_2$、SiC/Al-Si、MoSi$_2$-

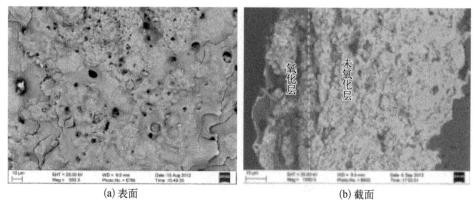

(a) 表面	(b) 截面

图 4.29 涂层表面及截面微观形貌

SiC、SiC/MoSi$_2$ - CrSi$_2$ - Si、SiC/SiC/Si - W、Ta$_x$Hf$_{1-x}$B$_2$ - SiC、ZrB$_2$ - SiC - Si 等。正如前面所述,对于碳基热结构材料所需的氧化防护涂层,在考虑防护涂层自身氧化防护效果的基础上,还应当对其制备工艺进行充分的研究,在不明显损伤 C/C 复合材料基材的基础上,应当具有大面积易施工、薄壁异形构件氧化防护易实现等特性。另外,从环保、节能、成本等角度考虑,涂层工艺和原材料选择还应具备绿色环保、物料节约、工艺节能等要求,本书不再一一具体阐述。

4.4.2 氧化防护涂层快速修补方法

碳基热结构复合材料的抗氧化防护涂层的有效性和可靠性是决定其服役的关键,在热结构构件应用的全寿命周期中(包括制造、安装、存储、运输、调试等),任何环节对构件的防护层造成的损伤都会对构件的服役性能产生影响,对氧化防护涂层进行快速修补是保障碳基热结构材料应用的关键。制备碳基热结构材料的氧化防护涂层时通常需要经过高温,而形成的防护层中存在的可自愈合组分却不能经历高温过程。因此,需要发展碳基热结构复合材料的抗氧化防护涂层的低温修补技术。

在相关项目支持下,研究团队对碳基热结构复合材料的抗氧化防护涂层修补技术开展了大量研究与探索,开发了 Si - B - O - C 复合釉层及其修补技术。研究表明,Si - B - O - C 复合釉层可以直接涂覆到碳质材料表面,实现氧化防护的目的。例如,以石墨材料和碳/碳材料为基材,通过涂覆固化方法形成 Si - B - O - C 防护层,然后进行静态氧化考核评价。平板样件制备复合釉层的增重率为

$200\sim 250\ \mathrm{g/m^2}$，釉层厚度为 $200\ \mu\mathrm{m}\pm 50\ \mu\mathrm{m}$。先后经过 $800\,^{\circ}\!\mathrm{C}$、$900\,^{\circ}\!\mathrm{C}$ 和 $1\,000\,^{\circ}\!\mathrm{C}$ 各 30 min 的静态氧化考核后，样件的涂层完好，均表现为增重，进行 $1\,500\,^{\circ}\!\mathrm{C}$ 和 30 min 静态氧化考核，样件的涂层完整，略有增重。静态氧化后涂层的微观形貌表明，涂层与基体结合良好，表面致密，无裂纹，如图 4.30 和图 4.31 所示。

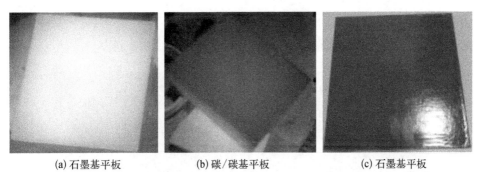

　　(a) 石墨基平板　　　　　(b) 碳/碳基平板　　　　　(c) 石墨基平板

图 4.30　Si‐B‐O‐C 釉层在 $1\,500\,^{\circ}\!\mathrm{C}$ 静态氧化 30 min 后在高温下和冷却后的实物照片

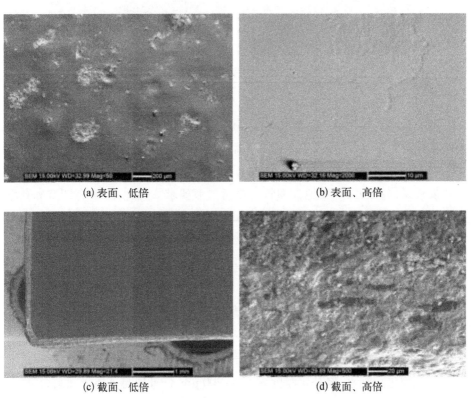

　　(a) 表面、低倍　　　　　　　　　　(b) 表面、高倍

　　(c) 截面、低倍　　　　　　　　　　(d) 截面、高倍

图 4.31　$1\,500\,^{\circ}\!\mathrm{C}$ 静态氧化后 Si‐B‐O‐C 釉层的表面及截面微观形貌

在静态考核基础上,进一步对 C/C 复合材料表面直接制备的 Si－B－O－C 釉层进行了动态风洞试验考核。结果表明,当热流密度为 1.2 MW/m² 时,试样表面温度为 1 540℃,质量损失速率仅为 5.00×10⁻⁵ g/(cm² · s),釉层表面质量完好,如图 4.32 所示。通过微观形貌分析可知,烧蚀后表面釉层致密无明显裂纹,复合组分自愈合效果较好,这说明 Si－B－O－C 复合釉层单独使用也可以实现碳质材料的全温域氧化防护。Si－B－O－C 复合釉层采用液相浆料的涂覆-低温固化工艺制备而成,表现出较好的抗氧化性能和裂纹弥合能力。

(a) 试验前　　　　　　　　　　　　　　(b) 试验后

图 4.32　C/C 复合材料 Si－B－O－C 釉层样品电弧风洞烧蚀前后对比实物图

对于碳基热结构材料抗氧化涂层,除了考虑对涂层脱落后裸露的 C/C 复合材料表面进行修补外,还需要考虑由于磕碰或加工失误造成的材料损伤部位的修补。高超声速飞行器热结构部件外表面有严格的外形要求,抗氧化涂层的修补需要满足修补表面与其他表面符合平滑过渡要求。因此,对含有凹坑和孔洞的缺陷或损伤部位进行抗氧化涂层修补时,需要考虑先填充后氧化防护的方式。采用含有碳化硅粉体的树脂膏状物料对含矩形、圆形坑洞缺陷的抗氧化碳/碳平板进行了填充和表面抗氧化修补,并对其进行了 1 500℃、30 min 静态氧化考核和风洞试验考核。静态氧化后,样品表面完好,无基体氧化现象,如图 4.33 所示。对修补涂层进行了风洞氧化烧蚀试验,试验条件为 1 200 kW/m²、600 s,试样表面最高温度为 1 582℃,最外层修补层出现少量的剥落烧蚀,但内层修补层与基体结合较好,缺陷部位未出现损坏,样件基体实现了抗氧化。通过 SEM 对修补层截面进行观察,修补层厚度为 100~200 μm,修补层与基体界面结合良好,无裂纹,修补层中有少量气孔,但无贯穿缺陷,如图 4.34 所示。上述研究表明,采用坑洞填充和表面氧化防护修补方法可以实现有坑洞损伤或缺陷 C/C 复合材料基材的有效修复。

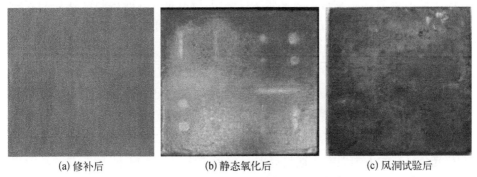

| (a) 修补后 | (b) 静态氧化后 | (c) 风洞试验后 |

图 4.33 C/C 复合材料表面修补考核照片

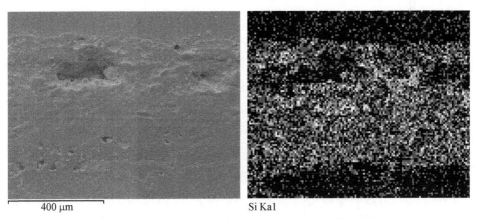

图 4.34 烧蚀后修补样品截面的 SEM 照片及 EDS 面扫图

Si - B - O - C 复合体系在 1 600 ℃以下温度范围内烧蚀后退率极小,可以认为是非烧蚀修复材料。但当温度较高时,体系中的物质将逐渐消耗,研究表明在马弗炉静态氧化环境下(温度为 1 680 ℃)进行 360 s 氧化试验后,修补组分有明显的耗损,说明该体系不能长时间在高于 1 600 ℃的温度下使用。

为实现高温氧化防护涂层的修补,可以采用更高耐温等级的修补体系,如 Zr(Hf) - Si - O - C、Zr(Hf) - Ta - Si - O、Zr(Hf) - Ti - Si - O 等。在进行氧化防护涂层的修补时,应充分考虑修补物料体系与原氧化防护涂层和基材的物理、化学相容性、服役环境要求、修复后的结合情况等,修复工艺必须以不损伤原防护层和基础的性能为前提。

4.4.3 抗氧化涂层对 C/C 复合材料性能的影响

碳基热结构复合材料服役的一个前提条件是其具有高的力学性能,因此在高性能 C/C 复合材料制备抗氧化涂层过程中,应着重关注涂层制备对 C/C 复合材料性能的损伤情况或 C/C 复合材料性能的保持率问题,这是碳基热结构材料抗氧化涂层制备不同于非烧蚀热防护材料的一个重要方面。

作为热结构使用的 C/C 复合材料的制备温度通常高达 1 500℃以上,对于涂层制备过程中不与 C/C 复合材料基材发生反应或热处理温度不超过 C/C 复合材料热处理温度(尤其是最后一次的高温热处理温度)的情况,如溶胶-浸渍-凝胶干燥法制备填充相、釉层涂覆低温固化制备法、等离子喷涂法等都不会影响 C/C 复合材料的力学性能。通过高温反应形成涂层的情况下,就需要关注涂层的制备是否会对 C/C 复合材料基材造成损伤或是否降低材料的力学性能,对于显著损伤 C/C 复合材料基材或明显降低其力学性能的抗氧化涂层制备工艺,不宜采用。

正如前面所述,采用固相包埋法制备抗氧化涂层(如碳化硅涂层)时,包埋粉体中过量的活性组元与 C/C 复合材料表层发生剧烈的化学反应形成陶瓷物质,该过程中热结构复合材料中起到增强相的碳纤维将受到腐蚀而降低力学承载能力。对于涂层形成过程中含有气相反应组元,并且能够渗透到 C/C 复合材料内部的抗氧化涂层制备过程,将对 C/C 复合材料(尤其是密度较低、含有较多孔隙的 C/C 复合材料)内部的碳纤维造成氧化损伤,从而降低 C/C 复合材料的整体力学性能。从美国航天飞机用抗氧化 C/C 复合材料的力学性能可以推测,采用固相包埋方法制备碳化硅涂层对 C/C 复合材料的损伤较大。对于 RMI 法制备的热结构材料,虽然其在常温和中低温下仍保持较高的力学性能,但高温下由于金属残留和高温反应对碳纤维造成损伤,会使热结构复合材料的高温力学性能大幅下降。

制备氧化防护涂层时,将反应深度控制在合适水平,在保证防护层有足够结合力的前提下尽量避免对基材的损伤是热结构复合材料制备时需要重点关注的问题。采用涂覆反应烧结法制备碳化硅涂层时,反应缓和、可控,涂层制备对 C/C 复合材料的力学性能几乎没有损伤[89]。采用涂覆反应烧结法制备碳化硅底层,然后在其表面通过硅溶胶封填干燥形成 SiC/SiO_2,通过涂覆/固化 Si-B-C-O 釉层料形成 SiC/Si-B-O-C 多元复合氧化防护涂层。其中,SiC 形成过程中,表面涂覆物料与 C/C 复合材料表层反应,仅造成基材最表层范围内力学性能的极小下降,而后续的 SiO_2 封填层和 Si-B-O-C 釉层均在较低的温度(低

于 200℃)下形成,不与基材发生反应,不会使材料性能下降。在两类高强度
C/C 复合材料(C/C-1 和 C/C-2)表面制备了上述两种抗氧化涂层,对其涂层
制备前后的试样进行了常温拉伸性能测试,结果如表 4.16 所示。由表中的数据
可知,C/C 复合材料表面制备抗氧化涂层后,其力学性能没有明显的下降,说明
涂覆反应烧结方法可以有效控制涂覆物料与材料的反应程度,不会影响 C/C 复
合材料本体的力学性能。

表 4.16　C/C 复合材料制备涂层前后的常温拉伸性能对比数据

材　　料	涂 层 状 况	拉伸强度 σ_τ /MPa	拉伸模量 E_t /GPa	断裂伸长率 ε_t /%
C/C-1	无	329	107	0.31
	SiC/SiO$_2$涂层	324	105	0.29
C/C-2	无	240	—	—
	SiC/Si-B-O-C涂层	247	—	—

　　在研究抗氧化涂层对 C/C 复合材料力学性能的影响基础上,重点研究了高
温热/力/氧耦合环境下含抗氧化涂层的 C/C 复合材料的性能演变规律。采用
感应加热和辐射加热联合的方法对预加载碳基热结构复合材料试样进行不同载
荷条件下的力学性能分析,研究了在 SiC/SiO$_2$ 和 SiC/Si-B-O-C 两种氧化防
护涂层体系保护下 C/C 复合材料的高温热/力/氧耦合服役行为。

　　1. SiC/SiO$_2$涂层对 C/C 复合材料的防护能力

　　图 4.35 给出了 C/C 复合材料(密度为 1.9 g/cm^{3}以上)制备 SiC/SiO$_2$抗氧化
涂层的拉伸试样在不同温度、不同环境、不同恒温时间、不同预载力条件下的拉
伸性能数据。从图中可以看出,在无预载力和高温恒温 600 s 情况下,材料高温
拉伸强度比常温时高。由于 C/C 复合材料本身在高温下的力学性能有升高的
趋势,测试结果符合纯 C/C 复合材料的特点,说明抗氧化涂层能够在无预载力
的情况下,实现 C/C 复合材料的有效氧化防护。在测试温度范围内,纯 C/C 复
合材料的拉伸强度随测试温度升高而持续增大,但由图 4.35 可知,试样的拉伸
强度在 1 200℃恒温下 600 s 后却有所下降,这说明内部的 C/C 复合材料发生了
氧化损伤,只是氧化损伤程度较小,力学性能仍表现为比常温时高。在未施加预
载力的情况下,延长恒温时间至 1 800 s 后,材料的高温拉伸强度明显低于常温
强度,且随着温度升高,拉伸强度持续降低,这说明 SiC/SiO$_2$抗氧化涂层已经不
能有效保护内部的 C/C 复合材料,在长时间的高温恒温过程中,环境中的氧已

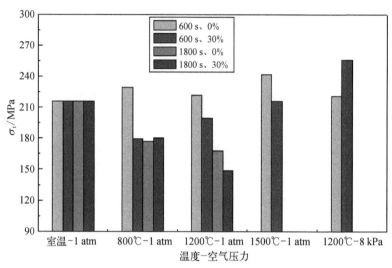

图 4.35　C/C－SiC/SiO₂材料在不同环境、预载力和恒温时间下的拉伸强度

经进入内部,对 C/C 复合材料造成了一定的氧化损伤。

　　当拉伸试样预加载 30%最大应力后,即使在高温有氧环境中的恒温时间较短(600 s),800℃时的拉伸强度仍比常温时有较大的降低。随着温度升高,预加载试样的拉伸强度有逐渐增大的趋势,但仍比室温时低。这说明当预载力存在时,拉伸作用容易使 SiC/SiO₂涂层出现缺陷,从而加速环境中氧与内部 C/C 复合材料的接触,造成了 C/C 复合材料的损伤。在相同的较短恒温时间内,提升温度不会加速内部 C/C 复合材料的氧化损伤,反而由于 C/C 复合材料自身的高温力学性能提升特性,涂层氧化防护 C/C 复合材料表现出了拉伸强度逐渐增大的趋势。当预载力保持 30%最大应力,而延长恒温时间至 1 800 s 后,拉伸强度仍保持在 800℃、600 s 的水平;而升温至 1 200℃后,拉伸强度不但没有增大,反而出现了减小趋势。这说明在高温下长时间的恒温过程中,环境中的氧能够通过损伤或缺陷进入内部造成 C/C 复合材料的氧化损伤。

　　当环境压力降低为 8 kPa 时,SiC/SiO₂涂层防护的 C/C 复合材料 1 200℃时的无预载力拉伸强度与 1 atm 下时基本相当,而施加 30%的预载力后,其拉伸强度不但没有下降,反而出现了明显的上升,这说明 SiC/SiO₂氧化防护涂层虽然不能在 1 atm 的有氧高温环境中长时服役,但在氧含量较少的 8 kPa 下却表现出了良好的氧化防护能力。另外研究表明,SiC/SiO₂涂层防护效果除了受服役环境影响以外,还与基体材料密度有关,这与 SiC/SiO₂氧化防护涂层中的氧化物釉层在测试的温度范围内无法形成有效的自愈合层有关。

2. SiC/Si－B－O－C 涂层对 C/C 复合材料的防护能力

以常温拉伸强度为 233 MPa 的 C/C 复合材料制备了 SiC/Si－B－O－C 涂层,然后在 8 kPa、1 700℃ 的有氧环境中进行 1 200 s 的无预载力拉伸测试,其拉伸强度为 320 MPa,力学性能明显提高,说明 SiC/Si－B－O－C 涂层可以对高密度 C/C 复合材料能够进行有效的高温氧化防护。

图 4.36 给出了表面制备 SiC/Si－B－O－C 氧化防护涂层的 C/C 复合材料在 1 400℃、8 kPa 有氧环境中与在不同预载力下恒温 2 618 s 后的高温拉伸强度。C/C 复合材料的密度约 1.55 g/cm^3,常温拉伸强度平均值为 126 MPa。由图 4.36可知,随着预载力增加,1 400℃ 下 SiC/Si－B－O－C 氧化防护 C/C 复合材料的拉伸强度略有降低,但均比 C/C 复合材料的常温力学性能高。研究中将 C/C 复合材料拉伸试样在 1 400℃ 的无氧高温状态下进行了测试,其拉伸强度为143 MPa,和有氧环境下的性能相当,说明 SiC/Si－B－O－C 涂层实现了对中密度 C/C 复合材料的高温氧化防护。

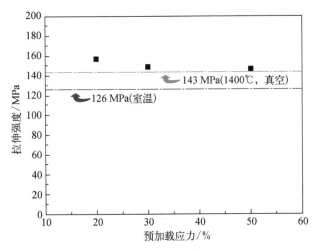

**图 4.36　SiC/Si－B－O－C 材料在 1 400℃ 不同
预加载力下的拉伸强度**

图 4.37 给出了表面制备 SiC/Si－B－O－C 抗氧化涂层的 C/C 复合材料在施加 30% 预应力时,于 8 kPa 有氧环境中在不同温度下进行 2 618 s 恒温测试后获得的高温拉伸强度。由图可以看出,随着温度升高,材料的拉伸强度先增大,然后又有所减小,但仍比 C/C 复合材料常温时的性能高。这说明 SiC/Si－B－O－C 氧化防护涂层能够对 C/C 复合材料起到有效的氧化防护作用,但在更高

的温度(如 1 500℃)下,仍有少量氧能够扩散进入内部与碳/碳材料发生氧化,但总体来说,这些氧化作用对材料力学性能的损伤可以忽略。

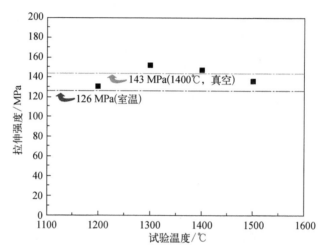

图 4.37   SiC/Si－B－O－C 材料在 30%预应力下不同温度对应的拉伸强度

图 4.38 给出了表面制备了 SiC/Si－B－O－C 氧化防护涂层的 C/C 复合材料(密度约 1.65 g/cm³)在不同状态下的高温拉伸强度(C/C 复合材料常温拉伸强度为 242 MPa)。

由图 4.38 可以看出,在无氧的 1 500℃环境中测试得到的拉伸强度为

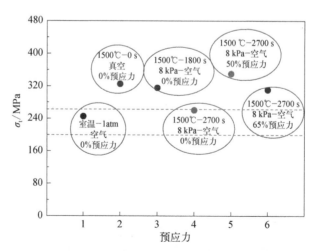

图 4.38   C/C－SiC/Si－B－O－C 材料在不同状态下的高温拉伸强度

325 MPa,表现出了高温力学性能明显提升的特性。在 8 kPa、1 500℃的有氧环境中恒温 1 800 s 后,材料仍保持了非常高的拉伸强度(315 MPa);当恒温时间为 2 700 s 时,材料的拉伸强度有所降低,但仍高于 C/C 复合材料的常温力学性能。在上述条件下施加 50%和 65%的预应力后,材料的力学性能仍保持了非常高的水平,这说明 SiC/Si - B - O - C 涂层可以实现高强度、中密度 C/C 复合材料在有较大载荷情况下的氧化防护,比 SiC/SiO$_2$涂层有明显的高温氧化防护优势。

3. SiC/ZrB$_2$- MoSi$_2$涂层对 C/C 复合材料的氧化防护能力

以正交三向 C/C 复合材料作为基材,利用固相包埋法制备了 SiC 过渡层,采用等离子喷涂法制备了 ZrB$_2$- MoSi$_2$涂层。在 800～2 000℃大气环境下进行了 30%预应力经不同温度和不同时间暴露后的材料高温拉伸性能测试,其中每组测试样件 3 根,强度取平均值,测试数据如表 4.17 所示。可以看出,材料在 800～2 000℃的宽温域有氧环境内的长时间预加载条件下,仍保持了非常好的高温力学性能。测试后,材料表面涂层没有明显破坏,整体形貌保持完好,抗氧化涂层对内部碳/碳基材起到了较好的抗氧化防护作用。

表 4.17　涂层体系高温力学性能测试

试验件	测　试　条　件	拉伸强度/MPa
无涂层	真空环境下 1 700℃	263
1#	大气环境下 800℃暴露 1 800 s 后开始测试(预加载 30%应力)	260
2#	大气环境下 1 300℃暴露 1 800 s 后开始测试(预加载 30%应力)	259
3#	大气环境下 1 600℃暴露 600 s 后开始测试(预加载 30%应力)	270
4#	大气环境下 1 700℃暴露 600 s 后开始测试(预加载 30%应力)	247
5#	大气环境下 1 800℃暴露 600 s 后开始测试(预加载 30%应力)	262
6#	大气环境下 1 900℃暴露 600 s 后开始测试(预加载 30%应力)	255
7#	大气环境下 2 000℃暴露 600 s 后开始测试(预加载 30%应力)	290
8#	大气环境下 1 800℃暴露 1 800 s 后开始测试(预加载 60%应力)	255

由此可知,碳基热结构材料在高温有氧环境中的力学承载性能与氧化防护涂层的氧化防护能力密切相关,对于高温下涂层不能有效自愈合的情况,碳基热结构材料在服役时,氧容易通过缺陷进入内部,使承载能力下降;而在具有良好自愈合能力或无明显缺陷的情况下,防护涂层可有效隔离环境氧,使高温下热结构材料的力学性能得以保持。因此,碳基热结构复合材料的氧化防护技术是其可靠服役的关键技术之一,在实际应用时应尤为重视。

4.5 碳基热结构材料典型构件制备与性能

碳基热结构材料技术的发展为航天飞行器的发展提供了重要的物质保障,促进了临近空间长时间、超高速、大机动服役飞行器技术的快速发展。进行典型单元件的设计、制造和应用,实现热结构材料性能在构件上的充分利用,是实现热结构材料由材料级样品向大尺寸构件应用转变的关键。在航天飞行器上应用的典型单元件(包括连接件、框、梁、舵轴等),在很大程度上决定了舱段、控制舵、翼等性能的发挥,本节将从碳基热结构材料连接件、短梁、控制舵等的材料设计、评价和应用等方面进行阐述。

4.5.1 C/C 复合材料连接件

通过将热结构部件进行组装、集成形成飞行器舱段或整舱体,其中连接件是关键,关系到飞行器热结构舱体的有效连接和可靠服役。热结构部件所需的连接件不同于常温下使用的连接件,在考虑常温、高温力学性能的基础上还应考虑其与热结构部件的热匹配性能。对于碳基热结构部件而言,C/C 复合材料是解决其高温可靠连接的高温连接件首选材料方案。

C/C 复合材料连接件主要包括螺栓(钉)、螺母等,根据螺帽的形式,螺栓可以分为平头螺栓和沉头螺栓两大类。在连接组件承受外载荷时,连接件(螺栓)将承受不同形式的外力,如沿螺栓轴向的拉伸载荷、沿垂直于螺栓轴向的剪切载荷等。从细观结构来看,螺栓承受拉伸载荷时,螺牙根部将承受剪切载荷,螺牙的同步承载将对螺栓的极限破坏载荷产生重要影响;而当螺栓承受剪切载荷时,主要是螺杆的小径截面承受剪切载荷,因此螺栓公称直径和螺牙高度等参数对其剪切破坏承受能力有重要影响[90-93]。对 C/C 复合材料螺栓来说,非均质特性决定了其单胞结构将对螺栓的承载性能产生重要影响,尤其是当单胞结构大于螺牙的单牙尺寸时,螺牙的完整性和承载特性将大大降低。另外,用于制作连接件的复合材料结构需要在承载方向上具有连续的纤维增强体,尤其是在螺牙的根部和螺栓的轴向更是如此。C/C 复合材料连接件的设计完全不同于金属材料,其规格尺寸和细节参数的设计、应用应当与 C/C 复合材料的特点密切相关。

典型 C/C 复合材料的力学性能范围如表 4.18 所示,其中二维铺层结构和碳布铺层缝合结构的碳纤维主要沿面内取向,层间结合强度较低(通常低于

20 MPa),在应用时容易优先发生层间的开裂破坏。采用这两类 C/C 复合材料在制备螺栓时,无法保证螺杆和螺牙的协同承载,很难作为连接件使用。针刺结构 C/C 复合材料强化了层间的连接强度,而碳布穿刺结构和正交三向结构的 C/C 复合材料实现了各个方向上力学性能均衡,可满足多方向承载要求。

表 4.18　不同结构 C/C 复合材料的典型力学性能数据

C/C 复合材料碳纤维增强结构	XY 向(面内方向)			Z 向(厚度或碳布层间方向)	
	拉伸强度/MPa	拉伸模量/GPa	面内(层间)剪切强度/MPa	拉伸强度/MPa	拉伸模量/GPa
二维铺层结构	250~400	70~170	20~150(6~10)	0.2~0.4	—
碳布铺层缝合结构	200~400	50~100	10~30(6~20)	2~4	—
针刺结构	80~130	40~70	50~70(20~40)	5~25	—
粗编碳布穿刺结构	100~150	80~100	50~70(—)	90~110	40~50
细编碳布穿刺结构	120~250	60~90	40~60(15~20)	120~200	50~80
正交三向结构	240~370	100~130	20~25(10~18)	120~200	50~80

连接件(螺栓+螺母/螺孔)的主要承载模式为拉伸模式和剪切模式。在拉伸主承载模式下,连接件的破坏模式主要有螺纹拉脱、螺帽拉脱和螺杆拉断三种[94-99]。从连接件的破坏模式来看,同种材料、同等规格连接件的力学承载发挥率从大到小的顺序为螺杆拉断破坏>螺纹拉脱破坏>螺帽拉脱破坏。优化控制材料结构、性能和连接件精细尺寸特征,防止螺帽拉脱破坏模式的发生,是提高复合材料力学性能利用率和强化连接的重要途径。

1. C/C 复合材料螺栓拉伸破坏模式及参数特性对承载行为的影响

螺牙牙根脱落的破坏机制是螺牙根部材料的剪切破坏,若采用较大牙距或牙角的螺牙,则会获得更大的牙根厚度,从而在牙根发生剪切时提高单牙拉脱强度。但应当指出,螺牙牙深较大会造成螺杆净承载截面减小,在承受轴向拉伸载荷时更容易发生螺杆的断裂,在这种改变螺牙深度参数引起的螺杆断裂模式下,相同公称直径的连接件的承载效果会被削弱,不利于连接件承受拉伸载荷和径向的剪切载荷。

为与标准 M 螺牙(M10 粗牙牙距为 1.5 mm,牙角为 60°)进行对比,对四种非标螺牙形式的连接件连接性能进行了研究分析。如图 4.39 所示,其中(a)为牙角 60°,牙距 1.75 mm,螺牙保留牙尖,记作 60°-1.75(深);(b)为牙角 60°,牙距 1.75 mm,切掉牙尖,记作 60°-1.75(浅);(c)为牙角 90°,牙距 1.5 mm,记作 90°-1.5;(d)为牙角 90°,牙距 1.75 mm,记作 90°-1.75,与螺栓配合使用的螺母采用同规格的 15 mm 厚螺母。

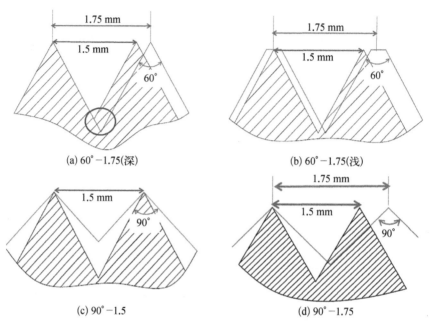

(a) 60°-1.75(深)   (b) 60°-1.75(浅)

(c) 90°-1.5   (d) 90°-1.75

图 4.39　四种规格螺牙(红色部分)与标准 M10 粗牙(阴影部分)的对比

表 4.19 给出了针刺 C/C 复合材料和正交三向 C/C 复合材料中不同规格螺牙连接件的拉伸强度数据。从表中可以看出,牙角对螺栓拉伸强度具有较明显的影响,与标准 M 粗牙螺栓相比,牙角为 90° 的螺栓螺牙的拉脱强度提高了10%~20%;而当牙角一定时,增加牙距对拉伸强度的改善效果并不显著,这在60°-1.75 与标准螺牙螺栓、90°-1.5 与 90°-1.75 螺栓的拉伸强度数据对比中可得到印证。

表 4.19　不同规格螺牙对应 M10 螺栓的拉伸试验结果(螺母厚度为 15 mm)

螺 牙 形 式	针刺材料强度均值 /MPa	正交三向材料强度均值 /MPa
标准 M 粗牙螺栓(60-1.5)	85.9	105.7
60°-1.75(浅)	85.1	108.4
60°-1.75(深)	74.8	117.3
90°-1.5	94.3	117.8

从破坏模式来看,上述不同规格的连接件拉伸时主要发生螺杆拉断及螺纹拉脱。几种规格的连接件中,除牙角为 90° 的螺栓以外,其他各组螺栓均有个别试样发生螺纹段螺杆脆性断裂破坏,这说明 60° 螺牙减小了螺纹段螺杆的净截面面积,承载能力受到削弱。与之对应的是,90° 螺牙的牙深较浅,螺纹段螺杆净截面面积较大,具有较大的拉伸强度,首先发生螺纹拉脱。从连接件的破坏应力-位移曲线来看,螺纹拉脱型连接件破坏后,应力缓慢释放,过程中连接件仍具有一定的承载能力;而螺杆拉断型连接件破坏后,应力迅速释放,连接完全失效,不再具有承载能力(图 4.40)。因此,在保持较高的拉伸强度的情况下,螺纹拉脱破坏模式具有更高的连接可靠性。

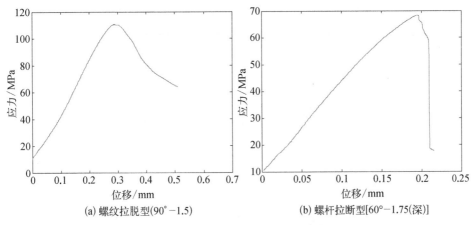

(a) 螺纹拉脱型(90°-1.5)　　　　(b) 螺杆拉断型[60°-1.75(深)]

图 4.40　两种典型的应力-位移曲线

连接件的尺寸规格是影响其最大承载能力的关键因素。图 4.41 给出了细编穿刺结构 C/C 复合材料不同规格螺栓/螺母连接件拉伸破坏载荷随螺纹中径的变化情况,将拉伸强度折算为 5 mm 厚度螺母对应的螺栓拉伸强度。从图中可以看出,随着连接件尺寸的增加,其承载能力几乎线性提高。不同尺寸规格的连接件中,M4 螺栓拉伸时发生了螺杆断裂,而其他规格的连接件均为螺纹拉脱破坏。这说明对于具有较高综合性能的 C/C 复合材料,在正常的高载荷承载情况下,其连接件的破坏以螺纹拉脱为主,通过增大螺栓/螺母的尺寸可以有效提高连接件的承载能力。

但应当指出的是,连接件尺寸增大后,与之配合使用的被连接部件需要开孔的直径也需要相应增大,这势必会降低被连接部件的承载能力,影响整体承载性能。因此,在实际应用中应当根据所连接件的具体需求合理设计连接件的规格。

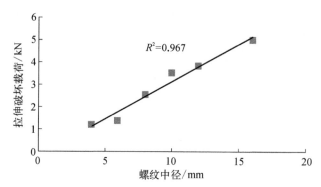

图 4.41 C/C 复合材料连接件拉伸破坏载荷随螺纹中径的变化情况

2. C/C 复合材料螺栓剪切破坏行为与材料结构对承载能力的影响

连接件的抗剪切性能可通过材料的剪切性能和螺杆的剪切性能来评价。在细编穿刺结构 C/C 复合材料中增加 45°方向碳纤维可以显著提高材料及螺栓的剪切强度,如表 4.20 和表 4.21 所示。

表 4.20 紧固件材料性能测试结果

性 能		T300 级	T300 级	M40J 级	M40J 级
		0/90	0/45/90/−45	0/90	0/45/90/−45
XY 向拉伸性能	强度/MPa	244	150	194	133
	模量/GPa	87.5	51.9	66.8	41.2
	断裂应变/%	0.28	0.31	0.36	0.42
XY 向压缩性能	强度/MPa	202	206	189	157
	模量/GPa	54.2	38.5	55.2	34.2
Z 向压缩性能	强度/MPa	284	303	220	240
	模量/GPa	40.5	43.4	68.6	61.2
面剪	强度/MPa	55.1	138.2	41.8	105
	模量/GPa	7.9	21.4	5.52	18.3

表 4.21 M10 螺栓的剪切试验结果

编 号	碳布铺层结构	螺杆剪切强度/MPa
1	T300 碳纤维布 0°/90°	56.6
2	T300 碳纤维布 0°/45°/90°/−45°	112.4

（续表）

编　号	碳布铺层结构	螺杆剪切强度/MPa
3	M40J 碳纤维布 0°/90°	55.6
4	M40J 碳纤维布 0°/45°/90°/−45°	87.8

4.5.2　C/C 复合材料短梁单元件

1. C/C 复合材料短梁制备形变规律

在二维铺层碳/碳材料复合过程中,树脂的固化、碳化过程均会伴随显著的体积收缩,这会在构件内产生较大的内应力,导致构件产生形变。影响二维铺层C/C 复合材料形变行为的因素较多,为阐明不同参数对样件变形行为的影响规律,以 L 形梁为研究对象,研究了材料尺寸、样件夹角、工装约束三个因素对构件形变量的影响。L 形梁边长为 120 mm,铺层方式为 $[0°/50\%,90°/16.67\%,45°/16.67\%,−45°/16.67\%]$,各参数如表 4.22 所示。其中,铺层长度为 320 mm 的工装约束力比铺层长度为 640 mm 的工装约束力更强。获得的 C/C 复合材料 L 形梁的最终密度为 $1.58\sim1.62$ g/cm³。

表 4.22　L 形梁变形规律研究试验方案

样件类型	铺层尺寸 （厚度×长度）	初始夹角 /(°)	最终夹角 /(°)	变形量 /(°)
1	8 mm×640 mm	93	90.4	2.6
2	8 mm×320 mm	93	91.3	1.7
3	16 mm×640 mm	93	88.8	4.2
4	16 mm×320 mm	93	90.3	2.7
5	16 mm×320 mm	90	87.6	2.4
6	16 mm×320 mm	96	93.3	2.7

通过对比可以看出,在铺层厚度与预设角度相同的情况下,更有力的维形工装约束可减小样件变形趋势;在铺层角度与工装约束相同的情况下,铺层的厚度越大,变形趋势越大;在铺层厚度与工装约束相同的情况下,预设角度对变形趋势无显著影响。通过对不同工序后样件观察后发现,L 形梁的变形主要发生在C/C 复合材料制备的首次固化与首次碳化后,后续的工艺过程对变形的影响较小。

对上述 L 形梁样件进行力学性能测试,结果如表 4.23 所示。

表 4.23 不同参数的 L 形梁的材料力学性能

性　　能	16×640×93°	16×320×93°	16×320×90°	8×320×93°	平板材料
面内拉伸强度/MPa	304	351	330	311	452
面内拉伸模量/GPa	110	114	111	110	128
面内拉伸断裂应变/%	0.30	0.31	0.30	0.29	0.38
面外拉伸强度/MPa	0.3	0.4	0.3	0.2	—
面内压缩强度/MPa	186	185	199	—	210
面内压缩模量/GPa	107	101	86	—	149
面外压缩强度/MPa	138	181	176	—	—
面内剪切强度/MPa	74	73	77	75	113
面内剪切模量/GPa	13.5	14.6	12.9	13.5	17
层间剪切强度/MPa	9.4	9.8	—	6.7	9.8
密度/(g/cm³)	1.58	1.60	1.58	1.58	1.62

由表 4.23 中不同特征 L 形梁的力学性能数据可以看出,工装模具提供的厚度方向约束力对面内拉伸与厚度方向压缩性能有一定促进作用,工装模具对样件的约束力增大,其面内拉伸强度、面外压缩强度、面内剪切模量和层间剪切强度等均有明显提高。随着厚度变薄,L 形梁的变形趋势减弱,但材料强度并未明显提高;各规格梁样件的面内性能均低于相同铺层方式与复合工艺的板材性能,究其原因可能是梁样件形状复杂,经碳化和高温处理时,材料收缩受到异形结构的影响,容易产生更大的内部应力,一方面造成材料的提前破坏;另一方面,应力将引发内部缺陷产生,造成层间的协同承载能力下降。

2. 碳/碳热结构材料短梁单元件的性能

在热结构舱段应用过程中,梁构件是保障舱体轴向稳定性的关键强化单元。根据碳/碳热结构复合材料的成型工艺特点,主要采用 L 形和 T 形两种典型结构的梁构件。试验中采用了两种结构形式和成型工艺方法获得短梁试验件:一种为 CVI+PIP 工艺方法制备的仿形缝合结构短梁试验件(FH),其中 CVI+PIP 工艺方法是指先采用 CVD 法进行致密化,然后采用高压沥青浸渍/碳化工艺进行致密化,获得的材料最终密度约 1.76 g/cm³;另一种为采用 PIP 法制备正交三向结构短梁试验件(ZJ),始终采用沥青的浸渍/碳化法制备 C/C 复合材料,前期采用低压浸渍/碳化,后期采用高压浸渍/碳化,形成的块状材料的最终密度约 1.85 g/cm³,经过加工形成 L 形和 T 形短梁。

利用获得的短梁构件或正交三向块体进行加工,并对两端卡持部位粘贴加强片,得到短梁力学性能测试试验件。短梁试验件分 50 mm 与 40 mm 两个规格,其中 50 mm 或 40 mm 指标距段筋条和腹板的宽度都是 50 mm 或 40 mm,厚度为 5 mm。L 形梁与 T 形梁分别用"L"和"T"表示,后面的阿拉伯数字为尺寸规格。缝合结构拉伸试验件长度均为 300 mm,正交三向结构拉伸试验件长度均为 270 mm。压缩试验件有 155 mm、170 mm 与 200 mm 三种长度。

短梁试验件拉伸测试结果汇总于表 4.24 中,从表中可以看出宽度为 50 mm 的两个缝合结构 L 形梁试样的裂纹均出现在试验件的非工作段,裂纹扩展到了加持段的钉孔,因此破坏方式属于非正常破坏。正交三向结构试验件同样在非工作段破坏,属于非正常破坏模式,说明采用标距段为 50 mm 规格的试样无法获得真实的短梁拉伸性能数据。减小标距段到 40 mm 后,通过短梁试样拉伸测试时可以获得正常的工作段断裂破坏模式。

表 4.24　典型梁拉伸测试结果

类　　型	样 件 编 号	σ^{TU}/MPa	失　效　模　式
L 形梁	L50 - 300 - FH - 1	>72.80	裂纹贯穿标距段端部与加载孔
	L50 - 300 - FH - 2	>76.78	裂纹贯穿标距段端部与加载孔
	L50 - 270 - ZJ - 1	>117.70	加载孔挤压破坏
	L40 - 270 - ZJ - 2	154.89	标距段端部拉伸破坏
	T40 - 300 - FH - 1	141.74	标距段端部拉伸破坏
	T40 - 270 - ZJ - 1	115.74	标距段端部拉伸破坏
	T40 - 270 - ZJ - 2	147.07	标距段端部拉伸破坏

注:">"表示试样断口出现在非工作段,实际强度应该大于实测值。

表 4.25 给出了不同短梁试验件的压缩试验结果。对比不同材料的短梁压缩结果,以及对比拉伸测试与压缩测试结果可知,正交三向结构 C/C 复合材料的短梁压缩性能更高,其破坏模式主要为整体屈曲破坏。正交三向结构短梁的压缩性能比拉伸性能高;而缝合结构的 C/C 复合材料短梁的压缩性能比拉伸性能低得多,压缩后的试样存在局部屈曲破坏和分层破坏模式。这说明缝合结构的 C/C 复合材料层间结合较弱,在压缩时容易造成层间开裂,从而大幅降低压缩轴向的承载能力。对比 L 形梁和 T 形梁可知,正交三向结构材料相差不大,T 形梁的压缩性能略高;具有明显各向异性的缝合结构碳基复合材料的 L 形梁具

有较高的压缩性能,而T形梁在压缩过程中发生了更明显的分层开裂破坏。因此,提高缝合结构C/C复合材料的层间结合性能或在应用时缩短长度方向上的固定间距,通过增加厚度方向上的约束可提高梁的承载能力。

表 4.25　短梁试验件压缩测试结果

类　　型	样件编号	σ^{TU}/MPa	破　坏　方　式
L形梁	L40-155-FH-1	90.73	局部屈曲/分层破坏
	L40-155-FH-2	161.85	压溃破坏/分层破坏
	L50-170-ZJ-1	164.78	整体屈曲与端部破坏
	L50-170-ZJ-1	164.19	整体屈曲与多处破坏
T形梁	T40-155-FH-1	65.31	局部屈曲/显著分层破坏
	T40-155-FH-2	64.85	局部屈曲/分层破坏
	T40-155-FH-3	74.32	局部屈曲/分层破坏
	T50-155-FH-1	62.57	多处屈曲(应变差异较大)破坏
	T50-155-FH-2	80.24	局部屈曲/分层破坏
	T50-170-ZJ-1	177.75	整体屈曲/多处破坏
	T50-170-ZJ-2	174.83	整体屈曲/多处破坏

4.5.3　C/C复合材料控制舵

　　航天飞行器的舵翼是其实现机动转向、改变飞行轨迹的关键热结构构件。控制舵在服役的转动过程中,舵轴部位将经受复杂的力热环境(包括扭转、弯曲、高温等),在承受复杂载荷与大面积部位,需要针对舵轴的外形尺寸特点和服役环境特征,进行针对性的材料设计与应用,在满足耐高温热环境的基础上实现高抗扭转、高抗弯曲等性能[100,101]。

　　由舵轴力学承载特点可知,该部位应用的热结构材料需要承受扭转、弯曲等主应力,其在舵轴抗扭转和抗弯曲方向应当具有足够的碳纤维增强体,其工艺成型方法应当兼顾较大舵轴直径(100 mm左右)的可实现性。在传统的碳基热结构材料中,3D C/C复合材料具有三个方向上的碳纤维增强体,可以满足扭转和弯曲的双重需求,并且3D C/C复合材料的应用可以实现舵轴和舵面的整体制造,减少舵轴和舵面的连接。以往的3D C/C复合材料中存在X向、Y向和Z向等不同方向的碳纤维,但研究发现,这类材料在扭转时的刚度较弱,主要是因为材料面内±45°方向上缺少碳纤维,其面内剪切强度和模量偏低。重点针对 3D C/C 复合材料进行准各向同性优化,可以实现舵轴综合性能的优化提升。

采用国产 T800 级和 T300 级两种碳纤维增强体制备 3D 织物,传统织物结构为 0°/90°交替结构,在其基础上引入±45°方向的碳纤维,在平面方向形成 0°/45°/90°/-45°准各向同性结构的织物。采用沥青液相复合成型工艺制备 C/C 复合材料,并对其性能进行测试,其基础性能对比数据见表 4.26。

表 4.26 三向铺纱结构碳/碳材料性能

纤维类型		T300－3K×2		T800－12K			
织物结构	平面方向	0°/90°		0°/90°		0°/45°/90°/-45°	
编号		3#		2#		1#	
测试方向		XY 向	Z 向	XY 向	Z 向	XY 向	Z 向
拉伸强度/MPa		350	153	424	102	127	91
拉伸弹性模量/GPa		109	47	126	72	50	44
拉伸断裂应变/%		0.35	0.32	0.36	0.29	0.42	0.19
压缩强度/MPa		166	234	151	212	84	150
弯曲强度/MPa		256	163	232	146	138	124
弯曲弹性模量/GPa		59	32.1	44	22	28	22
面内剪切强度/MPa		21.6	21.8	23.4	13.6	62.5	16.4
面内剪切模量/GPa		2.58	1.99	3.7	1.8	17	2.2
体积密度/(g/cm³)		1.89		1.84		1.87	

从表 4.26 的性能数据可以得出如下结论。

(1) C/C 复合材料中增强体纤维类型由 T300 碳纤维(3#试样)变为 T800 碳纤维(2#试样)后,复合材料的 XY 向拉伸强度和模量增加;XY、Z 向弯曲、压缩强度基本持平,两个方向的面内剪切强度、模量略有下降,但变化不明显。

(2) 当平面方向由 0°/90°铺层(2#试样)改为 0°/45°/90°/-45°准各向同性(1#试样)后,XY 向拉伸强度下降 70%,拉伸模量下降 60%;但 XY 面内的剪切强度比原来提高了 1.7 倍,剪切模量提高 3.6 倍;沿 XY 向的弯曲和压缩强度均有明显下降,沿 Z 向的弯曲和面内剪切强度略有下降。

上述 C/C 复合材料的基础性能表明,增加±45°方向的纤维,可以显著提高材料的面内剪切强度和模量,而这一性能恰恰直接关系到舵轴的扭转刚度。为进一步明确材料优化后舵轴综合性能的提升,分别从 1#和 2#试样取样测试了舵轴的扭转性能。抗扭转性能测试采用圆柱试样,尺寸为 $\phi_外$50 mm×295 mm,其扭矩-转角曲线如图 4.42 所示。

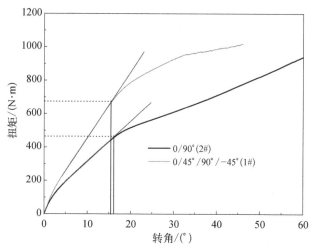

图 4.42　碳/碳控制舵材料转角-转角关系曲线图

从图 4.42 的舵轴试样的转角-转角关系曲线可以看出,增加±45°纤维后,材料的扭转性能和刚度均有明显的提高,$\phi_外$50 mm C/C 复合材料试验件的线性扭矩由 467 N·m 提高到 675 N·m,提高约 40%,刚度也有明显提高。同时结合有限元模拟计算结果也表明,增加±45°纤维(特别是在舵轴上下区域)可以明显提高控制舵的扭转刚度,在舵面附近布置一定厚度的 0/90°纤维可以提高舵根的抗扭强度,这需要兼顾舵的整体强度和刚度要求。

研究发现,通过对 C/C 复合材料制备过程中的热处理温度进行调整(主要为降低最高热处理温度),材料的面内、层间剪切强度及模量以及 XY 向弯曲和压缩强度也有一定程度的提高,这是由于热处理温度的降低能一定程度上提高碳基体的硬度和碳纤维的强度保留率,有利于材料刚度的提高,材料性能数据如表 4.27。

表 4.27　不同热处理工艺材料的性能数据

性　　能	原工艺	1#	2#	3#	4#
XY 向弯曲强度/MPa	265	275	298	277	263
Z 向弯曲强度/MPa	175	192	206	181	171

（续表）

性　能	原工艺	1#	2#	3#	4#
XY 向面内剪切强度/MPa	25	28.9	31.2	31.3	28.8
XY 向面内剪切模量/GPa	4.6	4.56	4.4	4.39	5
层间剪切强度/MPa	15.5	15.6	17.6	16.8	16.1
XY 向压缩强度/MPa	180	191	191	171	191
Z 向压缩强度/MPa	230	282	287	253	248
密度/(g/cm³)	1.96	1.93	1.94	1.96	1.94

舵轴用碳基材料的性能除了在现有正交三向 C/C 复合材料的基础上进行优化提升之外,可以根据舵轴复杂的力学载荷环境进行多向碳纤维增强结构的设计和应用,同时兼顾基体硬度提升带来的舵轴刚度提升,在进行碳纤维增强方向优化的同时,考虑采用硬度更高的陶瓷基体来协同提升舵轴的综合性能。对缠绕型管状舵轴开展了研究,缠绕方式周期较短,但对复合工艺要求较高。针对舵轴壁较薄,而抗弯性能要求较高的问题,在舵轴内部增加以抗弯为主的 0°纤维,形成缠编方式,织物的纤维体积分数均在 50%左右。

对纤维缠绕、缠编及准各向同性编织结构碳/碳舵轴试验件进行制备,采用 T800 级碳纤维增强体和液相复合工艺。为了保证在进行扭转测试时舵轴内壁不被销钉挤压破坏,在舵轴内部保留了厚度约 5 mm 的石墨圆筒,如图 4.43 所示。结合不同结构的 C/C 复合材料舵轴的计算机断层扫描(computer tomo-graphy, CT) 分析可知,液相复合后碳/碳舵轴材料内部均匀性较好,但后期 SiC 基体增密的缠绕结构舵轴试验件沿环向存在不同程度的孔隙,部分层间界面较明显。

图 4.43　C/C 复合材料舵轴试验件

针对碳/碳舵轴抗扭转性能需求,对纤维缠绕、缠编和准各向同性三种结构碳/碳舵轴抗扭转性能进行了系统研究。在测试前期,对碳/碳舵轴和工装连接形式进行了优化改进,试验件状态及参数如表 4.28 所示。在扭转性能测试过程中,载荷为 1 400 N·m 和 5 000 N·m,整个过程中每加载 200 N·m 记录一次应变值,在 1 400 N·m 加载时正、反转各 1 次。为了真实测试加载过程中的转角,增加了转角测量装置进行记录。

表 4.28   C/C 复合材料舵轴试验件状态及参数

试验件编号	织物结构	内径/mm	外径/mm	长度/mm	备　　注
1#	缠编	50	72.5	343	
2#	缠绕	50	95.3	315	90°/±45°/0°
3#(含部分 SiC 基体)		50	91.5	305	
4#	准各向同性	40	77.3	336	

　　加载到最大载荷 5 000 N·m 时,1#~4#舵轴均未破坏,其转角及应变数据如表 4.29 所示,相比于传统的正交三向结构 C/C 复合材料舵轴,缠绕和缠编结构舵轴在承载及刚度方面均有明显的提高。特别是含有少量 SiC 陶瓷基体的 3#试样具有最小的转角。这说明通过增加陶瓷基体组分和在增加环向纤维(即缠绕碳纤维)可以大幅提升舵轴的扭转性能,防止舵轴在较高扭矩下产生过度变形,而影响控制舵的反复扭转使用。

表 4.29   舵轴扭转测试结果

编　　号		1#	2#	3#	4#
结构		缠编	缠绕	缠绕	准各向同性
内径/mm		50	50	50	40
外径/mm		72.5	95.3	91.5	77.3
转角测量间距/mm		76	47.2	37.2	71.5
加载速率/[(°)/min]		0.1	0.1	0.1	0.1
正转 (1 400 N·m)	扭矩	1 402	1 396	1 482	1 413
	转角	0.197	0.053	0.032	0.143
	最大应变	536	888	215	1 253
反转 (1 400 N·m)	扭矩	1 402	1 409	1 544	1 412
	转角	0.161	0.059	0.044	0.093
	最大应变	516	816	226	525
正/反转 (5 000 N·m)	扭矩	4 999	5 000	5 000	5 000
	转角	1.223	0.331	0.152	1.520
	最大应变	3 468	3 203	739	2 011

4.6 小结

探索浩瀚宇宙,实现空天快速往返,是人类不断深入认识世界和感受世界的美好愿景,而发展在大气中或跨越大气层的飞行速度更快(马赫数高达 10 以上,甚至 20 以上)、服役时间更长(3 000 s 以上)、重复使用的飞行器将成为下一代航天飞行器发展的重要方向。

通过近 20 年的研究攻关,分别从材料、工艺、结构、连接、抗氧化等角度分析研究了碳基热结构材料的基本性能和应用特性,已基本解决了大尺寸碳基热结构复合材料设计和应用的关键基础问题。由于具有优异的耐高温能力,以及在高温、超高温下的力学承载特性,碳基热结构材料将成为未来飞行器研制的关键材料之一。为了满足高超声速技术的发展和材料科技的进步需求,发展更高耐温等级的氧化防护体系、高温力学性能更高的 C/C 复合材料和相关评价表征技术,发展大尺寸异形薄壁构件高质量制备及舱段装配技术,低成本、高可靠的一体化成型热结构舱段制造技术,将成为后续碳基热结构材料发展的最重要方向。

参考文献

[1] Buckley J D. Carbon-Carbon Materials and Composites[M]. New York: William Andrew Publishing, 1993.

[2] Sheehan J E, Buesking K W, Sullivan B J. Carbon-carbon composites[J]. Annual Review of Materials Science, 1994, 24(1): 19 - 44.

[3] Karpov A P, Mostovoy G E. High-temperature mechanical properties of carbon and composite carbon-carbon materials[J]. Inorganic Materials Applied Research, 2015, 6(5): 454 - 460.

[4] Sato S, Kurumada A, Iwaki H, et al. Tensile properties and fracture toughness of carbon-fiber felt reinforced carbon composites at high temperature[J]. Carbon, 1989, 27(6): 791 - 801.

[5] Erich F. The future of carbon-carbon composites[J]. Carbon, 1987, 25(2): 163 - 190.

[6] 林德春,张德雄,陈继荣.固体火箭发动机材料现状和前景展望[J].宇航材料工艺,1999,29(5): 1 - 4.

[7] Sheehan J E. Oxidation protection for carbon fiber composites[J]. Carbon, 1989, 27(5): 709 - 715.

[8] Dhami T L. Oxidation-resistant carbon-carbon composites up to 1 700℃[J]. Carbon, 1995, 33(4): 479 - 490.

[9] Smeacetto F, Salvo M, Ferraris M. Oxidation protective multilayer coatings for carbon-carbon

composites[J]. Surface & Coatings Technology, 2002, 40(4): 583-587.

[10] 黄剑锋,李贺军,熊信柏,等.炭/炭复合材料高温抗氧化涂层的研究进展[J].新型炭材料,2005,20(4): 373-379.

[11] Wu T M, Wu Y R. Methodology in exploring the oxidation behaviour of coated-carbon/carbon composites[J]. Journal of Materials Science, 1994, 29(5): 1260-1264.

[12] 郭正.航天飞机防热系统材料进展[J].中国航天,1993(5): 46-48.

[13] 程卫平.聚丙烯腈基碳纤维在航天领域应用及发展[J].宇航材料工艺,2015,45(6): 11-16.

[14] Lyle K H, Fasanella E L. Permanent set of the space shuttle thermal protection system reinforced carbon-carbon material[J]. Composites Part A, 2009, 40(6-7): 702-708.

[15] Zadorozny E. Space Shuttle carbon-carbon composite hot structure[C]. 24th Structures, Structural Dynamics and Materials Conference, Lake Tahoe, 1983.

[16] 陈德厚,刘才穆.航空航天飞机结构材料的应用及发展[J].材料工程,1989(6): 2-7.

[17] Smith M S. NASA's space shuttle program: the columbia tragedy, the discovery mission, and the future of the shuttle[J]. New Journal of Chemistry, 2006, 28(4): 141-153.

[18] Mayeaux B M, Collins T E, Jerman G A, et al. Materials analysis: a key to unlocking the mystery of the Columbia tragedy[J]. The Journal of the Minerals, Matals & Materials Society, 2004, 56(2): 20-30.

[19] 张玉妥,李依依."哥伦比亚"号航天飞机空难原因及其材料分析[J].科技导报,2005(7): 34-37.

[20] Rivers H K, Glass D E. Advances in hot-structure development[C]. 5th European Workshop on Thermal Protection Systems and Hot Structures, Noordwijk, 2006.

[21] Harsha P, Keel L, Castrogiovanni A, et al. X-43A vehicle design and manufacture[C]. AIAA/CIRA 13th International Space Planes and Hypersonics Systems and Technologies Conference, Capua, 2013.

[22] 日本炭素材料学会.新·碳材料入门[M].中国金属学会炭素材料专业委员会编译.1999.

[23] 罗瑞盈.碳/碳复合材料制备工艺及研究现状[J].兵器材料科学与工程,1998(1): 62-68.

[24] 张守阳.新型碳材料[J].新型工业化,2016(1): 15-37.

[25] Glass D, Dirling R, Croop H, et al. Materials development for hypersonic flight vehicles[C]. 17th AIAA/AHI Space Planes & Hypersonic Systems and Technologies Conference, San Francisco, 2013.

[26] 郭朝邦,李文杰.高超声速飞行器结构材料与热防护系统[J].飞航导弹,2010(4): 88-94.

[27] Savage E. Carbon-Carbon Composites[M]. Dordrecht: Springer Netherlands, 1993.

[28] Fitzer E, Manocha L M. Carbon reinforcements and carbon/carbon composites[M]. Berlin: Springer, 1998.

[29] Christin F. Design, fabrication, and application of thermo structural composites (TSC) like C/C, C/SiC, and SiC/SiC composites[J]. Advanced Engineering Materials, 2002, 4(12): 903-912.

[30] 冯志海,李同起.碳纤维在烧蚀防热复合材料中的应用[M].北京: 国防工业出版

社,2017.

[31] Velicki A, Thrash P. Advanced structural concept development using stitched composites [C]. AIAA/ASME/ASCE/AHS/ASC Structures, Structural Dynamics, & Materials Conference Aiaa/asme/ahs Adaptive Structures Conference, Schaumburg, 2008.

[32] Lomov S V, Belov E B, Bischoff T, et. al. Carbon composites based on multiaxial multiply stitched preforms. part 1. geometry of the preform[J]. Composites Part A, 2002, 33: 1171 - 1183.

[33] 严柳芳,陈南梁,罗永康.缝合技术在复合材料上的应用及发展[J].产业用纺织品,2007 (2): 1 - 5.

[34] 程小全,郦正能,赵龙.缝合复合材料制备工艺和力学性能研究[J].力学进展,2009, 39(1).

[35] Lomov S V, Verpoest I, Barburski M, et al. Carbon composites based on multiaxial multiply stitched preforms. Part 2. KES-F characterisation of the deformability of the preforms at low loads[J]. Composites Part A, 2003, 34: 359 - 370.

[36] 刘锦,刘秀军,胡子君,等.碳/碳复合材料致密化影响因素的研究进展[J].天津工业大学学报,2010,29(1): 31 - 35.

[37] 管映亭,金志浩.C/C 复合材料致密化制备技术发展现状与前景[J].固体火箭技术, 2003(1): 59 - 63.

[38] Klucakova M. Rheological properties of phenolic resin as a liquid matrix precursor for impregnation of carbon-carbon composites with respect to conditions of the densification process[J]. Composites Science & Technology, 2004, 64(7/8): 1041 - 1047.

[39] 李晔,黄启忠,朱东波,等.液相浸渍法制备 C/C 复合材料[J].炭素,2001(4): 14 - 18.

[40] 艾艳玲,李铁虎.快速致密化制备 C/C 复合材料的新发展[J].材料导报,2005(7): 90 - 92,96.

[41] 刘文川.CVD 碳-碳复合材料工艺参数与结构性能(文献综述)[J].电碳技术,1980(1): 9 - 23.

[42] Chen J X, Xiong X, Huang Q Z, et al. Densification mechanism of chemical vapor infiltration technology for carbon/carbon composites[J]. Transactions of Nonferrous Metals Society of China, 2007, 17(3): 519 - 522.

[43] Fitzer E, Manocha L M. Carbon reinforcements and carbon/carbon composites[M]. Berlin: Springer, 1998.

[44] 李崇俊,马伯信,金志浩.CVD/渗透技术综述[J].固体火箭技术,1999(1): 56 - 60.

[45] 孙乐,王成,李晓飞,等.C/C 复合材料预制体的研究进展[J].航空材料学报,2018,38 (2): 86 - 95.

[46] Chen X M, Chen L, Zhang C Y, et al. Three-dimensional needle-punching for composites — A review[J]. Composites Part A: Applied Science and Manufacturing, 2016, 85: 12 - 30.

[47] Lacombe A. H. Thermal structural composite materials boost rocket nozzle performance[C]. 49th AIAA/ASME/SAE/ASEE Joint Propulsion Conference, San Jose, 2013.

[48] Lacombe A, Pichon T, Lacoste M. High temperature composite nozzle extensions, a mature and efficient technology to improve upper stage liquid rocket engine performance[C]. 43rd

AIAA/ASME/SAE/ASEE Joint Propulsion Conference and Exhibit, Cincinnati, 2007.

[49] 嵇阿琳,李贺军,崔红.针刺炭纤维预制体的发展与应用[J].炭素技术,2010,29(3):23-27.

[50] Ji A-L, Cui H, Li H J, et al. Performance analysis of a carbon cloth/felt layer needled perform[J]. New Carbon Materials, 2011, 26(2):109-116.

[51] Lacombe A, Pichon T, Lacoste M. 3D carbon-carbon composites are revolutionizing upper stage liquid rocket engine performance by allowing introduction of large nozzle extension[J]. AIAA, 2009:2678.

[52] Broquere B. Carbon/carbon nozzle exit cones — SEP's experience and new developments [C]. 33rd Joint Propulsion Conference and Exhibit, Seattle, 1997.

[53] Montaudon M. Arane 5 SRM carbon/carbon nozzle throat: development result[C]. 31th AIAA/ASME/SAE/ASEE Jiont Propulsion Conference and Exhibit, San Diego, 1995.

[54] 黄启忠.高性能炭/炭复合材料的制备、结构与应用[M].长沙:中南大学出版社,2010.

[55] 谢军波.针刺预制体工艺参数建模及复合材料本构关系研究[D].哈尔滨:哈尔滨工业大学,2016.

[56] Kim J K, Sham M L. Impact and delamination failure of woven-fabric composites[J]. Composites Science & Technology, 2000, 60(5):745-761.

[57] Giovinazzo M. Characterization and modeling of 3D woven composites[D]. Durham: University of New Hampshire. 2013.

[58] 郭正.宇航复合材料[M].北京:宇航出版社,1999.

[59] 朱建勋.细编穿刺织物的结构特点及性能[J].宇航材料工艺,1998(1):41-43.

[60] 朱建勋.碳布整体穿刺织物编织工艺与结构参数优化[D].南京:东南大学,2003.

[61] Aly-Hassan M S, Hatta H, Wakayama S, et al. Comparison of 2D and 3D carbon/carbon composites with respect to damage and fracture resistance[J]. Carbon, 2003, 41(5):1069-1078.

[62] Arendts F J, Drechsler K, Brandt J. The application of three-dimensional reinforced fiber-performs to improve the properties of composites[C]. 34th International SAMPE Symposium, Reno, 1989.

[63] Sangwook S, Endel V, Ajit K. Three-dimensional stress analysis of textile composites. part II: asymptotic analysis[J]. International Journal of Solids & Structures, 2004, 41:1395-1410.

[64] Fathollahi B, Chau P C, White J L. Injection and stabilization of mesophase pitch in the fabrication of carbon-carbon composites: part II. Stabilization process[J]. Carbon, 2005, 43(1):135-141.

[65] 宋永忠,史景利,朗冬生,等.炭/炭复合材料浸渍-炭化工艺的研究[J].炭素技术,2000(3):18-21.

[66] 李龙.碳/碳复合材料多重环境下的氧化机理研究[D].西安:西北工业大学,2005.

[67] Zhang C Y, Yan K F, Qiao S R, et al. Effect of oxidation on fracture toughness of a carbon/carbon composite[J]. Journal of Wuhan University of Technology-Mater Sci Ed, 2012, 27(5):944-947.

[68] Savage G M. Carbon-carbon composite[M]. Dordrecht: Springer Netherlands, 1993.

[69] Oh S-M, Lee J-Y. Fracture behavior of two-dimensional carbon/carbon composites[J]. Carbon, 1989, 27(3): 423-430.

[70] McKee D W. Oxidation behavior and protection of carbon/carbon composites[J]. Carbon, 1987, 25(4): 551-557.

[71] Windhorst T, Blount G. Carbon-carbon composites: a summary of recent developments and applications[J]. Materials & Design, 1997, 18(1): 11-15.

[72] 宋永忠,樊桢,李兴超,等.碳/碳复合材料 SiC/MOSi$_2$/ZrO$_2$涂层体系氧化烧蚀性能[J]. 复合材料学报,2016,33(10):2290-2296.

[73] Tomas H S, Jochen M. Material property requirements for analysis and design of UHTC components in hypersonic applications[J]. European Ceramic Society, 2010(30): 2239-2251.

[74] 储双杰,乔生儒,杨峥,等.碳/碳复合材料的氧化与防护[J].材料工程,1992(5):43-46.

[75] Glass D. Physical challenges and limitations confronting the use of UHTCs on hypersonic vehicles[C]. 17th AIAA International Space Planes & Hypersonic Systems & Technologies Conference, San Frarcisco, 2011.

[76] 曾燮榕,李贺军,张建国,等.碳/碳复合材料防护涂层的抗氧化行为研究[J].复合材料学报,2000(2):42-45.

[77] 李承新,郭正.碳/碳复合材料抗氧化涂层的研究与改进[J].宇航材料工艺,1992(3):1-4.

[78] Humes D H. Hypervelocity impact tests on space shuttle orbiter RCC thermal protection material[J]. Journal of Spacecraft & Rockets, 1978, 15(4): 250-251.

[79] 史可顺.航天飞机用抗氧化碳-碳复合材料[J].炭素技术,1986(5):21-24.

[80] Oguri K, Sekigawa T. Heat resistant material and hot structure member both space shuttle, space shuttle, and method for producing heat resistant material for space shuttle[J]. EP, 2004.

[81] Jiao X J, Li T Q, Li Y M, et al. Oxidation behavior of SiC/glaze-precursor coating on carbon/carbon composites[J]. Ceramics International, 2017, 43(11): 8208-8213.

[82] 韦福水.热喷涂技术[M].北京:机械工业出版社,1986.

[83] 杨烈宇.等离子体表面工程[M].北京:中国科学技术出版社,1991.

[84] 李长久.热喷涂技术应用及研究进展与挑战[J].热喷涂技术,2018,10(4):1-22.

[85] 姚栋嘉,李贺军,付前刚,等.C/C 复合材料 Ta$_2$O$_5$-TaC/SiC 抗氧化抗烧蚀涂层研究[J]. 中国材料进展,2011,30(11):1-5.

[86] Corral E L, Loehman R E. Ultra-high-temperature ceramic coatings for oxidation protection of carbon-carbon composites[J]. Journal of the American Ceramic Society, 2010, 91(5): 1495-1502.

[87] 殷玲,熊翔,曾毅,等.C/C 复合材料上 SiC/MoSi$_2$-Si$_2$N$_2$O-CrSi$_2$涂层的制备、抗氧化性能及形成机理[J].材料保护,2011,44(12):23-26.

[88] 张中伟,王俊山,许正辉,等.C/C 复合材料抗氧化研究进展[J].宇航材料工艺,2004(2):1-7.

[89] 李同起,焦星剑,吴宁宁,等.高温有氧环境中抗氧化碳/碳复合材料的宏观热/力行为研究[C].特种粉末冶金及复合材料制备/加工学术会议,宁乡,2016.

［90］ Chishti M, Wang C H, Thomson R S, et al. Experimental investigation of damage progression and strength of countersunk composite joints［J］. Composite Structures, 2012, 94 (3): 865 - 873.

［91］ Sen F, Pakdil M, Sayman O, et al. Experimental failure analysis of mechanically fastened joints with clearance in composite laminates under preload［J］. Materials & Design, 2008, 29 (6): 1159 - 1169.

［92］ Gray P J, O'Higgins R M, Mccarthy C T. Effect of thickness and laminate taper on the stiffness, strength and secondary bending of single-lap, single-bolt countersunk composite joints［J］. Composite Structures, 2014, 107: 315 - 324.

［93］ 董大龙,周翔,汪海,等.分层对复合材料机械连接结构承载能力的影响[J].复合材料学报,2018,35(1): 61 - 69.

［94］ 杨筵东.碳纤维复合材料典型连接结构力学性能分析[D].哈尔滨: 哈尔滨工业大学,2016.

［95］ Wik T C, Iannucci L, Effenberger M. Pull-through performance of carbon fibre epoxy composites［J］. Composite Structures, 2012, 94(10): 3037 - 3042.

［96］ Gray P J, Mccarthy C T. An analytical model for the prediction of through-thickness stiffness in tension-loaded composite bolted joints［J］. Composite Structures, 2012, 94(8): 2450 - 2459.

［97］ Pearce G M, Johnson A F, Thomson R S, et al. Experimental investigation of dynamically loaded bolted joints in carbon fibre composite structures［J］. Applied Composite Materials, 2010, 17(3): 271 - 291.

［98］ 唐玉玲.碳纤维复合材料连接结构的失效强度及主要影响因素分析[D].哈尔滨: 哈尔滨工业大学,2015.

［99］ 黄豪杰.复合材料多钉连接载荷分配均匀化方法[D].西安: 西北工业大学,2007.

［100］ 张德刚,陈纲.碳纤维树脂基复合材料在防空导弹上的应用[J].现代防御技术,2018, 46(2): 24 - 31.

［101］ 何东晓.先进复合材料在航空航天的应用综述[J].高科技纤维与应用,2006(2): 9 - 11.

第5章

陶瓷基热结构材料

5.1 概述

众所周知,陶瓷材料的耐高温、耐烧蚀性能较好,但是本征脆性导致该材料的断裂韧性差、抗热振能力不足,限制了其在航空航天领域的广泛应用。陶瓷材料的高模量和高键能使得其有很强的缺陷敏感性和裂纹敏感性,其强度取决于缺陷的最大尺寸而非数量,裂纹扩展取决于能量的释放而非最大应力。由于缺陷的存在,陶瓷材料的实际强度远低于其理论值,断裂韧性也较低[1-3]。理论研究表明,可以通过抑制体积效应来提高陶瓷材料的强度和均匀性,但是不能通过提高表面能改善韧性。因此,发展陶瓷基复合材料(ceramic matrix composite, CMC)才是改善陶瓷材料强度和韧性的根本途径[4-10]。

目前,研究最多、应用最成功和最广泛的连续纤维增强陶瓷基热结构材料主要包括碳纤维和 SiC 纤维增韧(增强)碳化硅基复合材料(C/SiC、SiC/SiC)[11-13]。

5.2 国内外研究现状

5.2.1 C/SiC 复合材料

C/SiC 复合材料是发展最为成熟、应用最为广泛的陶瓷基热结构复合材料,其具有低密度、高强度、高模量、低膨胀系数、摩擦性能优良、耐高温、耐热冲击、耐烧蚀及高温机械性能优异等特点[14-18],可满足长寿命(1 650℃)、有限寿命(2 000℃)和瞬时寿命(2 800℃)热结构领域的应用和考核要求。随着新型临近空间高超声速飞行器等先进航天飞行器的发展,其防热系统对能在大气层内长时间抗氧化/非烧蚀的热结构材料提出了迫切需求。

目前,美国、法国、日本等发达国家已成功将 C/SiC 复合材料应用于航天飞行器热防护系统和动力系统。新型火箭/导弹发动机的轻质化及耐温等级升级也需要由新型轻质、可长时耐高温燃气流冲刷的 C/SiC 热结构复合材料支撑。此外,C/SiC 复合材料在卫星支架、空间光学系统、装甲防护等要求耐腐蚀、高强度/高模量、抗冲击等领域也具有广泛的应用前景。

1994 年后,美国改变了太空政策,以 NASA 和 DoD 为主,重点开展了可重复使用运载器(reusable launch vehicles, RLV)和一次性运载器(expendable launch vehicles, ELV)研究,进而发展为后来的 X－33、X－34、EELV、X－37、X－38。同时,美国空军发展了太空作战飞行器(space operations vehicle, SOV)。C/SiC 复合材料用作高超声速飞行器大面积防热系统,已经在 X－33、X－37、X－38 等航天型号验证机的多个部位,如翼缘、鼻锥帽、鼻锥裙部及下颚板、机体副翼,替代原有金属防热系统,使飞行器减重 50%,并提高了系统安全性与可靠性。具体如 X－33 的热保护系统使用的鼻锥、面板等 C/SiC 构件通过 PIP 工艺生产,具有 3 层抗氧化涂层,在 400～1 650℃温度下仍有良好的性能,并且在高于 2 500℃的条件下试验了 80 s;X－37 的垂直舵采用 C/SiC 复合材料体系,相关试验验证了该材料体系的可行性;X－38 上采用 C/SiC 复合材料副翼,由德国 MT Aerospace 公司制造,如图 5.1 所示。

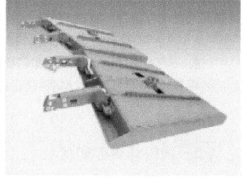

图 5.1　X－37 C/SiC 垂直舵热结构部件和 X－38 C/SiC 副翼

另外,日本试验空间飞机 HOPE－X 的热结构中也使用由 PIP 工艺生产的 C/SiC 复合材料作为前部外板、上部及下部防热面板等。目前,欧洲正集中研究载人飞船及可重复使用的飞行器,其中 IXV 的鼻锥帽、FLAP 舵等热结构部件均采用 C/SiC 复合材料,如图 5.2 所示。英国国防部资助的持续高超声速飞行试验(sustained hypersonic flight experiment, SHyFx)验证机的气动外壳采用由 CVI

图 5.2　选用 C/SiC 复合材料的 IXV 鼻锥、FLAP 舵

工艺制备的 C/SiC 复合材料,由德国 MT Aerospace 公司制造。

近年来,美国、欧洲等发达国家在碳纤维增韧碳化硅陶瓷基复合材料的制备工艺方面取得了长足进展,部分大型材料已通过地面和飞行实验,储备了较好的技术。作为热结构复合材料,C/SiC 复合材料的发展面临的主要技术问题是低成本、快速制备。国外在液相浸渍裂解、CVI 工艺、前驱体转化、液气混合沉积等方面开展了较多研究。

目前,国内相关研究机构已系统开展了 C/SiC 复合材料的研究,发展出 PIP 法、CVI 法、RMI 法及热压烧结法等多种制备工艺,具有比较深厚的研究基础并完成了较完善的数据积累,为 C/SiC 复合材料的工程应用打下了坚实的基础。其中,航天材料及工艺研究所、国防科技大学、中国科学院上海硅酸盐研究所、中航复合材料有限责任公司、中国航天科技集团公司第四研究院 43 所等单位在 C/SiC 复合材料 PIP 复合工艺方面进行了深入研究,具有较成熟的 PIP 工艺基础,形成了较完整的 SiC 基复合材料构件研制生产线,工艺稳定可靠、适应性强;西北工业大学多年来重点从事 C/SiC 复合材料 CVI 工艺研究,在薄壁结构件的成型和致密化方面具有较为成熟的工艺技术。

在 C/SiC 复合材料工程应用研究方面,国内中国航天科技集团公司第四研究院 43 所、西北工业大学和国防科技大学于 20 世纪末就开展了 C/SiC 复合材料推力室及喷管的研制工作;西北工业大学研制的低室压 C/SiC 复合材料推力室于 2002 年通过了高空点火实验;国防科技大学采用 PIP 工艺制备的 C/SiC 复合材料推力室于 2005 年成功通过室压 3 MPa、燃气温度达 3 000 K 的液体火箭发动机热试车考核,产品稳态工作时间达到 520 s,取得国内复合材料高室压推力室研制工作的历史性突破,产品性能达到国际先进水平,并在此基础上,开展了不同使用工况的 C/SiC 复合材料推力室的研制,目前已实现小批量生产与应用;

中国航天科技集团公司第四研究院 43 所采用 PIP 法研制了 C/C‑SiC 复合材料部件,并成功应用于冲压发动机热防护材料领域。

针对长时耐高温抗氧化热结构材料的迫切需求,航天材料及工艺研究所在 C/SiC 复合材料 PIP 工艺方面开展了系统研究,完成了不同 PCS 前驱体应用性评价工作,在此基础之上,开展了前驱体浸渍相的工艺匹配性和预制体结构设计与实现技术研究,优化了复合材料制备工艺,突破了界面精细化设计、高效致密化和材料综合性能调控等关键技术。目前,已打通陶瓷基热结构复合材料工程化研制流程,成功研制出两米量级工程尺寸及异形复杂热结构构件,并通过了不同性质综合性能试验考核。

5.2.2   SiC/SiC 复合材料

SiC/SiC 复合材料保留了 SiC 陶瓷耐高温、抗氧化的优点,克服了 SiC 陶瓷本身脆性大、抗外部冲击载荷性能差的缺点,具有低密度、耐高温、耐辐照、本体可长时抗氧化、抗冲刷、高强度等优异性能,在航天飞行器的热防护系统、航空发动机热端部件等领域具有广泛的应用前景[19‑23]。此外,SiC/SiC 复合材料也是核裂变反应堆核燃料包壳及核聚变反应堆第一壁材料的候选材料之一[24‑26]。

1. SiC 纤维

鉴于 SiC 纤维诸多优异的性能和特殊的军事价值,近几十年内,日本、美国、德国等西方发达国家对其进行了持续的研发投入和性能改良,目前已经形成了多种牌号的工业化产品。国际上最成熟的连续 SiC 纤维的工业化生产方法是前驱体转化法,该方法是指以有机聚合物为前驱体,利用其可溶、可熔等特性实现纺丝成型后,经高温热分解处理,使之从有机物转变为无机陶瓷材料。该方法充分利用了有机聚合物易于成型加工,尤其是易于制备低维材料的优点,可以制备无法采用一般陶瓷材料成型方法制备的陶瓷纤维。20 世纪 70 年代,日本 Yajima 教授所在的研究小组开创了前驱体转化法制备 SiC 纤维的先河[27],用 PCS 作为前驱体制备出细直径连续 SiC 纤维。该工艺大致可分为以下五个工序:① 前驱体合成,即合成含有目标陶瓷元素组成的高聚物;② 熔融纺丝,即将前驱体制备成有机纤维;③ 有机纤维不熔化,一般包括空气不熔化和电子束不熔化两种技术;④ 纤维预烧,即高温下使不熔化的纤维无机化成陶瓷纤维;⑤ 纤维终烧,即纤维进一步烧结致密化。

目前,国际上主要有日本和美国实现了高性能 SiC 纤维的产业化生产,其中 80% 以上的市场上被日本垄断。日本的商业化 SiC 纤维主要有 Nippon Carbon 公司的 Nicalon 系列和 UBE Industries 公司(以下简称 UBE 公司)的 Tyranno 系列产品。此外,美国 Dow Corning 公司发展了 Sylramic SiC(Si‐C‐O‐B)纤维,德国 Bayer 公司发展了 Siboramic(Si‐B‐C‐N)纤维。按照研发历史和耐温等级,SiC 纤维可以大体划分为三代。

(1) 第一代 SiC 纤维。以 Nicalon 200 和 Tyranno LOX‐M 为代表的高氧含量、高碳硅比型 SiC 纤维。日本 Nippon Carbon 公司在 1975 年左右通过空气氧化交联成功制备了第一代 SiC 纤维 Nicalon 200,并于 1983 年建立了第一条工业生产线。Nicalon 200 纤维的结构主要以玻璃态 SiC_xO_y 相、β‐SiC 晶粒(<3 nm)及无定形碳为主。由于空气交联过程中引入了大量的氧分子,最终纤维中的氧质量分数为 10%~15%。纤维内部的氧和碳在 1 100℃ 以上的温度下发生化学反应,SiC_xO_y 相发生分解,释放 SiO 和 CO 气体,纳米 SiC 晶体长大,使其在高温下的热动力学性能变得不稳定,因而从 1 100℃ 开始,纤维的强度和弹性模量显著下降,如 1 500℃ 下,纤维的拉伸强度降到仅为 0.56 GPa,拉伸模量为 100 GPa,普遍认为其使用温度不超过 1 200℃[28-31]。日本 UBE 公司于 1987 年宣布制备性能接近 Nicalon 200 纤维的 SiC 纤维,他们采用钛的醇盐 $Ti(OR)_4$ 合成钛碳硅烷前驱体,并采用空气交联制备了 Tyranno LOX‐M 纤维,纤维的氧质量分数约 13%,Ti 质量分数约 2%。

(2) 第二代 SiC 纤维。由于氧、碳相的存在,第一代 SiC 纤维热力学不稳定,高温性能较差,使用温度不超过 1 200℃。国际上开展了大量研究工作来降低碳化硅中的氧含量,以提高纤维的使用温度[32-35]。经过十年的研究,以 Hi‐Nicalon 和 Tyranno‐ZMI 为代表的,具有低氧含量、高碳硅比(原子比>1.3)的第二代 SiC 纤维于 20 世纪 90 年代问世。日本 Nippon Carbon 公司于 1995 年推出了 Hi‐Nicalon SiC 纤维,该纤维利用电子辐照不熔化技术进行交联,纤维中的氧质量分数降低到了 0.5%。与第一代的 Nicalon 纤维相比,Hi‐Nicalon 纤维在高温下的强度保留率大幅提高,其最高使用温度可达 1 450℃。日本 UBE 公司采用元素锆代替钛加入 PCS 前驱体中,由于采用的含锆化合物的氧含量比钛醇盐的氧含量低,UBE 公司制备了氧含量更低的前驱体聚锆碳硅烷(polyzirconocarbosilane, PZCS)。以 PZCS 为前驱体,研究人员利用空气交联技术制备了牌号为 Tyranno‐ZMI 的第二代 SiC 纤维[36-38]。与第一代含钛系列的 Tyranno 纤维相比,含锆的 Tyranno‐ZMI 在高温空气下的强度保留率更高,最高使用温度可达 1 300℃。第二代 SiC 纤维的抗蠕变性能比第一代 SiC 纤维也有所提高,Hi‐Nicalon 和 Tyranno‐ZMI 的蠕变温度由 900℃ 提高到了 1 100℃。

（3）第三代 SiC 纤维。第三代 SiC 纤维具有低氧、近化学计量比的特点，比前两代 SiC 纤维具有更高的使用温度及更高的辐照稳定性。第三代 SiC 纤维主要是以 Hi－Nicalon－S（Nippon Carbon 公司）、Tyranno－SA（UBE 公司）及 Sylramic（Dow Corning 公司）为代表[39~44]。

日本 Nippon Carbon 公司采用电子束交联技术，通过高温氢气体下的热解，将纤维中多余的自由碳通过与 H_2 反应释放出来，制备出了具有低氧含量及近化学计量的第三代 SiC 纤维 Hi－Nicalon－S。该工艺制备的非晶纤维被高度氢化，可在氩气中进一步热处理结晶并释放 H_2，通过调整 H_2 的分压获得准化学计量比的 SiC 纤维。Hi－Nicalon－S 几乎是纯的 SiC，仅含有少量的氧（原子分数约 1%），相比于 Hi－NicalonSiC 纤维（碳硅原子比约 1.36），第三代 SiC 纤维的碳硅比仅为 1.04。这种纤维体现出高的弹性模量（>400 GPa），其最高使用温度可达 1 650℃。

日本 UBE 公司采用空气不熔化技术，通过在前驱体中引入金属 Al 作为助烧剂，以及在高温氢气体下热解，开发了等化学计量比的牌号为 Tyranno－SA 的第三代 SiC 纤维。引入 Al 元素的作用是提高纤维热解温度，抑制 SiC 晶粒高温生长，防止纤维在高温下粉化，进而提高纤维的纯度和使用温度。纤维中多余的自由碳在高温下通过与 H_2 反应释放出来。Tyranno－SA SiC 纤维具有高拉伸强度和高拉伸模量及极好的高温稳定性，最高耐热温度为 1 900℃。Tyranno－SA 纤维拉伸强度约 2.8 GPa，拉伸模量约 375 GPa，在惰性气体中加热至 1 900℃，空气中加热至 1 000℃，其强度没有下降，组分也没改变，目前销售的有 Tyranno－SA1 和 Tyranno－SA3 两个系列。

美国 Dow Corning 公司于 20 世纪 80 年代开始利用甲基聚二硅氮烷和氢化聚硅氮烷为前驱体，通过引入硼作为助烧剂，在 1 800℃下烧结得到含有硼 SiC 纤维，并将工业化产品命名为 Sylramic 纤维。硼元素的作用主要是抑制高温烧结过程中 SiC 晶粒长大，有利于烧结致密化并提高纤维耐高温性能。此后，Dow Corning 公司通过将 Sylramic SiC 纤维在氮气气体下进行处理，将硼元素从晶界去除，获得表面具有 BN 膜的等化学计量比 SiC 纤维，牌号为 Sylramic－iBN，其最高使用温度可达 1 800℃。

近年来，随着军事装备升级换代，对高性能复合材料的需求大幅提升，SiC 纤维产能也在大幅扩大。据报道，目前日本碳材料公司的 SiC 纤维产量已超过 100 t/年；2013 年，宇部兴产公司的产能也扩产到 100 t。与此同时，为了满足武器装备的持续改良和升级，国外 SiC 纤维的综合性能仍在不断改进，也为国内 SiC 纤维的发展指明了方向。表 5.1 给出了国外常用 SiC 纤维的性能，SiC 纤维的未来发展方向将趋于高性能化、多功能化、系列化及低成本化。

表 5.1　国外常用的 SiC 纤维性能

品　牌 性　能	第二代		第三代			
	Hi - Nicalon	Tyranno - ZMI	Hi - Nicalon - S	Tyranno - SA1	Tyranno - SA3	Sylramic - iBN
纤维直径/μm	14	11	12	11	7.5	10
强度/GPa	2.8	3.4	2.5	2.8	2.9	3.5
模量/GPa	270	200	400~420	375	375	400
体密度/(g/cm³)	2.74	2.48	3.05	3.02	3.1	3.05
晶粒尺寸/nm	5.4	—	20	100~400	100~400	100~400
氧质量分数/%	0.5	7.6	0.2	0.3	0.3	—
C/Si 原子比	1.36	1.43	1.04	1.1	1.1	

目前,我国已初步实现第一代和第二代 SiC 纤维的工程化生产,性能指标与同类进口纤维较为接近,但产品稳定性还有待进一步提高,目前工业部门正在大力开展相关纤维的应用研究工作。第三代纤维实验室研制技术已取得重要进展,但国产第三代纤维相关技术的成熟度距离工业化生产还有较大的差距,国内研发 SiC 纤维生产技术的单位主要有国防科技大学、厦门大学及中南大学等。

国防科技大学经过多年的研究,制备出了不同耐温特性和不同功能的系列连续 SiC 纤维。与国外三代 SiC 纤维相对应,这些 SiC 纤维可分为 KD - Ⅰ 型、KD - Ⅱ 型和 KD - SA 型,纤维的各项性能达到或接近国外同类产品水平。与日本第三代 SiC 纤维相比,国防科技大学研制的 SiC 纤维在技术路线上相似,但对部分工艺进行了改进,其中 KD - Ⅱ 纤维采用了化学气相固化(chemical vapor curing, CVC)工艺,与电子辐照进行不熔化处理工艺相比,CVC 工艺设备简单,且制造成本大大降低[45,46]。

厦门大学通过电子辐照和热化学交联的方式,实现了 SiC 原丝纤维的非氧气体交联,制得了低氧含量的交联纤维,再经过高温处理制得低氧含量的高耐温 SiC 纤维,其性能接近日本同类产品水平[45-47]。

苏州赛力菲陶纤有限公司通过引进国防科技大学的制备技术,实现第一代 SiC 纤维的工程化生产。第一代 SiC 纤维 SLF - Ⅰ 采用 Nicalon 200 的技术路线,其性能接近国外第一代 SiC 纤维水平,实现了第一代 SiC 纤维的产业化[45,48]。

2. SiC/SiC 复合材料

SiC/SiC 复合材料具有传统 C/SiC 复合材料和 C/C 复合材料无法比拟的抗

氧化、非烧蚀特性及优异的高温力学与长时稳定性,是新一代高推重比发动机高温结构部件、临近空间/可重复使用飞行器热结构部件及高温连接/传动组件等的关键材料,国内外相关机构已经做了大量的应用研究工作,部分 SiC/SiC 复合材料构件已经达到实用水平。

2012 年,法国赛峰集团设计的 SiC/SiC 复合材料尾喷口在空客 A320 飞机上执行了初始试验,SiC/SiC 复合材料尾喷口验证件于 2015 年通过了欧洲航空安全局(European Aviation Safety Agency, AESA)的商业飞行使用认证,并于 2015 年搭载在 CFM56 - 5B 发动机上完成了首次商业飞行试验。全球最大的民用飞机发动机制造商 CFM International 公司目前正开发的中型客机用喷气发动机 LEAP 中使用了陶瓷基复合材料,即 SiC/SiC 复合材料,其特点是质量轻、耐温性和耐用性出色。

我国从 20 世纪 80 年代开始启动 SiC/SiC 复合材料方面研究工作,主要研究单位包括西北工业大学、国防科技大学、航天材料及工艺研究所、中航工业复合材料有限责任公司、中国科学院上海硅酸盐研究所等。受高性能 SiC 纤维原材料的局限,我国早期的 SiC/SiC 复合材料相关研发工作进展缓慢,长期处于实验室攻关阶段。近些年来,在航天临近空间和可重复使用航天飞行器热防护系统及航空高推重比发动机相关项目的积极牵引下,随着国产 SiC 纤维工程化技术的不断突破,我国在 SiC/SiC 复合材料制备技术及应用方面已经取得了长足进步,突破了大尺寸构件制备关键技术,研制了典型构件并通过了部分综合性能试验考核,正在向工程应用稳步推进。

5.2.3 陶瓷基热结构材料的制备工艺

陶瓷基复合材料常用的制备工艺有 RMI 法、CVI 法、PIP 法等[49-51]。

1. RMI 法

金属常被作为 RMI 法的熔体,在高温条件下,将熔融金属(如 Zr、Hf 或单质硅等)渗入多孔预制体(一般为低密度碳/碳),熔融金属与预制体中的碳反应生成陶瓷基体。具体过程为,首先将碳纤维按照要求编织成预制体,然后通过 CVD 或液相浸渍、裂解沥青或树脂得到低密度 C/C 复合材料[52,53],最后在高温真空状态下使熔融金属与纤维表面单质碳反应,得到较高致密度的碳化物基体。

RMI 法具有以下特点: ① 工艺成本低,材料制备周期短;② 材料的致密度高,残余孔隙率低,可达理论密度的 98%,基体微裂纹少;③ 能基本保持纤维骨架的形状,可制备形状复杂的构件;④ 基体组成便于调节,可制备多组元基体,如 Zr - Si - C、Hf - Si - C;⑤ 既可以发挥 C/C 复合材料的高温、高比强度优势,又可以利用陶瓷基复合材料强韧、抗氧化、耐烧蚀的优点。但在复合材料的制备过程中,Zr、Hf 等金属的熔点高、黏度大、浸渗深度不高,同时浸渗温度高,易对纤维造成损伤。熔融硅也同样会对纤维造成损伤,甚至直接与碳纤维发生反应。同时,基体中还会残余一定量的金属硅,导致材料的性能受到影响。

2. CVD(CVI)法

CVI 工艺起源于 20 世纪 70 年代中期,是在 CVD 工艺的基础上发展起来的[54]。根据流场和温度场的特征,将 CVI 工艺分为五类[55-58]:等温化学气相浸渗(isothermal chemical vapor infiltration, ICVI)、热梯度化学气相浸渗(thermal gradient chemical vapor infiltration, TGCVI)、压力梯度化学气相浸渗(pressure gradient chemical vapor infiltration, PGCVI)、热梯度强制对流化学气相浸渗(forced flow-thermal gradient chemical vapor infiltration, FCVI)和脉冲化学气相浸渗(pulsed chemical vapor infiltration, PCVI)。CVD 工艺主要在外表面沉积,CVI 工艺可以通过孔隙渗入材料内部沉积。在五种 CVI 方法中,ICVI 法工艺最简单,应用最广。

在 CVI 法制备 SiC 陶瓷基复合材料的过程中,目前世界各国广泛使用的前驱体为三氯甲基硅烷(CH_3SiCl_3,MTS)。以 MTS 作为前驱体具有一定的优势,其分子式中的 Si：C 为 1：1,可以分解成满足化学计量比且沉积生成高纯度的 SiC。同时,MTS 具有很宽的沉积温区,在 1 000~1 400℃下均可进行 CVD。但使用 MTS 作为前驱体也存在一定的不足:需要使用大量氢气作为载气及还原性气体,对安全操控要求较高,工艺整体成本较高;MTS 对水非常敏感,易发生水解产生 HCl,且在制备 SiC 过程中,也易于引入氧,以及微量金属和氯离子杂质,导致材料性能不足。近年来,开发出一种新的 CVI/CVD 技术,即采用甲基硅烷作为原料,工艺温度可降低至 700℃ 以下,且副产物中只有氢气,对设备和管路没有耐腐蚀的要求,并且产物为化学计量比的碳化硅。

采用 CVI 工艺可以在较低温度下制备陶瓷基复合材料,对纤维的损伤小,制备过程中可保持构件结构的完整性,只要构件壁不太厚,即可实现形状复杂制品的净尺寸成型制备。但是在 CVI 法的制备过程中,其影响因素较多,在工程应用中对工艺控制的要求较高。CVI 法的气态前驱体浓度存在梯度,预制体表面的沉积速度大于内部,易导致孔洞封闭,从而影响进一步致密化。另外,CVI 法的致密化速度较低,制备周期长,这也是 CVI 法的一个缺点。

3. PIP 法

PIP 法也称为前驱体转换法。有机前驱体浸渍纤维预制体,经过固化、裂解后得到多孔的陶瓷基体,经多次浸渍-固化-裂解循环后,得到较为致密的陶瓷基复合材料[59,60]。

前驱体是采用 PIP 法制备陶瓷基复合材料的关键原料,其决定了能否成功制备出陶瓷基复合材料及所得材料性能的优劣。PIP 工艺对前驱体的要求主要包括以下方面:① 常温下是低黏度液体,或能溶于有机溶剂得到溶液,或能在加热时熔化成低黏度的液体;② 与增强纤维有良好的润湿性;③ 具有良好的原位交联能力及较高的陶瓷产率;④ 前驱体转化的陶瓷基体应有良好的高温结构稳定性。目前,常用的前驱体种类主要包括:聚碳硅烷、聚硅氮烷、聚硼氮烷、聚硅氧烷、聚铝氮烷等。图 5.3(a)和(b)分别给出了 SiC 和 SiBCN 陶瓷前驱体分分子式结构。

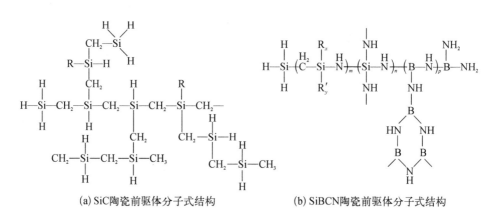

(a) SiC陶瓷前驱体分子式结构　　　　(b) SiBCN陶瓷前驱体分子式结构

图 5.3　典型陶瓷前驱体分子式结构

PIP 工艺的优点如下:① 前驱体分子可设计,进而实现对最终复合材料陶瓷基体组成、结构与性能的控制;② 制备温度低,设备要求简单;③ 可制备大型复杂形状的构件,能够实现近净尺寸成型(near net shape)。但该工艺也存在材料孔隙率高,制备周期较长等缺点。

5.3　陶瓷基热结构材料的设计与优化

5.3.1　高温预处理对碳纤维力学性能的影响

连续碳纤维增强 SiC 陶瓷基复合材料作为一种复相材料,主要包括纤维、界面及基体等不同组相,并且不同组相的本征性能与组合方式均对复合材料性能有显著影响。针对国产 T300 级碳纤维进行高温(1 100℃、1 200℃、1 400℃、1 500℃、1 600℃、1 800℃、2 300℃和 2 500℃)热处理,采用 SEM、拉曼检测及拉伸性能测试对纤维及复合材料微观结构和力学性能进行表征分析。图 5.4 给出了国产 T300 级碳纤维经高温处理后的断口形貌,从图中可以明显看出,随着处理温度的升高,碳纤维断裂后截面的粗糙程度不断提高,这可归因于随着温度的升高,碳纤维内部微晶结构发生了重新排布,石墨化程度提高。

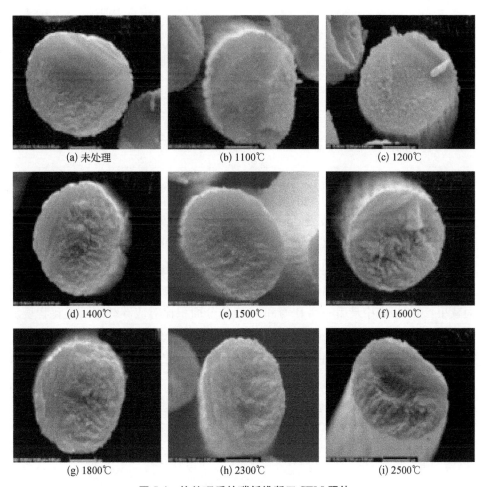

图 5.4　热处理后的碳纤维断口 SEM 照片

图 5.5 给出了国产 T300 级碳纤维经不同温度处理后的拉曼测试谱图。图中,D 峰表征碳纤维内部非石墨化边界数量,即乱层非石墨化结构;G 峰表征单

晶石墨。采用 I_D/I_G(特征峰积分面积比 R)来表征碳材料的石墨化程度,并且 R 值与石墨微晶体尺寸 La 的倒数成正比,碳材料的石墨化程度越高,微晶尺寸越大,R 值越小[61-64]。随着温度升高,碳纤维内部结构发生显著变化,G 峰强度逐渐增加。

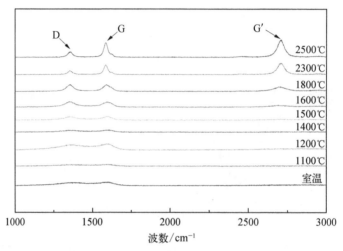

图 5.5　碳纤维表面拉曼随热处理温度变化图谱

表 5.2 给出了不同温度处理后的碳纤维表面拉曼实验结果。从表中可以看出,对于无定形碳,特征峰强度比 $I_D/I_G \propto La^2$,自由碳的晶粒尺寸随温度升高而增大,即 $I_D/I_{G(强度)}$ 随温度升高而增大;在 1 800℃时无定形碳已转变为乱层石墨,此时 $I_D/I_{G(强度)} \propto La^{-1}$;当温度继续升高,石墨晶粒长大,即 $I_D/I_{G(强度)}$ 随温度升高而减小。同时,表中最后一列 D 峰和 G 峰积分面积比对应碳纤维石墨化程度。随着热处理温度升高,R 值逐渐降低,表明碳纤维的石墨化程度提高。该结果也很好地解释了经高温处理后的纤维即使不制备 PyC 层,所研制的复合材料也具有纤维/基体为弱结合特征。

表 5.2　不同温度处理后的碳纤维表面拉曼试验结果

温度/℃	D 峰		G 峰		$I_D/I_{G(强度)}$	$I_D/I_{G(面积)}$
	峰位 /cm^{-1}	半高宽 /cm^{-1}	峰位 /cm^{-1}	半高宽 /cm^{-1}		
未处理	1 379	325.6	1 592	98.7	0.90	3.81
1 100	1 380	338.1	1 593	94.7	0.92	4.12
1 200	1 373	301.3	1 592	96.1	0.92	3.24

（续表）

温度/℃	D 峰		G 峰		$I_D/I_{G(强度)}$	$I_D/I_{G(面积)}$
	峰位 /cm^{-1}	半高宽 /cm^{-1}	峰位 /cm^{-1}	半高宽 /cm^{-1}		
1 400	1 365	222.2	1 596	90.1	0.90	2.26
1 500	1 357	153.4	1 592	86.4	0.93	1.6
1 600	1 356	98.6	1 594	78.2	1.06	1.28
1 800	1 356	59.9	1 592	63.7	1.02	0.96
2 300	1 357	31.2	1 584	29.1	0.42	0.41
2 500	1 357	34.8	1 584	28.5	0.39	0.44

另外,研究发现热处理对碳纤维表面的化学键状态有显著影响,碳纤维在经历 1 500℃处理后,表面的 N 和 O 元素大量减少,石墨形式的 C 占比增加,其他形式的 C(如 C—OH、C $=$ O、COOH)占比减少,即碳纤维发生表面钝化,活性点减少。因此,经过高温处理后,碳纤维表面活性降低,这将使其与前驱体反应减少,进而影响纤维/基体的界面结合强度。

其他碳纤维经过不同温度热处理后,对其进行单丝拉伸试验,由于在 2 500℃下处理的纤维过于纤细脆弱,制样难度较大,没有获得其拉伸性能实测数据。试验前通过光学显微镜测得每一件单丝拉伸试样的直径,在 1 600℃以下,纤维平均直径保持在 7 μm,在热处理温度更高的情况下,纤维直径显著降低。对单丝强度采用 WEIBULL 分布拟合,其拟合情况如图 5.6 所示,强度值列于表 5.3 中。在 1 200~1 600℃下处理后的纤维强度接近,1 100℃和 1 800℃时的情况最低,2 300℃时的情况最高。经过 1 800℃处理后,纤维中无定形碳的晶粒尺寸最大。

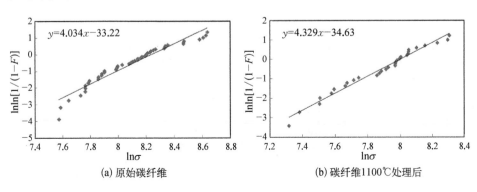

(a) 原始碳纤维　　　　　　　　(b) 碳纤维1100℃处理后

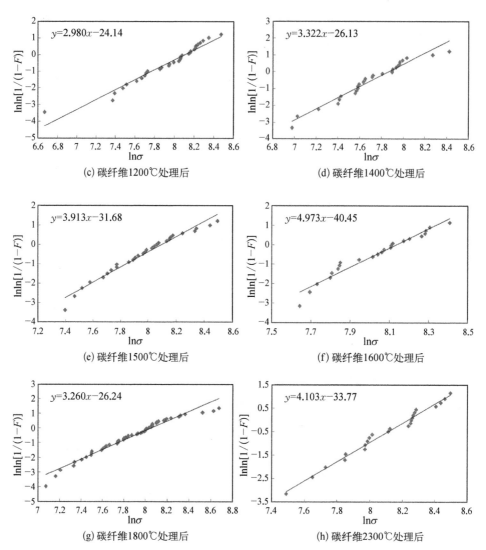

图 5.6 单丝拉伸强度 WEIBULL 拟合结果

表 5.3 不同温度处理后的碳纤维单丝拉伸强度

温度/℃	平均直径/μm	WEIBULL 分布强度/GPa	子样数量/根
未处理	7.2	3.77	47
1 100	7.0	2.98	30
1 200	7.0	3.30	31
1 400	7.0	3.32	28
1 500	7.0	3.28	29

（续表）

温度/℃	平均直径/μm	WEIBULL 分布强度/GPa	子样数量/根
1 600	6.8	3.41	23
1 800	6.7	3.13	53
2 300	6.3	3.75	23

同时,结合拉曼测试结果可知,此时无定形碳开始向有序的石墨结构转变。在 1 100~1 800℃,碳纤维内部晶粒逐渐形成,晶界缺陷也随之增加,因此单丝拉伸强度较弱。然而经过 2 300℃ 处理后,纤维中的石墨结构更加有序,有利于纤维拉伸强度及拉伸模量提高。

5.3.2　碳纤维和编织结构对 C/SiC 复合材料力学性能的影响

C/SiC 复合材料的综合性能不仅与材料的制备工艺直接相关,还与其所选用的纤维种类、丝束大小、编织方式、织物结构等多种结构参数有关。本章节对国产 T300 级 1K、T700 级 12K、T800 级 6K 等不同碳纤维种类及织物结构对 C/SiC 复合材料力学性能的影响规律进行了深入研究。

表 5.4 列出了典型碳纤维及其增强结构对应 C/SiC 复合材料的主要力学性能,从表中可以看出,碳纤维种类及织物结构对其复合材料力学性能有显著的影响。

表 5.4　典型碳纤维及其增强结构对应的 C/SiC 复合材料力学性能

纤维种类	织物结构	拉伸			压缩			弯曲		层剪	面剪	
		强度/MPa	模量/GPa	ε_t/%	强度/MPa	模量/GPa	ε_c/%	强度/MPa	模量/GPa	强度/MPa	强度/MPa	模量/GPa
T300 级 1K	铺层缝合	345	83	0.49	389	86.6	0.42	455	77	26.5	113	15.2
T700 级 12K	针刺缝合	425	70	0.71	256	74	0.36	365	65	23.2	86	11.6
T700 级 12K	针刺	264	54	0.77	396	54	0.62	375	43	43.3	218	20.8
T800 级 6K	铺层缝合	351	79	0.54	242	79.6	0.25	301	47.1	24.4	98	10.0

通过对比国产 T300 级 1K、国产 T700 级 12K、国产 T800 级 6K 三类纤维以及铺层缝合、针刺、针刺缝合三种织物结构形式对应平板的性能,分析了不同纤维种类/结构与材料性能的本构关系。结合力学试样断口形貌观察(图 5.7),可以看出三类纤维试样均表现出不同形态的纤维拔出。其中,T300 级 1K 纤维表面可以看到明显的 PyC 界面层,T800 级 6K 和 T700 级 12K 纤维表面 PyC 界面

层不明显,且 T800 级 6K 纤维表面沟壑较浅,T700 级 12K 纤维表面非常光洁,纤维与基体的界面结合作用相对较弱。通过表 5.4 的力学性能数据对比来看,T300 级 1K 纤维由于纤维丝束小且纤维表面存在沟槽,所得复合材料的拉/压/弯综合性能最优,而 T800 级 6K 纤维虽然自身强度高,但纤维/基体结合较弱,导致压缩及弯曲性能偏低。

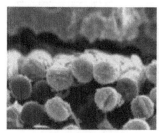

(a) T300级1K试样断口　　　(b) T700级12K试样断口　　　(c) T800级6K试样断口

图 5.7　三类纤维增强材料拉伸断口 SEM 照片

此外,从 T700 级 12K 纤维不同的织物结构形式数据对比可以看出,纤维对 C/SiC 复合材料的拉伸性能起决定作用,而弯曲、压缩性能则与材料的致密度和基体性能关联性更大。针刺结构由于织物密度低,SiC 基体含量高,其拉伸强度明显偏低,但弯曲和压缩性能较高。

5.3.3　界面层对 C/SiC 复合材料力学性能的影响

在 C/SiC 复合材料中,纤维是承载单元,所以尽可能提高纤维的体积分数是提高强韧性的关键。但是,试验及计算结果均表明,C/SiC 复合材料中纤维的原始强度比原位强度高 5~11 倍,这说明在制备过程中纤维的损伤很严重或者纤维与基体匹配性差,造成纤维强度的发挥效率很低。

常见的纤维损伤主要有机械损伤、热化学损伤及热物理损伤,采用界面层可以减少纤维的损伤[65-67]。同时,在 C/SiC 复合材料中,界面层是载荷传递单元,选择合适的界面层材料及调节其厚度是控制界面结合强度的有效方法。由于纤维和基体的热膨胀系数不匹配,温度变化会影响其界面结合强度,进而可能会使基体出现裂纹,降低材料性能。由于 C/SiC 复合材料存在孔隙及初始裂纹,环境中的介质可能通过孔隙或者裂纹扩散到材料中并与材料反应,从而对其造成物理和化学损伤。另外,由于 SiC 基体开裂应力很低,复杂载荷不仅会对 C/SiC 复合材料造成应力损伤,还可以加速热化学损伤。因此,C/SiC 复合材料的强韧性具有很大的环境敏感性。

采用平板试验件,开展了 PyC 界面层对 C/SiC 复合材料力学性能的影响规律研究。采用 T300 级 1K 碳布制备织物,铺层方式为 0°/90°。S01 号平板沉积了 PyC 界面层,S02 号平板无界面层。

表 5.5 给出了 S01 和 S02 平板拉伸性能,从表中可以看出,S02 的拉伸性能低于 S01。观察微观形貌可以发现,宏观拉伸性能与断口微观形貌有良好的对应关系,如图 5.8 所示,S01 拉伸试样的纤维拔出很长,纤维与基体有明显分离,说明由于界面层的存在,改善了纤维与基体界面的结合强度,拉伸过程中裂纹得到有效偏转,且纤维增韧效果显著;而 S02 平板试样中纤维与基体界面的结合较强,断口处的纤维拔出较短,如图 5.9 所示。

表 5.5　S01 和 S02 平板拉伸性能

编　号	拉伸强度/MPa	拉伸模量/GPa	断裂伸长率/%
S01	241	77.0	0.43
S02	199	78.7	0.39

图 5.8　S01 平板拉伸断口 SEM 照片

图 5.9　S02 平板拉伸断口 SEM 照片

表 5.6 给出了 S01～S04 平板的压缩性能,发现界面层对 C/SiC 复合材料的压缩性能有显著影响。其中 S03、S04 分别由 S01、S02 增加相同致密化轮次制备得到。从表 5.6 可以看出,S02 的纤维与基体的界面结合作用强于 S01,其复合材料压缩强度也更高,达到了 361 MPa。为了消除了材料不均匀性引起的性能差异,S01 和 S02 平板加工后再进行相同轮次的浸渍裂解,两者压缩强度的差别更加明显;另外也说明,增加致密化轮次能够大幅提高材料压缩性能,S01 和 S02 的压缩强度分别增大至 371 MPa 和 484 MPa。

表 5.6 S01～S04 平板的压缩性能

编　　号	压缩强度/MPa	压缩模量/GPa	断裂伸长率/%
S01	293	78.8	0.36
S02	361	91.2	0.40
S03	371	92.4	0.39
S04	484	113	0.42

通过观察 SEM(图 5.10)可见,S01 压缩试样断口中,有大量纤维与基体脱黏,纤维单丝之间分散非常明显,说明材料受压缩时,裂纹在纤维和基体界面之间扩展。受增强织物编织结构的影响,压缩试样内的增强纤维存在一定的弯曲,且与受力方向存在一定的夹角,当裂纹扩展时,纤维失去周围基体支撑便会失稳而弯折破坏。纤维与基体结合越弱,在高的压应力作用下,裂纹越容易在界面处产生和扩展,进而造成纤维失稳破坏,从而降低复合材料的压缩强度。图 5.11 给出了无界面层 S02 平板的压缩断口 SEM 图,从图中可以看出,试样断口中的纤维单丝与周围基体基本平齐。相对于 S01 平板,S02 平板中的纤维与基体结

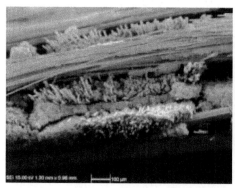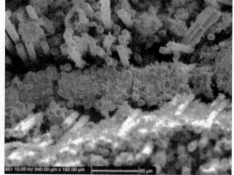

图 5.10 S01 压缩断口 SEM 照片

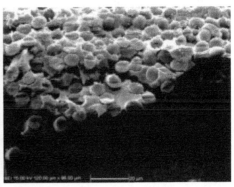

图 5.11 S02 压缩断口 SEM 照片

合作用较强,裂纹不易于在纤维和基体间扩展,纤维与基体共同承载,有效提升了材料的压缩强度。

综上可知,如果基体和纤维之间以强界面结合,在应力作用下,基体与纤维的应变相等。根据复合材料的混合法则,只有纤维和基体满足模量匹配条件时,即纤维的弹性模量超过基体的弹性模量时,才能发挥纤维的增强作用。对于绝大多数陶瓷材料来说,基体的模量与纤维相接近甚至高于纤维。这就要求在连续纤维增韧陶瓷基复合材料中,纤维和基体之间应以适当弱的界面结合,才能实现好的增韧效果。

5.3.4 增强体结构对 C/SiC 复合材料性能的影响

陶瓷基复合材料由基体、增强体和介于二者之间的界面组成,对于连续纤维增强陶瓷基复合材料,增强体结构对其性能有着显著影响。目前,常用的织物结构形式包括二维铺层、2.5D、正交三向和三维四向等。各类增强体编织形式均具有独特的结构特点,对复合材料整体性能的影响各不相同。

对于异形结构复合材料构件,其性能很大程度上依赖纤维连续性和结构完整性,立体织物增强体的发展趋势之一是要根据最终构件的外形特点,通过不同的编织运动规律,实现异形结构件的"近净尺寸"制造,避免因机械加工造成的纤维损伤。2.5D 织物是三维织物的一种特殊形式,其采用斜角编织方法,纬纱平行排列提供一个方向(一维)的增强;经纱垂直于纬纱方向,并在纬纱间以一定角度贯穿锁紧纬纱,经纱在未改变方向的部分保持准直,材料主要靠这些准直部分提供相互垂直的两个方向(空间的另外两维)的增强作用。与 2D 预制体相比,2.5D 结构材料克服了二维铺层材料层间结合强度低、力学性能差的缺点。

    表 5.7 给出了两种不同机织结构织物复合材料的力学性能,从表中可以看出,机织正交三向结构的样品性能均优于 2.5D 结构样品。机织正交三向织物相对 2.5D 织物的结构单元更加细密,纤维在经向和纬向方向均较平直。而 2.5D 织物样品的经向性能与纬向性能呈现出较大差异,经向纤维的弯曲使该方向上压缩强度显著降低。

表 5.7 不同机织结构织物复合材料的力学性能

编号	织物形式	纤维种类	材料密度/(g/cm³)	织物参数	方向	拉伸强度/MPa	压缩强度/MPa
1	2.5D	T300 级 3K	2.08	经向: 8.2 根×10 层/cm	经向	241	89.4
				纬向: 6.2 根×11 层/cm	纬向	198	223
2	2.5D	T300 级 3K	2.03	经向: 8.2 根×9 层/cm	经向	178	67.8
				纬向: 7.6 根×10 层/cm	纬向	247	246
3	2.5D	T300 级 1K	1.95	经向: 12 根×10 层/cm	经向	187	55.0
				纬向: 10 根×11 层/cm	纬向	228	232
4	机织正交三向	T300 级 3K	2.08	经向: 8.2 根×8 层/cm	经向	459	704
				纬向: 8.0 根×9 层/cm	纬向	433	495
5	机织正交三向	T300 级 1K	2.06	经向: 12 根×10 层/cm	经向	321	649
				纬向: 10 根×11 层/cm	纬向	356	503

    由表 5.7 可知,不同织物结构复合材料样品的压缩强度差异较大。对于同种 2.5D 织物结构样品,随着经纬密调整,压缩性能也发生变化。由样品 1 和 2 可知,随着经向纤维密度降低和纬向纤维面密度增加,经向压缩强度逐渐降低并且纬向压缩强度增加,表明纤维含量增加有利于提升该方向上的压缩强度。由于机织正交三向织物中三个方向的纤维相互垂直,拉伸强度和压缩强度均较高。

    综上可知,在复合材料设计和应用过程中,应当充分考虑到材料的各向异性特征,避免材料在力学性能较差的方向上因受力过大而导致失效。

5.3.5 高温处理对 SiC 纤维力学性能的影响

    SiC 纤维的力学性能直接影响其复合材料的力学行为。本节分别考察了空气和氩气气体保护环境下高温热处理对纤维性能和结构的影响。在空气环境和氩气环境下处理后的国产 Hi－Nicalon 型纤维束丝拉伸强度随温度的变化情况如图 5.12 所示。从图中可以看到,国产 Hi－Nicalon 型纤维在高温热处理后的拉伸强度总体高于日本 Hi－Nicalon 纤维,表现出较高的高温性能。当热处理温度低于 1 100℃时,热处理前后的国产 Hi－Nicalon 型纤维束丝的拉伸强度基本一致,且在空气环境与氩气环境下的处理结果相差不大。当温度高于 1 100℃时,在空气环境和氩气环境下经热处理后的国产 Hi－Nicalon 型纤维束拉伸强度均明显下降,且空气环境处理后的强度劣化速率更高。当温度达到 1 300℃时,纤维束丝拉伸强度为 1.81 GPa,拉伸强度保留率为 67%。达到 1 400℃时,纤维束丝拉伸强度并没有继续下降。

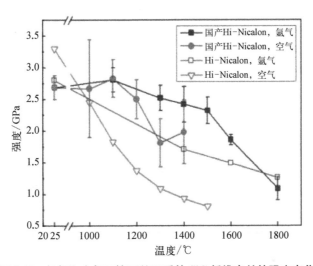

图 5.12　氩气和空气环境下处理后的 SiC 纤维束丝的强度变化

氩气环境下热处理的纤维束丝拉伸强度变化可以分为 3 个阶段: ① 低于 1 100℃时,国产 Hi－Nicalon 型纤维束丝的拉伸强度不发生劣化,与未处理的纤维束丝拉伸强度基本相当;② 1 100~1 500℃时,纤维束丝拉伸强度开始呈现下降趋势,但下降速率较低,在 1 500℃时仍有 2.32 GPa,强度保留率为 86%;③ 超过 1 500℃后,纤维束丝的拉伸强度的劣化速率加大,到 1 800℃后,纤维的拉伸强度降到 1.09 GPa,拉伸强度保留率为 41%。

纤维拉伸断口如图 5.13 所示,从图中可以看到,纤维的拉伸断口根据表面粗糙程度可分为光滑区和粗糙区。其中,光滑区是纤维起裂的位置,而粗糙区是由于裂纹在扩展过程中发生了偏转产生的,裂纹偏转提高了加载过程中应变能的耗散。从断面图像中可以看到,热处理前后,纤维的断裂始终呈现出脆性断裂特征,纤维断裂特征基本不受热处理影响。

空气气体下经高温处理后的 XRD 谱图如图 5.14 所示,从图中可以清楚看

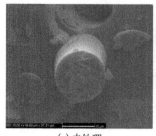

| (a) 未处理 | (b) 空气环境下1200℃ | (c) 氩气环境下1100℃ |

图 5.13　SiC 纤维断口截面

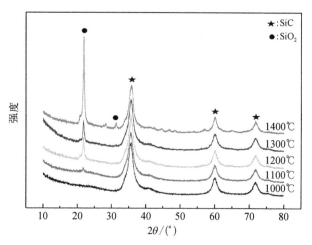

图 5.14　国产 Hi‐Nicalon 型 SiC 纤维在空气环境下经高温处理后的 XRD 谱图

到,当温度超过 1 100℃时,谱线中出现了明显的 SiO_2 衍射峰,说明在空气环境中处理 1 h 的条件下,SiC 纤维从 1 100℃开始发生了显著氧化,这也是纤维束丝强度从 1 100℃时开始劣化的主要原因。

经高温氩气处理后的 XRD 结果如图 5.15 所示,从图中可以看到,随着处理温度的升高,SiC 的衍射峰变得更尖锐,说明高温处理后晶粒进一步长大,结晶程度更高。从 XRD 结果中可以看到,当加热温度超过 1 500℃时,会出现 α‐SiC 的尖峰信号,这表明纤维内部发生了由 β‐SiC 到 α‐SiC 的相变。从图 5.16 的透射电子显微镜(transmission electron microscope, TEM)图片中可以明显观察到,由 β‐SiC 到 α‐SiC 相变过程中,晶粒内部出现了大量层错。α‐SiC 属于六方晶系,不具有各向同性的弹性模量,在变形过程中,相邻的晶粒变形不协调会导致应力集中,这也是氩气处理温度超过 1 500℃后,纤维力学强度明显降低的主要原因。此外,从 TEM 图像中可以看到纤维中的 SiC 晶粒是以类似孤岛对的形态分布在非晶 SiC 区域,而 SiC 晶粒之间分布有层状类石墨结构的自由碳,这主要是由于国产 Hi‑Nicalon 型纤维中富含碳,其碳元素与硅元素的原子数之比为 1.4。

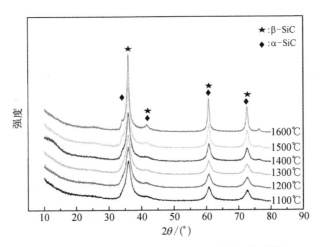

图 5.15 国产 Hi‑Nicalon 型 SiC 纤维在氩气环境下经高温处理后的 XRD 谱图

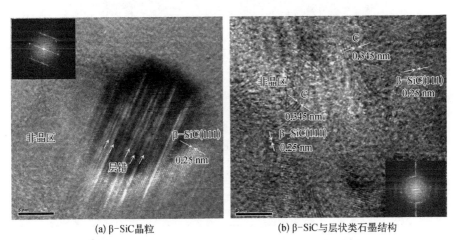

(a) β‑SiC晶粒   (b) β‑SiC与层状类石墨结构

图 5.16 氩气环境下 1 500℃处理后 SiC 纤维 TEM 图片

5.4 陶瓷基热结构构件的制备与性能研究

5.4.1 C/SiC 复合材料

通过对前驱体浸渍相的工艺匹配性和预制体结构设计及编织技术等进行研

究,突破了不同尺度、不同形状构件织物仿形铺层/缝合、界面层制备与控制、近净尺寸成型及复合变形控制、低损伤精密加工及装配等关键技术,利用 RTM 工艺结合仿形工装实现了平板和异形结构 C/SiC 复合材料构件制备,典型材料与结构件如图 5.17 所示。制得的平板级 C/SiC 复合材料力学性能和热物理性能如表 5.8 所示。

图 5.17 C/SiC 复合材料平板及典型构件

表 5.8 C/SiC 复合材料的基本性能

测 试 项 目	测 试 结 果
密度/(g/cm^3)	1.80~2.00
拉伸强度/MPa	≥180
弯曲强度/MPa	≥280
XY 压缩强度/MPa	≥270
层间剪切强度/MPa	≥20
面内剪切强度/MPa	≥80
线膨胀系数(室温~900℃)/(×10^{-6}/℃)	1~2

对 C/SiC 复合材料本体进行电弧风洞烧蚀试验考核,在热流密度最大为 1 275 kW/m²、时间为 400 s 的烧蚀条件下,材料表面峰值温度稳定在 1 500℃左右,其质量烧蚀速率及线烧蚀速率分别达到了 10^{-3} g/s 和 10^{-4} mm/s 量级,表现出良好的本征抗氧化/非烧蚀特性,试验前后平板模型如图 5.18 所示。

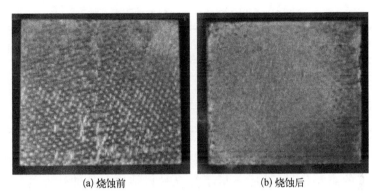

(a) 烧蚀前　　　　　　　　　　　　(b) 烧蚀后

图 5.18　C/SiC 复合材料烧蚀前后对比

同时,在材料制备技术的基础上,通过对陶瓷基复合材料的预制体结构成型工艺筛选和硬质加工技术改进,开展了 C/SiC 复合材料连接件的设计、制备及性能评价研究,成功制备出高性能 C/SiC 复合材料连接件,并对毛坯及连接件性能进行了评价,具体见表 5.9 和表 5.10。

表 5.9　连接件的毛坯力学性能

测　试　项　目	测　试　结　果
密度/(g/cm³)	1.95～2.05
层间剪切强度/MPa	≥40
常温 XY 向拉伸强度/MPa	≥250
常温 XY 向面剪强度/MPa	≥100
常温 XY 向弯曲强度/MPa	≥350
常温 XY 向压缩强度/MPa	≥400
常温 Z 向压缩强度/MPa	≥500

表 5.10　连接件的力学性能

规　　格	拉伸断裂强力/kN	双剪强力/kN
M8	≥6.5	≥10
M10	≥10	≥16
M12	≥12	≥25

5.4.2 SiC/SiC 复合材料

利用国产 Hi‐Nicalon 型 SiC 纤维和聚碳硅烷前驱体浸渍/裂解工艺,成功制备了 SiC/SiC 复合材料平板样件和典型尺寸样件,其基本力学性能如表 5.11 所示。

表 5.11   SiC/SiC 复合材料基本力学性能

测 试 项 目	测 试 结 果
密度/(g/cm^3)	2.0~2.3
拉伸强度/MPa	≥250
弯曲强度/MPa	≥400

为了研究 SiC/SiC 复合材料经高温处理后的性能变化规律,对材料进行室温~1 500℃的高温处理,然后分析了复合材料结构和拉伸性能的变化情况。SiC/SiC 复合材料在室温、800℃、1 200℃、1 300℃和 1 500℃下的拉伸强度结果如图 5.19 所示,从图中可以看到,SiC/SiC 复合材料的拉伸强度在 800℃时为 254 MPa,与室温下的拉伸强度接近。但当温度进一步升高到 1 200℃、1 300℃和 1 500℃时,拉伸强度出现显著降低,分别为 132 MPa、107 MPa 和 90 MPa。

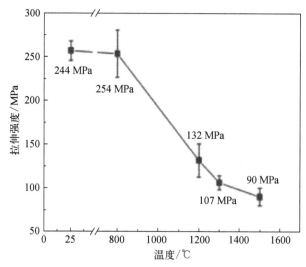

图 5.19   SiC/SiC 复合材料在空气环境下的高温拉伸强度测试结果

通过试样断口微观形貌研究,800℃时 SiC/SiC 复合材料断口呈现明显的韧性断裂特征,纤维以拔出的方式破坏,在断口处可以看到大量毫米级以上的拔出纤维,如图 5.20(a)所示。当温度达到 1 200℃时,纤维拔出区域变少,且纤维拔出的长度降低,在几十微米左右,如图 5.20(b)所示。当温度进一步升至 1 300℃时,纤维拔出的区域进一步变少,大多数纤维断口较为平整,随着基体一起断裂,如图 5.20(c)所示。当温度达到 1 500℃时,断口呈现明显的脆断特征,基本观察不到纤维拔出现象,如图 5.20(d)所示。

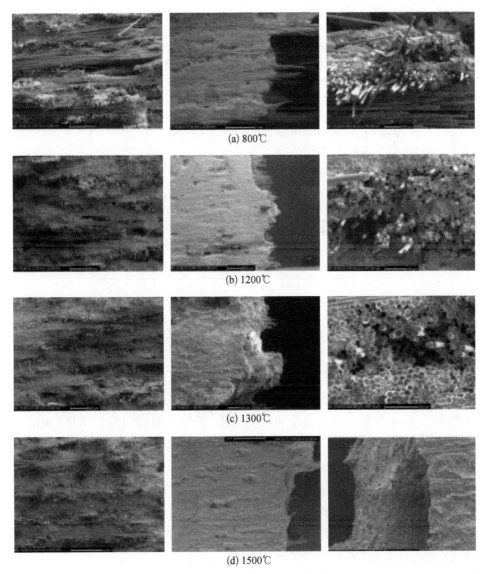

图 5.20　SiC/SiC 复合材料在空气环境下的高温拉伸断口形貌

在 SiC/SiC 复合材料破坏过程中,裂纹往往在基体中萌生,随着加载逐渐扩展至纤维界面。如果纤维界面较弱,则裂纹向界面扩展,导致纤维拔出,起到增韧效果;如果界面结合太强,则裂纹不发生偏转,直接引起纤维破坏。根据 Mohr - Coulomb 准则,剪切强度与垂直于剪切面的正应力负相关。因此,界面处的径向残余应力 σ_{RR} 对界面强度有着非常重要的影响。试验用到的材料界面层厚度约850 nm,利用有限元分析计算方法,给出了这一界面层厚度下 SiC/SiC 复合材料的径向残余应力分布图(图 5.21)。

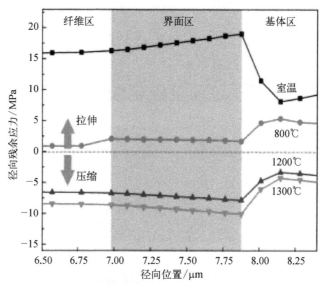

图 5.21 SiC/SiC 复合材料在不同温度下的界面层内径向残余应力分布情况

从有限元计算结果中可以看到,随着温度的升高,径向残余应力逐渐下降。这表明 SiC/SiC 复合材料在高温下的界面强度逐渐加强,特别是超过 850℃ 的制备温度时,径向残余应力由拉伸转化为压缩,抑制了裂纹向界面扩展。因此,SiC/SiC 复合材料在低温下的界面相对较弱,裂纹容易向界面处偏转,导致纤维拔出模式的韧性破坏。随着温度升高,界面残余应力逐渐下降,由拉伸转化为压缩,此时的界面相对较强,裂纹不容易发生偏转,而是直接扩展至纤维表面。另外,在高温条件下,纤维自身微观结构出现一定相变,晶粒尺寸及晶化程度提高,晶界缺陷及层错数量相应增加。因此,外加载荷作用下,裂纹可贯穿整个纤维,导致复合材料表现为脆性断裂特征(图 5.22)。

除了材料高温性能演变规律以外,同步研究了 SiC/SiC 复合材料抗氧化性

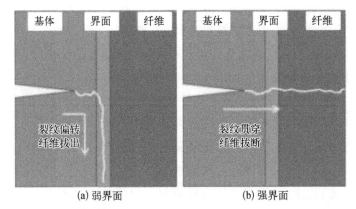

(a) 弱界面　　　　　　　　　　(b) 强界面

图 5.22　界面强度对 SiC/SiC 复合材料破坏模式的影响示意图

能。图 5.23 为 1 450℃、800 s 地面风洞烧蚀试验前后对比照片,从图中可以看出,风洞试验考核前后,试样表面没有发生明显变化,试样线烧蚀速率基本为零,质量烧蚀速率达 10^{-5} g/s 量级。在考核条件下,材料表现出优异的长时抗氧化性能。

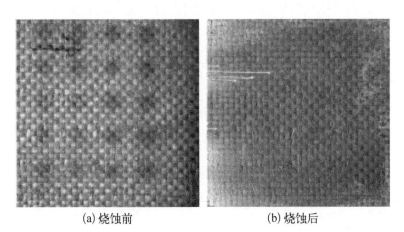

(a) 烧蚀前　　　　　　　　　　(b) 烧蚀后

图 5.23　SiC/SiC 复合材料在 1 450℃、800 s 条件下的烧蚀前后表观形貌

5.4.3　C/SiBCN 复合材料

C/SiBCN 是一类以碳纤维为增强体、以 SiBCN 基体为主相的陶瓷基复合材料。选择 SiBCN 前驱体作为浸渍相,采用 PIP 工艺制备 C/SiBCN 复合材料是目前常见的一种工艺方法。SiBCN 液相前驱体以 Si－N－B－N 为主链,主链或侧链具有硅氢键、不饱和基团或硼氮键结构,经过较低温度的热处理即发生交联固

化,经过进一步的高温裂解可以获得 Si-B-C-N 陶瓷。Si-B-C-N 陶瓷具有非晶或纳米晶结构,组织稳定性和抗氧化性较高,可以在 1 500℃以上不结晶、不分解;另外,其高温力学性能优异且具有优良的高温抗蠕变性,在惰性气体中,在 2 000℃下仍能有较高的性能保持率。

SiBCN 前驱体的元素组成及工艺性能对 C/SiBCN 复合材料的制备工艺和性能有重要影响,为了获得高性能复合材料,需要对 SiBCN 前驱体开展分子结构设计优化及合成表征工作。通常情况下,陶瓷基复合材料基体的前驱体需要具备以下几个条件:① 理想元素组成,硼元素在前驱体陶瓷化产物中要达到 5%(质量比)以上,才可起到明显提高复合材料的力学及高温抗氧化作用,但硼含量过高有可能带来降低陶瓷产率、易凝胶等问题,因此需要对元素组成通过分子结构设计进行控制;② 良好的工艺性能,即合成工艺简单、原料可控、合成条件温和、易于工艺放大、有较好的浸渍工艺窗口。基于以上原则,开展了前驱体分子结构设计优化以及合成方法与制备技术研究,并对制备得到的 SiBCN 前驱体的结构与性能进行评价表征。最终制备出具有理想元素组成、高陶瓷产率及适宜黏度的 SiBCN 前驱体,且前驱体的合成工艺可控、质量稳定。

1. SiBCN 前驱体的浸渍固化

SiBCN 前驱体的流变特性对复合材料的浸渍工艺性能有重要影响,其黏度-温曲线如图 5.24 所示。从图中可以看出,前驱体黏度随温度的变化

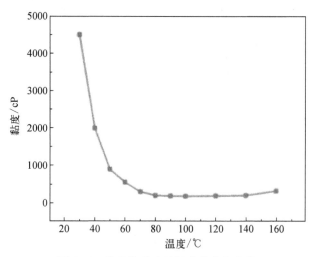

图 5.24 前驱体黏度随温度的变化曲线

情况可以分为三个阶段：第一阶段为室温到 60℃，前驱体黏度急剧降低，由 4 500 mPa·s 降低至 500 mPa·s 左右，这主要是由于热效应使分子热运动加快，导致前驱体黏度急速降低；第二阶段为 70~130℃，该阶段的前驱体黏度基本保持不变，此时前驱体分子开始发生交联，交联反应与热效应相互抵消，前驱体黏度得以保持不变，且黏度都保持在 200 mPa·s 以下，具有很好的流动性；第三阶段为温度超过 130℃ 时，交联效应起到主导作用，体系黏度逐渐增加。

采用差示扫描量热分析（differential scanning calorimetry，DSC）对前驱体固化过程中的吸、放热情况进行测试，结果如图 5.25 所示。从图中可以看出，SiBCN 前驱体固化过程中在 120~220℃ 时有两个放热峰，说明前驱体的交联固化反应主要发生在这两个阶段。

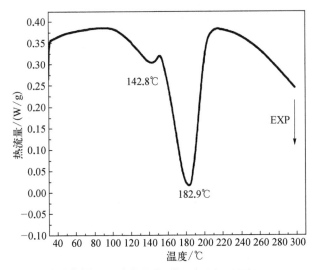

图 5.25　SiBCN 前驱体 DSC 测试谱图

图 5.26 为 SiBCN 前驱体经 240℃ 固化前后的傅里叶变换红外光谱（Fourier transform infrared，FT-IR）图，从图中可以发现，在 1 594 cm^{-1}（νSi-C=C）处和 3 048 cm^{-1}（νC-Hvinyl）处，Si-CH=CH 双键的吸收峰基本消失，表明双键在固化过程中发生了自由基聚合反应［式（5.1）］，正是该反应的发生使得前驱体交联度提高，最终陶瓷产率也明显提高。同时可以看到，2 219 cm^{-1}（νSi-H）Si-H 键和 1 164 cm^{-1}（νN-H）N-H 键的吸收峰也减小，说明有 Si-H 键和 N-H 键的脱氢耦合反应发生［式（5.2）］。

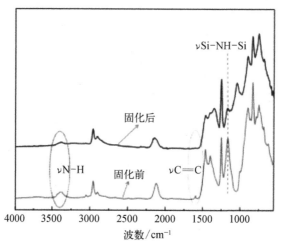

图 5.26 SiBCN 前驱体在 240℃下的固化前后 FTIR 图

$$n\ HC=CH_2 \longrightarrow +HC-C+_n \tag{5.1}$$

$$-Si-H + H-N \longrightarrow -Si-N + H_2 \tag{5.2}$$

2. SiBCN 前驱体的裂解

首先,采用热重-质谱联用(thermogravimetric and mass spectrometry,TG-MS)对 SiBCN 前驱体固化物进行测试,结果如图 5.27 所示。表 5.12 为前驱体固化物热解过程中的气体释放情况。其中,在 100~260℃,$M/Z=16$、17 的产物应为 NH_3,在 450~800℃,$M/Z=15$、16 的产物为 CH_4,$M/Z=41$、39、42 以及 41、56、39 的峰分别对应 C_3H_6 和 C_4H_8 的吸收峰,主要发生在 450~800℃时,$M/Z=59$、73 以及 59、45、58 的峰分别对应三甲基硅烷和二甲基硅烷的吸收峰,主要发生在 300~650℃,$M/Z=2$ 的峰为 H_2 的峰,H_2 在 200~600℃时均有产生。

通过以上分析可以发现,在温度低于 300℃时,SiBCN 前驱体热解主要释放出 NH_3,同时还有少量 H_2。温度高于 400℃后,裂解挥发成分明显增多,一些末端有机基团开始以小分子气体的形式排出,裂解产物除 H_2 外,还有 CH_4、乙烯和丙烯等烯烃,以及二甲基硅烷、三甲基硅烷等小分子硅烷类物质。当温度高于 800℃以后,固化物基本不再失重,聚合物已基本完成有机向无机的结构转变。

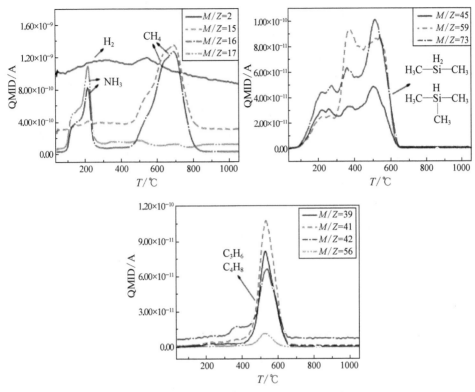

图 5.27　SiBCN 前驱体固化物 TG－MS 图

表 5.12　SiBCN 前驱体固化物热解过程中的气体释放情况

质　核　比	释放温度/℃	气　体　种　类
2	200~600	H_2
16、17	100~270	NH_3
15、16	450~800	CH_4
41、39、42	400~650	C_3H_6
41、56、39	400~650	C_4H_8
59、73	300~650	三甲基硅烷
59、45、58	300~650	二甲基硅烷

通过 TG－MS 分析可以对前驱体热解产物进行分析,但是对于热解过程中前驱体结构发生的变化仍然不清楚。为了更深入地研究 SiBCN 陶瓷前驱体的热解机理,对在 240℃、400℃、600℃、800℃、1 000℃下的热解中间产物进行 FT－IR 测试和固体核磁共振(nuclear magnetic resonance, NMR)^{29}Si、^{11}B、^{13}C 测试,通过研究热解过程中间体的基团变化,以及 Si、B、C 三种元素周围化学环境的变化

可以推断出热解过程中键合方式的转变,从而获得前驱体的热解机理。

图 5.28 为 SiBCN 前驱体在不同温度下的热解产物 FT-IR 图、^{13}C-NMR、^{29}Si-NMR 图以及 ^{11}B-NMR 图。从图中可以看出,经 240℃固化后产物的 FT-IR 图在 1 594 cm^{-1}(νSi-C=C)处和 3 048 cm^{-1}(νC-Hvinyl)处 Si-CH=CH 双键的吸收峰基本消失,表明双键在 240℃固化过程中发生了反应,正是该反应的发生使得前驱体交联度提高,最终陶瓷产率也极大提高。同时可以看到,2 219 cm^{-1}(νSi-H)Si-H 键和 1 164 cm^{-1}(νN-H)N-H 键的吸收峰也减小。从 240℃的 ^{29}Si-NMR 图中出现了化学位移分别为 δ = 1.79 ppm *、-4.05 ppm、-22.24 ppm、-36.62 ppm 的四个特征峰,δ = 1.79 ppm 的峰对应于 SiC$_3$N 结构,既前驱体中的末端基团:δ = -4.05 ppm 是由于乙烯基在此温度下发生交联固化反

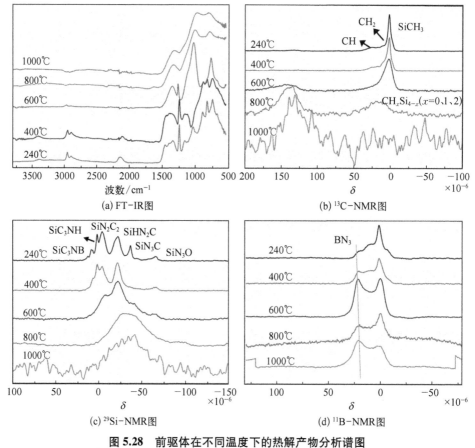

(a) FT-IR图

(b) ^{13}C-NMR图

(c) ^{29}Si-NMR图

(d) ^{11}B-NMR图

图 5.28 前驱体在不同温度下的热解产物分析谱图

---

* ppm = 10^{-6}。

应形成 SiN_2C_2 结构：$\delta = -22.24$ ppm 的峰是由 CH_3HSiN_2 结构提供的，而 $\delta = -36.62$ ppm 的峰对应于 SiN_3C 结构，说明在此温度下发生了 Si－H 键与 N－H 键的脱氢耦合反应。在 240℃下的 ^{13}C－NMR 图中出现了脂肪族的化学位移为 $\delta = 2.23$ ppm 的强特征峰和 $\delta = 17.55$ ppm 和 25.67 ppm 的两个小肩峰。其中，$\delta = 2.23$ ppm 处的峰由 Si－CH_3 结构提供，$\delta = 17.55$ ppm 和 25.67 ppm 两处的小尖峰，分别对应于 CH_2 和 CH 结构，即在双键高温下固化后生成的。

从 240℃升温到 400℃的过程中，FT－IR 图中 2 119 cm^{-1} 处的 Si－H 键吸收峰逐渐减小，3 380 cm^{-1} 及 1 164 cm^{-1} 处的 N－H 键吸收峰也减小，表明在此阶段 Si－H 键和 N－H 键发生了脱氢耦合反应，见式（5.2）。同时，^{29}Si－NMR 图中 $\delta = -36.62$ ppm 的峰消失，产物中剩下 SiC_3N、SiN_2C_2 和 CH_3HSiN_2 结构，说明有转氨基化反应发生，见式（5.3）。^{13}C－NMR 图与 240℃时相比变化不大，说明在此温度下体系中的烃基还没有开始发生裂解。

$$3 \quad \diagdown Si-N-Si \diagdown \quad \longrightarrow \quad 2 \quad \diagdown Si-N-Si \diagdown \quad + \quad NH_3 \qquad (5.3)$$

600℃时，从 FT－IR 图中可以看到 2 119 cm^{-1} 处 Si－H 键的吸收峰消失，3 380 cm^{-1} 及 1 164 cm^{-1} 处的 N－H 键吸收峰减小，2 952 cm^{-1} 和 2 898 cm^{-1} 的 CH_2 和 CH_3 吸收峰急剧减小，在温度低于 600℃时，1 249 cm^{-1} 处 Si－CH_3 键的吸收峰没有发生明显的变化，温度达到 600℃时，吸收峰开始逐渐减小，说明在此温度下侧链烃基开始发生裂解重排反应［式（5.4）~式（5.7）］。^{29}Si－NMR 图变成了由 SiN_2C_2 和 SiN_3C 为主要结构的宽峰。^{13}C－NMR 图中，Si－CH_3、CH_2 和 CH 结构的吸收峰减小，出现了 $\delta = 145$ ppm 的无定形碳的峰，说明在此温度下有无定形碳结构形成。而 TG－MS 中检测到的三甲基硅烷以及二甲基硅烷气体是由于体系中末端基团的断裂产生的［式（5.8）~式（5.10）］。

$$—Si-H \;+\; H_3C—Si— \;\longrightarrow\; —Si-\overset{H_2}{C}-Si— \;+\; H_2 \qquad (5.4)$$

$$—Si-CH_3 \;+\; H_3C—Si— \;\longrightarrow\; —Si-\overset{H_2}{C}-Si— \;+\; CH_4 \qquad (5.5)$$

$$\overset{|}{-\underset{|}{Si}}-\overset{H_2}{\underset{}{C}}-\overset{|}{\underset{|}{Si}}- \ + \ R-\overset{|}{\underset{|}{Si}}- \ \longrightarrow \ -\overset{|}{\underset{|}{Si}}-\overset{H}{\underset{\underset{/|\backslash}{Si}}{C}}-\overset{|}{\underset{|}{Si}}- \ + \ RH \tag{5.6}$$

$$-\overset{|}{\underset{|}{Si}}-\overset{H}{\underset{\underset{/|\backslash}{Si}}{C}}-\overset{|}{\underset{|}{Si}}- \ + \ R-\overset{|}{\underset{|}{Si}}- \ \longrightarrow \ -\overset{|}{\underset{|}{Si}}-\overset{\overset{\backslash|/}{Si}}{\underset{\underset{/|\backslash}{Si}}{C}}-\overset{|}{\underset{|}{Si}}- \ + \ RH \tag{5.7}$$

$$\overset{H}{\underset{H_2}{N}}-\overset{H}{Si}-\overset{H}{N}-\overset{\overset{CH_3}{|}}{\underset{\underset{CH_3}{|}}{Si}}-CH_3 + H_3C-\overset{|}{\underset{|}{Si}}- \ \longrightarrow \ \sim\overset{H}{\underset{H_2}{N}}-Si-\overset{H}{N}-\overset{H_2}{C}-\overset{/}{\underset{|}{Si}}- \ + \ H\overset{\overset{CH_3}{|}}{\underset{\underset{CH_3}{|}}{Si}}-CH_3 \tag{5.8}$$

$$\sim\overset{H}{\underset{H_2}{N}}-\overset{H}{Si}-\overset{H}{N}-\overset{\overset{CH_3}{|}}{\underset{\underset{CH_3}{|}}{Si}}-CH_3 + H_3C-\overset{|}{Si}- \ \longrightarrow \ \sim\overset{H}{\underset{H_2}{N}}-Si-\overset{H}{N}-\overset{\overset{CH_3}{|}}{\underset{\underset{CH_3}{|}}{SiH}}+H_2\overset{H_2}{C}-\overset{|}{\underset{|}{Si}}- \tag{5.9}$$

$$\sim\overset{H}{\underset{H_2}{N}}-\overset{H}{Si}-\overset{H}{N}-\overset{\overset{CH_2}{|}}{\underset{\underset{CH_3}{|}}{SiH}} + H_3C-\overset{|}{Si}- \ \longrightarrow \ \sim\overset{H}{\underset{H_2}{N}}-Si-\overset{H}{N}-\overset{|}{Si}- \ + \ \overset{\overset{CH_3}{|}}{\underset{\underset{CH_3}{|}}{SiH_2}} \tag{5.10}$$

800℃时,FT-IR 图中 2 953 cm^{-1}和 2 897 cm^{-1}处 C-H 键的吸收峰消失,存在两个宽的吸收峰,即 800~1 250 cm^{-1}的 Si-C 键和 Si-N 键结构,1 300~1 600 cm^{-1}处的 B-N 结构。^{29}Si-NMR 图中,$\delta=-4$ ppm 和 2 ppm 处的 SiN_2C_2 和 $SiNC_3$ 结构消失,出现了 $\delta=-36$ ppm 处很宽的吸收峰,产物是以 SiN_3C 结构为主的混合体系。^{13}C-NMR 图中脂肪族的吸收峰几乎消失,而 $\delta=145$ ppm 的芳香族吸收峰增强,说明在此处脂肪烃单元发生了剧烈的分子重排。

1 000℃时,^{29}Si-NMR 图中出现以 $\delta=-34$ ppm 为中心的共振峰,即形成以 Si-C-N(SiC_xN_{4-x}单元,$x=1$,2,3)为基体的无定形结构。^{13}C-NMR 图中只剩下了芳香族的弱的吸收峰,说明在此过程中烃基基本完成了陶瓷化转变。

硼是一个 I = 3/2 的四极核,其各向同性的化学位移与其振动信号的重心不重合,当中心跃迁(mI = -1/2 ~ 1/2)被激发时,硼核极大的四极矩导致了大的二阶展宽,因此 $^{11}B-NMR$ 图不能用快速魔角旋转消除二阶峰的展宽。图 5.27(d)为前驱体不同温度处理后产物的固态 $^{11}B-NMR$ 图,可以看到当热解温度低于 600℃时,峰处于一种极宽且没有特征性的状态,这是硼核周围化学环境不均一导致的,此时硼核处于一种四配位和三配位共存的状态。当温度升高到 600℃后,$^{11}B-NMR$ 图显示出明显的特征峰,从此峰的位置可以确定为六方 BN(h-BN)的平面三配位体 BN_3 结构。

综上,SiBCN 前驱体热解过程可以分为三个阶段:第一阶段为 400℃ 以下,主要发生转氨基化反应释放出 NH_3,以及 Si-H 键与 N-H 键的脱氢耦合反应;第二阶段为 400~800℃,由于烃基断裂和末端基团的脱除释放出 CH_4、乙烯、丙烯等烃类气体和二甲基硅烷、三甲基硅烷;第三阶段为 800~1 000℃,在此阶段,前驱体基本不再失重,产物进一步发生结构重排形成无定形网络结构。1 000℃处理后,无定形陶瓷主要由无定形碳(石墨状)、平面 BN 相、Si-C-N 基体(SiC_xN_{4-x} 单元,x = 1、2、3)组成。

3. C/SiBCN 复合材料的制备工艺及性能

与 C/SiC 复合材料类似,制备 C/SiBCN 复合材料的 PIP 工艺工序主要由界面层制备、多个轮次的前驱体浸渍、固化及裂解组成。前驱体的浸渍过程是将前驱体注入碳纤维增强体或中间材料,在不同轮次选择不同的浸渍压力可以获得更为高效的复合效率。SiBCN 前驱体的固化与裂解温度通常需要分别大于200℃ 与 1 000℃。

值得一提的是,界面相对于调控碳纤维增强 C/SiBCN 复合材料的力学性能起着极其重要的作用,其特征决定了碳纤维与基体间相互作用的强弱及增韧效果的优劣程度。碳纤维在陶瓷基复合材料中起到的是增韧作用,为了充分发挥SiBCN 陶瓷基复合材料优异的力学性能,采用 CVD 工艺在 C/SiBCN 复合材料的碳纤维表面制备了 PyC 界面,如图 5.29 所示。

经过多轮次浸渍、固化及裂解后,得到了典型尺寸 C/SiBCN 复合材料样件,并对其综合性能进行了测试与分析评价。表 5.13 和表 5.14 分别列出了C/SiBCN 复合材料的密度和常温力学性能及典型的热物理性能。需要说明的是,复合材料的物理性能与采用的碳纤维规格、体积分数及增强体类型都息息相关。总的来看,与 C/SiC 复合材料相比,C/SiBCN 复合材料的常温力学性能与其相当,但密度更低,同时具有更小的线膨胀系数。

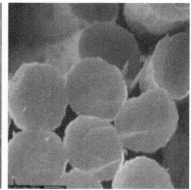

图 5.29 PyC 界面在纤维织物内部均匀分布

表 5.13 C/SiBCN 复合材料的密度及常温力学性能数据

测 试 项 目	测 试 值
体积密度/(g/cm³)	1.7~1.95
拉伸强度/MPa	≥350
拉伸模量/GPa	≥65
拉伸应变/%	≥0.5
压缩强度/MPa	≥300
压缩模量/GPa	≥70
压缩应变/%	≥0.3

表 5.14 典型 C/SiBCN 复合材料的热物理性能

温度/℃	Z 向热扩散率/(×10⁻⁶ m²/s)	比热容/[J/(g·K)]	Z 向热导率/[W/(m·K)]	X/Y 向线膨胀系数/(×10⁻⁶/℃)
室温	0.84	0.72	1.21	−0.35
100	0.77	0.92	1.51	−0.22
200	0.69	1.13	1.72	−0.06
400	0.65	1.40	2.06	0.27
500	0.64	1.49	2.08	0.41
800	0.72	1.64	2.41	0.7
900	0.76	1.67	2.42	0.71

采用 SEM 对 C/SiBCN 复合材料拉伸试样断口进行了分析,如图 5.30 所示。从图中可以看出,复合材料断口粗糙,有明显的纤维束拔出。纤维束的单根纤维

表面光滑,纤维结构完整,断裂处纤维与基体轮廓分明,基体随着纤维轮廓剥落。微观形貌分析表明,在复合材料制备过程中,SiBCN 前驱体未对纤维造成损伤,裂解后的基体与纤维之间形成了一个明显的弱结合界面层。复合材料在受到外力发生破坏时,基体形成的裂纹先沿纤维轴向发生偏转,纤维/基体界面脱黏,然后再发生纤维断裂,最后才发生纤维拔出,多层次、多种能量耗损机理是C/SiBCN 复合材料具有良好机械性能的主要原因。

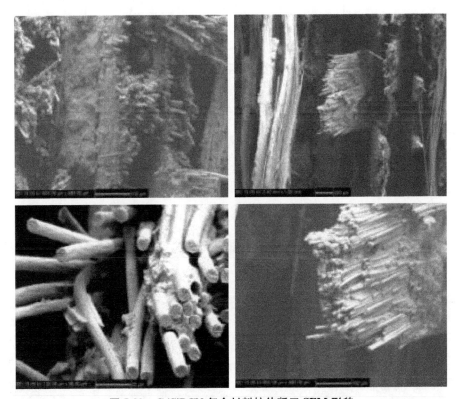

图 5.30　C/SiBCN 复合材料拉伸断口 SEM 形貌

高温力学性能是陶瓷基复合材料的一项重要应用指标。图 5.31 中给出了典型 C/SiBCN 复合材料在常温及高温条件下的拉伸性能测试结果。从图中可以看出,材料在 1 600℃仍有较高的拉伸强度保留率,但是在 1 600℃以上时,其拉伸强度下降明显,1 700℃时的拉伸强度仅为常温时的 25%左右。

目前的结果显示,C/SiBCN 复合材料的高温力学性能衰减机制如下。

（1）在高温条件下,SiBCN 基体中的 Si－N 键与 PyC 界面发生如下反应:

$$2C + 2Si - N \longrightarrow 2SiC + N_2 \uparrow \tag{5.11}$$

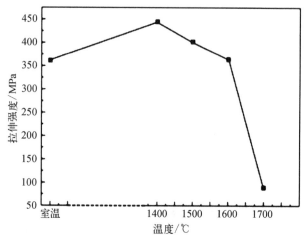

图 5.31   C/SiBCN 复合材料的高温力学性能

同时,由于 SiBCN 前驱体中含有少量的 O 元素,并且在工艺过程中 O 元素容易通过前驱体的水解反应进入材料内部,O 元素在材料内部以 Si－O 的形式存在,在高温条件下也可能与 PyC 界面发生反应:

$$2C + Si－O \longrightarrow SiC + CO\uparrow \qquad (5.12)$$

上述反应造成界面层的削弱,当局部界面层被完全消耗后,可能继续对纤维造成损伤(图 5.32)。

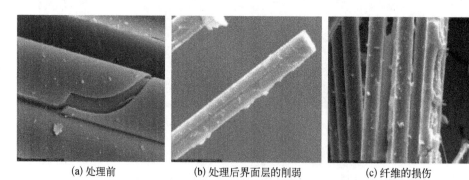

(a) 处理前   (b) 处理后界面层的削弱   (c) 纤维的损伤

图 5.32   C/SiBCN 复合材料经 1 700℃处理前后的内部纤维表面形貌

(2) 由于 SiBCN 基体中含有少量游离碳,基于式(5.11)与式(5.12)中的反应,基体在高温条件下会产生质量损失。同时,由于基体在高温条件下会进一步收缩,化学与物理方面的双重效应会使基体内部出现新孔隙的萌生、原有孔隙的连通、融并与增大,导致基体传递载荷的能力降低。

（3）当温度高于一定数值后,C/SiBCN 复合材料中的基体会发生析晶,晶粒长大及晶界的产生也会使材料力学性能下降。

综上所述,图 5.33 中显示了 C/SiBCN 复合材料高温力学性能衰减机制——纤维、界面与基体可能在物理与化学效应作用下受到损伤或削弱。因此,如何从制备工艺上避免或延迟这种损伤,发挥 SiBCN 析晶温度高的优势是提高 C/SiBCN复合材料高温力学性能的关键。

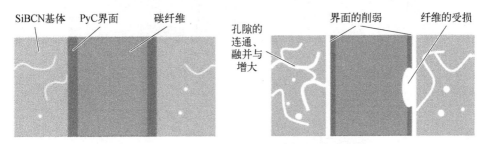

图 5.33　C/SiBCN 复合材料高温力学性能衰减机制

4. C/SiBCN 复合材料的抗氧化性能

SiBCN 前驱体的裂解产物中含有 Si、C、B 与 N 多种元素,因此其复合材料的高温抗氧化机理也相对复杂。以目前的研究结果来看,SiBCN 复合材料基体的氧化反应以式(5.12)为主:

$$Si_xB_yC_zN_u + (x + 0.75y + 0.5z)O_2$$
$$=== xSiO_2 + y/2B_2O_3(1) + z/2CO(g) + u/2N_2(g) \qquad (5.12)$$

氧化后的 SiBCN 仍然形成以 SiO_2 为主的氧化层(膜),如图 5.34 所示,阻止氧元素向材料内部的扩散,其他产物中的 B_2O_3、CO 与 N_2 以气体形式脱出。研究发现,部分未挥发的 B_2O_3 会进一步与 SiO_2 结合,形成硼硅玻璃相,在一定程度上减缓了 SiO_2 在高温下的结晶析出,且其黏度低于熔融 SiO_2,能够在氧化后迅速覆盖在样品表面,形成致密的氧化层,阻碍氧元素向材料内部的扩散。

另外,研究发现 SiBCN 的氧化产物中除了含有 SiO_2 和 B_2O_3 外还有少量 SiO_xN_y 和 BCN 结构存在。SiO_xN_y 结构是以 Si、N 原子三配位的 SiN_3O 四面体结构,具有比 SiO_2 更高的结构致密性,同时在体系中引入了更高键能的 Si−N 键使得气体分子的扩散活化能增高,减缓了 O_2 在氧化层中的扩散速率,因此 SiO_xN_y 具有比 SiO_2 更好的阻碍氧扩散能力。而 BN 与 C 结合形成的 BN(C)结构一方面降低了 C 元素的反应活性;另一方面可以包裹在 SiC、Si_3N_4 周围,阻碍 O 原子

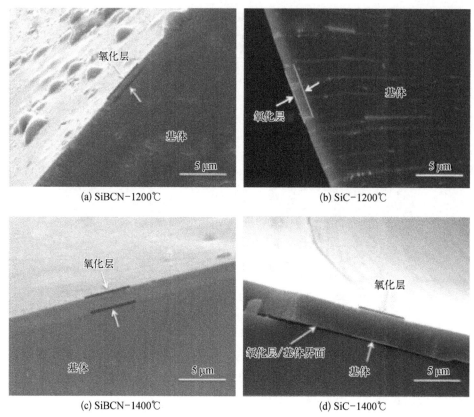

图 5.34   典型陶瓷在 1 200℃和 1 400℃下氧化 24 h 后的样品截面形貌

在材料中的扩散速率,降低 O 原子对基体的氧化性攻击,极大地提高了材料的抗氧化性能。

图 5.35 是 SiBCN 陶瓷和 SiC 陶瓷在不同温度下的氧化层厚度随时间变化

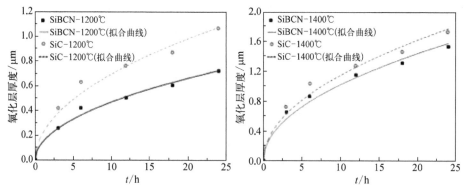

图 5.35   SiBCN 陶瓷和 SiC 陶瓷在 1 200、1 400℃下氧化后氧化层厚度随氧化时间的变化图

图,从图中可以看出在相同情况下,前者的氧化层厚度均低于后者。通过对厚度进行拟合,可以得到两种陶瓷的氧化动力学常数(表 5.15)。结果表明,在相同温度下 SiBCN 陶瓷的氧化速率低于 SiC 陶瓷,表现出更加优异的抗氧化性能。

表 5.15　SiBCN 陶瓷和 SiC 陶瓷的氧化动力学常数

温度/℃	$K_p/(\mu m^2/h)$	
	SiBCN	SiC
1 200	0.021 8	0.047 8

5. C/SiBCN 复合材料典型构件及其性能

目前,已研制出米量级 C/SiBCN 复合材料及典型样件,地面风洞烧蚀试验结果表明:该材料体系高温性能稳定,通过 1 600℃、800 s 烧蚀试验,验证了该类复合材料具有优异的高温本征抗氧化特性,烧蚀前后试样表面没有明显变化,其线烧蚀速率(单位为 mm/s)基本为零,质量损失<0.4%。

如表 5.16 所示,与随炉平板相比,从零件本体取样的性能与其基本相当,这也是 PIP 工艺的优点:在浸渍压力作用下,液相前驱体可以相对均匀地到达产品各区域,保证异形产品各区域致密化程度及性能基本一致。

表 5.16　C/SiBCN 复合材料产品本体取样与随炉平板性能对比

测　试　项　目	随炉平板性能	零件 1 本体取样	零件 2 本体取样
拉伸强度/MPa	263.8	289	275
拉伸模量/GPa	67.2	69.2	72.3
压缩强度/MPa	280.2	285	316
压缩模量/GPa	64.06	66.5	66.6
弯曲强度/MPa	371.8	359	344
弯曲模量/GPa	56.96	62.2	65.7
层间剪切强度/MPa	25.94	20.3	26.5
面内剪切强度/MPa	78.88	92.2	86.3

5.5　小结

连续纤维增强陶瓷基复合材料(C/SiC、C/SiBCN 和 SiC/SiC)是一种集结构承载和高温抗氧化功能于一体的新型轻质热结构复合材料,在临近空间飞行器热防护系统和热结构部件上具有巨大的应用潜力。在不同的服役环境下,对陶瓷基复合材料及构件提出了不同的需求。

目前,我国已在相关材料及构件设计、研制及原材料生产等方面都取得了显著进展,具备了工程化应用条件。如何进一步降低材料制造成本,缩短制备周期,提升复杂构件整体结构设计与制造能力,提高构件内部质量和检测能力,同时,设计和制造出新型陶瓷基复合材料,提升其综合性能及在更高温度下的力学及抗氧化性能,也是今后研究和发展的重点。

参考文献

[1] 张立同.纤维增韧碳化硅陶瓷复合材料-模拟、表征与设计[M].北京: 化学工业出版社,2009.

[2] 曹英斌.先驱体转化-热压工艺制备 Cf/SiC 复合材料工艺、结构、性能研究[D].长沙: 国防科学技术大学,2001.

[3] Rice R W, Freiman S W, Becher P F. Grain-size dependence of fracture energy in ceramics: I, experiment[J]. Journal of the American Ceramic Society, 1981, 64(6): 345 – 350.

[4] 黄勇,汪长安.高性能多相复合陶瓷[M].北京: 清华大学出版社,2008.

[5] Bermejo R, Sánchez-Herencia A J, Llanes L. High-temperature mechanical behavior of flaw tolerant alumina-zirconia multilayered ceramics[J]. Acta Materialia, 2007, 55(14): 4891 – 4901.

[6] Naslain R. The design of the fibre-matrix interfacial zone in ceramic matrix composite[J]. Journal of Materials Science, 1994, 29(15): 3857 – 3896.

[7] Colomban P, Gouadec G. The ideal ceramic-fiber/oxide-matrix composite: how to reconcile antagonist physical and chemical requirements annales de chimie[J]. Annales de Chimie (Science des Materiaux), 2005, 30(6): 673 – 688.

[8] van Roode, Price J R, Kimmel J, et al. Ceramic matrix composite combustor liners a summary of field evaluations[J]. Journal of Engineering for Gas Turbines and Power, 2007, 129(1): 21 – 30.

[9] 崔园园,白瑞成,孙晋良,等.熔融渗硅法制备 C/C – SiC 复合材料的研究进展[J].材料导报,2011(1): 31 – 35.

[10] Kadla J F, Kubo S, Venditti R A, et al. Lignin-based carbon fiber for composite fiber applications[J]. Carbon, 2002, 40(15): 2913 – 2920.

[11] Naslain R. Design, preparation and properties of non-oxide CMCs for application in engines and nuclear reactors: an overview[J]. Composites Science & Technology, 2004, 64(2): 155 – 170.

[12] Materials design and processing of high temperature ceramic matrix composites: state of the art and future trends[J]. Advanced Composite Materials, 1999, 8(1): 3 – 16.

[13] 张立同,成来飞,徐永东,等.自愈合碳化硅陶瓷基复合材料研究及应用进展[J].航空材料学报,2006,26(3): 226 – 232.

[14] 张立同.纤维增韧碳化硅陶瓷基复合材料模拟、表征与设计[M].北京：化学工业出版社,2009.

[15] Zhang L T, Cheng L F. Discussion on strategies of sustainable development of continuous fiber reinforced ceramic matrix composites[J]. Acta Material Composites Sinica, 2007, 24 (2): 1-6.

[16] White M E, Price W R. Affordable hypersonic missiles for long-range precision strike[J]. Johns Hopkins Apl Technical Digest, 1999, 20(3): 415-423.

[17] 杜善义,韩杰才.陶瓷基复合材料的发展及在航空宇航器上的应用前景[J].宇航材料工艺,1991,5: 1-11.

[18] Christin F. A global approach to fiber architectures and self-sealing matrices: from research to production[J]. International Journal of Applied Ceramic Technology, 2005, 2(2): 97-104.

[19] 李崇俊.SiC/SiC 复合材料及其应用[J].高科技纤维与应用,2013,38(3): 1-7.

[20] Zinkle S J, Snead L L. Thermo-physical and mechanical properties of SiC/SiC composites [R]. Oak Ridge National Laboratory, TN, 1998.

[21] Brewer D. HSR/EPM combustor materials development program[J]. Materials Science and Engineering A, 1999, 261: 284-291.

[22] Morscher G N. Tensile stress rupture of SiC/SiC mini-composites with carbon and boron nitride interphases at elevated temperature in air[J]. Journal of the American Ceramic Society, 1997, 80(8): 2029-2042.

[23] 周新贵.SiC/SiC 复合材料研究现状[J].功能材料信息,2010,5: 21-25.

[24] Jones R H, Steiner D, Heinisch H L, et al. Radiation resistant ceramic matrix composites [J]. Journal of Nuclear Materials, 1997, 245: 87-107.

[25] Jones R H, Henager C H, Hollenberg G W. Composite materials for fusion application[J]. Journal of Nuclear Materials, 1992, 191-194: 75-83.

[26] Giancarli L, Bonal J P, Caso A, et al. Design requirements for SiC/SiC composites structural material in fusion power reactor blankets[J]. Fusion Engineering and Design, 1998, 41: 165-171.

[27] Yajima S, Hayashi J, Omori M. Continuous SiC fiber of high tensile strength[J]. Chemistry Letters, 1975, 4(9): 931-934.

[28] Ishikawa T. Recent developments of the SiC fiber Nicalon andits composites, including properties of the SiC fiber Hi-Nicalon forultra-high temperature[J]. Composites Science & Technology, 1994, 51(2): 135-144.

[29] Yamamura T, Ishikawa T, Shibuya M, et al. Developmentof a newcontinuous Si-Ti-C-O fibre using an organometallic polymerprecursor[J]. Journal of Materials Science, 1988, 23(7): 2589-2594.

[30] Constantin V, Monthioux M. On the thermal degradation of lox-M tyranno® fibres[J]. Journal of the European Ceramic Society, 1995, 15(5): 445-453.

[31] Shibuya M, Yamamura T. Characteristics of a continuous Si-Ti-C-O fibre with low oxygen content using an organometallicpolymer precursor[J]. Journal of Materials Science, 1996, 31 (12): 3231-3235.

[32] Bunsell A R, Piant A. A review of the development of three generations of small diameter silicon carbide fibres[J]. Journal of Materials Science, 2006, 41(3): 823-839.

[33] Shimoo T, Hayatsu T, Takeda M, et al. High-temperature decomposition of low-oxygen SiC fiber under N_2 atmosphere[J]. Journalof the Ceramic Society of Japan, 2010, 102(1192): 1142-1147.

[34] Takeda M, Imai Y, Ichikawa H, et al. Thermal stability of SiC fiber prepared by an irradiation-curing process[J]. Composites Science & Technology, 1999, 59(6): 793-799.

[35] Chollon G, Pailler R, Naslain R, et al. Thermal stability of a PCS-derived SiC fibre with a low oxygen content (Hi-Nicalon)[J]. Journal of Materials Science, 1997, 32(2): 327-347.

[36] Bunsell A R, Piant A. A review of the development of three generations of small diameter silicon carbide fibres[J]. Journal of Materials Science, 2006, 41(3): 823-839.

[37] Eddy V, Konstantza L, Martine W, et al. Comparative study of the surface roughness of Nicalon and Tyranno silicon carbide fibers[J]. Composites Part A, 1998, 29(11): 1417-1423.

[38] Ishikawa T, Kohtoku Y, Kumagawa K, et al. High-strength alkali-resistant sintered SiC fibre stable to 2, 200℃[J]. Nature, 1998, 391(6669): 773-775.

[39] Dong S M, Chollon G, Labrugère C, et al. Characterization of nearly stoichiometric SiC ceramic fibres[J]. Journal of Materials Science, 2001, 36(10): 2371-2381.

[40] Yamamura T, Masakl S, Ishlkawa T. Improvement of Si-Ti(Zr)-C-O fiber and a precursor polymer for high temperature CMC[J]. Ceramic Engineering and Science Proceedings, 1996, 17(4): 184-191.

[41] Chen L F, Zhang L, Cai Z H. Effects of oxidation curing and sintering additives on the formation of polymer-derived near-stoichiometric silicon carbide fibers[J]. Journal of the American Ceramic Society, 2008, 91(2): 428-436.

[42] Lipowitz J, Rabe A, Zangvil A, et al. Structure and properties of sylramic silicon carbide fiber — a polycrystalline, stoichiometric β-sic composition[J]. Ceramic Engineering and Science Proceedings, 1997, 18(3): 147-157.

[43] Zheng C M, Li X D, Wang H, et al. Evolution of crystallization and its effects on properties during pyrolysis of Si-Al-C-(O) precursor fibers[J]. Journal of Materials Science, 2008, 43(9): 3314-3319.

[44] Yu Y X, Zhang Y, Yang J M, et al. Synthesis and characterization of ceramic precursor aluminum-containing polycarbosilane and its pyrolysis[J]. Journal of Inorganic and Organometallic Polymers and Materials, 2007, 17(3): 569-575.

[45] 邹豪,王宇,刘刚,等.碳化硅纤维增韧碳化硅陶瓷基复合材料的发展现状及其在航空发动机上的应用[J].发动机材料,2017,15: 76-85.

[46] 王浩,王军,宋永才,等.先驱体转化连续 SiC 纤维研究进展[J].航空制造技术,2014,6: 41-44.

[47] 陈江溪,何国梅,何旭敏,等.SiC 陶瓷纤维高聚物先驱体的研究进展[J].功能材料, 2004,35(6): 679-682.

[48] 马小民,冯春祥,田秀梅,等.国产连续碳化硅纤维的进展及应用[J].高技术纤维与应用,2013,38(5)：47－50.

[49] Luo Z, Zhou X G, Yu J S, et al. Mechanical properties of SiC/SiC composites fabricated by PIP processwith a new precursor polymer[J]. Ceramics International, 2014, 40: 1939－1944.

[50] Wen Y, Araki H, Kohyama A, et al. Effects of heat treatment on the microstructure and flexural properties of CVI－tyranno－SA/SiC composite[J]. Ceramics International, 2007, 33(2): 141－146.

[51] 谢征芳,陈朝辉,肖加余.先驱体陶瓷[J].高分子材料科学与工程,2000,16(6)：7－12.

[52] 马青松,陈朝辉,郑文伟.先驱体转化法制备连续纤维增强陶瓷基复合材料的研究[J].材料科学与工程,2001,19(4)：110－115.

[53] Katoh Y, Nozawa T, Snead L L, et al. Property tailorability for advanced CVI silicon carbide composites for fusion[J]. Fusion Engineering and Design, 2006, 81(8/14): 937－944.

[54] Naslain R R, Pailler R, Bourrat X, et al. Symthesis of highly taicored ceramic matrix composites by pressure-pulsed CVI[J]. Solid State Ionics, 2001, 141－142: 541－548.

[55] Peter M. Carbon fibers and their composite[M]. Boca Raton: Talor and Francis, 2005.

[56] 夏莉红,黄伯云,张福勤,等.C/C 复合材料致密化工艺的研究进展[J].材料导报,2008 (5)：119－122.

[57] Vaidyaraman S, Lackey W J, Agrawal P K, et al. Forced flow-thermal gradient chemical vapor infiltration (FCVI) for fabrication of carbon/carbon[J]. Carbon, 1995, 33(9): 1211－1215.

[58] Wang H L, Zhou X G, Yu J S, et al. Fabrication of SiCf/SiC composites by chemical vapor infiltration andvapor silicon infiltration[J]. Materials Letters, 2010, 64: 1691－1693.

[59] 郝元恺,肖加余.高性能复合材料[M].北京：化学工业出版社,2004：250－259.

[60] 邱海鹏,陈明伟,谢伟杰.SiC/SiC 陶瓷基复合材料研究及应用[J].航空制造技术,2015, 14：94－97.

[61] 立早.碳纤维增强复合材料[J].新型碳材料,1999,14(4)：79－80.

[62] 张福勤,黄伯云,黄启忠,等.碳/碳复合材料石墨化度的研究进展[J].矿冶工程,2000, 20(4)：10－13.

[63] 张福勤,黄启忠,黄伯云,等.碳/碳复合材料磨损表面碳结构的激光拉曼光谱分析[J].摩擦学学报,2002,22(2)：142－146.

[64] Nikiel L, Jagodzinski P W. Raman spectroscopic characterization of graphites: a re-evaluation of spectra/structure correlation[J]. Carbon, 1993, 31(8): 1313－1317.

[65] Evans A G, Zok F W. Physics and mechanics of fibre-reinforced brittle matrix composites [J]. Journal of Materials Science, 1994, 29(15): 3857－3896.

[66] Kerans R J, Hay R S, Parthasarathy T A, et al. Interface design for oxidation-resistant ceramic composites[J]. Journal of the American Ceramic Society, 2002, 85(11): 2599－2632.

[67] Naslain R. The design of the fiber-matrix interfacial zone in ceramic matrix composites[J]. Composites Part A, 1998, 29(9): 1145－1155.

第6章

高温隔热材料

6.1　概述

　　隔热材料是指对热量具有显著阻隔作用的材料或材料复合体,与通常所讲的"保温材料"无本质区别,其差别仅在于材料服役时间及状态。当材料在较短时间内应用于某一热环境时,在服役时间内,材料内部一般还未达到热平衡状态,利用的是其"隔热"功能,此时称为"隔热材料",航天领域的各种飞行器用热防护材料即是这种情况。当材料长时间应用于某一热环境状态下时,材料内部一般处于热平衡状态,利用的是其"保温"功能,此时称为保温材料,如工业上用于防止热工设备及管道热量散失的情况。

　　隔热材料的种类繁多,根据材质可以分为有机隔热材料、无机隔热材料、金属及其夹层隔热材料;按照材料形态可以分为多孔状隔热材料、纤维状隔热材料、粉末状隔热材料及层状隔热材料;根据使用温度则可以分为低温隔热材料(低于600℃)、中温隔热材料(600~1 200℃)、高温隔热材料(高于1 200℃);依照材料的结构可以分为气相连续固相分散隔热材料、气相分散固相连续隔热材料及气相固相均连续的隔热材料。

　　在航天领域,高超声速飞行器服役热环境具有高温、长时的显著特征。因此,用于该类飞行器的隔热材料必须具备耐高温和低热导率两个基本特性,此时的隔热材料常称为高温高效隔热材料,目前主要有陶瓷纤维刚性隔热瓦、纳米隔热材料、柔性隔热毡及透波隔热材料等几大类。

6.2　国内外研究现状

1. 陶瓷纤维刚性隔热瓦

陶瓷纤维刚性隔热瓦是航天飞行器热防护系统中最重要的一类高温高效隔热材料,具有孔隙率高、体积密度低、力学性能优异、高温稳定性好、热导率低、可加工性强等诸多优点。

国外,美国在陶瓷纤维刚性隔热瓦的研究上起步最早,并做了大量的全面系统性研究工作,涉及制备、安装、考核及应用等多个方面,在 NASA 的研究报告"Thermal protection system of the space shuttle"中有所论述[1]。主要研究单位包括洛克希德导弹及宇航公司(LMSC)、NASA 艾姆斯研究中心、波音公司等。发展的材料体系包括:LI 系列、FRCI 系列、AETB 系列、HTP 系列及 BRI 系列,具体发展历程及主要性能见表 6.1,材料的性能指标等基本数据可以参阅相关文献综述[2~7]。为了提高材料的高温抗热辐射性能及抗气流冲刷性能,通常在其表面还制备有高辐射涂层,较为典型的涂层体系包括 TUFI、RCG、HETC 等,具体制备工艺和性能指标可以参考文献[8]~[18]。为了满足特殊需求,研究人员还在材料的孔隙内部填充了其他材料组分,包括纳米隔热材料[19]和硅树脂等,前者的目的主要是降低材料的热导率,后者的主要目的是提高材料的防热功能。

表 6.1　国外典型陶瓷纤维刚性陶瓷瓦的发展历程及主要性能

研制单位	时　间	牌　号	材料体系	密度 /(g/cm³)	热导率 /[W/(m·K)]	耐温/ K
LMSC	20 世纪 70 年代	LI－900	石英纤维	0.128~ 0.152	0.050	1 590(M)/ 1 760(S)
LMSC	20 世纪 70 年代	LI－2200	石英纤维	0.320~ 0.384	0.070	1 640(M)/ 1 810(S)
艾姆斯研究中心	20 世纪 70 年代末	FRCI－12	石英纤维+硼硅酸铝纤维	0.191~ 0.216	0.053	1 640(M)/ 1 810(S)
艾姆斯研究中心	20 世纪 70 年代末	FRCI－20	石英纤维+硼硅酸铝纤维	0.320	—	1 640(M)/ 1 810(S)
艾姆斯研究中心	20 世纪 70 年代末	AETB－8	石英纤维+硼硅酸铝纤维+氧化铝纤维	0.128	—	1 640(M)/ 1 810(S)

（续表）

研制单位	时　间	牌　号	材料体系	密度 /(g/cm³)	热导率 /[W/(m·K)]	耐温/ K
艾姆斯研究中心	20 世纪 70 年代末	AETB - 12	石英纤维+硼硅酸铝纤维+氧化铝纤维	0.192	0.064	1 700(M)/ 1 870(S)
艾姆斯研究中心	20 世纪 70 年代末	AETB - 20	石英纤维+硼硅酸铝纤维+氧化铝纤维	0.320	—	—
LMSC	20 世纪 80 年代	HTP - 12	石英纤维+氧化铝纤维	0.192	—	1 700
LMSC	20 世纪 80 年代	HTP - 22	石英纤维+氧化铝纤维	0.320	0.060	1 700
波音公司	20 世纪 80 年代	BRI - 8	石英纤维+氧化铝纤维	0.128	—	1 640(M)
波音公司	20 世纪 80 年代	BRI - 16	石英纤维+氧化铝纤维	0.320	—	1 813

注：M 代表多次；S 代表单次。

　　国内从事陶瓷纤维刚性隔热瓦研究的单位包括航天材料及工艺研究所、国防科技大学、山东工业陶瓷研究设计院有限公司、航天特种材料及工艺技术研究所、哈尔滨工业大学、华南理工大学等。在陶瓷纤维隔热瓦涂层研究方面，主要研究单位有航天材料及工艺研究所、哈尔滨工业大学、天津大学、南京工业大学和山东工业陶瓷研究设计院有限公司等。目前，国内的陶瓷纤维刚性隔热瓦在耐高温等级以及力学强度等方面要较国外产品稍差。

　　美国最初将陶瓷纤维刚性隔热瓦用作航天飞机的大面积热防护材料，应用面积占热防护材料的近 70%，主要应用部位为迎风面等区域。2004 年 11 月，美国 X - 43A 高超声速飞行器机身上表面使用了 AETB 陶瓷纤维刚性隔热瓦，成功进行了最大飞行马赫数达 10 的演示验证飞行。美国于 2010 年 4 月发射的 X - 37B 轨道试验飞行器的迎风面使用了最新研制的 BRI 陶瓷纤维刚性隔热瓦。除此之外，美国 NASA 在 X - 43A 发动机地面考核试验中，将 AETB 陶瓷纤维刚性隔热瓦用于发动机进气道斜坡，取得了较好效果。2010 年 5 月，美国首次试飞成功的 X - 51A 高超声速飞行器超燃冲压发动机的进气道斜坡和脊部也使用了 BRI 陶瓷纤维刚性隔热瓦。

　　制备陶瓷纤维刚性隔热瓦所需的原材料包括陶瓷纤维、水、黏结剂、烧结助剂、分散剂、遮光剂等,制备流程见图 6.1。陶瓷纤维为刚性隔热瓦的主要成分,赋予了材料极好的隔热性能和一定的力学强度;水作为主要分散介质,在纤维分散及其他物料混匀中具有极其重要的作用,并在毛坯干燥过程中被去除;烧结助剂以碳化硼等硼化物为主,在高温下能够与陶瓷纤维等发生物理化学作用,最终转变为耐高温的陶瓷相,并将纤维黏结在一起,为刚性隔热瓦提供必要的力学强度;黏结剂保证湿毛坯在干燥过程中不发生膨胀,并赋予干毛坯一定的力学性能,高温烧结过程中会被去除,一般选用淀粉等;分散剂的作用是调控陶瓷纤维的表面电荷,使得纤维之间产生斥力,达到更好的分散效果,一般选用无机酸或无机碱;遮光剂为尺度在微米量级的陶瓷粉末,在高温下可有效阻挡红外辐射,确保材料具有较好的高温隔热性能。

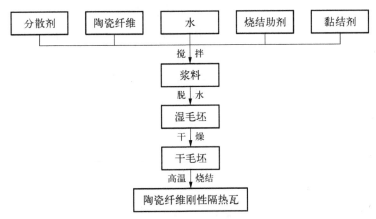

图 6.1　陶瓷纤维刚性隔热瓦制备流程图

按照制备刚性隔热瓦的陶瓷纤维种类,可将陶瓷纤维刚性隔热瓦分为石英纤维刚性隔热瓦、莫来石纤维刚性隔热瓦、氧化铝纤维刚性隔热瓦、氧化锆纤维刚性隔热瓦及氧化硅-氧化铝纤维刚性隔热瓦等。

2. 纳米隔热材料

纳米隔热材料是指以气凝胶[20]为代表的一类隔热材料,同其他隔热材料相比,其最典型的细观结构特征是其内部的纳米尺度孔隙结构。这种独特的细观结构特征使得该材料热导率极低,隔热性能极其优越。此外,这种材料的孔隙率一般可达 90%左右,因此还具有体积密度低的优点。纳米隔热材料具有优异的综合性能,被视为当前最具发展潜力的高效隔热材料。

纳米隔热材料的起源可以追溯到 1931 年[21]。实际上,这种材料在其他领域也有极其广泛的应用前景,如电学、光学和声学等领域[22-26]。关于纳米隔热材料的系统性介绍和研究进展可以参见相应的综述性文献[27]~[36]和书籍。

当前,国内外从事纳米隔热材料研究的单位和人员越来越多。国外,比较有影响力和生产规模的单位为 Aspen 公司。国内,最早从事纳米隔热材料研究的单位为同济大学,在航天防隔热领域进行实际应用的单位主要包括航天材料及工艺研究所和国防科技大学和航天特种材料及工艺技术研究所等。其中,航天材料及工艺研究所的产品中,增强纤维添加量较少,为非连续相,且添加了较多的遮光剂,而国防科技大学和航天特种材料及工艺技术研究所制备的产品中,增强纤维添加量较多,在材料中为连续相,且一般不添加遮光剂。不同单位的制备工艺略有差异,各具特色。

纳米隔材料在航天领域最为著名的应用,为美国采用其进行太空高速粒子捕捉[37~41]以及深空探测器在超低温环境下的保温[42]。尽管前者与隔热无关,后者与高超声速飞行器的高温热环境略有不同,但两者均显示出这种材料在航天领域的广阔应用前景。除此之外,美国 NASA 艾姆斯研究中心在航天飞机的研制过程中,还曾发展了隔热瓦增强的氧化硅纳米隔热材料[43]。另外,纳米隔热材料还可用于武器动力装置中,用以阻止热源扩散,以此提高武器装备的反红外侦查能力[44]。

纳米隔热材料一般采用溶胶-凝胶技术制备,典型制备工艺流程为:将制备纳米隔热材料的前驱体(如正硅酸乙酯、仲丁醇铝)溶解到适量溶剂中,在适量水和催化剂的作用下,经水解、缩聚等过程得到凝胶,再经老化、干燥过程去除凝胶中的水和溶剂后,获得最终的纳米隔热材料。为提高材料的力学强度和隔热性能,通常还要在制备过程中加入增强纤维和遮光剂等功能性添加物,图 6.2 是其制备流程图。

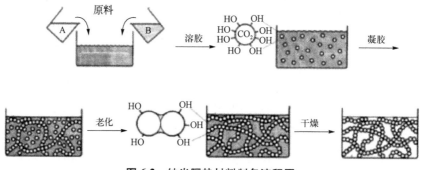

图 6.2 纳米隔热材料制备流程图

依据材料的组成成分,可将作为高温高效隔热材料使用的纳米隔热材料分为氧化硅纳米隔热材料、氧化铝纳米隔热材料及氧化硅-氧化铝纳米隔热材料等。

3. 柔性隔热毡

柔性隔热毡是美国航天飞机中应用的另一类必不可少的大面积用热防护材料,其以无机纤维(棉)为内置隔热组分,外部以无机纤维布包覆后,采用无机纤维线缝制固定,外形类似棉被。与陶瓷纤维刚性隔热瓦等刚性隔热材料相比,柔性隔热毡在使用过程中不存在热匹配问题,不但方便成型、大尺寸复杂隔热构件可直接进行应用,并且具有质量轻、抗热振性好及价格低廉等诸多优点,是飞行器理想的大面积用热防护材料。目前,国外发展的种类主要有 FRSI、AFRSI、CFBI、TABI、CRI、OFI 等[3,45],基本性能见表 6.2。国内,进行柔性隔热毡研究、生产和应用的单位主要有航天材料及工艺研究所、国防科技大学、天津大学等。总体而言,国内柔性隔热毡的性能要低于国外,尤其是高温稳定性方面。

表 6.2　国外柔性隔热毡牌号及基本性能

研制单位	牌号	缝线	填充物	包覆布	热导率 /[W/(m·K)]	使用温度
艾姆斯研究中心	FRSI	石英纤维线	石英纤维毡	石英纤维布	—	最高使用温度低于815℃
艾姆斯研究中心	AFRSI	硅酸铝纤维线	石英纤维毡	硅酸铝纤维布	0.033	重复使用温度达1037℃
艾姆斯研究中心	CFBI	SiC 纤维线	氧化铝辐射屏+隔热材料	SiC 纤维布	0.035	—
艾姆斯研究中心	TABI	SiC 纤维线	氧化硅、氧化铝、硅硼酸铝纤维	硅酸铝纤维布或 SiC 纤维布	—	1480℃下具有较好的稳定性
波音公司	CRI	硅酸铝纤维线(高温面);石英纤维线(低温面)	氧化硅、氧化铝、氧化硼等陶瓷纤维	硅酸铝纤维布(高温面);石英纤维布(低温面)	—	最高使用温度为1200℃
艾姆斯研究中心	OFI	硅酸铝纤维线	氧化硅、氧化铝、氧化锆等陶瓷纤维,遮光剂	硼硅酸铝纤维布	—	1482~1650℃

柔性隔热毡在飞行器防隔热系统得到了广泛应用,最早应用于航天飞机的背风面。X-51A飞行器中除在上表面大面积使用 FRSI 柔性隔热毡外,还可使用其来隔绝超燃冲压发动机燃烧时的高温辐射热量。此外,X-37B轨道试验飞行器的背风面上大面积使用了 CRI 隔热毡。

柔性隔热毡制备工艺较为简单,具体流程为:将陶瓷纤维(棉)和纤维布按顺序铺层后,以陶瓷纤维缝线上下贯穿隔热材料的各层并固定。其中,陶瓷纤维(棉)为柔性隔热毡的核心,赋予材料的隔热性能;纤维布和纤维线将陶瓷纤维(棉)封闭在特定空间内,赋予了材料较好的整体性。

6.3　陶瓷纤维刚性隔热瓦

6.3.1　组分及细观结构设计

陶瓷纤维刚性隔热瓦的主要组分为陶瓷纤维,因此陶瓷纤维的基本热物理性质在相当大的程度上决定了材料的细观结构、热导率、力学强度、高温稳定性等。表 6.3 为几种用于隔热瓦制备的陶瓷纤维材料的基本性质。与其他陶瓷纤维相比,石英纤维具有热导率低、热膨胀系数小、模量适中等显著优势,因此成了制备陶瓷纤维刚性隔热瓦的首选原材料,以石英纤维为主要组分制备的陶瓷纤维隔热瓦通常称为石英纤维隔热瓦。为提高隔热瓦的耐高温等级,可以采用耐高温性能更好的莫来石纤维、氧化铝纤维等替代其中的部分石英纤维,一般称为高温隔热瓦。

表 6.3　陶瓷纤维的基本性质

种　类	使用温度/℃	直径/μm	化　学　成　分
石英纤维	1 260	1~3	SiO_2 含量≥99.5%
硅酸铝纤维	1 350	2~4	($SiO_2+Al_2O_3$) 含量≥96%
莫来石纤维	1 500	3~5	Al_2O_3 含量为72%~75%
氧化铝纤维	1 600	2~3	Al_2O_3 含量为95%
氧化锆纤维	>2 000	5~12	立方相 ZrO_2 含量为95%

提取陶瓷纤维刚性隔热瓦的细观结构特征,可以简化为图 6.3 所示的热导率计算物理模型。其中,黑色部分为烧结助剂转变而成的陶瓷相,灰色部分为陶

瓷纤维,其他为气相。平面内的棱柱长度为隔热瓦的平均孔隙直径 d,竖直方向的棱柱(长度为 h)认为是纤维之间沿垂直方向的传热路径。经传热计算分析,这一物理模型的热导率可以表示为

$$\lambda_e = \frac{4a^2\lambda_1 + 4ad\lambda_3 + d^2\lambda_2}{(2a + d)^2}$$

(6.1)

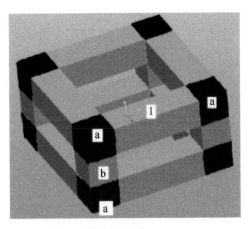

图 6.3　陶瓷纤维刚性隔热瓦热导率
计算物理模型

式中, λ_1、λ_2 和 λ_3 分别为四条边上黏结剂-纤维-黏结剂的串联导热热导率、中心区域气相热导率、四个侧面纤维-气相-纤维的串联导热,计算式分别为

$$\lambda_1 = \frac{(h + 2a)}{\dfrac{a}{\lambda_n} + \dfrac{h}{\lambda_f} + \dfrac{a}{\lambda_n}} = \frac{(h + 2a)}{\dfrac{2a}{\lambda_n} + \dfrac{h}{\lambda_f}} = \frac{(h + 2a)\lambda_n\lambda_f}{2a\lambda_f + h\lambda_n}$$

(6.2)

$$\lambda_2 = \lambda_g$$

(6.3)

$$\lambda_3 = \frac{(h + 2a)}{\dfrac{a}{\lambda_f} + \dfrac{h}{\lambda_g} + \dfrac{a}{\lambda_f}} = \frac{(h + 2a)}{\dfrac{2a}{\lambda_f} + \dfrac{h}{\lambda_g}} = \frac{(h + 2a)\lambda_f\lambda_g}{2a\lambda_g + h\lambda_f}$$

(6.4)

式中, a 为纤维直径的一半,即 $a = d_f/2$, d_f 为纤维平均直径;由于材料中的孔由纤维搭接组成, d 是一个与纤维平均长度有关的量,在此假定平均孔径与纤维平均长度呈线性关系,即 $d = \beta l_f$; h 为倾斜纤维在竖直方向的投影长度, $h = l_f\sin\theta$,其中 l_f 为纤维平均长度, θ 为纤维与平面方向的平均夹角。

由式(6.1)计算获得陶瓷纤维直径以及材料孔隙率对刚性隔热瓦热导率的影响,结果如图 6.4 所示。从图中可以看到,陶瓷纤维刚性隔热瓦的热导率随陶瓷纤维直径的增大而提高,但随孔隙率的提高而降低。因此,在刚性隔热瓦制备过程中,应尽量选用直径较小的陶瓷纤维,同时要尽量提高材料的孔隙率。

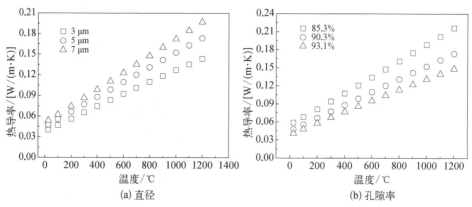

图 6.4 陶瓷纤维直径及孔隙率对隔热瓦热导率的影响

6.3.2 材料性能

隔热材料的首要功能是保证飞行器内部的工作组件在其所能够承受的合理温度范围内,因此热导率是陶瓷纤维刚性隔热瓦的关键技术指标。尽管隔热材料一般不需要承载功能,但考虑到机械加工以及安装等需求,仍要求其具有一定的力学强度,因此力学性能也是其重要的技术指标。由于制备陶瓷纤维刚性隔热瓦所采用的纤维具有较大的长径比,同时采用浆料抽滤或加压成型工艺,陶瓷纤维在材料各方向的分布必将出现差异(图 6.5),势必导致材料性能呈现各向异性的特征,将直接对其隔热性能和力学强度产生重要影响。图 6.6 显示了材料隔热性能的各向异性特征,其中 0° 表示垂直纤维长度方向(一般称为隔热瓦

(a) 垂直纤维方向

(b) 平行纤维方向

图 6.5 石英纤维隔热瓦垂直与平行纤维长度方向的 SEM 照片

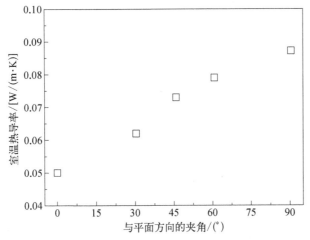

图 6.6　石英纤维隔热瓦的室温热导率

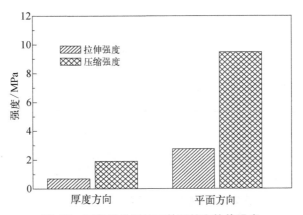

图 6.7　石英纤维隔热瓦的压缩和拉伸强度

的厚度方或 Z 向),90°表示平行纤维长度方向(一般称为隔热瓦的平面方向或
XY 向)。从图中可以看到,室温热导率由 0°时的 0.050 W/(m·K)增大到了 90°时
的 0.087 W/(m·K)。图 6.7 给出了厚度方向和平面方向的压缩与拉伸强度数值,
从图中可以看到,平面方向的压缩和拉伸强度分别约为厚度方向的 5 倍和 4 倍。

　　为增加飞行器的有效载荷,要求材料的隔热性能好,同时其表观密度应尽量
低,因为表观密度的改变会影响材料的性能。图 6.8 和图 6.9 分别为表观密度对
室温热导率和力学强度的影响,其中测试数值均为与纤维垂直方向的数据。从
图中可以看到,随着材料表观密度增大,热导率和力学强度均提高,这是由于纤
维主导的固体热传导增大,单位受力面积内起承载作用的纤维数量增多。

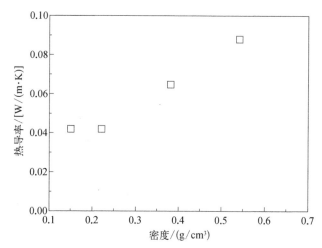

图6.8 石英纤维隔热瓦室温热导率与表观密度之间的关系

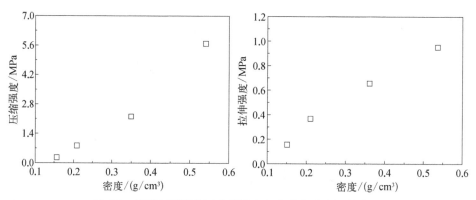

图6.9 石英纤维隔热瓦力学强度与表观密度之间的关系

理论上来说,材料的热物性会随其所处环境的温度改变而变化。隔热材料在高温环境下的稳定性是其用于高超声速飞行器时首先要考虑的基本问题。

图6.10为石英纤维隔热瓦在不同温度下沿厚度方向的压缩强度。从图中可以看到,压缩强度随测试温度的升高而降低,且1 000℃时下降尤为明显,其值仅为室温时的50%。从陶瓷纤维隔热瓦的制备原理来说,陶瓷纤维之所以能够"黏结"在一起并具有一定的力学强度,原因就在于烧结助剂与纤维能够在高温烧结热处理阶段形成熔点较低的共熔物。这种产物在高温下易于软化,导致纤维之间的连接被弱化,材料的力学强度因此下降。

图6.11为石英纤维隔热瓦在不同温度下的热导率测试数值,热导率测试方法采用的是准稳态平面热源法。从图中可以看到,材料的热导率随温度的升高而增

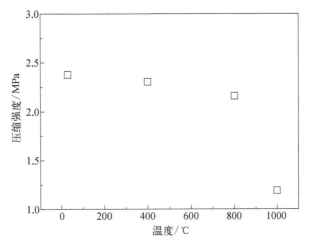

图 6.10　石英纤维隔热瓦在不同温度下沿厚度方向的压缩强度

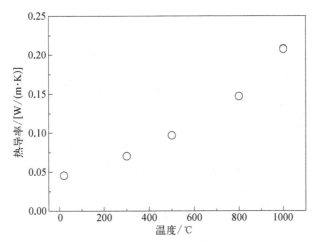

图 6.11　石英纤维隔热瓦在不同温度下的热导率

大,这主要是热辐射增大的缘故,同时固相热传导和气体热传导也有所增加。

　　高温下共熔物的软化势必导致材料尺寸发生变化,反映的也是材料的高温稳定性,图 6.12 为高温热处理(时长为 30 min)后的材料线性收缩率。从图中可以看到,平面方向的稳定性要优于厚度方向,同时说明材料在 1 200℃时仍保持较好的尺寸稳定性。

　　图 6.13 为热处理前后材料内部的 SEM 照片。从图中可以看到,经 1 000℃和 1 200℃热处理后,构成隔热瓦骨架的纤维均能保持热处理之前的形貌,由此可以推断,收缩来源于低熔点共熔物的软化,与上述分析一致;经 1 500℃热处理

后,纤维因熔融烧结,几乎完全形成了致密化的整体,孔隙较热处理前急剧减少,已很难见到原有的纤维形貌,因此致密化是在这一温度下产生巨大收缩的原因。

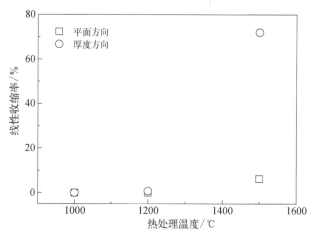

图 6.12　石英纤维隔热瓦在不同温度下的线性收缩率

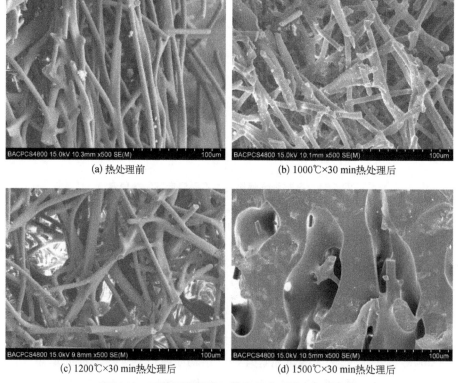

图 6.13　石英纤维隔热瓦热处理前后的 SEM 照片

为进一步了解该材料长时高温作用下的性能变化规律,在 1 200℃下对其进行了更长时间的热处理,图 6.14 为材料的质量损失率和线性收缩率的变化情况。从图中可以看到,质量损失极少,几乎为零;线性收缩率与前述一致,平面方向线性收缩率很小,且随热处理时间的延长几乎没有变化,而厚度方向线性收缩率有所增大,600 min 后达到了 3.19%。由图 6.13 可知,在 1 200℃下,纤维不会发生熔融而产生致密化,因此收缩是共熔物软化造成的。

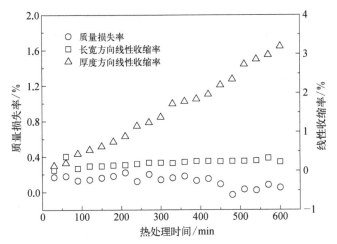

图 6.14　热处理(1 200℃)对石英纤维隔热瓦质量损失率和线性收缩率的影响

图 6.15 给出了热处理时长对材料各项力学性能的影响,从图中可以看出,不同方向的性能变化规律有较大差异,且影响程度有很大不同。

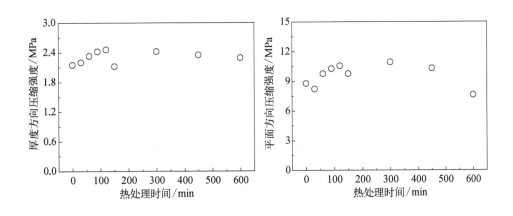

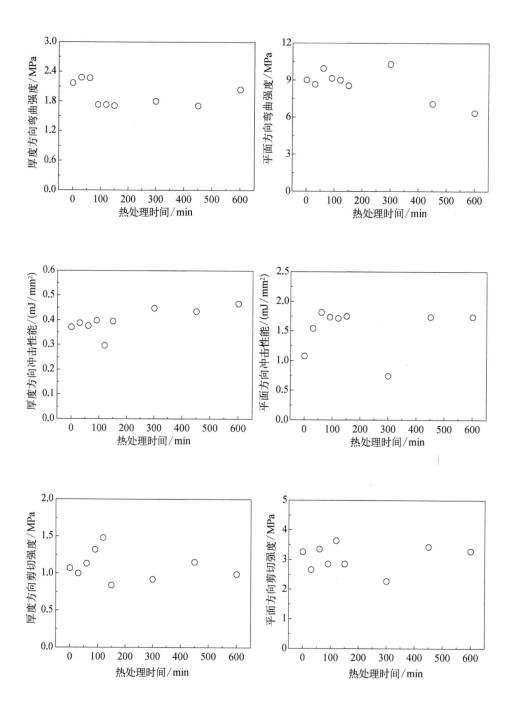

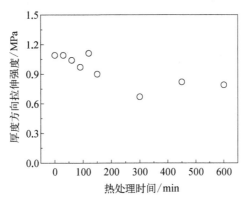

图 6.15　热处理（1 200℃）对石英纤维隔热瓦力学性能的影响

理论上讲，陶瓷纤维隔热瓦的烧结效果会随着热处理时间的增加而提高，即纤维搭接处的"焊点"会有所增强，这样隔热瓦的力学性能会有所提高。同时，隔热瓦的骨架——陶瓷纤维内部结构可能会随着热处理发生变化，即出现原子结构重排、结晶甚至晶相转变等倾向，这种转变会导致纤维内部出现晶界或者晶界变化等，纤维内部会由此出现微裂纹，成为纤维力学性能的"薄弱点"。因此，两方面影响均存在，主要看哪方面占主导，由图 6.16 可知，纤维未发生晶相转变，即热处理 600 min 对隔热瓦的力学性能影响不大。

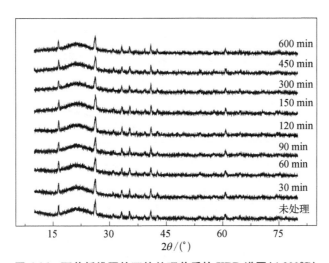

图 6.16　石英纤维隔热瓦热处理前后的 XRD 谱图（1 200℃）

经过不同时间热处理的石英纤维隔热瓦的室温热导率如图 6.17 所示，最大值和最小值之间仅相差 0.005 W/(m·K)，因此热处理时间对隔热瓦的隔热性能基本没有影响。隔热瓦的隔热性能主要取决于隔热瓦的纤维组成和密度。由 XRD 谱图看到,热处理前后纤维晶相变化不明显,因此纤维本身的热导率不会发生改变,而热处理后隔热瓦的线性收缩率很小,意味着密度变化也很小。

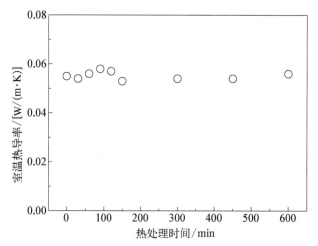

图 6.17　热处理时间对石英纤维隔热瓦室温热导率的影响(1 200℃)

为考察石英纤维隔热瓦的高温隔热性能,采用石英灯辐射加热装置对其(带涂层)进行了 10 次的背温测试,测试条件为 1 200℃、1 800 s,累计时间为 5 h,结果如图 6.18 所示,实验结束时样件的背面温度几乎没有变化,说明材料隔热性能未出现退化。图 6.19 为测试前、第 5 次和第 10 次测试后的照片,从图中

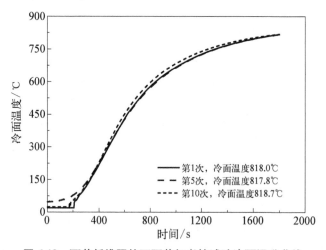

图 6.18　石英纤维隔热瓦石英灯考核试验冷面温升曲线

(a) 试验前　　　　　(b) 5次试验后　　　　　(c) 10次试验后

图 6.19　石英纤维隔热瓦石英灯考核试验前后的照片

可以看到,石英灯加热考核试验后样件未发生翘曲变形及涂层开裂和脱落等损坏,但样件表面粗糙度变大,这是由于在试验测试加热过程中,涂层中玻璃相的软化等导致涂层在隔热瓦内部的渗透量增多,表面覆盖量减少,涂层厚度减小,隔热瓦的多孔骨架结构增大了粗糙度。

以莫来石纤维为主要成分的高温隔热瓦在热处理过程中的线性收缩率如图 6.20 所示,从图中可得主要结论如下。

(1) 热处理温度为 1400℃时,对于两种密度的隔热瓦来说,无论平面方向线性收缩率还是厚度方向线性收缩率,其值均在 0.15% 以下,可以认为几乎没有

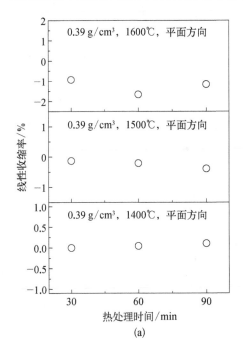

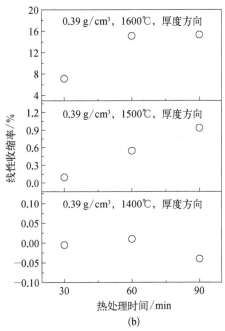

(a)　　　　　　　　　　(b)

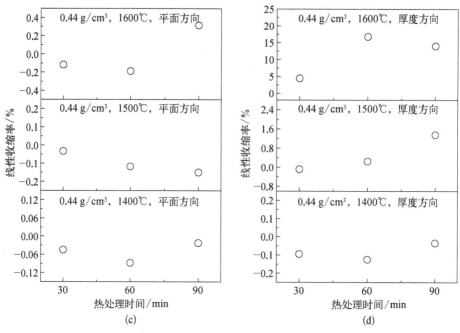

图 6.20 热处理过程中高温隔热瓦的线性收缩率

变化,说明两种密度的隔热瓦在 1 400℃时的热稳定性都很好。

(2) 当热处理温度达到 1 500℃时,两种密度隔热瓦的平面方向线性收缩率均接近于零,而厚度向线性收缩率也在 1%以下,只是密度较低的隔热瓦比密度较高的隔热瓦稍大。因此,隔热瓦在 1 500℃时的热稳定性也很好。

(3) 当热处理温度达到 1 600℃时,两种密度隔热瓦的平面方向线性收缩率仍小于 0.5%,而厚度方向的线性收缩率随热处理时间的延长而增大,热处理 30 min 后,密度较小和较大的隔热瓦的线性收缩率分别为 7.12%和 4.46%,热处理时间延长至 60 min 和 90 min 后,则均达到了 15%左右。

高温隔热瓦热处理前后的压缩强度如图 6.21 所示,从图中可以看到,无论隔热瓦密度如何,与热处理之前相比,两种密度的样件经热处理后的压缩强度均有不同程度的降低,而热处理温度的高低以及时间的长短对力学性能的影响则不大,尤其是高密度样件。热处理过程中,纤维本身晶相的转变或者是晶粒的兼并长大都会使纤维强度降低,导致隔热瓦力学性能下降。这一现象与石英纤维隔热瓦不一致,原因在于导致力学性能下降的本质不同。

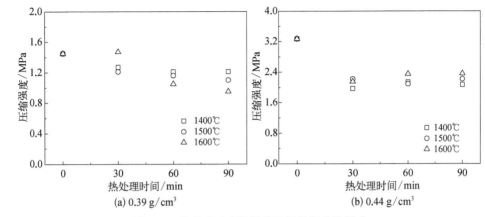

(a) 0.39 g/cm³　　　　　　(b) 0.44 g/cm³

图 6.21　热处理对高温隔热瓦压缩强度的影响

6.4　纳米隔热材料

6.4.1　材料组分及细观结构设计

纳米孔隙结构是纳米隔热材料最典型的细观结构特征,同时也是其具有超低热导率的根本原因。这种纳米孔隙结构直接影响材料的气相热导率,进而影响材料的总热导率及隔热性能。

纳米隔热材料孔隙尺度对其气相热导率的影响,可以采用经典的 Kaganer 模型进行描述。这一模型是基于克努森数建立的,其数学表达式为

$$k_{\mathrm{g}} = \frac{\Pi k_{\mathrm{g},0}}{1 + 2\beta Kn} \tag{6.5}$$

式中,k_{g} 为多孔材料的气相热导率;Π 为材料的孔隙率;$k_{\mathrm{g},0}$ 为自由空气的热导率;β 为常数,表示气体分子与多孔材料孔壁之间的相互作用,对于空气来说,一般取值为 1.5;Kn 为克努森数,可由式(6.6)计算获得。

$$Kn = \frac{l_{\mathrm{g}}}{D} \tag{6.6}$$

式中,D 为多孔材料的孔隙尺寸;l_{g} 为气体分子的平均自由程,它是温度和压力

的函数,可以表示为

$$l_g(T) = \frac{kT}{\sqrt{2}\,\pi d_g^2 P_g} \tag{6.7}$$

式中,k 为玻尔兹曼常量(1.38×10^{-23} J/K);T 为热力学温度(K);d_g 为气体分子平均直径(m),空气取值为 3.54×10^{-10} m;P_g 为多孔材料孔隙内部的气压(Pa)。

图 6.22 为材料孔隙尺度大小对气相热导率的影响,从图中可以看到,气相热导率随材料孔隙尺度的增大而升高,所以需要将材料的孔隙尺度尽量控制在较小的范围。

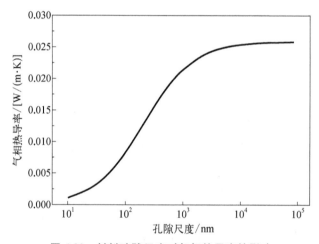

图 6.22   材料孔隙尺度对气相热导率的影响

与陶瓷纤维刚性隔热瓦类似,纳米隔热材料的组成成分同样会对其热导率和隔热性能产生影响,但主要表现为对固相热导率的影响。具有这种细观结构特征的材料的固相热导率可以表示为

$$\lambda_s' = \rho' v' \left[\lambda_s / (\rho_s v_s) \right] \tag{6.8}$$

式中,ρ' 和 ρ_s 分别为材料的表观密度和固体骨架材料的真密度;v' 和 v_s 分别为两者的声速;λ_s 为固体骨架材料的本征热导率。

表 6.4 为主要材料体系的物性参数,结合式(6.8)可知,材料组分的控制十分重要。

表 6.4　材料体系的物性参数

组　分	λ_s / [W/(m·K)]	ρ_s / (kg/m³)	v_s / (km/s)	$\lambda_s/(\rho_s v_s)$ / [×10⁻⁸m³/(s²·K)]	v' /(m/s)
SiO₂	1.34	2 200	5.90	10	150
TiO₂	6.50	4 170	4.64	34	—
Al₂O₃	30.2	3 970	9.79	78	—
ZrO₂	1.97	5 560	5.77	6.1	—

异相组分的引入会改变材料的光学性质,由此影响材料抑制辐射的能力,进一步影响材料的辐射热传导。因此,为提高纳米隔热材料的高温隔热性能,一般要在其中引入遮光剂。此时,材料的辐射传热可以采用式(6.9)进行计算:

$$k_r = \frac{16\sigma n_{\text{total}}^2 T^3}{3E(T)_{\text{total}}} \tag{6.9}$$

式中,n_{total}为材料的有效折射系数;$E(T)_{\text{total}}$为材料的有效消光系数,两者可通过下列公式计算得出:

$$n_{\text{total}} = \sum_{i=1}^{n} f_i n_i \tag{6.10}$$

$$E(T)_{\text{total}} = \sum_{i=1}^{n} f_i E(T)_i \tag{6.11}$$

式中,f_i、n_i和$E(T)_i$分别为材料中组分i的体积分数、折射系数和消光系数。

由传热学知识还可以知道,异相组分的加入势必会影响到材料的固相热传导。如果异相组分在基体材料中呈现均匀弥散分布,则添加有异相组分材料的固相热导率可以采用 Maxwell 描述:

$$k_c = \frac{k_0 + 2k_m + 2(k_0 - k_m)f_v}{k_0 + 2k_m - (k_0 - k_m)f_v} k_m \tag{6.12}$$

式中,k_c、k_0和k_m分别为含有异相组分材料的固相热导率、异相组分固相热导率及基体材料固相热导率。

图 6.23 ~ 图 6.25 分别是常用遮光剂材料的复折射系数、比消光系数,以及添加不同遮光剂后纳米隔热材料 Rosseland 的平均消光系数 β 随温度的变化情况。从图中可以看到,因遮光剂的光学性质不同,其对材料隔热性能的改善效果也有所不同。

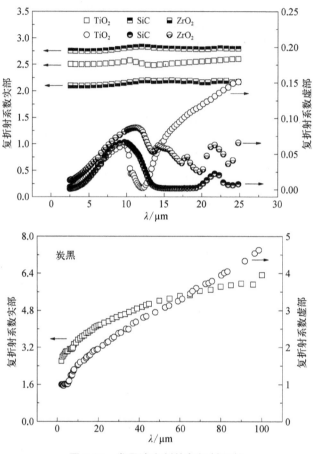

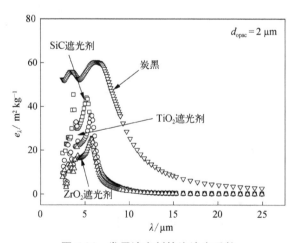

图 6.23　常用遮光剂的复折射系数

图 6.24　常用遮光剂的比消光系数

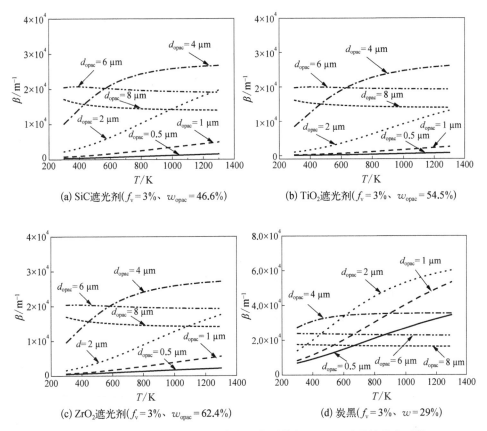

(a) SiC遮光剂($f_v = 3\%$、$w_{opac} = 46.6\%$)

(b) TiO$_2$遮光剂($f_v = 3\%$、$w_{opac} = 54.5\%$)

(c) ZrO$_2$遮光剂($f_v = 3\%$、$w_{opac} = 62.4\%$)

(d) 炭黑($f_v = 3\%$、$w = 29\%$)

图 6.25　添加遮光剂的纳米隔热材料罗斯兰德(Rosseland)平均消光系数

　　除此之外,还要注意材料的本征热导率和耐高温性能。例如,选择炭黑作为遮光剂时,对材料隔热性能的提升最为有利,但由于其在 400℃ 以上会发生氧化,不宜在较高温度的有氧环境下使用。

　　根据纳米隔热材料的主要组成成分,可将纳米隔热材料分为氧化硅纳米隔热材料、氧化铝纳米隔热材料、氧化铝-氧化硅纳米隔热材料和碳纳米隔热材料等。

6.4.2　氧化硅纳米隔热材料

　　图 6.26 是(热处理时间为 1 500 s)氧化硅纳米隔热材料热处理前后的 XRD 谱图。从图中可以看到,经 900℃ 热处理后,其仍为无定形结构,说明材料的物相高温稳定性较好。

　　图 6.27 为氧化硅纳米隔热材料比表面积随热处理温度的变化情况,从图中可以看到,比表面积随热处理温度的升高呈现先增大后减小的趋势。600℃ 热处理后

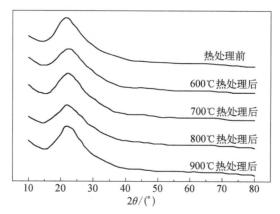

图 6.26 氧化硅纳米隔热材料热处理前后的 XRD 谱图

的比表面积较热处理前稍大,可能是由于残余的$-Si(CH_3)_3$在热处理过程中被氧化为了新的$Si-OH$,其随后发生缩聚反应形成了新的$Si-O-Si$多孔网络骨架,比表面积增大。热处理温度达到 700℃后,比表面积反而有所减小,但经 900℃热处理后仍高达 685 m^2/g,进一步说明了材料具有较好的高温稳定性。

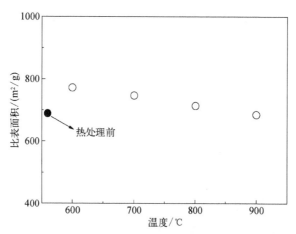

图 6.27 氧化硅纳米隔热材料比表面积随热处理温度的变化情况

图 6.28 为氧化硅纳米隔热材料 900℃热处理前后的微观形貌图,从图中可以看到,热处理前,多孔结构清晰可见,且颗粒大小和孔洞分布均较为均匀;热处理后虽然仍具有多孔结构,但出现了较为明显的团簇结构,部分孔结构发生了坍塌,这正是比表面积减小的原因。氧化硅颗粒受热时表面能增加,表面曲率增大,相邻的颗粒逐渐融合,物质由密度较低处流向密度最高处,从而表现为团簇结构的形成和孔隙的坍塌。

图 6.28　氧化硅纳米隔热材料 900℃热处理前后的微观形貌

与纤维隔热瓦类似,增强纤维在氧化硅纳米隔热复合材料成型过程中也会出现定向分布。同样地,定义平行于纤维铺陈面的方向为平面方向(XY 向),垂直于纤维铺陈面的方向为厚度方向(Z 向)。

经 500℃ 和 600℃ 单面加热热处理 10 次后,复合材料的外观保持完好,未发生开裂和变形,平面方向基本无收缩,而厚度方向出现了一定的收缩,收缩率数值见图 6.29。经 500℃ 和 600℃ 热处理 1~10 次后,厚度为 10 mm 和 20 mm 的样件在平面方向的收缩率基本上均为 0;经 500℃ 热处理 10 次后,厚度方向的收缩率分别为 1.81% 和 0.75%,而经 600℃ 热处理 10 次后分别为 1.82% 和 0.83%。

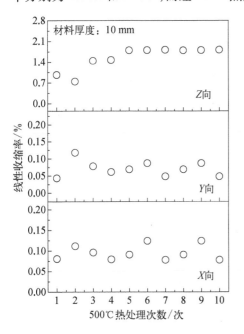
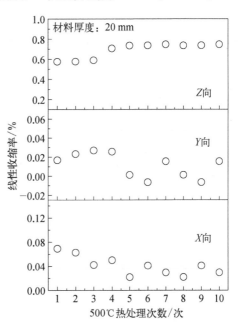

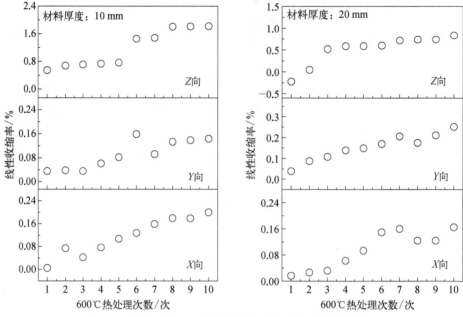

图 6.29　氧化硅纳米隔热材料收缩率与热处理次数的关系

　　表6.5~表6.7分别给出了热处理前后材料的压缩强度、拉伸强度及弯曲强度的数值。从表中可以看到,材料的力学强度随热处理温度的提高及次数的增加而产生增大的趋势。

表 6.5　氧化硅纳米隔热复合材料的压缩强度

热处理温度 /℃	热处理 次数	3%应变压缩强度 /MPa	10%应变压缩强度 /MPa	25%应变压缩强度 /MPa
—	—	0.071	0.16	0.31
500	1	0.073	0.17	0.34
	3	0.080	0.17	0.34
	5	0.076	0.17	0.34
	8	0.080	0.18	0.35
	10	0.084	0.19	0.36
600	1	0.074	0.16	0.33
	3	0.075	0.17	0.36
	5	0.082	0.18	0.34

（续表）

热处理温度/℃	热处理次数	3%应变压缩强度/MPa	10%应变压缩强度/MPa	25%应变压缩强度/MPa
600	8	0.091	0.19	0.38
	10	0.094	0.20	0.39

表 6.6　氧化硅纳米隔热复合材料的拉伸强度

热处理温度/℃	热处理次数	拉伸强度/MPa
—	—	0.90
500	1	0.93
	3	1.05
	5	1.12
	8	1.19
	10	1.25
600	1	0.98
	3	—
	5	1.23
	8	1.27
	10	0.84

表 6.7　氧化硅纳米隔热复合材料的弯曲强度

热处理温度/℃	热处理次数	弯曲强度/MPa
—	—	0.91
500	1	0.90
	3	1.00
	5	0.95
	8	1.00
	10	1.07
600	1	0.95
	3	—

（续表）

热处理温度/℃	热处理次数	弯曲强度/MPa
600	5	0.98
	8	1.13
	10	1.17

　　经 500℃ 和 600℃ 热处理 1 次及 10 次后,复合材料的石英灯背温考核冷面升温曲线如图 6.30 所示,图 6.31 给出了热处理 1~10 次的冷面温升对比图。考核过程中,在 480 s 时升至目标温度,随后保持 1 800 s。可以看到,经不同温度下的多次热处理后,材料的冷面温升变化幅度不大,说明材料的隔热性能较为稳定。

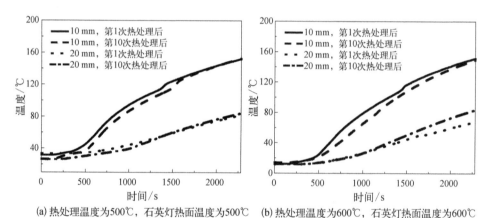

(a) 热处理温度为500℃,石英灯热面温度为500℃　(b) 热处理温度为600℃,石英灯热面温度为600℃

图 6.30　氧化硅纳米隔热复合材料冷面温度随时间的变化曲线

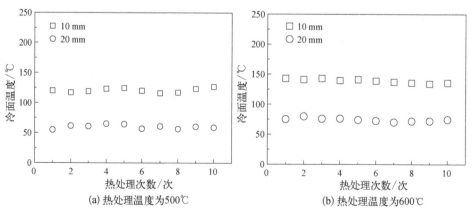

(a) 热处理温度为500℃　　　　　　(b) 热处理温度为600℃

图 6.31　氧化硅纳米隔热复合材料的冷面温升对比图

图 6.32 为氧化硅纳米隔热复合材料在不同温度下经多次热处理后的常温热导率对比图。在 500℃ 下热处理 10 次后,厚度为 10 mm 和 20 mm 的样件的常温热导率较热处理前分别增长了 2.66% 和 2.22%;而经 600℃ 热处理 10 次后,则分别增长了 3.22% 和 1.56%。

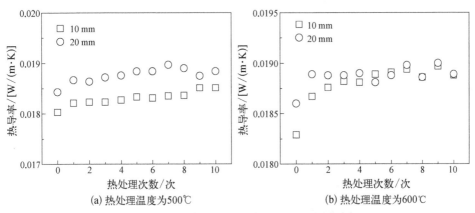

图 6.32 氧化硅纳米隔热复合材料热处理前后的常温热导率

图 6.33 为不同温度热处理后复合材料的高温热导率,较热处理前均有一定程度地增大。经 500℃、600℃ 单面热处理 10 次后,700℃ 时的热导率分别为

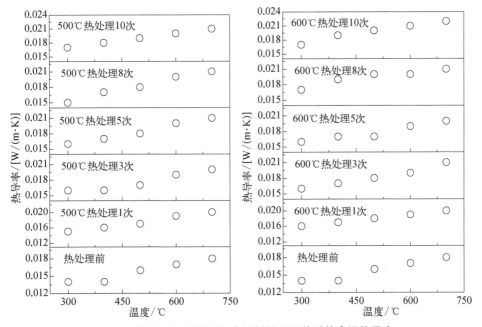

图 6.33 氧化硅纳米隔热复合材料热处理前后的高温热导率

0.021 W/(m·K)和0.022 W/(m·K),较热处理前分别增加了增长了16.6%和11.1%。

为分析复合材料热处理前后热导率变化的原因,对600℃单面热处理样件进行了氮气吸附测试。如图6.34所示,材料孔隙逐渐向大尺度方向移动,同时孔体积增大,这均是复合材料热导率增大的原因。

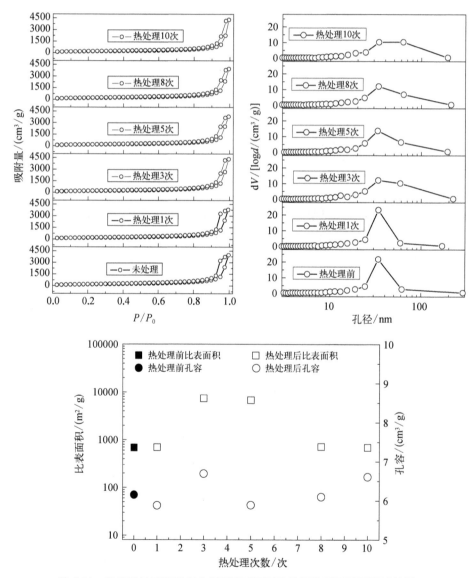

图6.34 氧化硅纳米隔热复合材料经600℃热处理前后氮吸附测试结果

　　综合上述材料各项试验结果及性能可以看出,氧化硅纳米隔热复合材料的长时使用温度可达 600℃。

6.4.3　氧化铝-氧化硅纳米隔热材料

　　在不同温度下经热处理 1 500 s 前后 Al_2O_3-SiO_2 纳米隔热材料的 XRD 谱图如图 6.35 所示。热处理前,主要物相为多晶勃姆石结构(γ-AlOOH)。经 800℃ 热处理后,勃姆石结构转变为非晶态的 γ-Al_2O_3。经 1 200℃ 热处理后,结晶明显,开始出现 θ-Al_2O_3。

　　Al_2O_3-SiO_2 纳米隔热材料经 1 200℃ 热处理后的 XRD 谱图如图 6.36 所示。

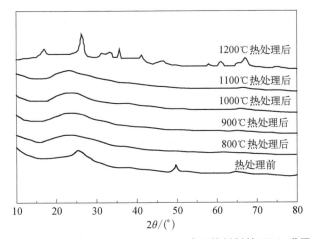

图 6.35　热处理前后 Al_2O_3-SiO_2 纳米隔热材料的 XRD 谱图

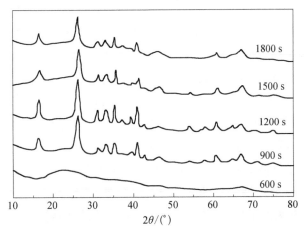

图 6.36　Al_2O_3-SiO_2 纳米隔热材料经 1 200℃ 热处理后的 XRD 谱图

600 s 时间内能够保持非晶态的 γ - Al_2O_3 不变,但 900 s 及更长时间后开始转变为多晶 θ - Al_2O_3。

Al_2O_3 - SiO_2 纳米隔热材料经不同温度热处理 1 500 s 后的比表面积测试结果如图 6.37 所示。与氧化硅纳米隔热材料类似,经 800℃热处理后,其比表面积基本不变,经 900℃热处理后有所增大,经 1 200℃热处理后减小至 170 m^2/g。

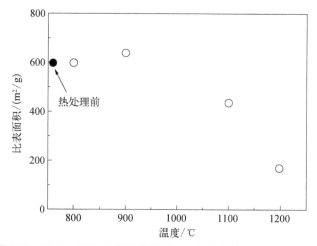

图 6.37 Al_2O_3 - SiO_2 纳米隔热材料比表面积与热处理温度的关系

图 6.38 为 Al_2O_3 - SiO_2 纳米隔热材料经不同温度热处理 1 500 s 的孔径分布图,从图中可以看出,热处理前以及经 800℃热处理后,材料的孔径大小在 35 nm 以内,在更高温度下经过热处理后,材料内出现了大于 50 nm 的孔隙。

图 6.39 为 Al_2O_3 - SiO_2 纳米隔热材料热处理前后的 SEM 照片。由图可知,热处理前,材料内部呈现以片叶状或针叶状为主的三维空间网络结构。经 900℃热处理后,材料内部结构较处理前相对疏松一些。而经 1 200℃热处理后,材料内部出现了团簇颗粒,表现出了一定的烧结特征。

Al_2O_3 - SiO_2 纳米隔热复合材料经 800~1 200℃热处理 1 500 s 处理后,其外观较好,无变形,图 6.40 是其线性收缩率和质量损失率。与氧化纳米隔热材料类似,平行于纤维铺陈面的 XY 方向的线性收缩率基本为 0,而在垂直于纤维铺陈面的 Z 向出现了收缩。经 800~1 100℃热处理后,线性收缩率为 1.65%~1.83%,质量损失率为 4.18%~4.49%;经 1 200℃热处理后,线性收缩率达到了 9.89%,质量损失率为 5.22%。

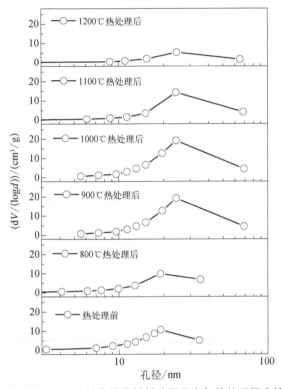

图 6.38 Al_2O_3 - SiO_2 纳米隔热材料孔径分布与热处理温度的关系

(a) 热处理前

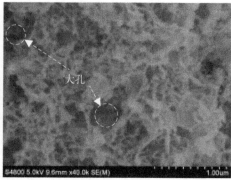

(b) 900℃

(c) 1200℃

图 6.39 Al$_2$O$_3$ - SiO$_2$ 纳米隔热材料的微观形貌与热处理温度的关系

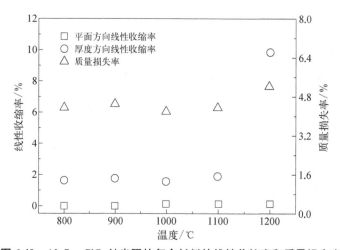

图 6.40 Al$_2$O$_3$ - SiO$_2$ 纳米隔热复合材料的线性收缩率和质量损失率

图 6.41 为复合材料热处理前后的微观形貌图。从图中可以看出,热处理前,纤维表面被纳米隔热材料所包裹,纤维和纳米隔热材料之间的结合界面较

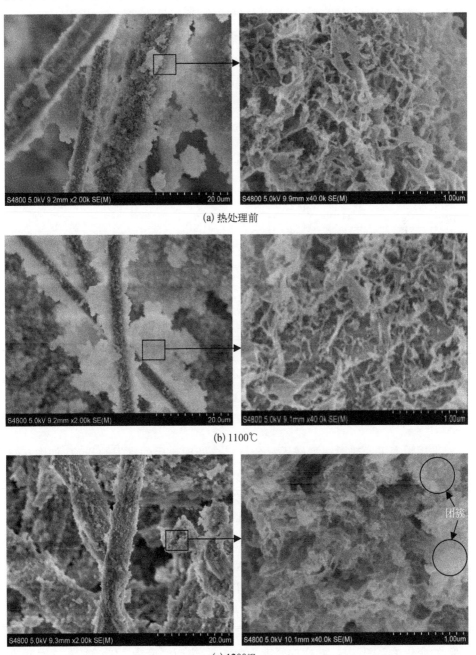

(a) 热处理前

(b) 1100℃

(c) 1200℃

图 6.41　$Al_2O_3-SiO_2$ 纳米隔热复合材料热处理前后的 SEM 照片

好;经 1 100℃热处理后与处理前相比,无论是纤维与纳米隔热材料的结合情况还是材料内部的纳米结构变化都不大;经 1 200℃热处理后,部分基体从纤维表面脱落,并且基体内部出现了明显的烧结团簇,这正是收缩较大的原因。

Al_2O_3-SiO_2纳米隔热复合材料的压缩强度和压缩模量随温度的变化情况如图 6.42 所示。由图可知,压缩强度随测试温度的升高而降低,但变化幅度不大。这可能是由于在高温压缩强度测试过程中,材料中内部存在的物理吸附水及少量醇溶剂被去除,Al-OR 基团分解,非晶态的 γ-Al_2O_3 发生相转变等,基体结构由此变得疏松。

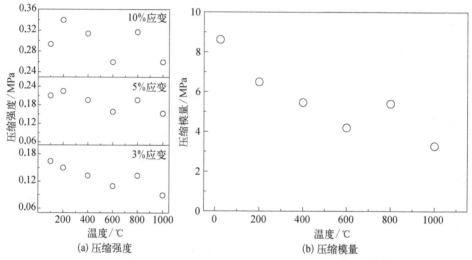

图 6.42 **Al_2O_3-SiO_2纳米隔热复合材料的压缩强度和压缩模量**

采用瞬态平面热源法测试了复合材料热处理前后的常温热导率,如图 6.43 所示。热处理前为 0.065 W/(m·K),经800℃热处理后变化不大,经900℃热处理后为 0.068 W/(m·K),经 1 200℃热处理后为 0.075 W/(m·K)。这是由于经 1 200℃热处理后,材料体积密度增加导致固态热传导增大,同时材料内部出现较大孔洞使得气态热传导进一步增大。

经不同温度热处理 1 500 s 后,复合材料的高温热导率测试结果如图 6.44 所示。由图可知,热处理温度在 800~1 000℃时,热导率基本不随热处理温度的变化而变化;热处理温度达到 1 100℃和 1 200℃时,热导率有所增大。

图 6.45 为经不同温度热处理后复合材料的石英灯考核试验中冷面温度随时间的变化关系图。其中,样件厚度为 20 mm,热面温度为 1 000℃,测试时间为 3 000 s。经过 800℃、900℃、1 000℃、1 100℃、1 200℃热处理过的复合材料的冷

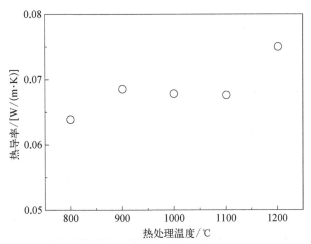

图 6.43　不同温度热处理后 Al_2O_3 - SiO_2 纳米隔热复合材料的热导率

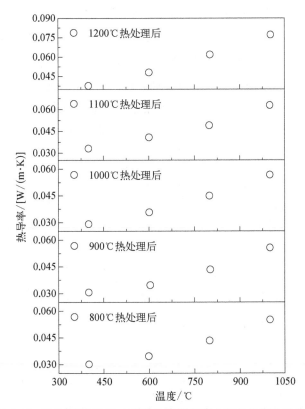

图 6.44　热处理后 Al_2O_3 - SiO_2 纳米隔热复合材料的高温热导率

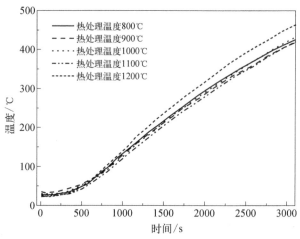

图 6.45　热处理后 Al_2O_3-SiO_2 纳米隔热复合材料冷面温升曲线

面温升变化不大,而 1 200℃热处理后,复合材料的温升明显增加。

采用石英灯红外辐射加热装置对材料重复进行了 8 次隔热性能测试,研究 Al_2O_3-SiO_2 纳米隔热复合材料的可重复使用性能,如图 6.46 所示。测试条件为:以 200℃/min 的速率升至 1 000℃,保温 3 000 s,试件尺寸为 200 mm×200 mm×20 mm。从图中可以看到,材料的冷面温度曲线基本重合在一起,冷面温度在 452~485℃,变化范围不大,说明隔热效果基本稳定。重复隔热效果测试后材料保持完好,没有发生开裂、变形等现象,说明 Al_2O_3-SiO_2 纳米隔热复合材料在 1 000℃具有较好的可重复使用性能。

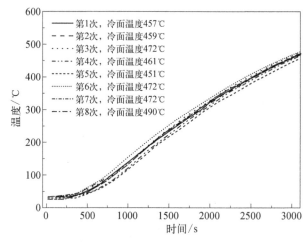

图 6.46　Al_2O_3-SiO_2 纳米隔热复合材料重复 8 次隔热性能测试的冷面温升曲线

6.4.4　Al$_2$O$_3$ 纳米隔热材料

热处理温度对 Al$_2$O$_3$ 气凝胶比表面积等物理性能的影响如表 6.8 所示,从表中可以看到,经 500℃ 热处理后,材料的比表面积有所增大,经 800℃ 和 1 000℃处理后又有所降低。比表面积的增大可能是热处理过程中,未水解和反应不完全的小分子等物质获得了释放,纳米孔隙结构得到了进一步完善;比表面积的降低与氧化硅体系的变化相同,是其固体骨架颗粒长大的结果。

表 6.8　热处理温度对 Al$_2$O$_3$ 纳米隔热材料物理性能的影响

热处理温度/℃	比表面积/(m^2/g)	密度/(g/cm^3)
热处理前	356	0.065
500	429	0.066
800	390	0.072
1 000	174	0.093

图 6.47 所示的是热处理前后 Al$_2$O$_3$ 材料的 XRD 谱图,从图中可以看到,热处理前的材料为多晶勃姆石相(AlOOH);经 500℃ 热处理后,勃姆石结构消失,出现 γ-Al$_2$O$_3$,但晶型很不完整,峰宽而弥散,基本处于无定形状态;经 1 000℃和 1 200℃ 热处理后,由无定形态依次转变为结晶态 δ-Al$_2$O$_3$ 和 θ-Al$_2$O$_3$。

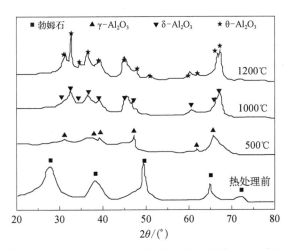

图 6.47　热处理前后氧化铝纳米隔热材料的 XRD 谱图

图 6.48 为 Al$_2$O$_3$ 纳米隔热材料的 TG-DSC 曲线。其中,76.4℃处的吸热峰对应物理吸附水的脱除;479℃处的吸热峰对应于水合 Al$_2$O$_3$ 中结构水的脱除。

TG 曲线显示,失重持续至 700℃ 左右,说明此温度下的 AlOOH 已完全转化为 γ - Al_2O_3,1 000℃、1 200℃ 热处理后分别转变为 δ - Al_2O_3 和 θ - Al_2O_3。

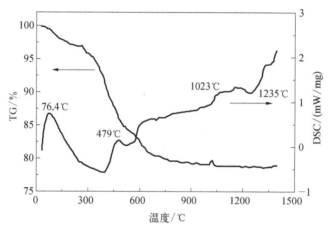

图 6.48 Al_2O_3 纳米隔热材料的 TG - DSC 曲线

为进一步提高 Al_2O_3 纳米隔热材料的高温稳定性,在其中引入了少量的 Y_2O_3。图 6.49 所示的是 5% Y_2O_3 含量的 Al_2O_3 纳米隔热材料经不同温度热处理后的 XRD 谱图。从图中可以看到,经 1 000℃ 热处理后,材料仍然处于无定形态,而经 1 200℃ 热处理后转变为了结晶态 δ - Al_2O_3 结构。与图 6.47 中未添加 Y_2O_3 时相比,材料的高温稳定性有了一定的提高,说明 Y_2O_3 的存在一定程度上抑制了 Al_2O_3 纳米隔热材料相转变的发生。这是因为在高温下 Y_2O_3 和 Al_2O_3 形

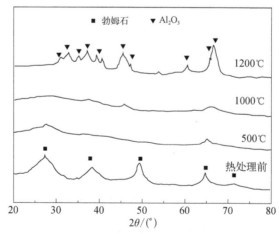

图 6.49   5% Y_2O_3 含量的 Al_2O_3 纳米隔热材料经
不同温度热处理后的 XRD 谱图

成了固溶体,从而降低了铝离子的扩散速率。从图中可以发现在经不同温度热处理后都没有 Y_2O_3 的特征峰的出现,这一点也证实了 Y^{3+} 已经固溶到 Al_2O_3 结构中。从图 6.50 中的 TG－DSC 曲线也可以发现,1 280℃才有放热峰的出现,进一步证实了此前未发生相转变。

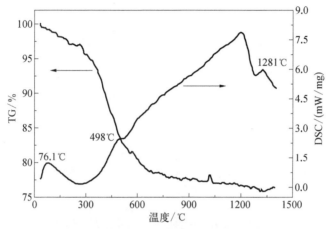

图 6.50　Y_2O_3 改性 Al_2O_3 纳米隔热材料的 TG－DSC 曲线

Y_2O_3 改性 Al_2O_3 纳米隔热材料的比表面积如图 6.51 所示,从图中可以看到,热处理前材料的比表面积随着 Y_2O_3 含量的提高呈现先增大后趋于稳定的趋势。经 1 000℃热处理后,材料的比表面积随着 Y_2O_3 含量的提高先增大后减少,并且当 Y_2O_3 的质量分数为 2.5%～10%时,材料的比表面积维持在较高水平,明

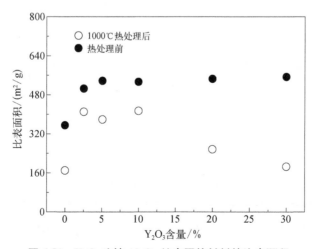

图 6.51　Y_2O_3 改性 Al_2O_3 纳米隔热材料的比表面积

显高于未添加 Y_2O_3 时的比表面积。

典型 Al_2O_3 纳米隔热材料的密度为 0.45 g/cm³,图 6.52 所示的 SEM 照片显示,颗粒及团聚体堆积形成了丰富的孔隙结构。图 6.53 是材料在不同温度下的热导率测试值,从图中可以看到,室温、1 000℃ 和 1 200℃ 时的热导率分别为 0.029 W/(m·K)、0.071 W/(m·K) 和 0.091 W/(m·K)。

图 6.52　Al_2O_3 纳米隔热材料的 SEM 照片

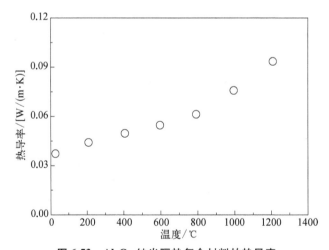

图 6.53　Al_2O_3 纳米隔热复合材料的热导率

图 6.54 分别是厚度为 20 mm 的样件在 1 200℃/1 800 s、1 300℃/1 800 s 考核条件下的背面温升响应曲线,显示出了材料优异的隔热性能。与考核前相比,考核后材料的外观等未发生明显变化,因此材料的长时使用温度可达 1 200℃以上。

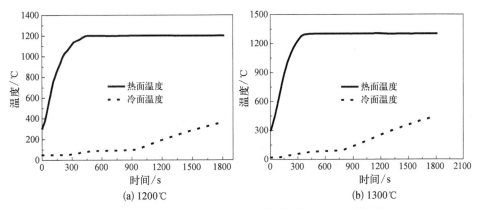

(a) 1200℃　　　　(b) 1300℃

图 6.54　Al₂O₃ 纳米隔热材料石英灯热考核背面温升曲线

6.5　柔性隔热毡

6.5.1　材料组分及细观结构设计

柔性隔热毡中填充的陶瓷纤维或陶瓷纤维棉主要影响材料的耐高温等级、隔热性能及密度等;纤维线及纤维线的疏密程度决定材料的拉伸强度;纤维布和纤维线也在一定程度上决定了材料的耐高温等级。因此,需要根据使用温度和使用时间对材料的组分进行设计。其中,陶瓷纤维(棉)可以选用石英纤维(棉)、硅硼酸铝纤维、莫来石纤维、氧化铝纤维、碳化硅纤维、氧化锆纤维等,其热导率和密度依次降低,但高温稳定性逐渐提高;纤维布可以选用石英纤维布、硅酸铝纤维布、氧化铝纤维布、碳化硅纤维布、氧化锆纤维布等;纤维线可以选用石英纤维线、硅硼酸铝纤维线、氧化铝纤维线和碳化硅纤维线等。除此之外,还可通过在陶瓷纤维中增加反射屏的方式进一步提高材料的高温隔热性能。

在细观结构设计上,可以将陶瓷纤维与纳米隔热材料复合,将其中原有的微米孔隙尺度减小至纳米量级,利用纳米尺度效应降低材料的热导率,提高材料的隔热性能,其原理与纳米隔热材料类似。

6.5.2　柔性隔热毡力学性能

与隔热瓦相似,柔性隔热毡中的纤维也具有一定的取向,因此也呈现各项异性特征。一般来说,缝制完成,卸掉工装后,垂直纤维方向的厚度会显著增大,同时平面方向的长宽尺寸有一定的收缩。这种尺寸的稳定性如果得不到有效控制,将对后续的装配和使用带来极大的不利影响。因此,控制柔性隔热毡的尺寸稳定性是产品质量的重要保障,也是此类产品的关键技术之一,对于非平板产品来说更加重要。

材料的长(宽)度、厚度、缝线间距和缝线规格均会对其各方向的尺寸变化产生影响,采用表 6.9 所示的 4 因素 3 水平正交实验对上述参数进行了研究。

表 6.9　影响陶瓷纤维类柔性隔热毡尺寸的因素水平表

试验水平	长度(宽度)/mm	厚度/mm	缝线间距/mm	缝线规格/Tex
1	150	10	5	51
2	300	20	10	95
3	450	30	15	190

表 6.10 给出了上述参数对制品厚度方向膨胀率的影响。由极差大小可知,厚度和缝线间距对厚度膨胀率的影响较大,长宽尺寸影响较小,而缝线规格则几乎没有影响。厚度方向膨胀率-因素趋势见图 6.55,通常认为,物料越多、越厚,则膨胀应该越大。但由实验结果可知,厚度方向的膨胀率随制品厚度的增加而减小,原因可能在于制品厚度不但与物料自身的膨胀有关,而且与纤维缝线的拉力相关。制品的自然厚度应该是物料膨胀与缝线拉紧后平衡的结果,两个力同时作用导致膨胀率随厚度增加而减小。

表 6.10　厚度方向的膨胀率测试结果

实验编号	实 验 因 素				厚度膨胀率 /%
	长度(宽度) /mm	厚度 /mm	缝线间距 /mm	缝线规格 /Tex	
1#	150	10	5	51	27.50
2#	150	20	10	95	16.25
3#	150	30	15	190	10.42
4#	300	10	10	190	37.50
5#	300	20	15	51	19.38
6#	300	30	5	95	2.08
7#	450	10	15	95	38.75
8#	450	20	5	190	10.63
9#	450	30	10	51	12.08

（续表）

实验编号	实 验 因 素				厚度膨胀率/%
	长度(宽度)/mm	厚度/mm	缝线间距/mm	缝线规格/Tex	
K_1	18.06	34.58	13.40	19.65	
K_2	19.65	15.42	21.94	19.03	
K_3	20.49	8.19	22.85	19.51	
极差 R	2.43	26.39	9.44	0.63	

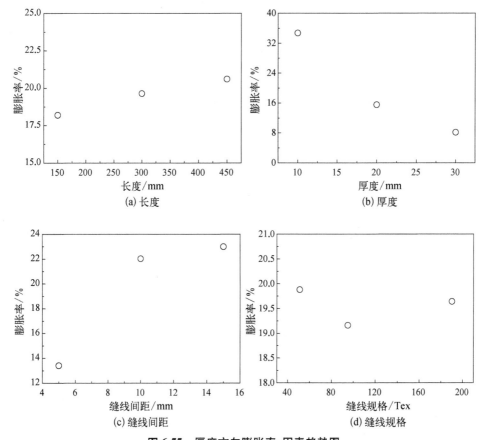

图 6.55　厚度方向膨胀率-因素趋势图

　　表 6.11 给出了上述参数对制品长宽方向膨胀率的影响,图 6.56 是长宽方向膨胀率-因素趋势图。从图中可以看到,影响长宽方向膨胀率的主要因素是缝线间距,其次是厚度和长(宽)度,缝线规格的影响较弱。

表 6.11 厚度方向膨胀率测试结果

实验编号	实 验 因 素				厚度膨胀率 /%
	长度(宽度) /mm	厚度 /mm	缝线间距 /mm	缝线规格 /Tex	
1#	150	10	5	51	0.97
2#	150	20	10	95	0.97
3#	150	30	15	190	1.00
4#	300	10	10	190	1.28
5#	300	20	15	51	1.10
6#	300	30	5	95	0.82
7#	450	10	15	95	1.40
8#	450	20	5	190	0.93
9#	450	30	10	51	1.13
K_1	0.98	1.22	0.91	1.07	
K_2	1.07	1.00	1.13	1.06	
K_3	1.16	0.98	1.17	1.07	
极差 R	0.18	0.23	0.26	0.01	

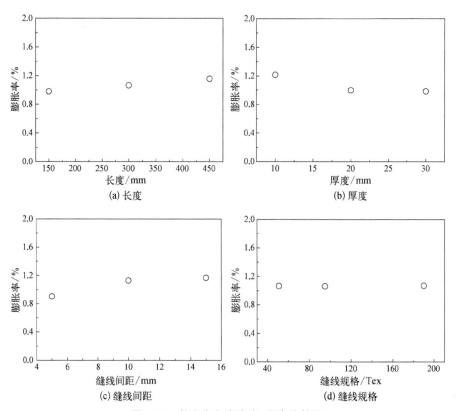

图 6.56 长宽方向膨胀率-因素趋势图

柔性隔热毡厚度方向的拉伸强度是该材料的薄弱环节,也是应用过程中普遍关心的一项技术指标,特别是柔性隔热材料在高温下的强度变化。贯穿隔热材料之间的纤维缝线承担着材料厚度方向上的拉伸承载能力,这种材料的破坏模式为纤维缝线断裂,而没有纤维布的剪切开裂现象,因此缝线的强度及单位面积内缝线的数量决定了隔热材料的拉伸强度。

表 6.12 是采用不同纤维缝线的柔性隔热毡热处理 30 min 后的拉伸强度变化。其中,纤维缝线的性质如表 6.13 所示,由表可知,热处理后材料的拉伸强度均有明显的下降,并且 600℃前的下降幅度相当,600℃后略有差别。氧化硅纤维缝线和氧化铝纤维缝线缝制的制品经 900℃温度处理后,拉伸强度都仅有 0.04 MPa;碳化硅纤维缝线缝制的制品经 600℃和 900℃处理后,拉伸强度基本相当,仍有 0.21 MPa。

表 6.12 纤维缝线对柔性隔热毡拉伸强度的影响

隔热毡纤维缝线类别	拉伸强度/MPa			
	室温	300℃	600℃	900℃
氧化硅纤维纱	1.02	0.63	0.16	0.04
氧化铝纤维纱	1.34	0.77	0.32	0.04
碳化硅纤维纱	1.28	0.71	0.21	0.21

表 6.13 柔性隔热毡的纤维缝线性质

纤维缝线	组成成分	浸润剂质量分数/%	纤维直径/μm	线密度/Tex	断裂力/N	拉伸强度/GPa
氧化硅	≥99.9%氧化铝	1.0±0.2	5~10	195±5	≥113	—
氧化铝	≥30%氧化铝	1.0±0.2	5~10	195±5	≥130	—
碳化硅	SiC_xO_y复合相	—	14~16	400~800 根/束	—	2.5~3.0

6.6 透波隔热材料

6.6.1 材料组分与细观结构设计

透波隔热材料是一类兼具隔热与透波功能的材料,一般置于防热透波材料的低温侧,主要是在不影响透波通信的前提下,有效降低天线窗(罩)内部的温度。由于透波隔热材料介电性能和隔热性能的双重要求,高效隔热材料一般不能直接作为隔热透波材料使用,首先要考虑材料组分的介电性能,这在一定程度上缩小了透波隔热材料体系的可设计范围。同时,由于水的介电常数非常大,为避免材料在使用及储存过程中吸潮,一般要求材料的细观结构上尽量少带或不带羟基等易吸水基团,或者材料成型后再进行疏水化处理。除此之外,材料的细观结构设计与高效隔热材料极为相似,制备工艺也基本相同。

依据材料细观结构的不同,可将现有的透波隔热材料分为陶瓷纤维透波隔热瓦和纳米透波隔热材料。前者的细观结构尺度在微米尺度,而后者的细观结构尺度为纳米量级,并且前者的隔热性能相对后者较差,其制备工艺与陶瓷纤维刚性隔热瓦和纳米隔热材料相同。

6.6.2   陶瓷纤维透波隔热瓦

测试频率为 10.6 GHz 时,不同温度下陶瓷纤维透波隔热瓦的介电常数和介电损耗如图 6.57 所示。由图可以看到,介电常数和介电损耗随温度的升高均有所上升,但均能够保持在较低的水平,介电常数在 1.5 左右,介电损耗低于 5×10^{-3}。

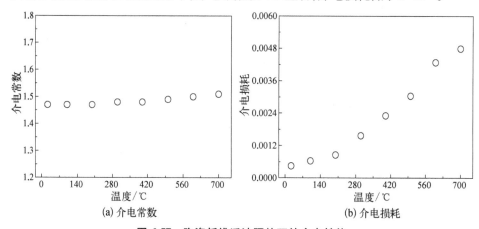

(a) 介电常数   (b) 介电损耗

图 6.57   陶瓷纤维透波隔热瓦的介电性能

图 6.58 为材料质量保留率和厚度保留率随热处理次数的变化。其中,单次热处理温度和时间分别为 1 500℃、2 000 s。从图中可以看出,每次热处理过程中,材料均有轻微的质量损失,处理 11 次后总失质量不超过 2%;与重量损失情况类似,材料在厚度方向上仅存在轻微的收缩,11 次后的总收缩量仅约 3.5%,但长宽方向的尺寸未发生变化。

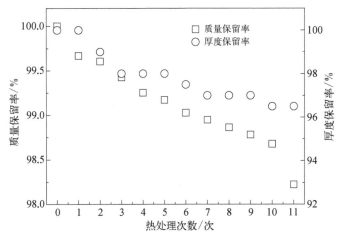

图 6.58　陶瓷纤维透波隔热瓦热处理过程中的质量和厚度保留率

由图 6.59 所示的 SEM 照片可以看到，经 1 500℃的高温热处理后，材料的纤维形貌和孔结构均未发生明显变化，基本保持了原有的结构。

(a) 热处理前　　　　　　　　　　(b) 热处理3次

(c) 热处理10次

图 6.59　陶瓷纤维透波隔热瓦热处理前后的 SEM 照片

由图 6.60 所示的材料室温热导率可以看到,材料的室温热导率几乎没有变化,均维持在 0.067 W/(m·K)左右。

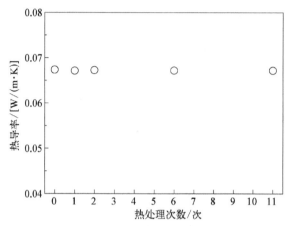

图 6.60 陶瓷纤维透波隔热瓦热处理前后的室温热导率

热处理前后材料的介电性能如图 6.61 所示,从图中可以看出,介电常数随

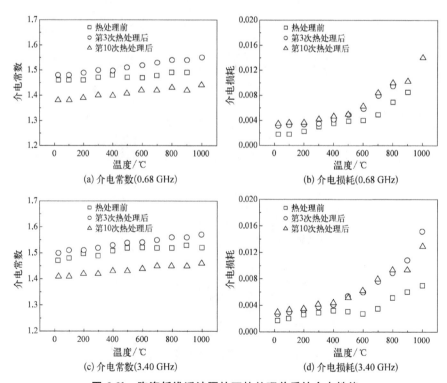

图 6.61 陶瓷纤维透波隔热瓦热处理前后的介电性能

处理次数的增加仅产生了幅度较小的波动,基本维持为 1.35~1.6;介电损耗在热处理后也仅有极小的增大。

6.6.3　纳米透波隔热材料

图 6.62 为不同温度下纳米透波隔热材料的介电性能测试结果。从图中可以看到,随着测试温度的升高,介电常数从 1.7 缓慢升高至 1.8;介电损耗的增大则更为明显,200℃时为 1.8×10^{-3},700℃时超过了 1×10^{-2},900℃时达到了 2.55×10^{-2},超过 900℃后则维持在 2.5×10^{-2} 左右。

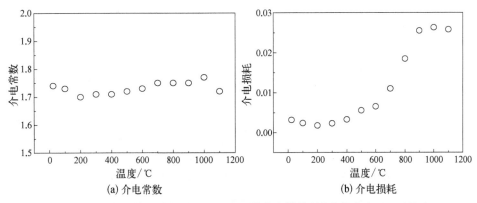

(a) 介电常数　　　　　　　　(b) 介电损耗

图 6.62　纳米隔热透波材料不同温度下的介电性能(测试频率为 10.6 GHz)

图 6.63 是 100℃时、不同频率下纳米隔热透波材料的介电性能。从图中可以看到,在 7~19 GHz 内,测试频率对两种材料的介电性能影响不大,介电常数在 1.5~1.75 波动,但是介电损耗均低于 5×10^{-3},显示出优异的宽频透波性能。

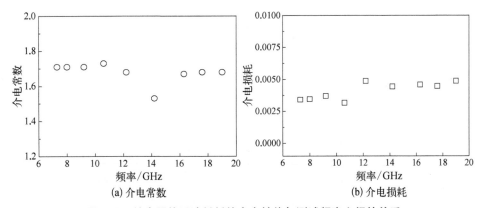

(a) 介电常数　　　　　　　　(b) 介电损耗

图 6.63　纳米隔热透波材料的介电性能与测试频率之间的关系

图 6.64 为热处理次数对材料质量保留率的影响。其中,热处理温度和时间分别为 1 000℃ 和 2 000 s。从图中可以看出,第一次热处理后试样的质量损失稍大,约 3.5%,原因可能是材料吸收了少量水蒸气;继续处理,质量变化不大,呈波动趋势,原因是每次处理后称重的时间不同,冷却至第二天称重时可能吸收了少量水蒸气。

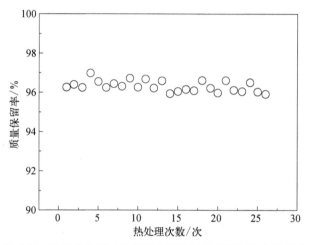

图 6.64 重复热处理对纳米隔热透波材料质量保留率的影响

材料尺寸随热处理次数的变化如图 6.65 所示。从图中可以看出,第一次热处理后,长宽方向的收缩稍大,继续处理后收缩较小,热处理 26 次后的总收缩量不到 1%;厚度方向的收缩大于宽度方向,26 次后的总收缩率约为 3.5%。

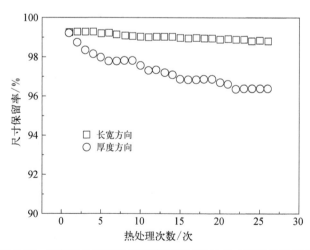

图 6.65 重复热处理对纳米隔热透波材料的尺寸稳定性的影响

　　热处理前后材料的微观结构如图 6.66 所示,从图中可以看出,在 1 000℃下热处理 26 次后,纤维形貌和孔结构均未发现明显变化,基本保持了原有的结构,表明材料能够高温长时重复使用。

(a) 原始样品　　　　　　　　　　　　　　(b) 热处理26次

图 6.66　热处理前后纳米隔热透波材料的 SEM 照片

　　图 6.67 为热处理次数对纳米隔热透波材料热导率的影响。从图中可以看到,热处理对材料的室温热导率几乎没有影响,均维持在 0.028 W/(m·K) 左右。

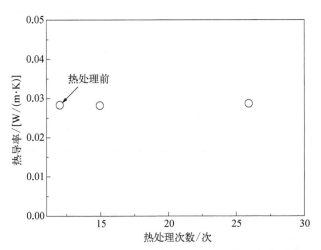

图 6.67　热处理次数对纳米隔热透波材料热导率的影响

　　图 6.68 为热处理次数对材料介电性能的影响,从图中可以看出,由于热处理前材料中含有少量的吸附水,随着测试温度的升高,吸附水逐渐脱除,材料的介电常数和损耗均呈下降趋势;热处理 15 次后,材料中的吸附水基本完全脱除,

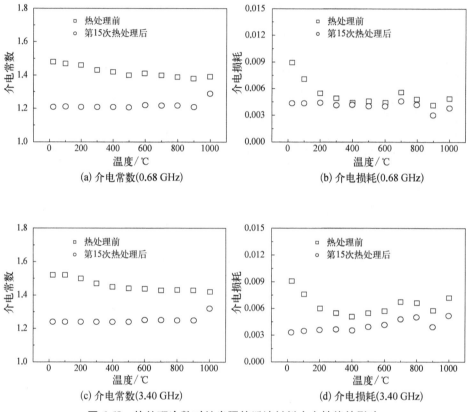

图 6.68　热处理次数对纳米隔热透波材料介电性能的影响

介电常数和损耗均有不同程度下降。

以上分析结果表明,材料在 1 000℃ 环境下重复使用 26 次后,其微观结构、宏观特性及介电和隔热性能无明显变化,说明材料可以在该条件下多次重复使用。

6.7　典型隔热材料的应用

图 6.69 为制备的陶瓷纤维隔热瓦阵列组件,尺寸为 400 mm×400 mm,厚度为 40 mm,由 4 块拼接而成,相互之间的缝隙均填有应变隔离带,以减小考核试验过程中因膨胀造成的热应力。对所研制的阵列组件进行了连续三次风洞考核

试验,图 6.70 给出了三次试验的冷热面温度曲线及考核后的样件照片。由试验结果可知,由冷面热电偶 1#、2#、3#、4# 及 5# 测试可得,温度随试验时间的延长而逐渐升高。表 6.14 总结了冷面停车前后的温升情况,从表中可以看到,三次试验的背面温升相差很小,说明其隔热性能稳定,考核隔热瓦及涂层均能够保持完好。

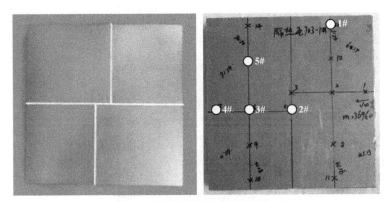

图 6.69　陶瓷纤维隔热瓦阵列组件

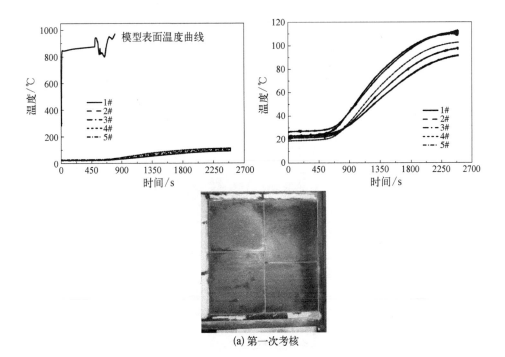

(a) 第一次考核

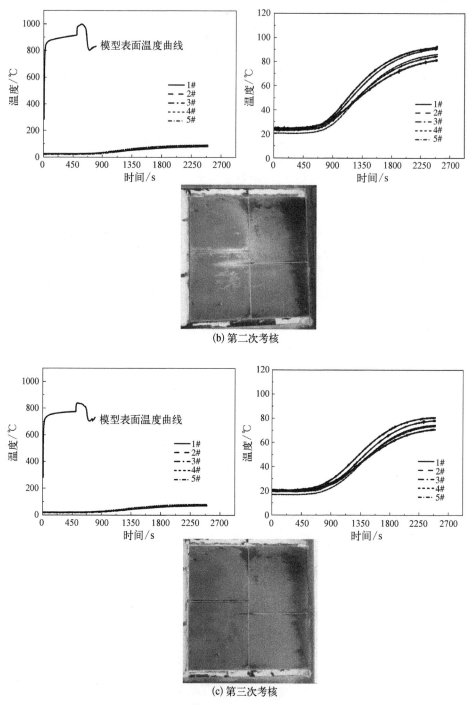

(b) 第二次考核

(c) 第三次考核

图 6.70 风洞考核温度曲线及考核后的样件照片

表 6.14　风洞考核背面温升情况

热电偶	0~800 s 温升/℃			800~2 500 s 温升/℃		
	第一次	第二次	第三次	第一次	第二次	第三次
1#	6.40	4.73	3.39	62.82	52.25	50.77
2#	6.90	4.43	3.59	69.28	57.22	47.03
3#	9.90	4.66	3.67	82.88	61.64	54.69
4#	13.90	6.64	5.25	74.06	60.98	54.86
5#	9.88	3.95	3.01	74.08	61.62	54.45

以隔热瓦作为隔热材料的典型舱段(图 6.71)通过了 165 dB、360 s 的噪声考核,以及最高温度为 1 300℃、总均方根 14 g 共计 2 500 s 的热振考核。

图 6.72 是纳米隔热材料的典型产品照片。图 6.73 是 30 mm 纳米隔热材料(低温面)和 10 mm 隔热瓦(高温面)组合隔热结构的周向闭合石英灯背面温升考核试验照片,热考核条件:最高温度为 800℃,总时长为 3 000 s,冷面温度约 130℃。图 6.74 是平板

图 6.71　隔热瓦典型舱段照片

图 6.72　纳米隔热材料典型产品照片

图 6.73　周向闭合石英灯背面温升考核试验照片

(a) 长时间低量级随机振动　　　　　　　(b) 短时间高量级随机振动

图 6.74　平板和圆筒振动考核试验照片

和圆筒振动考核试验照片,噪声考核条件为 165 dB、300 s,考核后材料未发生破坏。图 6.75 是热振联合试验照片,试验后表现出优异的结构可靠性和防隔热性能。

图 6.76 是柔性隔热毡的产品照片。以隔热毡制备的 2×2 阵列通过了最大热流为 148 kW/m² 、时间为 800 s 的风洞考核,试验中最高温度高达 1 132℃,图 6.77 是考核前后的样件照片,均表现出优异的抗氧化性能和防隔热性能。

图 6.75　热振联合考核试验照片

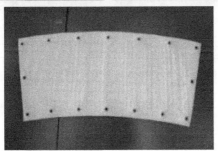

图 6.76　柔性隔热毡产品照片

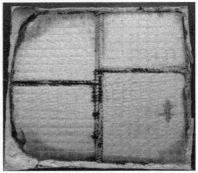

图 6.77　柔性隔热毡阵列风洞考核前后的照片

6.8　小结

　　高温高效隔热材料是航天装备研制的重要基础材料。一方面,与国外相比,材料的耐高温性能、力学强度等方面要相对落后,同时在大型地面考核及飞行试验等方面的相关数据积累相对较少;另一方面,随着飞行器飞行速度的提高和服役时间的延长,对高温高效隔热材料的耐温等级、隔热性能和可靠性等提出了更高的需求,同时也更加强调材料的重复使用性。因此,以现有材料为基础,提高材料的综合性能,发展和验证材料的可重复使用评价方法,拓展新材料技术及制备工艺,丰富和完善材料体系将是今后一段时间的研究热点。

参考文献

[1] John C, Francesco I. Thermal protection system of the space shuttle[R]. NASA – CR – 4227 NAS1. 26: 4227. NASW – 3841, 1989.

[2] 杨杰,隋学叶,刘瑞祥,等.航天飞机及高超飞行器用刚性隔热材料研究进展[J].现代技术陶瓷,2015,3: 25 – 29.

[3] 李俊宁,胡子君,孙陈诚,等.高超声速飞行器隔热材料技术研究进展[J].宇航材料工艺,2011,41(6): 10 – 13.

[4] 王康太,冯坚,姜勇刚,等.陶瓷纤维刚性隔热瓦研究进展[J].材料导报,2011,25(23): 35 – 39.

[5] 鲁芹,胡龙飞,罗晓光,等.高超声速飞行器陶瓷复合材料与热结构技术研究进展[J].硅酸盐学报,2013(2): 251 – 260.

[6] 王统寿,方明虎.陶瓷防热瓦和材料[J].中国建材科技,1990,2(2): 84 – 89.

[7] 曾昭焕.航天飞机用刚性陶瓷瓦防热材料发展概况[J].宇航材料工艺,1989,3: 12 – 21.

[8] 郭琳琳,陶鑫,郭安然,等.刚性陶瓷隔热瓦涂层的发展及其表面性质[J].材料导报,2016,30(19): 119 – 126.

[9] 邵高峰,沈晓冬,崔升,等.陶瓷防隔热瓦表面难熔金属硅化物涂层的研究进展[J].材料导报,2014,28(21): 136 – 142.

[10] Fletcher J C, Pechman A, Beasley R M. Two-component ceramic coating for silica insulation[P]. US3953646 A, 1976.

[11] Fletcher J C, Pechman A, Beasley R M. Three-component ceramic coating for silica insulation[P]. US3955034 A, 1976.

[12] James C F. Reaction cured glass and glass coating[P]. US4093771 A, 1978.

[13] Stewart D A, Goldstein H E, Leiser D B. High temperature glass thermal control structure and coating[R]. NASA – 83N34448, 1983.

[14] Stewart D A, Leiser D B. Toughened, uni-piece, fibrous, reinforced, oxidization-resistant

composite[J]. NASA Tech Briefs, 2009, 33(9): 12.

[15] Jerome P W, Sarah D R, Kenneth W B, et al. Durable refractory ceramic coating: US6444271 B2[P]. 2004.

[16] Maloney M J. Article having a durable ceramic coating [P]. US6187453, 2004.

[17] Djuricic B, Reiterer F. Fired refractory ceramic product [P]. US7968483,2004.

[18] David A S, Danel B L, Robert R D, et al. High efficiency tantalum-based ceramic composite structures: US7767305 B1[P]. 2010.

[19] White S, Rask D. Lightweight supper insulating aerogel/tile composite have potential industrial use[J]. Materials and Technology, 1999, 14(1): 13 − 17.

[20] Smirnova I, Gurikov P. Aerogel production: current status, research directions, and future Opportunities[J]. The Journal of Supercritical Fluids, 2018, 134: 228 − 233.

[21] Kistler S S. Coherent expanded aerogels and jellies[J]. Nature, 1931, 127: 741.

[22] Hrubesh L W. Aerogel applications [J]. Journal of Non-Crystalline Solids, 1998, 225: 335 − 342.

[23] Jones S W. Aerogel: space exploration applications [J]. Journal of Sol-Gel Science and Technology, 2006, 40(2 − 3): 351 − 357.

[24] Koebel M, Rigacci A, Achard P. Aerogel-based thermal superinsulation: an overview[J]. Journal of Sol-Gel Science and Technology, 2012, 63(3): 315 − 339.

[25] Baetens R, Jelle B P, Gustavsen A. Aerogel insulation for building applications: a state-of-the-art review[J]. Energy and Buildings, 2011, 43 (4): 761 − 769.

[26] Hasan M A, Sangashetty R, Esther A M, et al. Prospect of thermal insulation by silica aerogel: a brief review[J]. Journal of The Institution of Engineers (India): Series D, 2017, 98(2): 297 − 304.

[27] 胡子君,李俊宁,孙陈诚,等.纳米超级隔热材料及其最新研究进展[J].中国材料进展, 2012,31(8): 25 − 31.

[28] 舒心,刘朝辉,丁逸栋,等.纳米 SiO_2 气凝胶的制备及保温隔热性应用研究进展[J].材料导报,2018,32(3): 788 − 795.

[29] 关蕴奇,姜勇刚,冯军宗,等.无机纤维增强 SiO_2 气凝胶隔热复合材料的研究进展[J].材料导报,2017,31: 429 − 434.

[30] 孔勇,沈晓冬,崔升.气凝胶纳米材料[J].中国材料进展,2018,35(8): 569 − 576.

[31] 张驰,阚安康,孟闯,等.气凝胶隔热复合材料研究进展[J].制冷技术,2016,36(4): 61 − 67.

[32] 温培刚,巢雄宇,袁武华.耐高温氧化铝气凝胶研究进展[J].材料导报,2016,30(8): 51 − 56.

[33] 吴晓栋,崔升,王岭,等.耐高温气凝胶隔热材料的研究进展[J].材料导报,2015,29(5): 102 − 108.

[34] 高庆福,张长瑞,冯坚,等.氧化硅气凝胶隔热复合材料研究进展[J].材料科学与工程学报,2009,27(2): 302 − 306.

[35] Aegerter M A. Aerogels handbook[M]. Berlin: Springer-Verlag, 2012.

[36] 冯坚.气凝胶高效隔热材料[M].北京:科学出版社,2016.

[37] Brownlee D E, Tsou P, Atkins K L, et al. Stardust: finessing expensive cometary sample returns[J]. Acta Astronautic, 1996, 39(1−4): 51−60.

[38] Horz F, Ron B, Janet B, et al. Impact features on stardust: implications for comet 81P/wild 2 dusts[J]. SCIEAS, 2006, 314: 1716−1719.

[39] Sandford S A, Jerome A, Conel M O D, et al. Organics captured from comet 81P/wild 2 by the stardust spacecraft[J]. Science, 2006, 314: 1720−1724.

[40] Zolensky M E, Thomas J Z, Hajime Y, et al. Mineralogy and petrology of comet 81P/wild 2 nucleus samples[J]. Science, 2006, 314: 1735−1739.

[41] Brownlee D E, Tsou P, Aleon J, et al. Comet 81P/wild 2 under a micro-scope[J]. Science, 2016, 314: 1711−1716.

[42] Fricke J, Emmerling A. Aerogels recent progress in production techniques and novel applications[J]. Journal of Sol-Gel Science and Technology, 1998, 13: 299−303.

[43] White S, Rask D. Lightweight supper insulating aerogel/tile composite have potential industrial use[J]. Materials and Technology, 1999, 14(1): 13−17.

[44] Lee K P. Aerogels for retrofitted increases in aircraft survivability[C]. 43th AIAA/ASME/ASCE/AHS/ASC Structures, Structural Dynamics and Materials Conference, Denver, 2002.

[45] 关春龙,李垚,赫晓东.可重复使用热防护系统防热结构及材料的研究现状[J].宇航材料工艺,2003(6): 9−13.

第 7 章

长时热透波材料

7.1 概述

高超声速飞行与精确打击是新军事变革对武器装备的迫切要求。高速飞行条件下,头部天线罩、天线窗都将经受严重的气动加热,高超声速飞行器表面温度快速升高,最高可达到 2 500℃甚至更高,成为热罩、热窗,产生微波传输衰减与畸变,即热透波效应,从而严重影响飞行器通信与精确制导。

热透波是指微波通过高温状态的电介质材料(天线罩、天线窗)进行动态传输过程,其物理机制和过程特性远比微波在常温稳态电介质材料中的传输复杂。由此产生的热透波效应会使电磁波信号发生衰减,缩短雷达作用距离;天线方向图发生畸变,使瞄准精度下降、甚至脱靶。解决好热透波问题是各类高超声速飞行器实现精确制导的关键。

7.2 国内外研究现状

热透波材料是在恶劣热环境下能够实现透波功能的一种多功能材料,必须在很宽的温度范围内同时兼具稳定优良的介电性能、良好的力学性能、耐热/烧蚀性能、隔热性能及抗热冲击等综合性能,是一类特殊的多功能材料。

热透波材料研究始于 20 世纪 50 年代,最初是为了满足高速防空导弹需求而发展起来的[1],后续针对各类型空空、空地和弹道式导弹发展出了不同材料种类和结构类型的高温透波材料,使用环境具有短时高温特点。由于热透波材料具有关键作用和无可替代的特点,研究伊始就受到了各国的高度重视,美国、西欧和苏联均由军方机构牵头组织开展了相关研究工作。从20世纪50年代和80年代开始,美国军方和欧洲每两年组织召开一次电磁窗会议,但相关内容从未公开发表。

热透波材料大致可分为陶瓷(含玻璃)材料和陶瓷基复合材料两大类[2],树脂基透波材料由于使用温度相对较低,最高温度在500℃左右,不属于热透波材料范畴。早期的研究工作主要是针对耐高温性能和介电性能均较为优良的陶瓷材料开展,应用对象主要为各类空空、地空和空地导弹,除了根据实际使用需求进行材料体系筛选外,更多的工作集中在改善材料的力学性能,特别是脆性和抗热冲击性能,以提高天线罩的安全性和可靠性;随着弹道式精确末制导导弹的出现,天线罩尺寸增加,陶瓷天线罩的可靠性和安全性难以满足高马赫再入飞行器的热冲击和气动载荷要求。针对高马赫再入的应用环境,发展出了陶瓷基透波复合材料天线罩,并进行了大量的研究工作。

1. 陶瓷透波材料

氧化物陶瓷是研究最早,也是迄今为止品种最多的热透波材料体系,其中氧化铝陶瓷是第一种商业化高温天线罩材料。20世纪50~80年代,美国军方与康宁公司(Corning)、雷声公司(Raytheon)、佐治亚理工学院(Georgia Tech)等多家公司和高校合作,在微晶玻璃、堇青石陶瓷、氧化铍陶瓷、石英陶瓷等材料方面开展了大量研究工作[3,4]。其中,微晶玻璃和石英陶瓷具有优异的综合性能,在飞行马赫数为3以上的空空导弹和地空导弹上获得了广泛应用,特别是石英陶瓷,可以在飞行马赫数为35以上的导弹上使用。

氮化物陶瓷热透波材料的研究工作始于20世纪60年代,主要是氮化硅、氮氧化硅、塞隆(SiALON)和氮化硼,以及复相陶瓷,该类材料的耐高温和耐烧蚀性能普遍优于氧化物陶瓷[5,6]。虽然已有很长的研究历史,但由于若干技术未突破和成本较高等原因,型号应用还不广泛。据调研,氮化硅陶瓷天线罩已经在PAC-3导弹上实现了工程应用,PAC-3导弹采用了高精度的毫米波主动雷达末制导,其制导精度小于0.17m,导弹的最大飞行马赫数达到6~7,气动载荷和气动热超过了传统石英陶瓷天线罩。氮化物陶瓷目前仍然是高温透波材料研究的热点之一,特别是多孔陶瓷,是一个重要的发展方向,可作为宽频热透波材料使用,是高速反辐射导弹研制需要攻克的关键技术之一。

国内早期主要发展出微晶玻璃和石英玻璃材料,20世纪90年代以后,石英陶瓷材料技术逐步成熟,现已成为地空导弹和空空导弹天线罩的主要材料。在氮化硅陶瓷材料方面,国内也开展了大量研究工作,研制出的材料具有良好的力学和介电等综合性能,并已突破天线罩工程应用技术。

2. 陶瓷基透波复合材料

为了大幅度提高热透波材料的抗热冲击性能,满足高速再入环境条件需求,20 世纪 70 年代末~80 年代初,美国菲格福特公司(Philco-Ford)和通用电气公司(General Electric Company)首先开展了石英纤维增强 SiO_2 热透波复合材料研究工作,发展了系列材料制备工艺,全面评价了材料综合性能,但后续研究和应用工作情况未见报道[7]。为进一步提高复合材料的抗烧蚀性能,美国还开展过少量的 BN 纤维增强 BN 复合材料研制工作,但未见天线罩的应用报道。

20 世纪 50~60 年代,从低成本需求出发,苏联、美国和联邦德国开始进行硅质纤维织物增强磷酸盐复合材料研究,其中具有代表性的是苏联研制的磷酸铬铝材料,可以在 170℃下低温固化,并在 1 200℃高温下使用。我国从 20 世纪 90 年代末开始同类材料研究,突破了低温固化高温使用、介电性能调控等关键技术,采用模压工艺制备的材料获得了少量应用。磷酸盐类热透波材料具有明显的低成本优势,但与其他热透波材料相比,其介电和力学综合性能较为普通,且不适合高热流状态环境使用[8]。

我国从 20 世纪 70 年代开始进行石英纤维增强 SiO_2 复合材料研究工作,经过近 50 年的发展,突破了石英纤维制备、增强织物结构设计、织物编织、高效浸渍复合等一系列材料研制和工程应用关键技术。针对不同需求,研制出穿刺结构、三向正交结构、浅弯交联结构等一系列具有优良力学、介电、烧蚀和热物理等综合性能的高温透波材料及构件,满足了系列重大型号背景需求,材料体系也基本成熟,是目前国内高温透波材料的主要品种。

相比于纯陶瓷材料,陶瓷基复合材料的最大优势在于具有较好的抗热冲击性能和结构可靠性,特别适用于高超声速再入的热力载荷环境。该类材料的不足在于孔隙率较高,烧蚀性能低于同类的致密陶瓷材料。围绕提高耐烧蚀性能的一个重要的研究方向是研制氮化物和氮氧化物复合材料。

目前已开展过的氮化物纤维增强氮化物基体复合材料研究工作比较少,这主要是受复杂的工艺流程、苛刻的工艺环境和设备要求,以及高昂的材料成本所限。我国近年开展过 BN 纤维增强 Si_3N_4 复合材料探索研究,但没有取得重要突破。同时也对石英纤维增强氮化硅/氮化硼复合材料开展了较多的研究工作,采用了与 SiO_2 基复合材料相似的循环浸渍热处理工艺。由于受石英纤维性能高温退化的制约,该类材料很难充分发挥出氮化物基体在力学和耐烧蚀方面的优势,材料的综合性能与 SiO_2 复合材料相近。连续氮化硅纤维增强复合材料是继氧化硅基复合材料之后的新一代耐烧蚀天线罩材料,我国针对该材料开展了相关研究工作,结果表明,相同热环境下材料的线烧蚀速率显著降低,且烧蚀面平整,同时连续氮化硅纤维复合材料的高温力学性能显著优于石英复合材料。

综上所述,国内外热透波材料的研究主要针对各类空空、地空、空地及弹道式精确末制导导弹,发展出了各种类型的热透波材料,这类服役环境具有温度高、时间短的特点。随着先进航天飞行器的不断发展,大气层内(或跨大气层)高超声速飞行器的出现对热透波材料提出了长时耐高温抗烧蚀的需求,急需发展长时热透波材料,并结合高超声速服役环境特点开展系统、深入的研究。

7.3　长时热透波材料研究进展

在短时高温飞行条件下,天线罩、天线窗外表面温度较高,内表面温度相对较低,高温区域主要集中在外表面,内部仍有相当厚的承载层处于相对较低的温度下,温度值未超过热透波材料的高温承载上限,可满足短时高速飞行要求。随着高超声速飞行器的不断发展,飞行时间由之前的短时十几秒逐渐发展到几百秒至数千秒量级。长时飞行带来的气动热导致天线罩、天线窗的整个壁厚达到较高温度,对热透波材料的承载温度上限提出了更高要求,同时还要求其具有抗烧蚀能力和稳定的高温介电性能。在这种长时高温条件下,目前应用较多的石英类短时热透波材料不能完全满足使用要求。

石英类材料在1 000℃以上会出现析晶现象,在1 200℃以上会出现明显析晶现象,复合材料强度急剧下降,强度保留率在40%以下。受高温力学性能的制约,当长时气动加热温度达到1 000℃以上时,石英类材料将难以满足高温长时高承载要求。

7.3.1　长时热透波材料设计

根据高超声速飞行器的服役环境特点,需要对长时热透波材料进行针对性设计,从性能上综合考虑材料的高温承载性能、抗烧蚀性能和高温介电性能,并根据使用部位和部件尺寸重点考虑可靠性问题。

在高温承载方面,如前面所述,石英类材料在1 000℃以上会出现析晶现象,导致强度下降,因此只能适用于1 000℃以下的高温长时环境;氧化铝陶瓷虽然强度高,但是由于其弹性模量较高(370 GPa),热膨胀系数较大(8.1×10^{-6}/℃),

其抗热冲击性较差,只适用于飞行马赫数小于 3 的使用环境,而且构件尺寸不宜过大。连续氧化铝纤维增强复合材料克服了氧化铝陶瓷抗热冲击差的问题,具有优良的结构可靠性,高温强度优良,1 200℃时拉伸强度在 30 MPa 以上,适用于 1 200℃以下的高温长时飞行环境;氮化硅陶瓷材料具有良好的抗热冲击性能和高温力学性能,可作为马赫数为 6~7 高速飞行器的天线窗和小尺寸天线罩。连续氮化硅纤维增强复合材料具有优良的结构可靠性,同时具有良好的高温力学性能,可满足 1 400℃的高温承载透波要求。

在高温电性能方面,要求长时热透波材料在室温至高温内的介电性能保持稳定,介电常数不出现大幅度的波动,同时介电损耗保持在 10^{-2} 以下,以保证高温下电磁信号的透过性。上述几类长时热透波材料在室温~1 500℃内的介电性能稳定,可满足高超声速飞行器的高温透波要求。

在结构可靠性方面,对于陶瓷类长时热透波材料,如石英陶瓷、氧化铝陶瓷和氮化硅陶瓷,由于陶瓷材料的本征脆性,在受力状态下,内部微裂纹将产生突发性扩展,裂纹扩展后将引起周围应力的重新分配,导致裂纹扩展的加速,最终使材料发生脆性断裂。随着透波构件尺寸的增加,陶瓷裂纹缺陷数量也增加,在热冲击应力和气动载荷的作用下,当载荷超过材料强度时,微裂纹在应力作用下迅速扩展至整个构件,导致构件破坏。在使用过程中,即使产生局部的损伤,破坏模式仍然是整体式的。因此,陶瓷透波构件的可靠性比复合材料低,用于大尺寸天线罩时存在较高的可靠性风险。对于高马赫数飞行的大尺寸透波构件,选择陶瓷基复合材料具有较高的安全可靠性。

对于氮化硅材料,长时高温使用时需要考虑材料的氧化行为。Si_3N_4 氧化行为分为主动氧化和被动氧化两个过程(图 7.1),其中被动氧化是一个质量增加的过程,O_2 通过气动加热边界层进入材料表面,与材料表面的 Si_3N_4 反应生成固态的 SiO_2,同时释放出 N_2;主动氧化过程中,材料表面的 Si_3N_4 材料被氧化生成 SiO 气体和 N_2,是一个质量损失过程。被动氧化生成的 SiO_2 为固态的,即使经高

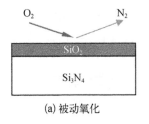
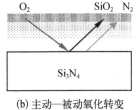

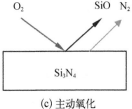

(a) 被动氧化　　　　(b) 主动—被动氧化转变　　　　(c) 主动氧化

图 7.1　氮化硅材料的主要氧化机理

温熔融后黏度也很大,会阻止 O_2 的进入,从而抑制氧化反应的进一步发生,有利于提高材料的抗烧蚀性能;但主动氧化产物均为气态,会导致材料表面后退,厚度减小,烧蚀量增加。

材料表面发生主动氧化还是被动氧化主要取决于服役温度和氧分压。在较低温度、较高氧分压条件下,Si_3N_4 以被动氧化为主,随着表面氧分压的降低和表面温度的升高,被动氧化开始向主动氧化转变。

实验观察发现,Si_3N_4 和 SiO_2 之间几乎没有氮氧薄膜层,因此一般认为 Si_2N_2O 的生成是次要的,SiO_2 的生成占主导。根据相关文献及地面实验结果,建立如图 7.2 所示的 Si_3N_4 氧化层形成模型,该氧化层模型由两层结构组成,最外层表面为致密 SiO_2 层,在致密 SiO_2 层和原始 Si_3N_4 之间存在一个多孔氧化层,且多孔氧化层孔隙内富氮,氧化反应在多孔层与原始材料之间的界面发生。

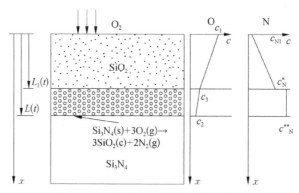

图 7.2 Si_3N_4 氧化层形成模型示意图

高温低氧分压环境条件下,Si_3N_4 可能发生分解反应,分解产物主要由 N_2 及原子数不同的 Si_x 分子气体构成:

$$Si_3N_4(s) \longrightarrow \frac{3}{x}Si_x(s) + 2N_2 \quad (x = 1, 2, 3) \tag{7.1}$$

图 7.3 给出了低环境压力环境(10 Pa)下氮化硅的主要分解产物。材料在发生分解的情况下,分解产物以气态 Si 及 Si_3 为主,同时伴有少量 Si_2 气体生成。另外,材料的分解反应属于吸热反应,且分解吸热量较大,反应产生的热效应对降低材料表面温度有积极的影响。

因此,氮化硅的氧化性能受温度和氧分压的影响,主动氧化会使材料产生质量损失,烧蚀性能和力学性能下降;被动氧化会在材料表面形成致密的氧化层,阻碍氧化反应的进一步进行,有利于提高材料的烧蚀性能和高温力学性能。

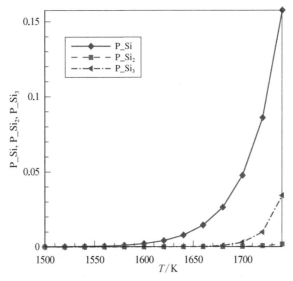

图 7.3　低环境压力环境(10 Pa)下氮化硅的主要分解产物

7.3.2　长时热透波材料制备

1. 连续氧化铝纤维增强热透波复合材料

氧化铝基纤维以氧化铝为主要成分,通常也含有一定比例的氧化硅成分,氧化硅的比例通常为0~28%。与石英纤维相比,氧化铝纤维具有化学惰性,高温强度保留率高、热导率低、介电常数和损耗低,其耐温性能更好[9]。发达国家十分重视氧化铝基连续纤维的研发,目前国外以3M公司为代表,已有满足不同应用需求的Nextel系列连续氧化铝纤维成熟产品,最高使用温度可达到1 600℃,见表7.1。据报道,氧化铝纤维已在航天航空领域获得了应用。

由于氧化铝纤维具有很好的力学性能和耐高温性能,其复合材料也具有良好的结构可靠性。采用Nextel 610氧化铝纤维制备的$Al_2O_{3f}/SiO_2-Al_2O_3$复合材料(牌号COI-610/AS),拉伸强度达到352 MPa;莫来石纤维增强含铝硅酸盐复合材料强度达到216 MPa。同时,其高温力学性能也具有明显的优势,经过1 373 K、1 000 h长时间处理后,COI 720/A-1复合材料(氧化铝基体)强度几乎没有下降。经1 473 K、1 000 h长时间处理后,强度保留率大于80%;UCSB 720/莫来石复合材料(莫来石-氧化铝混合基体)经1 273 K、1 000 h长时间处理后,强度保留率大于90%;经1 373 K、1 000 h长时间处理后,强度略有上升;经1 473 K、1 000 h长时间处理后,强度略有下降,和1 273 K时的强度相当;

表 7.1 氧化铝基陶瓷连续纤维商业产品[10-12]

牌 号	组 分	直径 /μm	密度 /(g/cm³)	拉伸强度 /GPa	拉伸模量 /GPa	介电常数 (9.375 GHz)	介电损耗 (9.375 GHz)
Nextel™ 312	$62.5Al_2O_3+24.5SiO_2+13B_2O_3$	10~12	2.7	1.7	150	5.2	0.018
Nextel™ 440	$70Al_2O_3+28SiO_2+2B_2O_3$	10~12	3.05	2.0	190	5.7	0.015
Nextel™ 550	$73Al_2O_3+27SiO_2$	10~12	3.03	2.0	193	5.8	—
Nextel™ 610	$Al_2O_3>99$	10~12	3.9	3.1	380	9.0	—
Nextel™ 650	$89Al_2O_3+10ZrO_2+1Y_2O_3$	10~12	4.1	2.8	350	—	—
Nextel™ 720	$85Al_2O_3+15SiO_2$	10~12	3.4	2.1	260	5.8	—
Allex	$85Al_2O_3+15SiO_2$	10~15	3.3	1.8	210	—	—
ALF	$72Al_2O_3+28SiO_2$	7	2.9	2.0	170	—	—

表 7.2 氧化铝纤维增强陶瓷基复合材料的主要性能

厂 商	材 料 牌 号	增强纤维	基体种类	纤维体积分数%	密度 /(g/cm³)	拉伸强度 /MPa	拉伸模量 /GPa	应变 /%
ATK – COI 公司	COI – 312/AS	Nextel 312	氧化硅/氧化铝	48	2.3	159	48.3	0.33
	COI – 610/AS	Nextel 610	氧化硅/氧化铝	51	2.82	352	141	0.35
	COI – 720/AS	Nextel 720	氧化硅/氧化铝	48	2.60	216	98.6	0.22
	COI – 720/AS – 1	Nextel 720	氧化铝	46	2.71	218	90.9	0.23
通用电气 公司	GE – 610/GEN – IV	Nextel 610	氧化硅/氧化铝	30	2.90	—	—	—

COI 720/AS 复合材料(含铝硅酸盐基体)的高温力学性能相对较差。目前,氧化铝纤维增强陶瓷基复合材料已形成系列化产品,最高使用温度可达 1 873 K,在涡轮发动机、燃烧室等热结构部件已成功应用。另外,国外已成功研制出氧化铝纤维增强陶瓷基复合材料天线罩样件。

我国从 20 世纪 60~70 年代开始进行陶瓷纤维(包括氧化硅、硅酸铝及氧化铝基纤维等)的制备研究工作,比发达国家起步略晚。经过持续不断的实践及技术开发,国内氧化铝纤维的制备研究与生产有了长足的进步,但氧化铝连续纤维的制备还处于实验室阶段。在氧化铝复合材料方面,国内受连续氧化铝纤维的限制,导致氧化铝纤维增强复合材料研究起步也较晚,技术成熟度较低,仍处于基础研究阶段。

航天材料及工艺研究所利用液相浸渍固化工艺,制备了氧化铝纤维增强透波复合材料(图 7.4)。研究结果表明,该材料的室温拉伸强度可达 70~80 MPa,与石英纤维增强复合材料相当;1 200℃下长时间使用的拉伸强度达到 30 MPa以上,较石英纤维增强复合材料提高了 50% 以上;1 400℃数百秒级使用后,其拉伸强度达到 20 MPa 左右,较石英纤维增强复合材料有质的提高;在 1 100℃以下,氧化铝纤维增强复合材料的拉伸强度保留率达到 90% 以上,而 1 200℃长时在线拉伸强度保留率仍在 40% 以上,说明氧化铝复合材料在 1 200℃有氧环境下经长时间使用后具有良好的结构可靠性(图 7.5)。

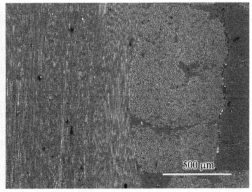

图 7.4 氧化铝纤维增强透波复合材料及微观形貌

如图 7.6 所示,室温~1 400℃,氧化铝纤维增强 SiO_2 透波复合材料的介电常数为 3.7~4.4,但介电损耗受温度影响,变化较大,为 $3.0 \times 10^{-3} \sim 2.0 \times 10^{-2}$。理论计算结果表明,通过结构设计,构件可以具有较好的透波率(透波率≥60%)。但

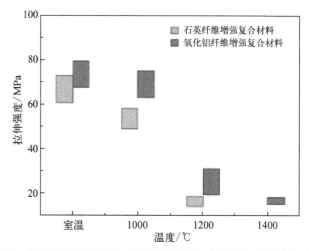

图7.5　石英纤维增强及氧化铝纤维增强复合材料的力学性能对比

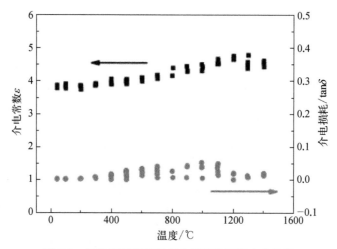

图7.6　氧化铝纤维增强复合材料的高温介电性能

介电常数和损耗的变化率依然比石英纤维增强复合材料高,这归结于氧化铝纤维纯度的影响,力学性能和杂质可控的氧化铝纤维是高性能透波复合材料制备的关键。

2. 多孔氮化硅陶瓷材料

氮化硅陶瓷具有优良的综合性能,国外对氮化硅高温透波材料已经进行了广泛的研究。1995 年,美国海军制备出了烧结温度不超过 900℃的无压烧结氮化硅陶瓷材料,其介电常数和弯曲强度分别为 4.03 和 85 MPa[13,14]。1997 年,美国陆军研制出无压烧结的 SiAlON 纳米复合陶瓷天线罩,应用于高超声速飞行器,该材料的介电常数为 4.78,介电损耗为 0.001 4,弯曲强度为 190 MPa。美国开发的另一种氮化硅天线罩是通过采用锆磷酸盐黏接氮化硅,其使用温度在 1 500℃,弯曲强度达到 71.6 MPa,介电常数和损耗分别是 4.98 和 0.003 1[13,14]。波音公司采用反应烧结氮化硅技术途径,研制出了多倍频宽带天线罩[15]。多孔氮化硅的厚度是 10.35 mm,密度低(1.6~1.8 g/cm³),介电常数为 2.24~2.5,介电损耗为 0.005。为了提高多孔氮化硅的抗雨蚀和防潮性能,在表层制备了较薄的高密度氮化硅材料,厚度为 0.76 mm(介电常数为 5,介电损耗为 0.005)。以色列也研制出了类似的多孔氮化硅天线罩材料,其不仅介电性能好(介电常数为 2.5~8.0,损耗小于 0.003),而且强度高、耐雨蚀性能良好,可耐高温为 1 600~1 850℃。法国也研制出了 Si₃N₄/BN 天线罩,达到了实用化水平。

航天材料及工艺研究所利用凝胶注模成型工艺,开展了多孔氮化硅陶瓷材料及天线罩(窗)样件研究,制备出尺寸为 300 mm×300 mm×10 mm 的平板和 φ300 mm×500 mm 的天线罩样件,样件尺寸达到了工程尺寸级别,综合性能优良。采用尺寸为 300 mm×300 mm×10 mm 的平板进行了透波率测试,在 8~12 GHz 和 12~18 GHz(包含 Ku 波段)频段下分别对材料进行了透波率的测试,实验结果表明材料满足平板透波率≥80%的技术指标要求,具有宽频透波的效果(图 7.7)。

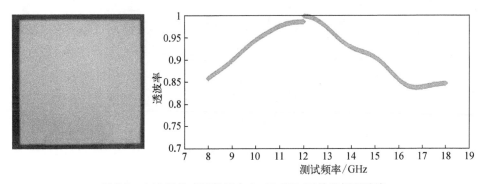

图 7.7 多孔氮化硅材料及在 8~18 GHz 下的平板透波率

热透波试验结果表明,平板在 6~35 GHz 测试频率、1 050℃高温下,插入损耗(简称插损)变化从 0.02 dB 到-0.14 dB,且试验前后尺寸和质量无变化。陶瓷平板模型微波插损在各频段的变化都较小,表明材料在各波段均有良好的高温透波性能,能够满足耐热宽频透波的要求。

表 7.3 天线罩材料烧蚀透波试验结果

模 型	试验时间/s	微波频率/GHz	插损变化/dB	表面温度/℃	试验前厚度/mm	试验后厚度/mm	试验前质量/g	试验后质量/g
703 – 1#	20	6	0.02	1 052	13.1	无变化	194.50	无变化
703 – 2#	20	6	-0.07	1 050	12.8	无变化	177.98	无变化
703 – 3#	20	9	-0.10	1 051	14.9	无变化	213.91	无变化
703 – 4#	20	9	-0.05	—	13.6	无变化	199.31	无变化
703 – 5#	20	2.3	-0.09	1 053	11.7	无变化	175.92	无变化
703 – 6#	20	35	-0.14	1 045	10.8	无变化	162.22	无变化

针对多孔氮化硅陶瓷气密问题,开展了多孔氮化硅陶瓷耐高温封孔用涂层制备技术研究。根据涂层使用环境条件,选择 Y – Si – Al – O 无机体系,耐高温等级达到 1 000℃以上。在涂层结构上,选用多层结构涂层设计,采用自制的陶瓷涂层粉料,利用液相熔渗工艺,成功制备出了高性能氧化物及氮化物陶瓷涂层,即在多孔陶瓷基体表面喷涂沉积非氧化物粉体内层和氧化物混合物粉体外层。经过高温作用,外层先形成液相,熔渗到内层中,促进内层陶瓷烧结,形成致密层;同时少量液相通过内层浸渗到多孔基体表面,形成过渡层。最终形成的多孔陶瓷基体表面包括致密层及多孔陶瓷基体和致密层间的过渡层(图 7.8)。

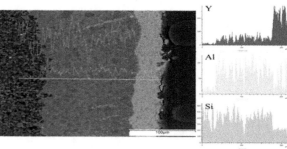

图 7.8 涂层表面与截面微观组织

涂层厚度为 180~200 μm,表面平整,厚度相对均匀,与基体结合良好,材料断裂过程中,没有发现涂层剥落。涂敷涂层后,材料表面不亲水,没有吸水现象,说明涂层起到了明显的防水作用。制备涂层后,试样硬度提高了 4 倍以上,并且具有很好的抗冲蚀能力。添加涂层后,损耗保持在 0.008 g 以下。进行了涂层热振实验,结果表明,在 1 000℃下保温 10 min 后水冷冲击,涂层经过 5 次、10 次、20 次循环后,宏观形貌并没有发生明显的变化,也没有产生肉眼可见的裂纹或者

涂层剥落。研制的尺寸为 170 mm×
120 mm×10 mm 的样件通过了典型
状态地面模拟烧蚀试验考核,试验
最高温度超过 2 000℃(图 7.9)。

3. 连续氮化硅纤维增强热透波
复合材料

氮化硅纤维增强复合材料是继
氧化硅基复合材料之后的新一代耐
烧蚀天线罩材料。氮化物复合材料
本征耐高温性能和力学性能均优于

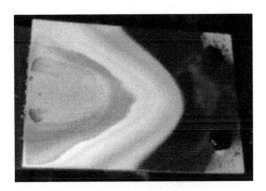

**图 7.9 氮化硅平板通过烧蚀
试验考核后的照片**

氧化硅纤维增强陶瓷基复合材料,有望解决长时耐高温抗烧蚀天线罩技术瓶颈。
氮化硅材料的晶相转变温度在 1 600℃ 以上,在 1 600℃ 以下时,物相稳定,理论
上具有比石英类材料更加优异的高温力学性能。氮化硅纤维增强复合材料性能
的高低取决于氮化硅纤维的性能水平。

国外的氮化硅纤维主要研究单位有日本的东亚燃料公司、原子能研究所和
美国的 Dow Corning 公司,分别代表着不同的合成路线。一般以聚硅氮烷或者聚
碳硅烷为先驱体,再经过纺丝、不熔化、高温热处理制得氮化硅纤维。日本东亚
燃料公司和美国 Dow Corning 公司是以聚硅氮烷为前驱体,制得的纤维力学性能
优异,拉伸强度大于 2.5 GPa,但由于前驱体合成技术复杂、成本高,均未实现产
业化。日本原子能研究所采用聚碳硅烷为前驱体,制得的纤维力学性能达到
2.0 GPa,由于与碳化硅纤维前驱体相同,合成技术简单,对设备要求较低,已经
实现产业化,商品名为 Sinber。国内外氮化硅纤维的典型特性见表 7.4。

表 7.4 国内外氮化硅纤维的典型特性[16-23]

单 位	化学组成质量分数/%				密度 /(g/cm³)	直径 /μm	拉伸强度 /GPa	弹性模量 /GPa
	Si	N	C	O				
日本东亚燃料公司	59.8	37.1	0.4	2.7	2.39	10	2.5	300
日本原子能研究所	58	35	4	3.0	2.3	15	2.0	220
日本东北大学	54	31	0	15	2.3	11~13	1.8	139
美国 Dow Coming 公司	59	28	10	3	2.32	10~20	3.1	260
厦门大学	58.3	37.0	0.3	2.0	2.3±0.1	11.5~12.4	1.0~1.5	140
国防科技大学	59.4	37.4	0.7	1.5	2.3±0.1	12.7	1.2	140

厦门大学和国防科技大学是国内的氮化硅纤维研制优势单位,初步建立起了实验室级别的研制线。后来厦门大学与福建火炬电子科技股份有限公司合作,建成了第一代氮化硅纤维吨级批产线。

在氮化硅纤维增强氮化物复合材料研制方面,美国西南研究院在美国空军研究局的支持下,采用日本东亚燃料公司的氮化硅纤维布作为增强体,以全氢聚硅氮烷为陶瓷前驱体,以 BN 作为复合材料界面,采用 PIP 法制备了氮化硅纤维增强氮化物复合材料,前驱体的陶瓷产率达到 80%,材料的密度达到 2.85 g/cm³。采用四点弯曲方法测定了材料的室温弯曲强度为 184 MPa,弯曲模量为 102 GPa,1 000℃ 时的弯曲强度为 191 MPa,弯曲模量为 92 GPa。

日本东亚燃料公司采用 SiN 和 SiBN 纤维,以碳作为界面,以全氢聚硅氮烷(PHPS)和聚甲基氢硅氮烷(SNC)为陶瓷前驱体制备了复合材料,复合材料具有良好的室温和高温力学性能[24],见表 7.5。

表 7.5　日本东亚燃料公司制备的氮化物纤维增强复合材料的主要性能[24]

项　　目	单向织物增强		双向织物增强	
热处理温度/℃	1 350		1 350	
浸渍次数	8		7	
纤维种类	SiN	SiN	SiN	SiBN
前驱体种类	PHPS	SNC	SNC	SNC
体积密度/(g/cm³)	2.54	2.35	2.36	2.38
纤维体积分数/%	43	54	57	58
室温弯曲强度/MPa	649	1049	618	627
1 250℃弯曲强度/MPa	—	—	546	595

航天材料及工艺研究所在氮化硅纤维增强复合材料研究方面开展了大量工作,目前已突破了纤维编织、界面设计与实现、复合成型、高效致密化等工艺,掌握了氮化硅纤维平板及天线罩织物编织技术。采用优化纤维上浆剂和编织工艺,实现了 2.5D 结构、三向结构、针刺结构织物的编织,如图 7.10 所示。在氮化硅纤维表面成功制备了界面层,不仅有效保护了纤维,而且起到了增韧效果,显著改善了复合材料的力学性能。材料密度达到 1.7 g/cm³ 以上,室温拉伸强度为 70.8 MPa,1 200℃拉伸强度为 58.1 MPa,1 400℃拉伸强度为 41.8 MPa,复合材料 1 200℃强度保留率在 80% 以上,1 400℃强度保留率达 60%,材料高温力学性能

和氧化硅基复合材料相比明显提升。复合材料具有良好的介电性能,在 7 ~ 18 GHz、20 ~ 1 200℃时,介电常数变化不大,在 3.6 ~ 3.8 波动,介电损耗均在 0.01 以下,满足使用要求(图 7.11)。

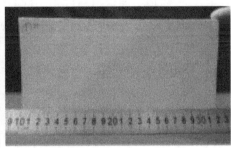

图 7.10　氮化硅纤维复合材料的织物及平板试样

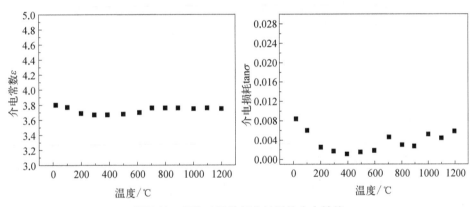

图 7.11　氮化硅纤维复合材料的介电性能

7.4　长时热透波材料应用评价

7.4.1　多孔氮化硅陶瓷材料

航天材料及工艺研究所研制的大端外径为 200 mm 量级的氮化硅陶瓷天线罩典型样件通过了系列地面试验考核,包括高温/低温环境及温度冲击、整罩电性能、湿热、加速度、振动、冲击、水密、地面跟飞和天线罩热力联合等试验考核,其功能和性能全面满足设计要求。

采用石英灯加热器辐射加热模拟试验件的耐高温性能。根据天线罩的形状和加热温区的大小,采用锥形加热器,分成 4 个独立加热区对天线罩进行全罩加热,最高温度达到 1 206℃,试验结束后天线罩目测无开裂现象,对试验后的天线罩进行了内部质量检测,结果显示内部质量完好、无裂纹。

天线罩热力联合试验中,静力载荷加载采用多段加载环在天线罩外部施加分布载荷,模拟天线罩根部弯矩。试验结束后,天线罩完整未开裂,连接环未脱落。在完成天线罩热力联合试验后,对天线罩静强度进行了摸底试验,天线罩破坏时的载荷达到设计最大载荷的 2.2 倍。

制备的氮化硅复相陶瓷材料通过了千秒量级长时耐高温电弧风洞试验,氮化硅复相陶瓷材料试样尺寸为 118 mm×116 mm×5 mm,试验过程中实测最高温度为 1 268℃。如图 7.12 所示,两种密度的氮化硅复相陶瓷试样均通过了风洞考核试验,考核后的试样未开裂,无可见裂纹,表面无明显剥落现象。

图 7.12　电弧风洞烧蚀试验后的氮化硅复相陶瓷平板图片

7.4.2　连续氮化硅纤维增强热透波复合材料

连续氮化硅纤维增强复合材料与石英复合材料的烧蚀形貌对比情况如图 7.13 所示,石英类材料烧蚀表现为熔融烧蚀模式,在材料表面形成液态层,一方面,液态层通过蒸发气体带走热量;另一方面,液态层在气流作用下发生流失带走热量,起到烧蚀防热作用。由于石英类材料的熔融黏度较高,烧蚀过程中熔体被气流冲刷后损失较小,可满足高马赫数飞行的抗烧蚀要求;氮化硅复合材料为强共价键材料,烧蚀模式为气化分解型,固气转化和固液转化相比需要消耗更大的热能,因此具有比氧化硅材料更好的耐烧蚀性能。

采用小发动机装置测试了氮化硅纤维复合材料的烧蚀性能,试验过程中热流密度为 6 300 kW/m²,试验时间为 10 s,试样尺寸为 60×34 mm,试验结果表明,复合材料平均烧蚀速率为 0.014 mm/s,表现出优异的耐烧蚀性能。

　　　　(a) 石英材料　　　　　　　　　(b) 氮化硅材料

图 7.13　不同材料的典型状态烧蚀形貌对比

7.4.3　氧化铝纤维增强热透波复合材料

　　航天材料及工艺研究所研制出了典型结构氧化铝纤维增强陶瓷基复合材料透波/承载/防热一体化窗口组件,如图 7.14 所示。对组件进行了热力电联合试验,考核天线窗组件在 1 200℃和 1 400℃下的可靠性、透波性能和隔热性能,利用电弧风洞平板自由射流试验设备模拟高温轨道气动加热参数(表 7.6),同时采用微波矢量网络分析仪测量微波传输过程中的插损变化,获得了一体化天线窗构件热力电联合考核结果。

图 7.14　典型氧化铝纤维增强复合材料天线窗实物照片

表 7.6　透波隔热性能考核试验参数

台阶编号	冷壁热流密度 /(kW/m²)	恢复焓 /(kJ/kg)	时间 /s
1	250	12 000	200
2	650	14 000	400
3	750	17 000	100

如图 7.15 所示,试验前模型正面和背面均为白色织物,试验过程中模型表面迅速升温变红,试验后模型背面无变化,在正面沿气流冲刷方向,局部变为暗红色,模型边缘涂硅橡胶和支架黏结处有碳化现象。从试验后的模型照片可以看出模型烧蚀表面变色,其周围覆盖有电极烧损产生的铜,但从微波信号的测试结果看,覆盖的铜并未遮挡天线,没有对微波测量结果产生影响。

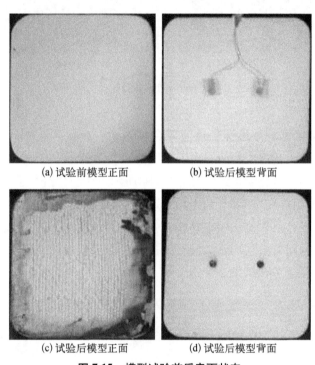

(a) 试验前模型正面 (b) 试验后模型背面

(c) 试验后模型正面 (d) 试验后模型背面

图 7.15 模型试验前后表面状态

模型试验中同时监测了模型的表面温度和背面温度(图 7.16)。选取模型烧蚀面中心为模型的表面测温点,模型的背面测温点位于图示的两孔位置内。根据试验模型材料发射率,将红外测温仪设置为 0.55,模型表面最高温度达到 1 439℃,在 1 400℃以上持续时间为 40 s,模型在 1 200~1 400℃的持续时间为 521 s,背温在试验停车后 1 500 s 缓慢增长至 58℃附近。在频率为 1.61 GHz 和 2.33 GHz 两个频率进行了微波测量,为避免电弧风洞过程中高浓度等离子对微波信号产生影响,在停车的瞬间采集信号,接收到的信号强度与试验前相比,变化值为 0.2~0.4 dB,计算出高温时的透波率均高于 80%。从试验结果看,天线窗盖板的表面温度在 1 450℃以内时,其电气性能变化不大,同时具有良好的隔热性能。

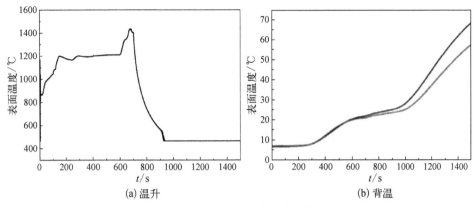

图 7.16 模型温升及背温变化曲线

7.5 小结

国内外热透波材料经历了数十年的发展,形成了陶瓷材料和陶瓷基复合材料两大类别,根据各自的特点,可分别应用于不同的领域,其中石英陶瓷和石英复合材料是典型代表;随着飞行器飞行时间的增加,对热透波材料的长时耐高温特性提出了更高的需求,热透波材料向着耐温等级更高的氧化铝复合材料和氮化物复合材料发展,逐渐形成了长时耐高温透波材料体系。未来随着系列高超声速飞行器技术的不断发展,对长时耐高温透波材料的需求将大幅度增加,高可靠、快速化、低成本工程化批量制备技术将成为发展的重点,需要针对具体应用环境加强应用基础与应用技术研究。

参考文献

[1] 彭望泽.防空导弹天线罩[M].北京:宇航出版社,1993.

[2] 张大海,黎义,高文,等.高温天线罩材料研究进展[J].宇航材料工艺,2001,31(6):1-3.

[3] Gooderum P B, Bushnell D M. Atomization, drop size and penetration for cross-stream water injection at high-altitude reentry conditions with application to the RAM C-I and C-Ⅲ flights[R]. NASA TN D-6747, 1972.

[4] Melvin G C, Stark L C. High-temperature dielectric properties of candidate space-shuttle thermal-protection-system and antenna-window materials[R]. NASA TN D-7523, 1974.

[5] Hsieh M Y, Mizuhara H. Silicon nitride having low dielectric constant[P]. US4708943 A,

1987.

[6] Kirby K W, Jankiewicz A T, Kirby R F. Near net shape fabrication of ceramic radomes: US6083452 A[P]. 2000.

[7] 李仲平.防热复合材料发展与展望[J].复合材料学报,2011(2): 1 - 9.

[8] 胡连成,黎义.俄罗斯航天透波材料现状考察[J].宇航材料工艺,1994,24(1): 48 - 52.

[9] Bunsell A R, Berger M H, Kelly A. Fine ceramic fibers[M]. Boca Raton: CRC Press, 1993.

[10] Tucker D S, Sparks J S, Esker D C. Production of continuous mullite fiber via sol-gel processing[J]. American Ceramic Society Bulletin, 1990, 69(12): 1971 - 1974.

[11] Toshinobu Y, Lihan A A. Synthesis of mullite fiber from an aluminosi loxane precursor[J]. Materials Chemistry Frontiers, 1994, 4(2): 353 - 359.

[12] Aksay I A, Dabbs D M, Sarikaya M. Mullite for structural, electronic, and optical applications[J]. Journal of the American Ceramic Society, 1991, 74(10): 2343 - 2358.

[13] Donald L P. Hybrid core sandwich radome[P]. US6107976 A, 2000.

[14] Simpson F H, Verzemnieks J. Controlled density silicon ni-tride material[C].Proceedings of the 16th Symposium on Electromagnetic Windows, Atlanta, 1982.

[15] Kirby K W, Jankiewicz A, Janney M. Gelcasting of GD − 1 ceramic radomes [C]. Proceedings of the 8th DOD Electromag Windows Symposium, Colorado Spring, 2000.

[16] Cannady J P. Silicon nitride-containing ceramic material prepared by pyrolysis of hydrosilazane polymers from (R3 Si)2 NH and $HSiCl_3$[P]. US4543344, 1985.

[17] Lipowitz J, Freeman H A, Goldberg H A, et al. Structure and properties of ceramic fibers prepared from polymeric precursors[J]. Materials Research Society Symposia Proceedings, 1986, 73: 489.

[18] Legrow G E, Lim T F, Lipowitz J, et al. Ceramics from hydrido polysilazane[J]. MRS Online Proceedings Library, 1986, 73: 553 - 558.

[19] Arai M, Funayama O, Nishiiil H, et al. Manufacture of high purity silicon nitride fibers[P]. 125015, 1987.

[20] Isoda T. Surface of high purity silicon nitride fiber made from perhydropolysilazane[C]. The Third International Conference on Composite Interfaces (ICCI −Ⅲ), Cleveland, 1990.

[21] Okamura K, Sato M, Hasegawa Y, et al. High purity and high strength inorganic silicon nitride continuous fiber[P]. US4954461 A, 1990.

[22] Yokoyama Y, Nan Ba T, Yasui I, et al. X-ray diffraction study of the structure of silicon nitride fiber made from perhydropolysilazane[J]. Journal of the American Ceramic Society, 2010, 74(3): 654 - 657.

[23] Mocaer D, Chollon G, Pailler R, et al. Si-C-N ceramics with a high microstructural stability elaborated from the pyrolysis of new polycarbosilazane precursors[J]. Journal of Materials Science, 1993, 28(11): 3059 - 3068.

[24] Morozumi H, Sato K, Tezuka A. Preparation of high strength ceramic fibre reinforced silicon nitride composites by a preceramic polymer impregnation method[J]. Ceramics International, 1997, 23(2): 179 - 184.

第 8 章

热疏导与热管理材料

8.1 概述

高超声速飞行器需在大气层内长时、高速飞行,其外部将承受剧烈的气动加热,头锥、舵/翼前缘等具有较小曲率半径的锐形结构特征部件将面临严峻的气动加热和抗氧化、抗热振环境。而飞行器内部则需平衡各种大功率、高集成电子设备(如大功率行波管、大容量数据存储器、数传发射机)的热排放。为达到飞行器热防护系统有效选材、可靠服役和热控系统稳定工作的目的,需要在外部利用疏导式热防护系统,内部利用高效热管理系统,将飞行器内外高热载荷区域的多余热量有效转移到低载荷区域,然后通过热辐射或热沉吸收等形式实现多余热量的耗散。因此,高超声速飞行器热疏导与热管理材料可分为两类,一类是用于飞行器外部热防护的疏导式热防护材料,一类是用于飞行器内部热控制的热管理材料。本章将从疏导式热防护与热管理两个方面分别对热疏导与热管理材料进行阐述。

8.2 疏导式热防护材料

为了满足高超声速飞行器在大气层中长程飞行的维形需要,飞行器外部整个热防护系统均需实现全程非烧蚀或低烧蚀。但随着高超声速飞行器飞行速度的不断提高,所面临的气动加热环境愈加严酷,其头锥、翼/舵前缘、干扰区等部位的温度可高达 2 000℃以上甚至达 3 000℃,可能超过现有热防护材料的耐温极限。传统的"硬抗型"烧蚀防热技术已无法满足使用要求,疏导式热防护成为解决高超声速飞行器超高温热防护的重要技术途径。疏导式热防护的技术内涵在于针对飞行器服役过程中热防护结构外表面温度极其不均匀的特征(飞行器迎背风面不同区域存在几百甚至上千度的温差),在飞行器防热层中建立可控的热量定向流动机制,一方面将强加热部位的热量快速传送到低温区,使高温区的温度降低,温度梯度减小,以避免防热结构烧穿或受热应力破坏;另一方面,在飞行器防热层内设计高效隔热层,尽量减少向飞行器内部传输的热量,以确保有效载荷处于安全温度范围内。近年来,疏导式热防护的作用已经得到飞行器设计人员的广泛认同,为实现飞行器表面高热载荷区域的冗余热量向低载荷区域的有效转移,疏导式防热结构设计及具有疏导功能的热防护材料开发工作受到了高超声速飞行器设计和研制人员的重点关注。

8.2.1 疏导式防热结构设计

疏导式热防护突破了传统热防护思路,通过对进入防热结构内部的热量进行主动热管理,区别于"热沉式"热防护的"储存热量"特征、"烧蚀式"热防护的"消耗热量"特征。疏导式热防护以"疏导热量"为特征,根据总体目标,对热量进行科学有效的管理,是一种综合采用快速传热、高效隔热、辐射散热及表面抗氧化机制的整体式热防护技术。疏导式热防护的作用过程包含四个物理机制,即快速传热机制、高效隔热机制、辐射散热控制机制和表面抗氧化机制。如图8.1所示,在表面层 A 内侧,用高效导热材料或器件制成疏导层 B,将高温区的热量快速传送到低温区;在疏导层内侧设计高效隔热层 C,以限制飞行器内部的温度升高;在低温区的更大面积上通过表面升温和辐射特性控制,以有效地提高辐射散热;通过表面处理制备抗氧化涂层,保证高温空气作用下的材料表面不被氧化。这四种物理机制一方面可以独立起作用,完成各自担负或通或堵的热量

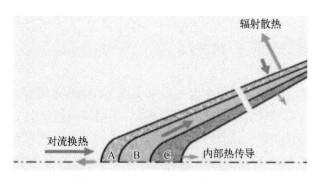

图 8.1 疏导式热防护概念示意图

疏导任务；另一方面，这四种物理机制又可以互相配合，共同完成疏导式热防护的整体功能。

疏导式热防护属于非烧蚀热防护的一种，其基本物理过程为通过疏导介质的合理运用，在防热层中建立热量定向流动机制，使强加热部位的热量流向低温区；阻碍热量向飞行器内部传递，加强向外耗散。也就是说，建立一种同环境加热相适应的热量管理机制，控制它按需要的方向传输。

对于这一核心思想的技术实现，疏导式热防护具有以下一些结构特征和功效：① 在防热层内建立一个疏导层，使热量能够沿飞行器表面气体流动方向快速传递，这是烧蚀防热或其他任何防热技术所不具备的；② 针对长时间加热设计的高效隔热结构，区别于烧蚀或其他防热技术的一般隔热设计，采用高性能隔热材料，其热导率一般应低于静止空气，其功效应能保证千秒级加热条件下的内部升温不超标；③ 在表面层和疏导层之间采用适当措施，降低界面热阻。利于强加热区的热量由表面层传向疏导层，大面积低温区热量由内向外传输，从而控制表面温度；④ 对于可能发生高温氧化的局部强加热部位，通过改变防热材料组分或铺覆涂层等措施，在表面形成氧化物薄膜，阻断材料发生高温氧化。

开展疏导式热防护结构设计中除考虑上述四大物理机制的协同作用和实现方法外，另一个重要的关注点是相关载体材料。抗氧化机制和辐射散热机制要求材料具有良好的耐高温、抗氧化、导热及辐射特性，快速传热机制要求材料具有高定向导热、耐高温等特性，而高效隔热机制则要求材料具有高热阻、高温热稳定等特性。其中，抗氧化材料及其辐射特性、高效隔热材料在本书其他章节中均有详细介绍，本章着重对热疏导材料进行梳理。

具备疏导式防热要求的热疏导材料和元器件，目前主要有以下几种：① 高热传导各向异性的防热材料，如高导热石墨材料和本章相关机理验证试验中所用的高导热 C/C 复合材料；② 高温和超高温热管，热管在航天领域的应用，过去主要集中在卫星等飞行器的内部温控方面。用于外部加热的防护，疏导式传热是一种新的探索和尝试。其中，由于高导热石墨材料力学性能较差，在飞行器中主要用于仪器舱热管理，将在下节进行介绍；高温和超高温热管材料在其他专著中已有详细介绍，本章重点介绍其烧蚀防热应用；高导热 C/C 复合材料具备耐高温、高导热、高温高强等优异性能，且可以通过表层抗氧化处理，兼顾抗氧化、热疏导及高辐射三大物理机制作用于一身，是目前最有前途的热疏导材料，将在本章节中重点介绍。

8.2.2　高导热 C/C 复合材料

高导热 C/C 复合材料通常是指由中间相沥青碳纤维增强的碳基复合材料，具有比传统 C/C 复合材料更为优异的导热性能、尺寸稳定性及高温、高强、高模特性，其力学强度可保持至 2 800℃以上。高导热 C/C 复合材料已被成功应用于电子仪器散热、高超声速飞行器尖锐前缘、仪器舱热管理、核聚变第一壁材料、卫星等空间飞行器承力/结构部件及热控系统等方面，是满足新型临近空间飞行器疏导式热防护需求的最佳候选材料之一[1-12]。2004 年，美国 NASA 通过 Hyper-X 计划开发出 X-43A 超声速飞行器，其机翼前缘采用了高导热 C/C 复合材料，成功通过了 14.7 MW/m² 、130 s 地面模拟试验及马赫数 7 和马赫数 10 两次飞行试验考核。其中，马赫数 7 头锥前缘由美国 BF Goodrich 公司研制，采用了日本三菱化学公司生产的 K321-2K 中间相沥青基碳纤维，为 2D 平纹编织结构，经纬向纤维比为 5∶1；而马赫数 10 头锥前缘由美国 MER 公司研制，采用了 Amoco 生产的 P30X-2K 中间相沥青基碳纤维，同样为 2D 平纹编织结构，经纬向纤维比为 3∶1，两种头锥前缘均在飞行试验考核过程中实现了"零"氧化烧蚀。两次 X-43A 飞行试验成功掀起了高导热 C/C 复合材料的研究热潮[13,14]。

1. 高导热 C/C 复合材料设计

热导率是衡量 C/C 复合材料热性能的一个重要参数，对材料研究和使用十分关键。近些年，人们对 C/C 复合材料的热导率设计和建模开展了大量工作，经研究发现，C/C 复合材料的热导率与其内部的微结构参数紧密相关，如石墨化度、纤维取向、基体碳类型、界面相状态、孔隙和裂纹等。但 C/C 复合材料具有多尺度、多组分特征，其内部传热机理十分复杂，单纯的实验研究很难明确结构参数对材料导热性能的影响程度。因此，有必要开展 C/C 复合材料热导率理论建模与数值计算，分析材料内部传热行为，明确微结构参数对材料导热性能的影响。针对 C/C 复合材料结构特征，从石墨微晶层面入手，构建了基体碳及典型结构 C/C 复合材料的热导率模型，将热导率描述为材料结构参数的函数关系式，并通过引入界面、孔隙率及基体碳非均匀分布结构特征等参数对函数关系式进行了修正，最终实现了对 C/C 复合材料导热影响因素的定量分析，结果如表 8.1 所示。

通过热导率模型解析可知，开展高导热 C/C 复合材料结构设计时，除了要针对使用环境开展预制体结构、基体碳组成等宏观结构特征设计外，还应重点考虑材料内部微结构特征的设计与调控。

表 8.1　C/C 复合材料重点结构参数对热导率的影响

材料组成	结构参数	参数变化	预测变化
基体碳	微晶取向 θ	$0° \rightarrow 18°$	基体热导率下降 16.7%
	微晶尺寸 La	减小 20%	基体热导率下降 8.5%
	微晶尺寸 Lc	减小 20%	基体热导率下降 3.7%
	基体碳孔隙率 φ	$10.34\% \rightarrow 13.56\%$	基体热导率下降 14.63%
纤维	热导率 λ_f	纤维轴向热导率 520 W/mK → 80 W/mK	整体热导率下降 23.07% ~ 56.25%
		纤维径向热导率 200 W/mK → 20 W/mK	
界面相	界面相厚度 h	$0.2\ \mu m \rightarrow 0.4\ \mu m$ 纤维轴向热导率为 80 W/mK	整体热导率下降 42.8%
		$0.2\ \mu m \rightarrow 0.4\ \mu m$ 纤维轴向热导率为 520 W/mK	整体热导率下降 6.8%

（1）石墨微晶发育程度是影响基体碳乃至整个 C/C 复合材料热导率的首要因素,取向度为影响热导率的重要敏感性参数。在微晶发育程度相当情况下,取向度对材料热导率的影响十分显著,因此应尽量提高材料整体石墨化度和取向度。

（2）孔隙率是材料热导率的敏感性参数,当孔隙率小于 10% 时对热导率的影响较小,大于 10% 时会显著影响材料热导率。且在材料本身热导率较小时,孔隙率的影响尤为明显,应减小孔隙率以增大材料整体热导率。

（3）应尽量选用高导热纤维及取向性较好、易石墨化的前驱体作为基体,并确保复合材料中纤维与基体碳沿导热方向的取向一致。

（4）界面相厚度对 C/C 复合材料等效热导率的影响密切依赖于碳纤维的轴向热导率,碳纤维轴向热导率越大,界面相厚度对 C/C 复合材料整体热导率的影响越小,因此界面相厚度是等效热导率的条件敏感性参数,可通过物理/化学方法提高纤维/基体界面结合程度。

（5）对于材料设计而言,由于纤维热导率远大于基体,在保证材料成型的基础上,若需提高热流垂直于纤维轴向方向的热导率,则应采取纤维疏排方法,尽量增大纤维间距;若需提高热流沿纤维轴向方向热导率,则应采取纤维密排方法,尽量减小纤维间距;若两个方向都有热流,则应视具体情况合理设计纤维排布方式及间距。

2. 高导热 C/C 复合材料制备工艺

高导热 C/C 复合材料由高导热增强体和基体碳组成,因此基体碳的导热能力对材料整体的导热性能同样具有显著影响,需选择取向性较好、易石墨化的前驱体。中间相沥青是一种由相对分子质量为 370~2 000 的多种扁盘状稠环芳烃组成的混合物,又叫液晶相沥青,经熔融后在外力作用下可以高度取向排列,是制备高导热碳纤维的关键原材料,也是基体碳前驱体的理想选择。研究中间相沥青碳结构取向的优化调控方法,对高导热 C/C 复合材料的制备工艺及性能优化具有十分重要的意义。

图 8.2 为中间相沥青在 1 000℃以内的 TG 曲线,从图可以看出,在 300℃以前,其失重较少;在 390℃后明显开始失重,这是由于在升温过程中,中间相沥青分子中所含的脂肪链进行热缩聚反应,随着分子链断裂,气体分子及轻组分挥发,大量逸出;400~550℃阶段的热失重较为严重,质量损失率为 25%左右,说明在此温度范围内中间相沥青的热缩聚反应最为剧烈,基体发生焦化,生成了较大的稠环芳烃分子;高于 600℃时,只有少量气体逸出,基体质量基本不变。

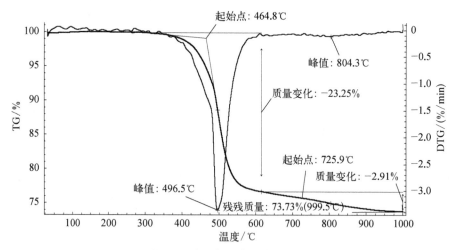

图 8.2 中间相沥青的 TG 曲线

中间相沥青的碳化过程为液相碳化,沥青在液相状态下受热发生分解和缩聚反应,在蒸馏低沸点组分的同时,进行环化和芳构化,最终经由中间相至固态碳的过程,中间相小球在热解过程 400~500℃ 中会不断地融并、长大[15]。随着这些中间相形成半焦状态,流动性变差,最终固化形成各向异性的区域组织,如镶嵌型组织、流线型组织等。其中,流线型组织具有最佳的取向特性,是由于区域组织在固化前受到外力作用而形成的。热解时从体系中排出大量的气体,气体流经没有固化的区域组织时,会对该区域组织产生一定大小的机械力,若此机械力足够大,则在该组织的表面形成沿气流方向的流线形态结构。

　　中间相沥青的碳化过程中伴随有大量挥发成分的逸出,碳化速率过快会导致挥发成分快速逸出及中间相沥青的快速焦化,影响碳化过程中中间相小球的融并、长大及流动取向,因此需对 350~550℃ 的碳化速率加以控制。图 8.3 为经历短时间碳化和长时间碳化后中间相沥青碳的 SEM 及偏光显微照片。比较两组图片可以发现,碳化时间延长,挥发成分的快速释放在一定程度上得到了有效抑制,碳化过程中产生的气孔减小,碳化物具有更好的光学活性及取向一致性,表明降低碳化速率有利于前驱体碳的发育和定向生长。

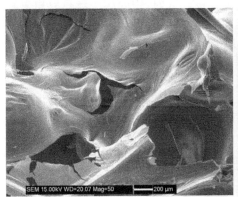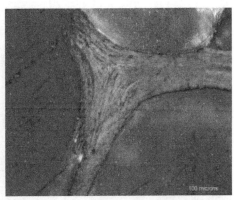

(a) 短时间

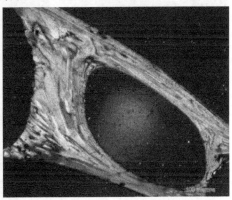

(b) 长时间

图 8.3　中间相沥青经历短时间和长时间碳化后的 SEM 及偏光显微照片

图 8.4 为中间相沥青高压碳化后的微观形貌图片。对比常压碳化后的微观形貌(图 8.3)可以发现,当碳化压力由常压变为 70 MPa 左右的高压时,中间相沥青碳的微观形貌均发生了显著的变化:表面孔洞及其尺寸减小,孔洞分布均匀;中间相沥青常压碳化后,偏光组织结构以小区域流线型组织为主,而高压碳化后形成粗流线区域型各向异性织构。同时由 SEM 图片[图 8.4(b)]可以发现,对于中间相沥青而言,高压碳化有利于形成大范围、大厚度的片层结构,取向一致性更好。这是因为压力对中间相沥青碳组织结构的影响主要是通过影响沥青的黏度来实现:当沥青在高压下碳化时,一方面,由于高压的存在,使液态沥青中间的空隙减小,分子间的作用力增大,并会提高沥青裂解、聚合的速度,使沥青的黏度增加;另一方面,由于压力的存在,沥青在密闭容器中裂解时产生的小分子组分的挥发速度减小,这些物质滞留在沥青中充当了溶剂的作用,进而使沥青的黏度降低;沥青黏度较小时,其流动性较好,有利于中间相小球的合并、长大,可以得到较大尺寸的域组织;而沥青的黏度较大时,中间相小球在液相中流动困难,最后形成小尺寸的镶嵌组织。

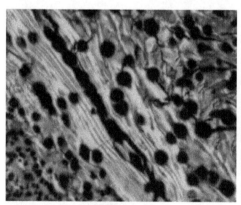
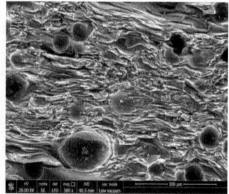

(a) 偏光显微照片　　　　　　　　　　(b) SEM照片

图 8.4　中间相沥青高压碳化后的偏光显微及 SEM 照片

综上,压力对沥青黏度的作用是双向的,当压力对黏度的增加超过对黏度的降低作用时,会形成镶嵌组织,相反,则会形成域组织[16]。由于本节中采用的中间相沥青的聚合度均较高,挥发成分相对较少,相比于裂解、聚合,挥发成分对沥青黏度的影响更显著,因而高压作用更多地表现为沥青黏度的减小,有利于沥青的流动取向,从而获得发育更完善、取向一致性更好且致密度更高的碳化组织。

高温处理是调控碳材料内部微观组织结构最常用也是最有效的手段之一。本节以经过熔融、纺丝、碳化处理后的中间相沥青碳纤维为研究对象,考察高温处理对中间相沥青碳结构的影响。图 8.5 为不同温度热处理后的中间相沥青碳纤维内部微观结构的 TEM 照片。从图中可以看出,随着热处理温度的提高,纤维内部石墨片层的取向度明显变好,各片层间的平行度增加,层间距减小。结果表明,随着热处理温度的提高,纤维石墨化度逐渐提高。

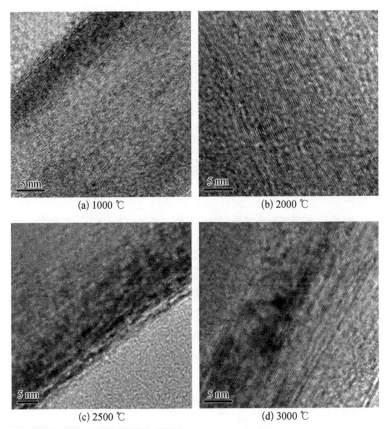

(a) 1000 ℃　　　　　　　　　(b) 2000 ℃

(c) 2500 ℃　　　　　　　　　(d) 3000 ℃

图 8.5　不同温度处理后中间相沥青碳纤维内部微观结构的 TEM 照片

　　为进一步考察热处理温度对中间相沥青碳纤维结构的影响,采用 XRD 及拉曼光谱对纤维结构进行了表征,相应的 XRD 和拉曼谱图如图 8.6 所示。根据图 8.6 可以计算出纤维的有关结构参数,具体结果如表 8.2 所示,纤维热导率采用 3ω 法测试[17]。由图 8.6(a) 可知,随着热处理温度从 1 000℃升至 3 000℃,纤维的 XRD 峰逐渐变得对称和尖锐,峰位置逐渐向右移动,表明纤维石墨化度逐渐增加,石墨微晶层间距逐渐向理想石墨晶体间距(0.335 4 nm)靠拢。根据纤维的 XRD 曲线可以计算出纤维内部石墨微晶的相关参数,如表 8.2 所示。石墨层间

距 d_{002} 由 0.346 1 nm 显著减小至 0.336 0 nm，石墨化度达到 93%，石墨微晶的堆叠尺寸 Lc 由 3.7 nm 增加至 21.6 nm，平面尺寸 La 由 4.6 nm 增加至 48.32 nm，同时石墨微晶沿纤维轴向的取向角由 23.2° 减小至 4.2°。

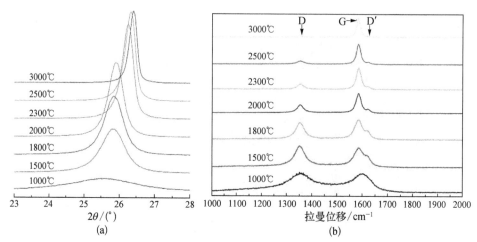

图 8.6 不同温度处理后中间相沥青碳纤维的 XRD 及拉曼谱图

表 8.2 不同温度处理后中间相沥青碳纤维的结构参数及热导率

温度 /℃	d_{002} /nm	G /%	Lc /nm	La /nm	Z /(°)	I_D/I_G	K /[W/(m·K)]
1 000	3.461	—	3.7	4.6	23.2	1.14	86
1 500	3.435	5.8	10.1	5.6	21.3	1.08	165
1 800	3.427	15.1	13.0	6.0	18.1	0.86	212
2 000	3.422	20.9	15.2	6.7	13.4	0.49	265
2 300	3.376	74.4	18.1	42.29	9.1	0.28	388
2 500	3.366	86.0	21.2	47.05	8.1	0.22	427
3 000	3.360	93.0	21.6	48.32	4.2	0.16	518

应指出的是，从 2 000℃ 到 2 300℃ 存在纤维石墨化度的突变，石墨微晶尺寸急剧增大（表 8.2），表明此温度区间是中间相沥青碳纤维向理想石墨转化的转折点。当热处理温度超过 2 300℃ 以后，石墨微晶的生长发育明显变缓，更多的是对应于微晶取向的调整重排，沿纤维轴向的取向角显著减小。

不同温度处理后中间相沥青碳纤维拉曼谱图如图 8.6(b) 所示。随着热处理温度的升高，G 峰逐渐变得对称、尖锐，D 峰和 D′ 峰逐渐变弱。经过 3 000℃ 热处理后，D 和 D′ 峰几乎消失，表明经过高温处理，纤维内部微晶逐渐向石墨结构转化，

I_D/I_G 由 1.14 减小到 0.16,同样说明了纤维石墨化程度的提高。经过 3 000℃热处理后,纤维热导率由 1 000℃时的 86 W/(m·K)提高到 518 W/(m·K)。综上可知,随着热处理温度的提高,中间相沥青碳纤维内部石墨微晶发育逐渐完善,表现为微晶尺寸长大,层间距减小,取向性变好,纤维的热导率也提高。

根据材料结构设计及基体碳结构调控的研究结果可知,碳纤维及基体碳作为 C/C 复合材料内部的重要传热通道,其内部石墨微晶的发育程度和排列取向是影响复合材料整体导热性能的关键因素。因此,制备高导热 C/C 复合材料时应尽量选用导热性能优异的纤维增强体及易石墨化的基体碳前驱体。中间相沥青具有特殊的分子结构,具有流动取向及易石墨化特性,通过延长碳化时间、高压碳化、石墨化处理等手段可以得到微晶发育程度高、取向性好的高导热碳结构,是制备高导热 C/C 复合材料的最佳基体碳前驱体。

基于此,为制备性能优异的高导热 C/C 复合材料,应采用高导热中间相沥青基碳纤维作为增强体,中间相沥青作为主要的基体碳前驱体,并尽可能提高材料密度和石墨化度。根据预制体的结构差异,其制备方法略有差异。采用高导热碳纤维为增强体,中间相沥青为基体碳前驱体,对于单向及二维结构高导热C/C 复合材料采用热压成型-高压液相浸渍致密化-高温石墨化工艺制备;对于三维结构细编穿刺织物则直接采用高压液相浸渍致密化-高温石墨化工艺制备。

3. 高导热 C/C 复合材料性能评价与表征

以二维高导热 C/C 复合材料为研究对象,对材料的微观形貌进行了表征。图 8.7 为热压制备的二维高导热 C/C 复合材料的金相结构及 SEM 照片。从图中可以看出,材料较为致密,内部孔隙较少,碳纤维相对均匀地分布在沥青基体碳中,基体包覆在纤维表面并沿纤维轴向呈同心片层结构。此外,存在圆形及扇形两种结构的碳纤维,以扇形结构为主。

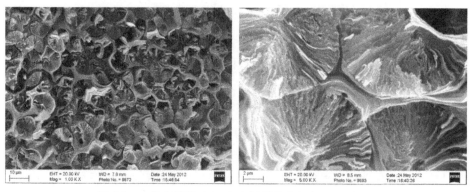

图 8.7　二维高导热 C/C 复合材料的金相和 SEM 照片

图 8.8 为纤维横截面的低倍数高角度环形暗场像(high angle annular dark-field, HADDF)及 TEM 像,图 8.8(c)和(d)分别对应图 8.8(b)中的 1、2 区域。

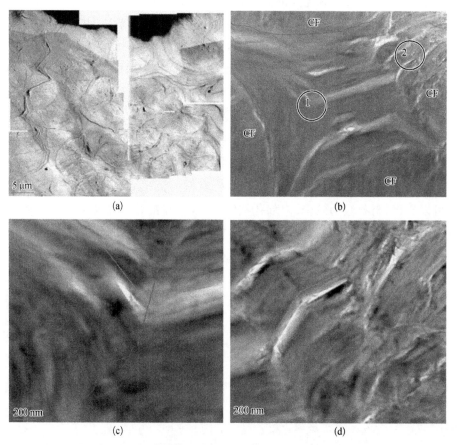

图 8.8　纤维横截面的低倍 HADDF 像及 TEM 图像

从图中可以看出,纤维都被沥青碳同心包裹,同时沥青碳有扭折情况,并非完全的呈圆形包裹纤维,包裹纤维的沥青碳相遇时形成一定角度的折角,其折角为30°到140°不等。上述结果表明,基体碳始终沿纤维表面生长,在高温处理过程中,受纤维表面形貌及石墨微晶生长发育的影响,因生长空间受限而发生扭曲,并沿纤维表面向外延展。因此,二维高导热 C/C 复合材料内部基体碳沿纤维轴向有序生长,高度取向,纤维/基体间的界面结合紧密,材料结构特征符合设计预期,单向及三维结构材料也具有类似的微观形貌。

不同结构高导热 C/C 复合材料的性能如表 8.3 所示。从表中可知,单向、二维及三维高导热 C/C 复合材料的致密度较高,密度均达到 2.0 g/cm^3 以上,室温导热方向热导率分别达到 748 W/(m·K)、443 W/(m·K) 和 385 W/(m·K),厚度方向热导率分别达到 56 W/(m·K)、55 W/(m·K) 和 85 W/(m·K),具备十分优异的导热性能。此外,值得注意的是,二维高导热 C/C 复合材料的拉伸强度达到 264 MPa,拉伸模量达到 300 GPa,具备优异的高导、高强、高模特性。

表 8.3 不同结构高导热 C/C 复合材料的性能

参 数		3D C/C	2D C/C	1D C/C
密度/(g/cm^3)		2.05	2.08	2.09
热导率 λ /[W/(m·K)]	XY	385	443	748
	Z	85	55	56
XY 向拉伸强度/MPa		150	264	—
XY 向拉伸模量/GPa		182	300	—
XY 向弯曲强度/MPa		135	133	135

8.3 热管理材料

高超声速飞行器内部空间为相对封闭的舱室结构,经过防热层和隔热层材料阻挡,外部气动热中仍有极少量的热量在飞行器服役过程中持续进入内部,并在舱室内部逐渐积累。尤其是在局部的连接件、支撑结构、舵轴等部位,更容易形成热量向内传递的捷径,称为热短路部位。同时,飞行器内部仪器舱内的电子器件在工作过程中会持续产生热量,也会在舱室内不断积累。对于高超声速飞行器内部舱室结构而言,外部向内的持续加热(尤其是局部快速热量传递)和内部电子器件的持续生热都会造成舱内温度的持续上升,当温度超过电子器件的最高耐受温度时就会发生故障。高超声速飞行器内部舱室内部热量的累积同样具有区域特性,即外部热量向内快速传递的局部热短路部位和高功率电子器件部位是舱内热量快速累积和温度快速上升的"加热源"。对"加热源"进行控制和管理是有效避免舱内超温的关键,其中热量疏导和相变吸热是两种有效的手段。

热量疏导温度控制是指采用高导热材料或组件将"加热源"附近的热量传递到低温部位,从而降低高温部位温度。其中,高导热材料或组件是实现热量高效疏导的关键。具有定向热量疏导功能的高导热石墨材料等具有超高比热导率[可达 $270(W \cdot m^{-1} \cdot K^{-1})/(g \cdot cm^{-3})$ 以上],是高超声速飞行器热量疏导温度管理系统的重要功能材料。按照制备方法,高导热石墨材料主要包括高定向热解石墨、再结晶(掺杂)石墨、高导热柔性石墨、高结晶度石墨薄膜/块等,其导热性能取决于内部石墨微晶的发育和完善程度。

高导热石墨材料在热管理领域主要用于高端电子器件的散热,如手机、CPU、集成电路板、发光二极管芯片材料等,其作用是及时疏导电子器件产生的热量,并降低器件之间的接触热阻,提高电子器件的整体散热能力,从而实现整个电子系统内部的热控制或热平衡。但由于飞行器舱内环境温度较低(<60℃),从仪器舱内高温部位疏导出来的热量很难通过辐射方式进行高效耗散,长时间的热量累积仍会使得仪器舱内的温度缓慢上升,因此需要配合相变吸热温度控制组件吸收冗余热量,实现对仪器舱温度的稳定调控和高效管理。

相变吸热温度控制方法是指采用相变材料的潜热将高温部位的热量吸收掉,实现热量不累积、温度不升高的目的。常用的相变材料包括以烷烃为主的有机类相变材料、无机盐类相变材料及金属类相变材料三大类,其中舱内仪器设备的工作温度一般不超过60℃,相变温控材料一般选用烷烃类有机相变材料。舵轴、冷热连接结构的工作温度较高,根据热环境,一般选用高温无机盐相变材料或金属相变材料。通常,相变材料具有较低的热导率[如石蜡的热导率仅为 $0.15 \ W/(m \cdot K)$],相变材料表层吸收热量后,热量在相变材料内部传递很慢,无法实现高效吸收热量,致使相变材料表层热量吸收饱和后,温度继续升高。因此,在相变吸热温度控制中,高导热填料是实现高效热量管理的关键,高导热泡沫碳材料具有非常的比热导率[可高达 $300(W \cdot m^{-1} \cdot K^{-1})/(g \cdot cm^{-3})$ 以上]、开孔率、化学惰性等特征,是高超声速飞行器相变吸热温控组件中采用的高效高导热骨架材料体系之一。

8.3.1　热管理材料设计

影响相变热管理材料性能的因素有两方面：一方面是被控对象的自身发热特性，如总发热量、热流密度、发热时长等；另一方面是相变温度、相变焓值、相变材料热导率等相变材料的热物性。相变热管理材料的设计主要实现相变材料的热物性和被控对象发热特性相匹配，即根据被控对象的发热特性来确定所需相变材料的热物性。相变材料的设计因素较多，包括单位质量/体积的熔融焓、相变温度范围、高热扩散系数/热导率等[18]。其中，相变温度、焓值是材料的固有特性，相变材料的设计聚焦于采用不同的导热增强方式来调控材料的热导率。

现阶段采用的高导热材料包括金属泡沫[19-23]、金属肋板[24,25]、膨胀石墨[26-32]、碳纤维[33-37]、碳泡沫[38-40]等。其中，膨胀石墨的成本低最低，碳泡沫的导热增强效果最好，碳纤维适用于定向导热增强，金属泡沫具有更好的力学强度和抗冲击能力。

Duan 等[41]将 $CaCl_2 \cdot H_2O$ 与不同含量的膨胀石墨混合，采用添加表面活性剂和真空复合工艺，制备出了 $CaCl_2 \cdot H_2O$-膨胀石墨复合物，膨胀石墨含量50%时，复合物热导率达到 8.796 W/(m·K)，而纯 $CaCl_2 \cdot H_2O$ 的热导率只有0.596 W/(m·K)，即复合物的热导率提高了近 14 倍，同时此复合物具有良好的热稳定性和储热能力。

Zhong 等[42]先将膨胀石墨压制成密度为 0.07~0.26 g/cm³ 的块体，然后在真空条件下将其在液态石蜡中浸渍 3 h。采用这种工艺制备出的石蜡-膨胀石墨复合物的热导率提高了 28~180 倍。由膨胀石墨孔隙结构和热导率的各向异性而引起的熔融石蜡的自然对流作用减少了石蜡的熔化时间。此外，石蜡-膨胀石墨复合物的热导率与膨胀石墨块体的密度基本呈线性关系，石蜡-膨胀石墨复合物的潜热与复合物中石蜡的质量分数也基本呈线性关系。从以上两种石蜡-膨胀石墨复合物的研究结果来看，石墨在复合物中的结构形式对复合物的热导率影响很大。

Ho 等[43]先将纳米 Al_2O_3 颗粒吸附表面活性剂，然后利用超声分散将液态石蜡和纳米 Al_2O_3 颗粒混合均匀，纳米 Al_2O_3 颗粒的质量分数分别为 5%和 10%。石蜡中加入纳米 Al_2O_3 颗粒后，其熔点与凝固点之间的温差由 1.4℃（纯石蜡）降到了 1.0℃，这表明纳米 Al_2O_3 颗粒的加入进一步降低了石蜡的过冷度。纳米 Al_2O_3 颗粒的加入对该石蜡复合物热导率的影响是非线性的，随着温度的提高,石蜡复合物的热导率增幅也提高[44]。Sanusi 等将自制的石墨纤维在熔融的石蜡中通过超声分散 4 h,石墨纤维的质量分数为 10%。研究结果表明,石墨纤维的加入可以使石蜡的凝固时间减少 61%,即提高了相变材料的放热效率。

在相变材料中加入粉体类导热增强相,确实可以有效提高石蜡复合物的热导率,从而提高其吸放热效率,同时具有制备工艺简单的特点。除了添加粉体类导热增强材料外,将相变材料与高热导率泡沫材料复合也是提高相变材料吸放热速率的一个有效途径。Fleischer 等[45]制备了以石墨泡沫和铝泡沫为导热增强材料的石蜡复合物,并研究了泡沫骨架材料对石蜡瞬间热响应能力的影响,他们同时还制备了含有 10%石墨纤维的石蜡复合物。石墨泡沫和铝泡沫中的石蜡的熔融和凝固速度比石蜡-10%石墨纤维复合物更快,即石墨泡沫和铝泡沫这类高热导率泡沫具有更好的结构连续性和更高的传热能力。Zhong 等[46]以沥青制备的石墨泡沫为骨架材料,其孔隙用石蜡完全填满,共制备了四种密度的石墨泡沫,其石蜡填充量为 47% ~ 76%。研究结果表明,相对于纯石蜡而言,这四种石蜡-石墨泡沫复合物的热导率分别提高了 190 倍、270 倍、500 倍和 570 倍,该复合物的相变潜热随石蜡填充量的增加而增大。

从以上研究结果可以看出,相对于在相变材料中添加粉体类导热增强材料,以高热导率的泡沫材料为骨架能更好地提高相变材料的吸放热效率,这是因为泡沫材料的热传导路径的连续性更好。航天材料及工艺研究所在石蜡相变材料中加入高热导率粉体类导热增强材料,并以铜泡沫、高热导率碳泡沫为骨架制备出了最高热导率大于 50 W/(m·K)的相变复合材料,该材料可有效提高热管理和热能储存效率。

8.3.2 相变材料的封装

由于目前大量使用的是固液相变材料,为防止相变复合材料在使用过程中发生泄露,在导热增强设计中也需要结合相变材料的包覆与封装,其中内部含肋板、蜂窝状结构、柱状结构的金属壳体结构可同时实现相变材料的包覆封装与导热增强,在内部可同时采用导热填料、导热骨架进行二次导热增强,但会损失整体结构的相变焓。导热填料、金属泡沫、碳泡沫等导热增强方式需要预先对相变材料进行包覆和封装,或者在导热增强后整体采用外壳体封装。除外壳体封装外,常用的包覆或封装方式包括微观全封闭的微胶囊封装及开放式的多孔材料吸附、高分子材料共混封装,开放式封装只是利用多孔结构及高分子固定相变材料,不能形成微观全封闭的结构,可以保证固-液相变材料相变后不发生泄漏,但相变后,材料整体会有一定程度的软化。

1. 微胶囊封闭封装

为了解决石蜡这类固液相变材料的熔融流动问题,很多科学家做了大量的工作,其中较为有效的方法是采用微胶囊(microcapsule,MC)技术将相变材料封装起来做成微胶囊。微胶囊是指一些具有聚合物壁壳的微型容器或包装物,聚合物壳层可采用天然或人工合成高分子材料。微胶囊可呈现各种形状,如球形、粒状、肾形、谷粒形、絮状和块状。

相变微胶囊芯材为烷烃、多元醇、无机盐类等相变材料。壳体材料需要能够在芯材表面形成薄层结构,不与芯材反应,并具有合适的耐温性、强度、柔韧性等性能。微胶囊的制备方法主要有悬浮高分子法、乳化高分子法、原位高分子法、界面高分子法、喷雾干燥法、静电包覆法等。

针对高超声速飞行器的需求,航天材料及工艺研究所联合国内相关优势单位开展了微胶囊封装技术研究。主要对应用较多的烷烃、多元醇等有机相变材料,无机盐相变材料及金属相变材料实现了微胶囊化。相关材料可应用于仪器设备、冷热连接结构及舵轴等部位的温控。

1) 烷烃类微胶囊有机相变材料

此类微胶囊以不同长度碳链的烷烃为芯材,以线性聚苯乙烯、聚二乙烯基苯、交联聚苯乙烯作为壳层。图 8.9 分别为线性聚苯乙烯、交联聚苯乙烯、聚二乙烯基苯作为壳层的微胶囊 SEM 照片。

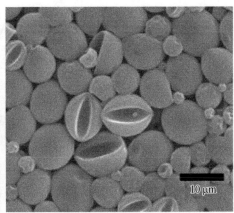

(a) 线性聚苯乙烯壳层   (b) 交联聚苯乙烯壳层

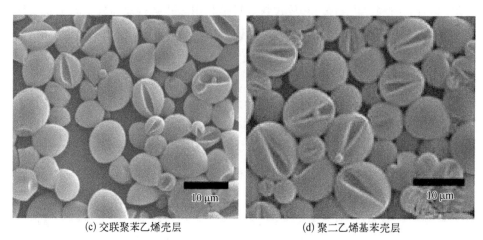

(c) 交联聚苯乙烯壳层   (d) 聚二乙烯基苯壳层

图 8.9 典型微胶囊的 SEM 照片

图 8.10 和表 8.4 是壳层交联度不同时的相变微胶囊的 DSC 曲线和数据。可以看出,采用不同交联度的聚苯乙烯作为壳层所制备的相变微胶囊的包覆率均在 85% 以上,其中苯乙烯(St)与二乙烯基苯(DVB)的质量比为 1∶1 时所得相变微胶囊的包覆率最高,达 90% 以上,壳体质量为 8.2%。

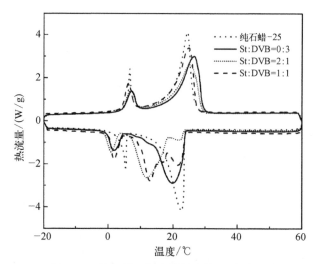

图 8.10 纯石蜡及相变微胶囊的 DSC 曲线

2)多元醇类微胶囊相变材料

针对多元醇微胶囊,以采用丁四醇为相变芯材,交联聚苯乙烯作为壳层为例,采用自由基引发聚合的方法,得到丁四醇微胶囊。经过聚合物包覆后的丁四

表 8.4 石蜡及微胶囊的 DSC 曲线数据

试 样	ΔH_m /(J/g)	ΔH_c /(J/g)	T_{m1} /℃	T_{m2} /℃	T_{c1} /℃	T_{c2} /℃	质量分数 /%
纯石蜡-25	165.8	165.4	6.0	24.4	22.9	5.4	100
St∶DVB=0∶3	147.9	145.1	7.3	26.5	20.0	1.8	89.2
St∶DVB=2∶1	144.7	141.7	6.8	25.2	12.0	0.9	87.3
St∶DVB=1∶1	152.2	148.8	6.4	24.8	13.0	1.8	91.8

醇微胶囊表面光滑,聚合物壳层致密连续[图 8.11(a)],微胶囊的粒径为 1~20 μm。经过 140℃加热 2 h 后[图 8.11(b)],微胶囊之间没有发生明显的粘连,微胶囊表面的聚合物完整,微胶囊没有发生渗漏。

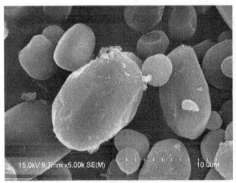

(a) 丁四醇微胶囊　　　　　　(b) 丁四醇微胶囊经140℃加热2小时后

图 8.11 丁四醇微胶囊的 SEM 照片

进一步对丁四醇微胶囊及其经过聚苯乙烯包覆后的微胶囊进行热性能分析。结果表明,丁四醇原料相变温度为 120.5℃,相变焓值为 344.9 J/g;经过聚苯乙烯包覆后的微胶囊相变温度为 120.7℃,相变焓值为 322.3 J/g,焓值保有率为 93.4%。微胶囊的壳体质量为 6.6%,对丁四醇微胶囊进行 TG 分析,其中采用氮气条件,升温速率为 10℃/min,结果显示,丁四醇微胶囊的耐热温度可以达到 200℃,如图 8.12 所示。

3)无机盐微胶囊相变材料

针对非水溶性无机盐,以氢氧化钙无机盐为芯材;针对水溶性无机盐,以氯化钙为芯材。分别采用了界面聚合的方式进行包覆,壳体材料为聚甲基丙烯酸甲酯。经过聚合物后,尺寸没有发生明显的变化,但微胶囊表面变得光滑[图 8.13(b)]。通过 TG 研究微胶囊中聚合物和芯材氢氧化钙的比例,结果显

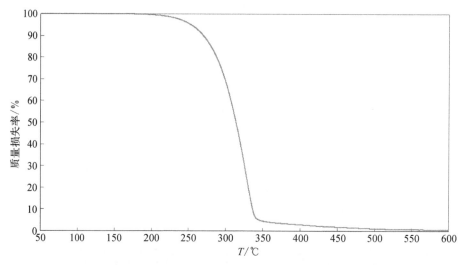

图 8.12 丁四醇微胶囊的 TGA 分析结果

(a) 氢氧化钙颗粒

(b) 氢氧化钙微胶囊

(c) 氯化钙微胶囊

图 8.13 无机盐相变微胶囊

示,经过高温加热到 800℃ 后,微胶囊中的质量损失率小于 10%,说明微胶囊中聚合物的壳体质量不超过 10%。

4) 二氧化硅包覆金属微胶囊相变材料

通过溶胶凝胶的方法,在硅铝合金颗粒的表面生长一层 SiO_2。硅铝合金的尺寸没有明显变化,合金表面附着了一层 SiO_2(图 8.14)。微胶囊中壳层的含量通过 DSC 进行测试(图 8.15)。经计算,微胶囊中 SiO_2 的含量为 5.8%,包覆后熔值损失较少。对微胶囊进行 TG 分析,结果显示,微胶囊加热到 800℃,基本无失重,可满足高温使用要求。

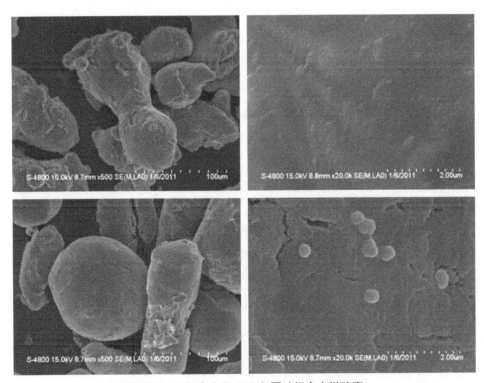

图 8.14　硅铝合金及 SiO_2 包覆硅铝合金微胶囊

2. 开放式封装

开放式封装常用的封装材料有橡胶、高分子量聚乙烯、膨胀石墨、活性炭、膨润土、硅藻土、高岭土、膨胀蛭石、膨胀白云石、纤维素等。以烷烃、多元醇为相变材料,以橡胶为微观封装材料,以金属泡沫为导热增强材料,制备了相变熔值、热导率可调,相变温度可选的定形相变材料,相变熔值最高可达 170 J/g,热导率最高可达 10 W/(m·K),并已大量应用。

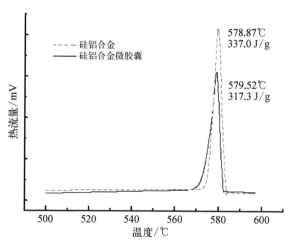

图 8.15　硅铝和硅铝合金微胶囊的 DSC 结果

8.3.3　金属泡沫增强相变复合材料

定形相变材料的特点是相变材料由固态变为液态时,液态相变材料不会发生渗漏、外逸,保持固定形状,便于使用。可采用高分子材料对相变材料进行预封装,然后与金属泡沫进行复合,制备成定形相变材料,具有较高的热导率和强度,可加工成需要的形状,使用方便。

采用烷烃为相变材料,橡胶为预封装材料,铜泡沫为增强材料,制备了定形相变复合材料,并测试了相变复合材料的性能。

1. 相变材料预封装

图 8.16 给出了二十二烷/橡胶定形相变材料的 DSC 测试结果。

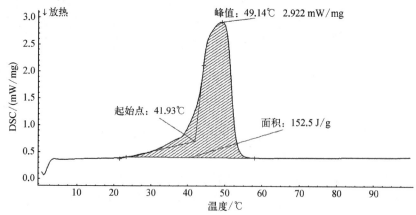

图 8.16　二十二烷/橡胶定形相变材料的 DSC 曲线

由图 8.16 可知,该烷烃/橡胶定形相变材料的相变起始温度为 41.93℃,峰值温度为 49.14℃,相变焓值为 152.5 J/g。图 8.17 给出了该烷烃/橡胶定形相变材料的光学显微镜、SEM 照片,从图中可以看出该烷烃/橡胶定形相变材料各组分均匀,无明显的聚集现象。

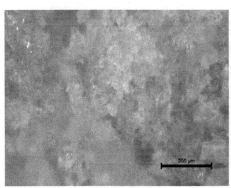
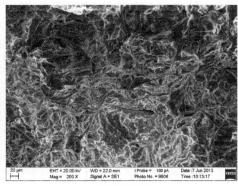

(a) 光学显微镜照片　　　　　　　　　　(b) SEM照片

图 8.17　烷烃/橡胶定形相变材料的微观形貌

图 8.18 为该烷烃/橡胶定形相变材料的红外谱图,其中 1#为烷烃;2#为烷烃和橡胶混合后的定形相变材料;3#为固化的定形相变材料。由图可知,混合及固化并未使定形材料中烷烃的分子结构发生变化,因此定形相变材料中的烷烃并未发生化学变化。橡胶是对烷烃进行物理包覆,从而实现定形。图 8.19 给出了烷烃/橡胶定形相变材料的 5 次相变循环曲线。从图中可以看出,相变循环过

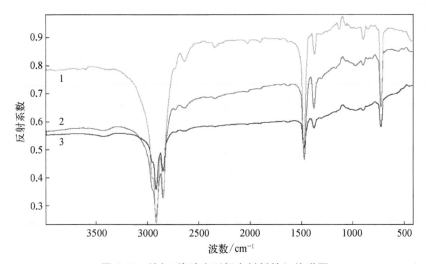

图 8.18　烷烃/橡胶定形相变材料的红外谱图

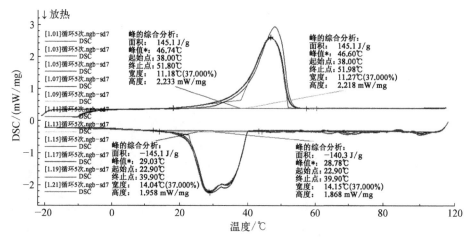

图 8.19　定形相变材料 5 次热循环 DSC 分析

程中烷烃/橡胶定形相变材料的相变温度、相变焓值、相变曲线形状均无明显变化,这表明该相变材料具有良好的相变过程稳定性。

2. 与金属泡沫复合

未经导热增强的烷烃/橡胶定形相变材料的热导率为 0.25 W/(m·K) 左右,材料的吸、放热效率较低,无法满足快速吸热要求,需要对其进行导热增强。采用铜泡沫作为导热骨架提高相变材料热导率。图 8.20 为铜泡沫的实物照片,由图可知,铜泡沫骨架完整,无明显缺陷,空隙分布均匀,无闭孔。

图 8.20　铜泡沫实物照片

图 8.21 给出了铜泡沫增强定形相变复合材料的实物和微观形貌照片。由图可知,定形相变复合材料中相变材料均匀分布在铜骨架之间,表面无明显气泡,材料加工性能良好。表 8.5 为铜泡沫增强定形相变(二十二烷)复合材料性能。

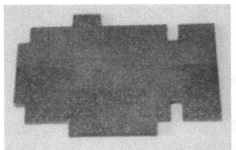

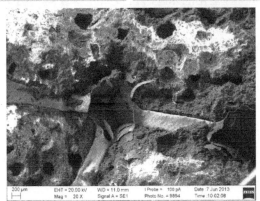

图 8.21　铜导热增强复合定形相变材料实物及微观形貌照片

表 8.5　铜泡沫增强定形相变(二十二烷)复合材料性能

项　　目	测 试 标 准	测试结果
热导率/[W/(m·K)]	GB/T 10295—2008	2.6
平均相变潜热/(kJ/kg)	GB/T 19466.3—2004	120
熔融起始温度/℃		38.5
熔融峰温/℃		47
密度/(kg/m³)	GB/T 1463—2005	1 000
拉伸强度/MPa	GB/T 1447—2005	1.2
平均比热容(室温~80℃)/[J/(kg·K)]	GJB 330A—2000	3 400

8.3.4　高导热碳泡沫增强相变复合材料

1. 高导热泡沫碳材料

由中间相沥青前驱体所制备的沥青基泡沫碳(pitch-based carbon foam)是一

种新型的高导热材料,具有质量轻、热膨胀系数低、高比强度、电和热传导性能可控、阻燃、耐腐蚀、可吸收声音和振动能量等特点[47,48]。

高导热泡沫碳材料是 1998 年美国橡树岭国家实验室的 Klett 等[49-50] 和 Gallego 和 Klett[51] 在制备碳材料时偶然发现的一种由石墨化网带状结构所形成的多孔碳材料,其结构性能和导热性能具有各向同性的特点,比传统的碳纤维增强复合材料和铝蜂窝材料具有更为优异的导热性能。泡沫碳材料的密度可以控制在 $0.15 \sim 0.8 \ \text{g/cm}^3$,石墨化泡沫碳的韧带热导率最高可达 $1\ 500 \ \text{W}(\text{m} \cdot \text{K})$ 以上,体相热导率大于 $100 \ \text{W/(m} \cdot \text{K})$,并随其体密度的增大而不断增大。虽然该材料的发明时间不长,但是在美国军方密集的研究基金项目和巨额经费投入的支持下,其研究进展突飞猛进。近年来,已经基本解决了材料本身的制备和生产工艺问题,并于 2004 年通过航天飞机带到国际空间站进行了太空环境的适应性评价。

目前的基础研究工作主要集中在表面处理技术研究、相关的热/力性能研究与评价技术以及应用技术研究等方面。鉴于高导热泡沫碳材料的优异性能和应用前景,我国的解放军防化研究院、北京化工大学、中国科学院山西煤炭化学研究所、天津大学、航天材料及工艺研究所等单位也相继开展了高导热泡沫碳材料的研究工作。

由于生产工艺不同,泡沫碳内的气孔主要分为球形结构和十二面体结构,其中较为常见的中间相沥青基石墨泡沫具有球形开孔结构,大部分球形开孔相互连通,石墨结构沿着气孔壁面平行分布。泡沫碳的导热性能与其内部石墨微晶的发育程度紧密相关,获得高导热泡沫碳的关键在于其内部结构应满足以下要求。

(1)应尽量提高泡沫碳内石墨微晶的发育程度及其沿导热方向的取向性。

(2)骨架是泡沫碳内最重要的传热通道,存在连续性骨架是提高传热性能最为重要的因素。

(3)尽量避免或减少裂纹的产生,尤其是垂直于导热方向的贯穿性裂纹。

(4)由于孔隙内主要由空气填充,其热导率极低,孔隙部分对泡沫碳的内部传热过程几乎没有任何贡献,应根据实际需要合理调节孔隙率。因此,制备高导热泡沫碳材料需要从原材料和制备方法入手,研究其结构特征与形成机理,以及结构缺陷的形成与演变过程。在此基础上,通过合理的手段实现对泡沫碳结构特征的优化调控,提高材料的导热与力学性能。

高导热泡沫碳材料以具备液晶结构和易石墨化特征的中间相沥青为原材

料,通过加压发泡、焦化、碳化、石墨化等步骤进行制备而成。在高导热泡沫碳材料形成的过程中,原料中间相沥青中的轻组分逸出,起到了促使泡孔形成的作用,而施加的压应力则起到了抑制泡孔长大的作用。两种作用的相对大小决定了形成的泡沫碳材料的孔隙结构特征,甚至影响最终泡沫碳材料的导热性能。为获得不同结构特征的泡沫碳材料,通过调控发泡成型的压力是一个有效的途径。表 8.6 给出了不同发泡成型压力下获得的泡沫碳生料的基础数据。

表 8.6　不同发泡成型压力下泡沫碳生料的基础数据

试样批次	成型初压/MPa	试样编号	取样方向	取样位置	试样密度/(g/cm^3)	平均孔径/μm	孔隙率/%
1	4	1DX	X	D	0.61	330	73.0
		1DZ	Z	D		360	
		1SX	X	S	0.57	400	74.8
		1SZ	Z	S		420	
2	2.2	2DX	X	D	0.52	450	77.0
		2DZ	Z	D		480	
3	1.7	3DX	X	D	0.48	480	78.8
		3DZ	Z	D		500	

注:同一试样底部取样标为 D,上部取样标为 S;同一试样平行于发泡方向设为 Z 向,垂直于发泡方向设为 X 向。

从表 8.6 可以看出,随着发泡成型压力的增大,泡沫碳生料的体积密度呈增大趋势:由初压为 1.7 MPa 时的 0.48~0.52 g/cm^3,增大到初压为 4 MPa 时的 0.57~0.61 g/cm^3。泡沫碳生料的孔隙率逐渐减小,由初压为 1.7 MPa 时的 78.8%降低初压为 4 MPa 时的 73.0%~74.8%。伴随着泡沫碳生料孔隙率的降低,其内部孔隙的尺寸逐渐减小,由初压为 1.7 MPa 时的 480~500 μm 降低到初压为 4 MPa 时的 330~420 μm。这说明泡沫碳孔隙的形成和长大受到成型压力的抑制,成型压力越大,孔隙形成和长大的抑制力就越大。随着泡沫碳生料体积密度的增加,其开孔率有下降的趋势,这主要是由于孔壁变厚后孔壁的二次开孔受到影响。但在后续的碳化和石墨化过程中,碳壁会进一步收缩,形成更多的开孔。

图 8.22 为经过石墨化处理后的泡沫碳材料,其密度为 0.56 g/cm^3。其中,图(a)~(d)为垂直于发泡方向,图(d)~(h)为平行于发泡方向。可以看出,经过石墨化处理后,泡沫碳材料的开孔结构明显增多。受到碳壁收缩的影响,碳壁上

出现了大量的裂纹,但这种裂纹大部分都是沿着平行于碳层方向的,对于碳壁的热量传递影响不大。而存在的少量贯穿碳层方向的裂纹则会破坏碳壁连续性,降低材料的热导率。

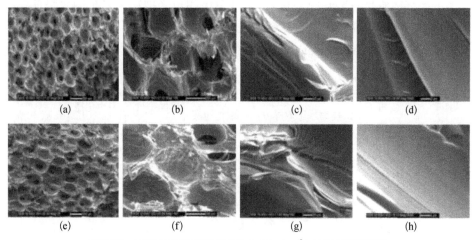

图 8.22　石墨化泡沫碳(密度为 0.56 g/cm³)材料 SEM 照片

在不同的外压抑制力和优化控温条件下,分别得到的 15 种不同密度和孔隙结构的石墨化泡沫碳,具体参数及性能数据见表 8.7。当石墨化泡沫碳密度达到 0.45 g/cm³ 以上时,其热导率可达 100 W/(m·K)以上。将每个试样的密度和对应的热导率数据进行关联,得到了如图 8.23 所示的关联关系,通过直线拟合得到,石墨化泡沫碳材料的热导率与密度之间存在线性关联关系。结果表明,随着密度的增大,热导率呈线性函数逐渐升高规律。

表 8.7　石墨化泡沫碳的结构及热导性能参数

编号	密度 /(g/cm³)	孔隙率 /%	热扩散率 /(cm²/s)	热导率/ [W/(m·K)]	比热导率/ {[W/(m·K)] /(g/cm³)}	石墨化度 /%	晶粒尺寸 /Å
1	0.26	88.5	1.70	32	122	—	—
2	0.27	88.1	2.04	39	146	—	—
3	0.38	83.2	2.75	75	197	—	—
4	0.40	82.3	2.83	81	202	94.0	653
5	0.45	80.1	3.46	112	248	94.1	675
6	0.47	79.2	2.95	99	211	98.1	660
7	0.49	78.3	3.33	116	238	94.2	633

（续表）

编号	密度 /(g/cm³)	孔隙率 /%	热扩 散率 /(cm²/s)	热导率/ [(W/m·K)]	比热导率/ {[W/(m·K)] /(g/cm³)}	石墨 化度 /%	晶粒 尺寸 /Å
8	0.50	77.9	3.66	134	267	98.1	689
9	0.51	77.4	3.84	140	274	97.9	745
10	0.54	76.1	3.91	153	283	96.8	>1 000
11	0.55	75.7	3.36	133	241	96.4	719
12	0.58	74.3	3.30	138	238	96.2	793
13	0.62	72.6	3.34	148	239	98.7	634
14	0.66	70.8	3.78	179	271	94.9	666
15	0.83	63.3	3.36	201	242	97.2	765

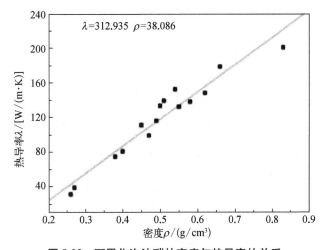

图 8.23　石墨化泡沫碳的密度与热导率的关系

　　从表 8.7 中数据发现,低、中、高密度的石墨化泡沫碳的石墨化度均在 94% 以上,晶粒尺寸大于 630 Å。理论上,晶粒尺寸越大,石墨化程度越高,材料的热扩散率越大。但泡沫碳特殊的多孔结构及发泡成型和碳化、石墨化过程中剧烈收缩产生的结构缺陷,影响了材料的热扩散率。从数据结果看,材料本身的结构缺陷对热扩散率的影响要大于晶粒尺寸和石墨化度对热扩散率的影响。

　　表 8.8 为泡沫碳与传统热管理材料性能参数对比,其性能数据与同类热管理材料相比优势非常明显。当泡沫碳密度为 0.5 g/cm³ 左右时,其热导率可达到

100 W/(m·K)以上,与美国 Poco 公司生产的 Poco Foam 基本相当。此时泡沫碳的孔隙率适中(>75%),是相变材料的理想增强骨架材料。

表 8.8 泡沫碳与传统热管理材料的性能参数对比

热管理材料		密度 /(g/cm³)	热导率 /[W/(m·K)]	比热导率 /{[W/(m·K)]/(g/cm³)}
现有材料	铝	2.7	150	56
	泡沫铝	0.5	12	24
	铜	8.9	400	45
替代材料	泡沫碳	0.54	153	283

2. 高导热泡沫碳增强相变复合材料

采用高热导率泡沫碳与烷烃、多元醇等进行复合,制备出了高相变焓的泡沫碳基相变复合材料。高导热泡沫碳与烷烃复合物通过真空熔融浸渍制备,为改善烷烃与泡沫碳之间的浸润性能,需对泡沫碳的孔壁表面进行处理。高导热泡沫碳及其烷烃复合物在光学显微镜下的形貌如图 8.24 所示。

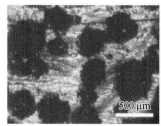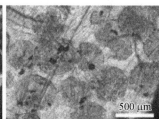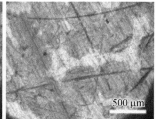

(a)泡沫碳　　　(b)未表面处理泡沫碳和　　　(c)表面处理泡沫碳和
烷烃的复合物　　　烷烃的复合物

图 8.24 泡沫碳与烷烃复合物的形貌

从图 8.24 中可以看出,泡沫碳孔隙较为均匀,主要为通孔结构。泡沫碳表面处理前后,烷烃的填充效果存在明显差异:未经表面处理的样品中,烷烃与泡沫碳孔壁间存在间隙,烷烃呈青色,内有部分孔隙存在;而表面处理后的样品中,烷烃呈青白色,几乎没有孔隙存在,这表明其由液态变成固态后自身的致密度较高。另外,在该样品中烷烃与泡沫碳的界面间隙也较小,烷烃的填充量更高。

表 8.9 给出了泡沫碳与烷烃复合物的相变焓,从表中可以看出,表面化学处理对复合物中烷烃的含量和相变焓有显著影响。

表 8.9　泡沫碳与烷烃复合物的热导率和相变焓

化学处理	复合物中的烷烃含量/%	复合物实测相变焓/(kJ/kg)
未处理	57.81	145.9
表面处理 1	59.35	169.3

注：所用烷烃的相变焓取 252.2 kJ/kg。

为了提高中温相变材料复合物的相变焓值,采用孔隙率为 80% 的泡沫碳与多元醇进行复合。将此泡沫碳进行表面处理,然后与液态多元醇进行抽真空复合。取部分此复合物磨成粉末进行 DSC 测试,结果如图 8.25 所示,该复合物的相变焓达到 276.8 J/g,热导率可达到 53 W/(m·K)。当泡沫碳的孔隙率达到 85%,泡沫碳−多元醇复合物的相变焓最高可达到 315 J/g,热导率也可达到 40 W/(m·K) 以上。

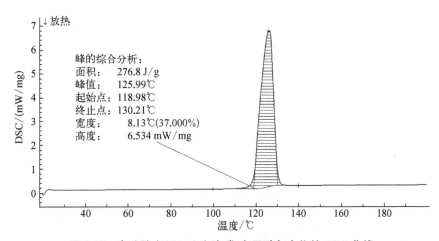

图 8.25　高孔隙率(80%)泡沫碳−多元醇复合物的 DSC 曲线

8.4　热疏导与热管理应用研究

8.4.1　高导热 C/C 复合材料在疏导式热防护中的应用研究

采用等离子风洞中模拟高超声速飞行器服役环境对高导热 C/C 复合材料的疏导式热防护性能进行了测试与表征研究。试验采用圆形喷管,喷管直径 60 mm,在喷管出口处放置模型,模型固定在水冷支架上,模型前缘距喷管出口处 60 mm。试验模型为球柱形,球头半径为 10 mm,模型总长度为 180 mm(其中固定用螺纹段长度为10 mm),并选用普通C/C复合材料作为对比样件同步进行测试。两种试样表面的抗氧化涂层及其制备工艺完全一致,为三个状态组合模拟考核实验,总烧蚀时间达到900 s,具体实验状态如表8.10所示。

表8.10 等离子风洞烧蚀试验

状态	焓值/(MJ/kg)	热流密度/(MW/m²)	压力/kPa	时间/s
I	11.4	2.9	5.2	420
II	13.2	3.5	5.5	180
III	14.6	3.9	5.7	300

图8.26为高导热C/C复合材料(HCC)与普通C/C复合材料(UCC)烧蚀考核前、考核中及考核后的实物照片。从图中可以看出,两种材料考核前的形貌及表面状态一致,考核过程中均较为平稳(实验过程中拍照所用相机设定为自动模式,因此无法通过考核过程照片中的试样亮度来判断试样表面温度)。考核后试样的表面状态显示出了明显的差异:UCC试样球头发白,涂层氧化及流失较为严重,局部存在因涂层分层而产生的细小鼓包或脱落;而HCC试样考核后的涂层的表面状态与考核前相比无明显差异。对考核后试样的长度和质量进行了测量,与考核前相比,两种试样的线烧蚀率均为零,但UCC试样存在少量失重,这应当对应于涂层的流失;而HCC试样则表现为少量增重,应当对应于涂层材料的氧化。上述结果表明,在相同的考核状态下,与HCC试样相比,UCC试样

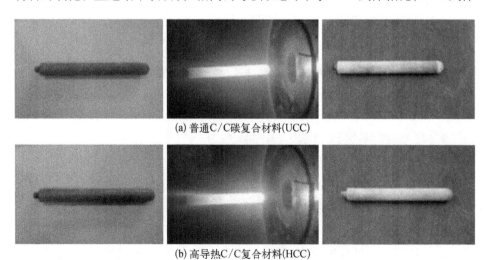

(a) 普通C/C碳复合材料(UCC)

(b) 高导热C/C复合材料(HCC)

图8.26 HCC和UCC考核前、考核中、考核后的照片

的氧化烧蚀更为严重,继续延长考核时间或提高烧蚀状态,UCC 表面涂层很可能发生失效。

两种试样考核过程中的表面驻点温度变化曲线如图 8.27 所示。从图中可以看出,两种试样的温度曲线在整个考核过程中运行平稳,存在三个温度平台,分别对应于考核过程中的三种状态。随着考核状态的提升,试样表面驻点温度升高,并在相应考核状态下运行一段时间后,驻点温度逐渐达到平衡。两种试样在考核过程中的最大差异体现在相同考核状态/时间条件下温度响应的差异,HCC 试样的表面驻点温度明显低于 UCC 试样。

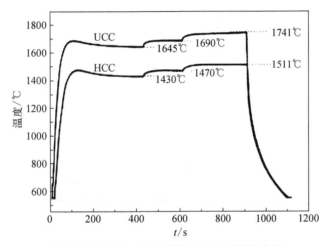

图 8.27　UCC 和 HCC 表面驻点温度变化曲线

在不同考核状态/时间条件下,两种试样的表面温度及温度差如表 8.11 所示,从表中可知,UCC 试样表面驻点温度明显高于 HCC 试样,且随着考核状态的提高,两种试样表面温度的差异增大。在状态Ⅲ下,UCC 试样的表面最高温度达到 1 741℃,且随着考核时间的延长,其表面温度呈缓慢上升的趋势;而在相同状态/时间条件下,HCC 试样的表面温度仅为 1 511℃,两者之间的温度差最高达到 230℃。上述结果表明,在相同考核状态下,利用高导热 C/C 复合材料的导热优势,可以快速转移驻点热量,显著降低材料表面温度。

综上所述可知,高导热 C/C 复合材料在模拟环境考核过程中起到了明显的热疏导作用,显著降低了试样表面驻点温度,试样内部温度分布更为均衡,可大大提高热防护材料的服役可靠性,并可使现有抗氧化涂层技术应用于更为苛刻的服役环境。

表 8.11 不同考核状态/时间条件下试样的表面温度及温度差

状 态	时间/s	表面温度/℃		温度差 ΔT/℃
		UCC	HCC	
状态 Ⅰ	420	1 645	1 430	215
状态 Ⅱ	600	1 690	1 470	220
状态 Ⅲ	900	1 741	1 511	230

8.4.2　相变复合材料在热管理中的应用研究

设计专用试验模型(图 8.28)分别对碳泡沫增强丁四醇相变复合材料和铜泡沫增强丁四醇相变复合材料的相变温控性能进行了测试,对比数值计算值与试验值结果,分析了两种相变温控装置壳体的温度分布。其中碳泡沫的孔隙率为 75%,铜泡沫的孔隙率为 97%,宽度为 60 mm。

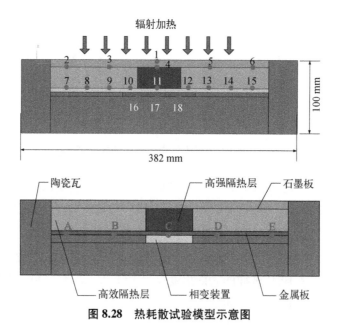

图 8.28　热耗散试验模型示意图

增加铜泡沫和碳泡沫相变装置后,金属壳体测温点 A、B、C 外的温度随时间变化的对比曲线如图 8.29 所示。

温度对比值如表 8.12 所示,最终时刻的关注点处的试验值与计算温度对比值如表 8.13 所示。可以看出,采用铜泡沫增强相变复合材料将测点温度降

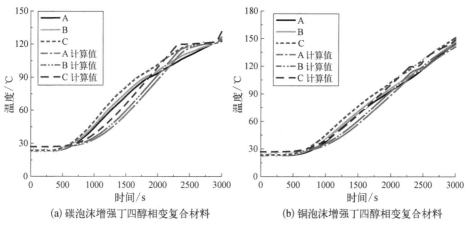

(a) 碳泡沫增强丁四醇相变复合材料　　　　(b) 铜泡沫增强丁四醇相变复合材料

图 8.29　测温点试验与计算温度随时间的变化曲线

低 30~34℃,测点温度超过相变点 25~31℃,采用碳泡沫增强相变复合材料使测点温度降低 52~63℃,测点温度保持在相变点附近。二者都有较好的温控能力,碳泡沫增强相变复合材料热导率较高,能实现快速吸热,降温效果更明显。

表 8.12　关注点处的温度对比值

关 注 点	状　　态	最终时刻温度/℃
A	不采取措施	175.671
B	不采取措施	176.927
C	不采取措施	185.752

表 8.13　关注点处的试验值与计算温度对比值(热耗散)

热 耗 散	关 注 点	试 验 值	温度降低/℃
碳泡沫	A	123.592	52.079
	B	122.819	54.108
	C	122.554	63.198
铜泡沫	A	145.192	30.479
	B	146.540	30.387
	C	151.226	34.526

8.5 小结

热疏导和热管理是高超声速飞行器发展必须突破的关键技术之一,热疏导材料和热管理设计是重点。

高导热 C/C 复合材料具有高导热、高温高强度等优异特征,是理想的高超声速飞行器疏导式热防护候选材料,并已在国外得到了实际应用验证。在高超声速飞行器等应用需求的牵引下,国内近年来高导热 C/C 复合材料技术领域的发展迅速,材料本征性能已达到国外同类材料水平。但与国外先进水平相比,在关键原材料、技术成熟度、工程化制造能力等方面仍存在较大差距,这些也是今后高导热 C/C 复合材料技术发展的重点。

由于具有高储能密度和稳定储能温度特点,相变材料在热管理领域的应用越来越广泛。由于多数相变材料的热导率低,相变材料的高效导热增强方法仍将是未来相变材料研究的重点,着重于在不降低相变材料熔值的前提下,尽可能提高相变材料热导率;对于定形相变材料的制备,未来需要在尽量少的封装组分条件下实现相变材料的定形化,保证定形相变材料具有高相变熔值,同时具有良好的可加工性。更高效率、涵盖不同温区、易成型加工的相变温控组件是今后该领域的研究重点。

参考文献

[1] Silva C, Coughlin S, Marotta E, et al. In-Plane thermal conductivity in thin carbon fiber composites (AIAA 2006 - 3433) [C]. 9th AIAA/ASME Joint Thermophysics and Heat Transfer Conference, San Francisco, 2006.

[2] Li T Q, Xu Z H, Hu Z J, et al. Application of a hight hermal conductivity C/C composite in a heat-redistribution thermal protection system[J]. Carbon, 2010, 48: 924 - 925.

[3] Golecki I, Xue L, Leung R, et al. Properties of high thermal conductivity carbon-carbon composites for thermal management applications[C]. High Temperature Electronic Materials, Devices And Sensors Conference, San Diego, 1998, 190 - 195.

[4] Lu S L, Rand B. Large diameter carbon filaments from mesophase pitch for thermal management applications[J]. New Carbon Materials, 2000, 15(1): 1 - 5.

[5] 高晓晴,郭全贵,刘朗,等.高导热炭材料的研究进展[J].功能材料,2006,2(37): 173 - 177.

[6] 冯志海.关于我国高性能碳纤维需求和发展的几点想法[J].新材料产业,2010,9: 19 - 24.

[7] Hino T, Akiba M. Japanese development of fusion reaction plasma components[J]. Fusion Engineering and Design, 2000, 49(2): 97 - 105.

[8] Manocha L M, Warrier A, Manocha S, et al. Thermophysical properties of densified pitch based carbon/carbon materials-I. unidirectional composites[J]. Carbon, 2006, 44 (3): 480 - 487.

[9] 袁观明.高导热炭材料的制备研究[D].武汉：武汉科技大学,2012.

[10] Hino T, Akiba M. Japanese development of fusion reaction plasma components[J]. Fusion Engineering and Design, 2000, 49(50): 97 - 105.

[11] Murakami M, Nishkin K, Knakamura K, et al. Highly-quality and highly oriented graphite block from polycondensation[J]. Carbon, 1992, 30(2): 255 - 262.

[12] 郭全贵,刘朗,宋进仁,等.中国的超导托卡马克装置 HT - 7U 用炭基面对等离子体材料的研究[J].新型碳材料,2001,16(3): 64 - 68.

[13] Glass D E. Ceramic matrix composite (cmc) thermal protection systems (tps) and hot structures for hypersonic vehicles[C]. 15th AIAA Space Planes and Hypersonic Systems and Technologies Conference, Dayton, 2008: 1 - 36.

[14] Robert B. Current hypersonic research in the USA[J/OL]. http://ftp.rta.nato.int/pulic/PubFullText/RTO/EN/RTO-EN-AVT - 150/EN-AVT - 150 - 10. pdf[2013 - 11 - 13].

[15] 钱湛芬.炭素工艺学[M].北京：冶金工业出版社,2001.

[16] 黄剑,郝志彪,邹武,等.炭化压力对石墨化沥青焦微观结构的影响[J].无机材料学报, 2010(3): 99 - 104.

[17] Wang Z L, Tang D W, Zhang W G. Simultaneous measurements of the thermal conductivity, thermal capacity and thermal diffusivity of an individual carbon fibre[J]. Journal of Physics D-applied Physics, 2007, 15(40): 4686.

[18] Humphries W R, Griggs E I. A design handbook for phase change thermal control and energy storage devices[R]. NASA TP - 1074, 1977.

[19] Liu Z J, Guo Q G, Shi J L, et al. Graphite blocks with high thermal conductivity derived from natural graphite flake[J]. Carbon, 2008, 46(3): 414 - 421.

[20] Hong S T, Herling D R. Open-cell aluminum foams filled with phase change materials as compact heat sinks[J]. Scripta Materialia, 2006, 55(10): 887 - 890.

[21] Zhou D, Zhao C Y. Experimental investigations on heat transfer in phase change materials (PCMs) embedded in porous materials[J]. Applied Thermal Engineering, 2011, 31(5): 970 - 977.

[22] Zhao C Y, Lu W, Tian Y. Heat transfer enhancement for thermal energy storage using metal foams embedded within phase change materials (PCMs)[J]. Solar Energy, 2010, 84(8): 1402 - 1412.

[23] Chen Z, Gu M, Peng D. Heat transfer performance analysis of a solar flat-plate collector with an integrated metal foam porous structure filled with paraffin [J]. Applied Thermal Engineering, 2010, 30(14 - 15): 1967 - 1973.

[24] Stritih U. An experimental study of enhanced heat transfer in rectangular PCM thermal storage [J]. International Journal of Heat and Mass Transfer, 2004, 47: 2841 - 2847.

[25] Shatikian V, Ziskind G, Letan R. Numerical investigation of a PCM-based heat sink with internal fins [J]. International Journal of Heat and Mass Transfer, 2005, 48 (17): 3689 – 3706.

[26] Zhong Y, Li S, Wei X, et al. Heat transfer enhancement of paraffin wax using compressed expanded natural graphite for thermal energy storage[J]. Carbon, 2010, 48(1): 300 – 304.

[27] Xia L, Zhang P, Wang R Z. Preparation and thermal characterization of expanded graphite/ paraffin composite phase change material[J]. Carbon, 2010, 48(9): 2538 – 2548.

[28] Kim S, Drzal L T. High latent heat storage and high thermal conductive phase change materials using exfoliated graphite nanoplatelets[J]. Solar Energy Materials & Solar Cells, 2009, 93(1): 136 – 142.

[29] Zhang Z, Zhang N, Peng J, et al. Preparation and thermal energy storage properties of paraffin/expanded graphite composite phase change material[J]. Applied Energy, 2012, 91 (1): 426 – 431.

[30] Pincemin S, Olives R, Py X, et al. Highly conductive composites made of phase change materials and graphite for thermal storage[J]. Solar Energy Materials & Solar Cells, 2008, 92(6): 603 – 613.

[31] Xiang J, Drzal L T. Investigation of exfoliated graphite nanoplatelets (xGnP) in improving thermal conductivity of paraffin wax-based phase change material[J]. Solar Energy Materials & Solar Cells, 2015, 95(7): 1811 – 1818.

[32] Zhao J, Guo Y, Feng F, et al. Microstructure and thermal properties of a paraffin/expanded graphite phase-change composite for thermal storage[J]. Renewable Energy, 2011, 36(5): 1339 – 1342.

[33] Sanusi O, Warzoha R, Fleischer A S. Energy storage and solidification of paraffin phase change material embedded with graphite nanofibers[J]. International Journal of Heat & Mass Transfer, 2011, 54(19 – 20): 4429 – 4436.

[34] Elgafy A, Lafdi K. Effect of carbon nanofiber additives on thermal behavior of phase change materials[J]. Carbon, 2005, 43(15): 3067 – 3074.

[35] Karaipekli A, Sari A, Kaygusuz K. Thermal conductivity improvement of stearic acid using expanded graphite and carbon fiber for energy storage applications[J]. Renewable Energy, 2007, 32(13): 2201 – 2210.

[36] Fukai J, Hamada Y, Morozumi Y, et al. Improvement of thermal characteristics of latent heat thermal energy storage units using carbon-fiber brushes: experiments and modeling[J]. International Journal of Heat and Mass Transfer, 2003, 46(23): 4513 – 4525.

[37] Frusteri F, Leonardi V, Vasta S, et al. Thermal conductivity measurement of a PCM based storage system containing carbon fibers[J]. Applied Thermal Engineering, 2005, 25(11 – 12): 1623 – 1633.

[38] Lafdi K, Mesalhy O, Elgafy A. Graphite foams infiltrated with phase change materials as alternative materials for space and terrestrial thermal energy storage applications[J]. Carbon, 2008, 46(1): 159 – 168.

[39] Wierschke K W, Franke M E, Watts R, et al. Heat dissipation with pitch-based carbon

foams and phase-change materials[J]. Journal of Thermophysics & Heat Transfer, 2012, 20 (4): 865 - 870.

[40] Chintakrinda K, Weinstein R D, Fleischer A S. A direct comparison of three different material enhancement methods on the transient thermal response of paraffin phase change material exposed to high heat fluxes[J]. International Journal of Thermal Sciences, 2011, 50 (9): 1639 - 1647.

[41] Duan Z J, Zhang H Z, Sun L X, et al. $CaCl_2 6H_2O$//expanded graphite composite as form-stable phase change materials for thermal energy storage[J]. Journal of Thermal Analysis and Calorimetry, 2013, 115: 111 - 117.

[42] Zhong Y, Li S, Wei X, et al. Heat transfer enhancement of paraffin wax using compressed expanded natural graphite for thermal energy storage[J]. Carbon, 2010, 48(1): 300 - 304.

[43] Ho C J, Gao J Y. Preparation and thermophysical properties of nanoparticle-in-paraffin emulsion as phase change material [J]. International Communications in Heat & Mass Transfer, 2009, 36(5): 467 - 470.

[44] Sanusi O, Warzoha R, Fleischer A S. Energy storage and solidification of paraffin phase change material embedded with graphite nanofibers[J]. International Journal of Heat and Mass Transfer, 2011, 54: 4429 - 4436.

[45] Chintakrinda K, Weinstein R D, Fleischer A S. A direct comparison of three different material enhancement methods on the transient thermal response of paraffin phase change material exposed to high heat fluxes[J]. International Journal of Thermal Sciences, 2009, 50: 1639 - 1647.

[46] Zhong Y J, Guo Q G, Li S Z, et al. Heat transfer enhancement of paraffin wax using graphite foam for thermal energy storage [J]. Solar Energy Materials & Solar Cells, 2010, 94: 1011 - 1014.

[47] Griffith C. Carbon foam: a next-generation structural material[J]. Industrial Heating, 2002, 69(11): 47 - 50.

[48] Silverman E. Multifunctional carbon foam development for spacecraft applications[J]. Sampe Journal, 2005, 41(3): 19 - 23.

[49] Klett J W, Hardy R, Romine E, et al. High thermal conductivity, mesophase pitch-derived carbon foams: effect of precursor on structure and properties [J]. Carbon, 2000, 38: 953 - 973.

[50] Kellet J W. Pitch-based carbon foam and composites[P]. US6663842, 2003.

[51] Gallego N C, Klett J W. Carbon Foams for Thermal Management[J]. Carbon, 2003, 41: 1461 - 1466.

第 9 章

热密封与热连接材料

9.1　概述

　　高超声速飞行器高速飞行过程中,由于气动载荷的作用,飞行器表面出现很大的温升,需要采用性能优异的热防护系统对飞行器进行保护。对高超声速飞行器而言,其机身及防热组件无法一体化成型,涉及结构部段和多种热防护组件的连接装配,并且各连接处的缝隙结构处于非常复杂的热流环境下,在稀薄空气中易出现局部的高热流区[1],很容易成为热防护系统中的薄弱环节。高温热密封材料能够在苛刻的气动加热环境下有效阻挡缝隙及对接面处的热流,维持机体结构在正常温度范围内[2]。

　　热密封与热连接材料可分为高温胶黏剂、静密封材料和动密封材料三大类,其中高温胶黏剂主要用于各舱段、部段及热防护组件的连接;静密封材料主要用于机身缝隙、接口和开口部位的环境密封;动密封材料主要用于舵、襟翼、升降副翼等控制面活动部件,保护发动机等关键部位在再入过程中不受热流影响[3-7]。选取开发性能优异的热密封候选材料、热连接材料、进一步开展高温热密封组件的研发设计及极端环境下的高温性能演变规律研究是高超声速飞行器热防护技术发展的迫切需求之一。

9.2　热连接用高温胶黏剂

　　高超声速飞行器热结构与热防护系统装配一般包括机械连接和胶黏剂胶接。由于飞行器需要在大气层中长时间高超声速飞行,对于主要由非金属复合材料组成的热防护系统,很多部位的工作温度远超一般胶黏剂的使用温度,为了确保热防护系统的可靠工作,热连接与热密封主要采用高温结构胶黏剂/密封剂。

9.2.1　耐高温胶黏剂材料体系分类

胶黏剂是一类具有优良黏结性能的材料,通常是以基体树脂或聚多酸盐为黏料,配合各种固化剂、增塑剂、稀释剂、填料以及其他助剂等制备而成。耐高温胶黏剂通常是指适用于高温条件下的胶黏剂,根据黏料的主要化学成分,可以分为无机耐高温胶黏剂和有机耐高温胶黏剂两大类。

无机耐高温胶黏剂具有耐高温性能优异、固化收缩率小、耐久性优良等特点,是一类广泛应用于陶瓷、金属等材料黏接、填充和嵌缝的胶黏剂。但其耐水和耐湿性差、气密性差、不耐冲击,在一定程度上限制了广泛应用。无机耐高温胶黏剂主要包括磷酸盐、硅酸盐、氧化物、硼酸盐和硫酸盐等,其中磷酸盐类无机胶黏剂是研究应用最广泛的无机耐高温胶黏剂之一[8]。

磷酸盐类无机胶黏剂通常是由磷酸或多聚磷酸等固化剂、骨架材料组成,使用温度可达 1 500℃ 以上,其固化温度范围较广,部分磷酸盐胶黏剂可在室温下固化[9]。其中,适合黏接碳材料的磷酸盐胶黏剂有铝磷酸盐、硅磷酸盐、锆磷酸盐等。这类胶黏剂脆性大,因此磷酸盐类胶黏剂的线膨胀系数是关键指标,需要与黏接对象(碳材料、陶瓷材料等)相匹配。表 9.1 列出了部分磷酸盐胶黏剂的性能[10]。

表 9.1　部分磷酸盐胶黏剂胶黏剂的性能

胶黏剂	初步固化温度/℃	完全固化温度/℃	20℃压缩强度/MPa	20℃线膨胀系数/($\times 10^{-6}$/℃)	耐热温度/℃	20℃体积电阻/($\Omega \cdot m$)
铝磷酸盐	20	30	15~40	17	1 800	5×10^8
镁磷酸盐	20	20	40~48	96	1 200	—
铜磷酸盐	20	20	7	72	900	$10^{-8} \sim 10^{-9}$
钛磷酸盐	20	300	60	108	1 250	$10^9 \sim 10^{10}$
铁磷酸盐	20	20	31.5	226	—	—

俄罗斯在磷酸盐类无机胶黏剂方面开展了大量的研究工作,保持世界领先水平。典型磷酸盐类胶黏剂包括 AФK - 11、AФK - 12、BK - 21(K、T 和 M)、

KM-41 和 KM-41M 等,主要成分为磷酸铝、磷酸铬和磷酸铬铝等,可在室温或中温、常压或加压下固化[11,12]。其中,AΦK-11 胶黏剂由磷酸铝、细粒填料组成,在 100~200℃ 下高温固化,其在 800℃ 时的黏结强度约 8 MPa,可在 -60~1 200℃ 下使用。KM-41 和 KM-41M 由磷酸铬铝、细粒填料组成,在空气或真空中的耐热温度可达 1 200℃,具有良好的绝缘性,特别适合黏结金属、陶瓷和石墨等。在该胶黏剂中加入氧化锆,其耐热温度可达 1 500~2 000℃,但是在 600℃ 时有显著收缩现象。国内,王超等制备了一种在 160℃ 下固化、耐热温度为 1 500℃ 的磷酸盐胶黏剂,可以用于陶瓷黏结修补[13]。刘家臣等[14,15]通过添加 B_4C、SiO_2 等填料,经过高温处理后,磷酸盐胶黏剂的耐热温度可达 1 500℃。航天材料及工艺研究所研制的 TR-2、GR-3、GR-4、GR-6 等多种室温或中温固化的磷酸盐胶黏剂,其耐热温度可达 1 200~1 600℃。

有机耐高温胶黏剂的种类较多,根据主体基体树脂可以分为耐高温有机硅胶黏剂、耐高温酚醛树脂胶黏剂、耐高温陶瓷前驱体胶黏剂等。通常采用引入无机元素(如含硅、硼、磷、钛等无机组元),使其高温陶瓷化,实现高温下的高黏结强度;或对有机高聚物进行改性,引入杂化笼型结构(碳硼烷类结构、笼型聚倍半硅氧烷),优化耐高温高聚物聚合网络结构,进一步提高基体树脂的耐高温等级[16,17]。

硅橡胶材料本身具有突出的耐高低温、高弹性、耐辐照、耐气候老化、绝缘憎水等特点,是目前耐高低温性能最好的弹性黏接密封材料。美国和俄罗斯等国在有机硅材料方面都进行了长期和大量的研究[18,19]。美国合成了耐 350~400℃ 的硅硼橡胶,但制备工艺极为困难,价格昂贵。俄罗斯研制的耐高温硅橡胶中加入了高分散性低价态铁化合物或可溶性铁等高效抗氧化添加剂,使硅橡胶的耐温性能在短期内达到了 420℃。中国科学院化学所研制的聚硅氮烷(KH-CL)硫化的室温硫化有机硅胶黏剂,通过实现非催化交联、消除硅羟基和吸附水等,很好地解决了高温下的主链降解问题[19]。其中,KH-SL-RTV 耐高温密封剂可以在 300~350℃ 下长期使用,在 400℃ 下短期使用;KH-CP-RTV 耐高温密封剂可以满足 400~550℃ 短时(15~20 min)使用。

酚醛树脂是耐高温胶黏剂中经常采用的树脂,其具有较好的黏结强度。酚醛树脂固化后,由于其芳香环结构和高交联密度的特点而具有优良的热稳定性。高温下酚醛树脂成碳率高,碳化物强度高。硅、钛组元的加入可以在 1 000~1 600℃ 高温下与酚醛树脂炭化形成 SiC、TiC,保持酚醛树脂碳化物的结构和强度,提高碳化物的抗氧化性能。在酚醛树脂中引入钛、锆、钨、钼等金属元素和

硅、硼等非金属元素,以及几种元素复合的改性方法是提高酚醛树脂耐高温性
能、改善韧性的重要方法。

俄罗斯在硅、钛等杂化改性耐高温酚醛胶黏剂方面开展了大量研究工
作[10,11,12,18]。俄罗斯国家石墨结构设计研究所开发了系列 800~2 500℃ 耐高温
酚醛胶黏剂(部分见表 9.2)。其中,高温填料为树脂固化剂和可生成碳化物的
金属、非金属或其化合物,主要包括 Si、C、Zr、SiC、ZrC、B_4C、ZrB_2 等[20]。其中,以
酚醛树脂、呋喃树脂等为基体制备的 SVK 型耐高温胶黏剂,在 1 800℃ 高温下的
黏结强度可达到 10 MPa,即使是在 2 300℃ 超高温环境下仍具有 2 MPa 的黏结强
度,用其黏结的高温真空炉保护层可在 2 100℃ 高温环境下长时间工作。

表 9.2　俄罗斯耐高温酚醛树脂胶黏剂

牌　号	树 脂 基 体	固化条件	最高工作温度
TsMK - 9 TsMK - 10 TsMK - 11 TsMK - 12	酚醛树脂、高熔点金属填料组成	20℃,4~5 d	1 600℃(氩气) 室温压剪强度为 8.1~12.3 MPa; 1 000~1 200℃,压剪强度为 2 MPa
CΦ - 294	硅钛线性酚醛树脂的呋喃甲醛溶液和无定形硼、晶体硅微粉组成	180℃,3 h	1 400℃(空气)、1 800℃(氩气);1 200℃ 20 min 后,压剪强度为 6.7 MPa
KTC - 2000 KTS - 2000	酚醛型焦化低聚物和高熔点金属填料组成	200℃,3 h	2 000~2 200℃(氩气) 0~1 700℃ 测试,均为石墨断裂
FTK - K FTK - VK	酚醛树脂和高熔点金属填料组成	120℃,5 h	1 500℃,压剪强度为 2~3 MPa(氩气); 1 000℃ 18 h 后,1 200℃,压剪强度为 5 MPa(氩气)
FTK - SVK	酚醛树脂和高熔点金属填料组成	120℃,5 h	1 800℃压剪强度为 10 MPa; 2 300℃压剪强度为 2 MPa

王继刚等利用普通酚醛树脂为基体,添加 B_4C、超细 SiO_2 等填料,制备得到
树脂基超高温胶黏剂,在经过 2 000℃ 以上高温热处理后的室温黏结强度可达到
10 MPa 以上,并对高温热处理的结构演变进行了较系统研究[21-27]。

中国科学院化学所已在硅杂化酚醛树脂、锆杂化酚醛树脂方面开展了较为
深入的研究工作。制备的硅杂化酚醛在氮气氛围、900℃ 下的残重可达 75%。与
纯酚醛相比,在空气气氛下,900℃ 下的残重由 0 提高至 35% 以上,高温抗氧化性

能得到明显提高。

陶瓷前驱体胶黏剂是一类综合性能良好的耐高温胶黏剂,其既有有机胶黏剂的良好工艺性和环境稳定性,又有无机胶黏剂的耐高温特性。而且,陶瓷前驱体胶黏剂的热解产物与碳复合材料具有相匹配的热膨胀系数,适用于黏结碳材料。常见的耐高温陶瓷胶黏剂包括聚硅氮烷基胶黏剂、聚碳硅烷基胶黏剂、聚硼硅氮烷基胶黏剂等[28],典型树脂基体的结构如图9.1所示。

(a) 聚硅氮烷   (b) 聚碳硅烷   (c) 聚硼硅氮烷

图9.1 典型树脂基体结构图

美国、日本、意大利、德国等国的研究者开发了多种陶瓷前驱体耐高温胶黏剂及基体树脂等[29-43]。Yajima 等[37]采用聚碳硅烷添加惰性填料,黏结 SiC 陶瓷,在 1 500℃氮气下,裂解接头的弯曲强度约 40 MPa。Pippel 等[38]采用聚碳硅烷树脂与特定尺寸的 Ti 粉、β‑SiC 粉混合,1 000℃下的单压剪强度为 2 MPa。Sherwood 等[39]采用氢化聚碳硅烷与 Nicalon 纤维基活性金属填料黏结 SiC,最大弯曲强度约 120 MPa。Zheng 等[40]在聚碳硅烷中加入碳化硅粉末,用于 SiC 陶瓷连接。Lewinsohn 等[41]讨论了陶瓷前驱体胶黏剂高温连接中的应力问题,包括聚碳硅烷(PCS、HPCS)、聚硅氮烷(CERASET SN、ABSE、PSN‑2M11)、聚硼硅氮烷、聚硅烷(PSS‑1M101)等。Greil[43]研究了活性填料对陶瓷前驱体树脂裂解的影响。在航天器飞行过程中 C/C 复合材料裂纹即时修复的非氧化物黏结剂试验(non-oxide adhesive experimental, NOAX)项目中,通过添加碳、碳化硅粉末的单组分,硅基陶瓷前驱体胶黏剂(封缝料)取得了较好的修复结果[30]。

国内,中国科学院化学所、国防科技大学、北京航空航天大学、天津大学和西北工业大学等都开展了大量的研究工作[44-53]。Wang 等[46]以 V‑PMS 树脂和 B₄C、低熔点玻璃制备了高温胶黏剂,经过 800℃长时高温处理后,1 200℃时的黏结强度大于 40 MPa。Luan 等[49,50]基于聚硼硅氮烷树脂和纳米填料黏结氧化铝陶瓷,经过 1 250℃的高温处理后,1 000℃时的黏结强度大于 6 MPa。刘伟等[28]发展了一系列聚硅氮烷、聚碳硅烷、聚硼硅氮烷陶瓷前驱体,其中由液态聚碳硅烷与相应的填料复合制备了耐高温胶黏剂,经过高温长时处理,900℃时的黏结强度达到 20 MPa,1 100℃时的黏结强度达到 15 MPa 以上;聚硅氮烷胶黏剂黏结C/SiC 复合材料,在较低温度下交联固化,经历 1 300℃高温长时间处理后,室温下的剪切强度达 29.6 MPa;以聚硼硅氮烷和多种填料制备的胶黏剂,室温 ~ 1 100℃时的黏结强度大于 6 MPa[53]。

9.2.2 耐高温胶黏剂/密封剂研究与应用

1. 碳硼烷胶黏剂

航天材料及工艺研究所联合国内优势单位开展了大量碳硼烷类胶黏剂的研究工作。其中,实验室级室温固化碳硼烷胶黏剂单批次达到百克量级,耐热温度达 800℃。聚酯碳硼烷结构示意图如图 9.2 所示,氮气气体下,由 30℃升温至800℃,升温速率为 10℃/min。有三个热失重阶段,最大质量损失速度在427.75℃,质量损失率为 63.07%,灰化度为 5.134%。在 213.83℃,样品质量损失率为 8.21%,最大质量损失温度为 416.3℃。

$$\text{www} - (\text{OC}(CH_2)_x\text{COOCH}_2CB_{10}H_{14}\text{CCH}_2O)_u \text{www}$$

图 9.2 聚酯碳硼烷结构示意图

采用聚酯碳硼烷树脂制备聚酯碳硼烷胶黏剂,在室温下不锈钢的拉剪强度为 6.77 MPa,在 600℃时的不锈钢拉剪强度为 1.23 MPa,在 800℃下恒温 1 h 后,不锈钢的拉剪强度为 0.67 MPa。

采用聚酯碳硼烷胶黏剂对刚性隔热瓦材料进行了黏结测试,其试验结果如表 9.3 所示。采用聚酯碳硼烷胶黏剂黏结隔热瓦材料,300℃、600℃高温下的平拉强度分别为 0.494 MPa 和 0.203 MPa,且断裂形式均为隔热瓦断裂,满足隔热瓦的黏结要求。

表 9.3 聚酯碳硼烷胶黏剂黏结刚性隔热瓦的平拉强度

序 号	温度/℃	保温时间/h	平拉强度/MPa	断裂形式
1	300	1	0.494	隔热瓦断裂
2	600	1	0.203	隔热瓦断裂

采用含有氨基和烷氧基的碳硼烷有机硅聚合物与硅氧烷,可制备出硅氧烷共聚物,其结构示意图如图 9.3 所示。通过 TG 性能分析可知,采用碳硼烷改性后,有

机硅聚合物的主分解峰的起始位置为591.89℃,最大分解温度为656.88℃,均高于普通有机硅聚合物的分解温度。可见,采用碳硼烷改性后,有机硅聚合物的耐高温性能得到了提高,该树脂可应用于开发胶黏剂或弹性体密封材料。

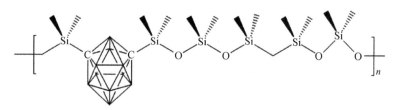

图9.3　碳硼烷有机硅树脂结构示意图

2. 杂化改性酚醛胶黏剂

项目团队与国内优势单位联合在硅钛改性酚醛树脂胶黏剂方面开展了大量研究工作,如图9.4所示为研究开发的间苯二酚型硅钛改性酚醛树脂结构图,其单元结构中增加了一个羟基,使得苯环上H的反应活性得到提高,以甲醛水溶液为固化剂,可以实现室温固化。开展了多种耐高温填料与树脂反应活性的研究(表9.4),在此基础上,研制了耐热温度为1 000℃以上的杂化改性耐高温酚醛胶黏剂,胶黏剂固化物热失重曲线如图9.5所示,在氮气环境下1 000℃的质量损失率≤18%。

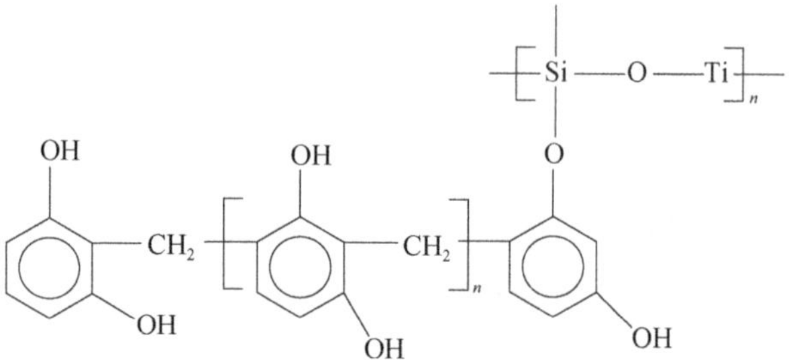

图9.4　间苯二酚型硅钛改性酚醛树脂结构示意图

表9.4　填料与树脂体系的反应活性

填料种类	反应活性		填料活性
	氧化反应/℃	碳热还原反应/℃	
Si	无	1 500	惰性
Zr	400	1 500	高活性
ZrB_2	800	—	低活性

（续表）

填料种类	反 应 活 性		填料活性
	氧化反应/℃	碳热还原反应/℃	
B	600	1 200	中活性
Ti	600、锐钛矿型;800、金红石型	—	中活性
B₄C	400	—	高活性

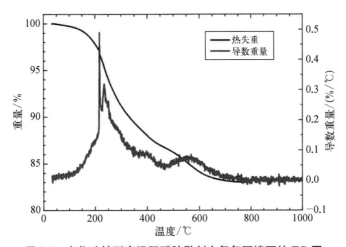

图 9.5　杂化改性耐高温酚醛胶黏剂在氮气环境下的 TG 图

室温固化 7 天以上,石墨-石墨的黏结压剪强度如图 9.6 所示,在室温下接近 4 MPa,在 1 000℃下升高至 6 MPa,在 1 200℃和 1 400℃下有所下降,但也大于

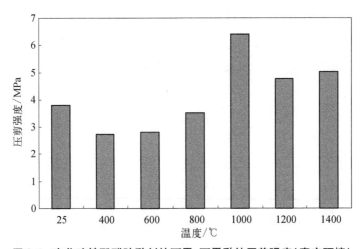

图 9.6　杂化改性酚醛胶黏剂的石墨-石墨黏结压剪强度(真空环境)

4 MPa。

在不同温度和保温时间下,不锈钢 1Cr18Ni9Ti 的拉剪黏结强度如图 9.7 所示。由图可以看出,随温度升高,胶黏剂的拉剪黏结强度逐渐降低;保温 5 min 后试样的黏结强度均高于 30 min 试样。分析可知:在相同温度下,随保温时间延长,树脂裂解逐步深入,逐渐释放小分子气体,黏结强度有所下降,但在 500℃ 以下,树脂裂解行为比较缓慢,保温 30 min 的试样与保温 5 min 试样的黏结强度差别不大;500~600℃温区,树脂裂解行为比较剧烈,随保温时间延长,其黏结强度降低较多;800℃时,树脂基本完成裂解,转变为无机物,保温时间对黏结强度的影响不大。

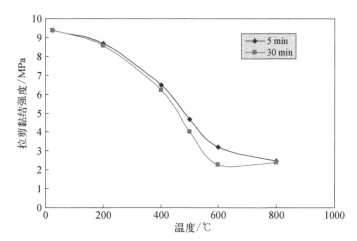

图 9.7　杂化改性酚醛胶黏剂的钢−钢拉剪黏结强度(真空环境)

采用杂化改性酚醛胶黏剂对隔热瓦强韧封装材料进行了黏结,不同温度条件下的黏结强度如表 9.5 所示。

表 9.5　杂化改性酚醛胶黏剂黏结隔热瓦强韧封装材料的黏结强度(高温无氧)

温　　度	黏结强度/MPa	
	保温 5 min	保温 30 min
室温	0.929	0.929
800℃	0.439(瓦破)	0.247(瓦破)
1 000℃	0.124(瓦破)	—

从测试结果可以看出,采用杂化改性酚醛胶黏剂黏结隔热瓦试块,压剪破坏面都在隔热瓦部分,表明在所测试温度范围内,胶黏剂的本体强度及其对隔热瓦

界面的黏结强度可以满足隔热瓦的黏结需求。

根据大面积黏结部位的黏结工况,考虑添加缓冲层和不添加缓冲层两种形式进行黏结测试:① 石墨-隔热瓦;② 石墨-碳布-隔热瓦。

(1)石墨-隔热瓦形式的黏结效果如表 9.6 所示。

表 9.6 杂化改性酚醛胶黏剂石墨-隔热瓦形式的黏结性能(高温无氧)

温 度	黏结强度/MPa
室温	1.34
1 000℃	0.788(瓦破)
1 200℃	0.331(瓦破)

(2)石墨-碳布-隔热瓦形式的黏结效果如表 9.7 所示。

表 9.7 杂化改性酚醛胶黏剂石墨-碳布-隔热瓦形式的黏结性能(高温无氧)

温 度	黏结强度/MPa
室温	1.54
1 000℃	0.939(瓦破)
1 200℃	0.630(瓦破)

从上述测试结果可以看出,在两种黏结形式中,试样的破坏面均在隔热瓦部分。通过对比两种黏结形式,采用碳布作为缓冲层的黏结形式,隔热瓦在同等测试条件下的压剪强度均较高,表明添加碳布缓冲层有利于提高大面积黏结部位的整体强度。

酚醛树脂具有优异的黏附性,它对各种各样填料和增强剂的黏附性都比较强,能形成良好黏结,酚醛树脂也具有优良的耐热性,固化后因其芳香环结构和高交联密度的特点而具有优良的热稳定性,并且高温下有良好的成碳率。

改性酚醛树脂和无机填料组成复合胶黏剂,在室温下,由于酚醛树脂的极性作用而具有较强的黏结强度;在高温环境中,树脂与无机填料、无机填料之间发生反应形成无机陶瓷结构,从而在高温下保持一定的黏结强度。改性酚醛树脂在经过高温处理时,树脂部分的化学键断裂,CO、CO_2、H_2O 等小分子挥发释放,会导致少量孔隙产生,但将两种或两种以上无机填料进行复合能够充分发挥各自的优点,充分"吸收"树脂释放出的 CO、CO_2、H_2O、CH_4 等小分子,将其转化形成碳化硅、碳化硼、硼化锆、氧化锆等陶瓷结构,从而保留在树脂基体内部,降低了树脂基体的组分逸失。同时,不同粒径的无机颗粒在树脂基体内部形成致密堆积,大大减小了树脂在高温段的体积收缩,有效改善树脂在高温阶段的结构致密性和性能稳定性。

3. 高温陶瓷前驱体胶黏剂

开展了陶瓷前驱体胶黏剂设计、研制与评价研究,典型聚硅氮烷陶瓷交联产物的 TG 曲线如图9.8所示。在室温~400℃,该阶段的质量损失率相对较小,主要以残留溶剂的挥发和低聚物等小分子的挥发为主;400℃开始,陶瓷前驱体树脂开始发生裂解,表现出明显的失重;800℃以后,失重基本不再增加,此阶段基本上已没有有机基团,完成无机化转变过程。

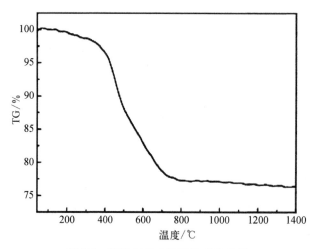

图 9.8　聚硅氮烷交联产物 TG 曲线

针对陶瓷前驱体树脂的热解特性,通过活性填料改性、增韧改性等方法,优化了耐高温陶瓷前驱体胶黏剂的配方设计。一方面,在热解过程中,活性填料与树脂分解产生的小分子和外界气体发生反应,填料的体积产生一定的膨胀,从而降低陶瓷化过程中产生的收缩并减少陶瓷内部的孔隙;另一方面,填料、增韧助剂等的加入可以调控胶黏剂的物性参数,改善与被黏结材料的热匹配和界面相容性,从而获得高的黏结性能。不同填料对陶瓷前驱体热解产物收缩的影响不同,对热解产物中的孔隙率的影响也不同,通过调整活性填料等的组成、比例和粒径分布,可以获得具有高黏结强度的耐高温陶瓷前驱体胶黏剂配方。

图9.9给出了陶瓷前驱体、陶瓷前驱体+填料的混合物及填料本体在空

气条件下的 TG 曲线,从图中可以看出,陶瓷前驱体树脂在空气中由于有机基团的氧化产生了较大的失重;而由于其在空气中的氧化,活性填料随着温度的增加产生了明显的增重。因此,可以通过调控陶瓷前驱体与填料的配比,使其基本上不失重,从而减少由于陶瓷前驱体树脂失重造成的胶黏剂性能下降。

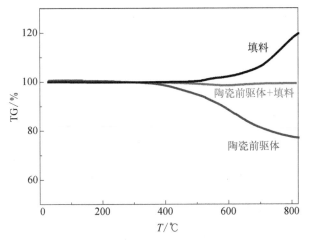

图 9.9　陶瓷前驱体、填料、陶瓷前驱体+
填料空气条件下的 TG 曲线

　　以耐高温聚硅氮胶黏剂为例,如图 9.10 所示,在热处理前微观结构均匀致密,经过 500℃和 1 000℃热处理后,材料出现少量孔洞和裂纹,1 000℃时的质量损失率仅有 5%。

(a) 500℃

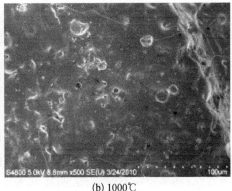

(b) 1000℃

图 9.10　高温处理后耐高温硅氮胶黏剂形貌

聚硅氮烷黏结 SiC 陶瓷块的压剪强度随温度的变化情况如图 9.11 所示。结果表明,聚硅氮烷胶黏剂黏结的压剪强度在室温~800℃时基本随温度上升而提高,400℃时强度略有下降。

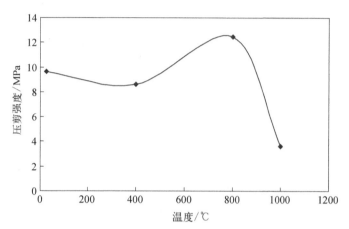

图 9.11　聚硅氮烷黏结 SiC 陶瓷块的压剪强度随温度的变化情况

采用室温固化型聚硼硅氮烷胶黏剂黏结不锈钢材质拉剪试片,在 800℃ 下保温 60 min 后,拉剪强度大于 2 MPa;黏结 SiC 压剪试样,室温压剪强度 4.82 MPa,800℃时的压剪强度 1.16 MPa,1 000℃时的压剪强度为 1.62 MPa。

采用 170℃ 固化的聚硼硅氮烷胶黏剂室温抗氧化碳/碳材料的黏结强度为 14.5 MPa,1 000℃时的黏结强度为 9.11 MPa,1 500℃时的黏结强度为 2.98 MPa,在 1 600℃ 下处理 10 min 后的室温黏结强度为 3.2 MPa;1 200℃下处理 1 小时,黏结强度为 11.2 MPa;在 1 600℃ 下氧化 20 min,增重 2.3%。

4. 耐高温胶黏剂/腻子风洞试验

采用硅钛杂化酚醛树脂及聚硅氮烷树脂作为基础树脂体系,分别采用不同配方体系制备耐高温胶黏剂,将制备好的胶黏剂分别填充在抗氧化 C/C 平板上的预制沟槽内,然后进行风洞试验。风洞试验条件如下:热流密度为 600 kW/m² ± 60 kW/m²,试验时间为 1 000 s。按与来流方向,沟槽分为水平和垂直两类。从多组试验前后照片对比可以看出,垂直于来流方向为苛刻环境,如图 9.12 所示,胶黏剂的保存程度远比平行于来流方向时差。杂化改性酚醛胶黏剂烧蚀后仍完整存在,表面有微裂纹,且垂直于来流方向的沟槽中仍有完整残留。添加双倍填料后,表面微裂纹不明显,能明显改善抗烧蚀能力。增加 Al₂O₃、TiB₂ 后,表面微裂纹均减少,都能在一定程度上提高抗烧蚀能力,其中 Al₂O₃ 的效果优于 TiB₂。

由于杂化改性酚醛胶黏剂中含有溶剂且固化时也放出小分子气体,涂刷填充时,表面容易产生气孔,需多层涂覆。

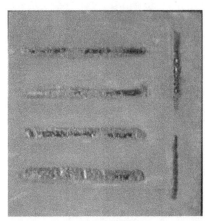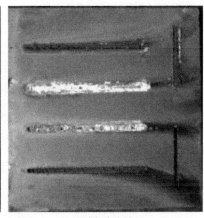

(a) 试验前　　　　　　　　　　　　　(b) 试验后

图 9.12　杂化改性酚醛胶黏剂(130℃固化)风洞试验前后对比

如图 9.13 所示,相比杂化改性酚醛胶黏剂,固化温度为 170℃的聚硅氮烷基胶黏剂具有更好的抗烧蚀性能。添加 Al_2O_3 可以提高抗烧蚀性能,添加 ZrB_2 的效果不理想。聚硅氮烷树脂需要在 170℃下才能固化,不含溶剂,因此固化时基本没有小分子放出,表面比较致密。

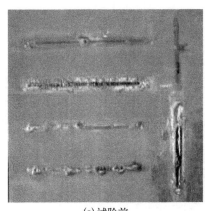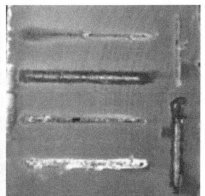

(a) 试验前　　　　　　　　　　　　　(b) 试验后

图 9.13　聚硅氮烷基胶黏剂(170℃固化)风洞试验前后对比

如图 9.14 所示,杂化改性酚醛胶黏剂黏结的典型样件经电弧风洞试验,构件表面温度 1 100℃,黏结处结构完好,无开裂。

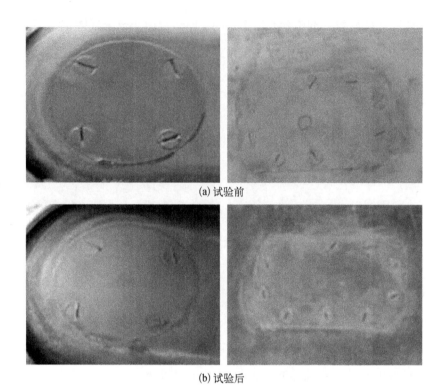

(a) 试验前

(b) 试验后

图 9.14　杂化改性酚醛胶黏剂电弧风洞试验前后对比

9.3　热密封材料

密封即严密地封闭,在工程上指防止介质渗漏的结构或措施。密封装置既能防止介质从内部渗漏至外部,也能防止外部介质渗漏至内部。其中,气密性装置能够防止气体渗漏,液密封装置能够防止液体渗漏,同样地,热密封装置能够防止热流渗漏。

热密封结构是热防护技术中的短板,美国的亚特兰蒂斯号航天飞机曾因再入飞行时的加热过程导致热密封件破损[54],然而针对热密封结构的研究及评估相对较少。为达到飞行器密封间隙的热防护要求,热密封材料应满足以下条件。

(1)稳定的高温表现。热密封材料处于极端的高温有氧环境中,通过热分析预测其接触热流温度可达 1 260℃左右[55]。为尽可能阻挡热流、发挥效能,热密封材料应具有良好的高温热稳定性及抗氧化性,并在高温环境下具有尽可能低的热导率。

（2）优良的高温力学性能。飞行器处在超高温、急速升降温、强烈振动以及冲刷等复杂的极端环境中时,为达到更好的密封效果及强度,材料应具有低模量和高强度,同时为应对使用期间的循环摩擦载荷,避免防隔热流能力下降,材料应具有良好的耐磨损性[2]。

（3）轻质、易加工。如图 9.15 所示,为减轻飞行器负载,应着力开发低密度的轻质热密封材料。同时,考虑实际生产情况,低硬度、易加工的热密封材料有助于降低加工难度、减轻成本压力。

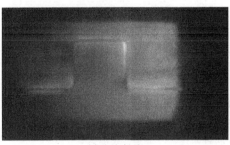

(a) 有密封件　　　　　　　　　　　　(b) 无密封件

图 9.15　典型组件在高温热流下的状态[2]

高温热密封材料广泛用于飞行器的控制面、机身防热部件交接处和机身舱门等开口部位[3],表 9.8 总结了各部位常用的高温热密封结构。

表 9.8　常用的高温热密封结构[3-7]

密封方式	使用部位	热密封结构	作　　用	使用温度
静密封	机身防热部件	填隙式密封(部件交接处)	阻挡缝隙、中高温隔热	1 000℃ 以下
		封闭瓦(表面)	衔接各防热部件	1 200℃
	机身开口部位	热障密封(外层)	减少热空气进入	1 000℃ 以上
		气压密封(内层)	防止机体内外空气对流	−106.7~126.7℃
动密封	控制面	基线式密封	保护作动器及机身温度敏感结构	670℃
		栅片式密封	保证发动机安全有效工作	1 100~1 371℃

9.3.1　国外热密封结构发展现状

现有的热密封材料主要以纤维、弹簧及栅片的形式应用于热密封结构中,表9.9 对其应用部位及优缺点进行了总结[56]。目前,达到应用水平的热密封材料以 Si_3N_4、ZrO_2 和莫来石为代表,SiC、Al_2O_3 也作为热门候选材料受到了关注。从表 9.9 可以看出,传统热密封材料普遍具有耐高温、抗氧化等优良性能,但也存在密度较高、加工较难、热导率不够低等问题,实际上已无法完全满足高超声速飞行器由于速率提升、续航增长而日益严苛的热密封需求。

表 9.9　典型热密封结构材料的应用部位与优缺点

材料名称	应用方式	应用结构	优　点	缺　点
Si_3N_4	栅片、弹簧	栅片式热密封	综合性能理想; 使用温度高; 高温下的高回弹性; 抗氧化性	硬度高,难加工; 热导率高; 密度大; 成本高
ZrO_2	弹簧	热障密封; 栅片式热密封	高熔点、低热导率; 热膨胀系数接近合金; 高断裂韧性	易产生相变,导致裂纹; 硬度高,难加工; 密度大; 热膨胀系数大
莫来石	弹簧、套管、纤维	填隙式热密封; 热障密封; 基线式热密封	热导率低; 热膨胀系数低	难加工

在静密封方面,图 9.16 展示的填隙式热密封结构多采用高温陶瓷纤维织物或柔性材料填充,这种结构能够有效阻挡中高温热流,在机身热防护系统热密封方面有非常广泛的应用,但难以满足 1 000℃以上的高温热密封要求[4]。图 9.17

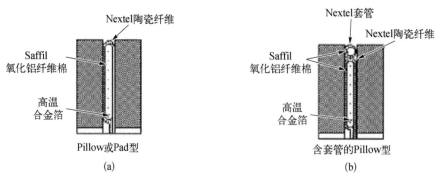

图 9.16　填隙式热密封结构

展示了一种用于起落架舱门的新型热障密封结构及气压密封结构[5,57]，这种新型热障密封结构由高温合金编织的管状弹簧、Nextel 纤维套管及 Nextel 纤维织物组成，其高温回弹性相比传统热障密封结构有所提升，可通过纤维编织的尾端连接到需要的密封部位。图 9.17(b) 中的气压密封结构则使用硅橡胶制成中空管状密封条及尾端，表面由 Nomex 纤维织物覆盖。

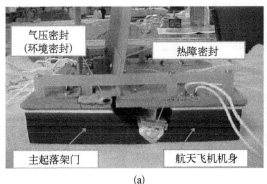
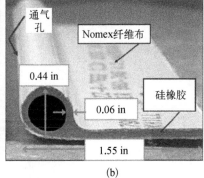

图 9.17　用于起落架舱门的热障密封结构及气压密封结构

动密封结构可分为基线式热密封和栅片式热密封两类。基线式热密封结构(图 9.18)最早应用于 X - 38 高超声速飞行器中，这种弹簧管组件结构可通过缠绕在转动轴缝隙处达到密封效果。基线式热密封结构的骨架为高温合金编织弹簧，内部填充隔热的陶瓷纤维棉芯，外部包裹耐温耐火的多层莫来石纤维套管 Nextel 312 和 Nextel 440[6]，其使用温度受高温合金弹簧骨架的耐温性和抗氧化性的制约，镍铬高温合金弹簧在 670℃ 左右即开始出现回弹性失效，无法满足高温下长期服役的要求[58]。

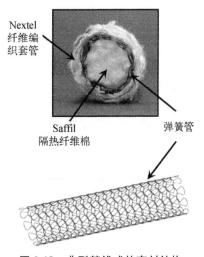

图 9.18　典型基线式热密封结构

因此，为了进一步满足高温下的动态热防护需求，NASA 格伦研究中心于 20 世纪 90 年代开发了栅片式热密封结构，最早用于 X - 51 的超燃冲压发动机中[59]，如图 9.19 所示。对于高超声速飞行器发动机而言，其尾喷管和机体之间的密封部位处于苛刻的高温热流和氧化环境中，需要采用栅片式热密封组件，承受 1 100 ~ 1 371℃ 的温度和约 0.7 MPa 的压力[59],同时还要具有良好的抗氧化能力和可加工性。栅片式热密封结构由密封栅板、弹性构件和高温腻子三部分组成,可通过调节密封凹槽尺寸、栅片厚度和装配紧密度来调整密封预紧力[60,61]。结合辅助密封的预载荷装置后,栅片式密封结构具有良好的贴合性、回弹性,并且能够利用内外气压差进行自密封。与其他热密封结构相比,采用致密陶瓷栅片作为密封组件,其耐久性和密封性都有很大的提升,非常适合用于高超声速飞行器的热密封系统。

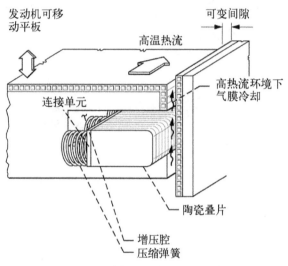

图 9.19 陶瓷栅片热密封结构示意图

NASA 格伦研究中心对比了冷压烧结 Al_2O_3、热压烧结 α-SiC、热压烧结 Si_3N_4 和冷压烧结 Si_3N_4 等材料,结果表明氮化硅陶瓷的各项性能参数最为理想,其使用温度高达 $1\,357\,℃$[2]。同时,氮化硅陶瓷用作预载荷装置的压缩弹簧时也有良好表现。实验证明其在 $1\,204\,℃$ 循环载荷下仍有较高回弹性[62],NHK spring 公司研发了氮化硅压缩弹簧,其使用温度也可达到 $1\,000\,℃$[63]。但 Si_3N_4 作为热密封材料仍存在硬度高、脆性高、加工难度大的问题,同时其热导率、密度、成本也较高。目前,主要的栅片式热密封候选材料密度均较高、加工较难,热导率也不够低,开发新型陶瓷栅片材料对热密封材料的发展具有重要的意义。

9.3.2 热密封陶瓷材料设计与验证

由于传统的材料设计研发模式研究周期长、研究成本高,且多缺乏基础理论支撑,可以通过第一性原理计算结合 Slack 模型和 Clack 方程对材料热导率进行评价,快速筛选具有低热导率、低密度和优良力学性能的热密封候选材料。在前期研究基础上,采用第一性原理通过计算材料学方法理论预测筛选出 Al_5BO_9、ZrP_2O_7 和 $\beta - Zr_2O(PO_4)_2$ 等低密度、低热导率、高损伤容限材料。这种理论设计加实验验证的研发模式极大缩短了研究周期,有效提升了新型热密封材料研发的自主创新能力。

1. 热密封候选材料设计选择

热导率与温度的关系可以用 Slack 模型表示[64]:

$$\kappa = A\,\frac{\bar{M}\Theta^3\delta}{\gamma^2\,n^{2/3}\,T} \tag{9.1}$$

式中,热导率 κ 与分子平均质量 $\bar{M}$、德拜温度 Θ 和平均原子距离 δ 成正比,与 Grüneisen 参数 γ、原子数 n 和温度 T 成反比。

γ 可以近似地用式(9.2)得到[65]:

$$\gamma = \frac{9\left(v_l^2 - \dfrac{4}{3}v_s^2\right)}{2(v_l^2 - 2v_s^2)} = \frac{3}{2}\left(\frac{1+\upsilon}{2-3\upsilon}\right) \tag{9.2}$$

式中,υ 为泊松比。

原子质量越大,或结构越混乱,γ 越大,κ 也就越低。根据德拜理论,热导率还可表示为与声速的关系:

$$\kappa = \frac{1}{3}c_v v_m l \tag{9.3}$$

式中,c_v 为比热容;v_m 为平均声速;l 为平均自由程。

平均声速 v_m 可由横波声速 v_s 和纵波声速 v_l 得到[66]:

$$v_m = \left[\frac{1}{3}\left(\frac{2}{v_s^3} + \frac{1}{v_l^3}\right)\right]^{-\frac{1}{3}} \tag{9.4}$$

$$v_s = \sqrt{\frac{G}{d}} \tag{9.5}$$

$$v_l = \sqrt{\frac{B + \dfrac{4G}{3}}{d}} \tag{9.6}$$

式中,G 为剪切模量;B 为体模模量;d 为材料密度。

当声子平均自由程等于平均原子距离时,热导率可达到最小值 κ_{min},根据 Liu 等改进的 Clack 方程[67]可推测最低热导率:

$$\kappa_{min} = \left\{ \frac{1}{3} \left[2 \left(\frac{1}{2+2\nu} \right)^{-\frac{3}{2}} + \left(\frac{1}{3-6\nu} + \frac{2}{3+3\nu} \right)^{-\frac{3}{2}} \right] \right\}^{-\frac{1}{3}} k \, N_{Av}^{\frac{2}{3}} \frac{n^{\frac{1}{3}} d^{\frac{1}{6}} E^{\frac{1}{2}}}{M^{\frac{2}{3}}}$$

$$(9.7)$$

式中,k 为玻尔兹曼常量(1.38×10^{-23} J/K);N_{Av} 为阿伏伽德罗常数(6.02×10^{23});n 为分子中的原子个数;E 为杨氏模量;M 为平均分子质量。

纵波声速 v_1 对声速的贡献较小,横波声速 v_s 与平均声速近似相等,所以剪切模量越低,横波声速越低,则平均声速就越低,理论热导率也越低。因此,可以通过研究材料的力学性能对热导率影响进行估计。

综上所述,材料的热导率受堆垛结构和剪切模量影响。材料结构越疏松,剪切模量越低,则理论热导率也越低。通过该方法,对一种具有莫来石结构的硼铝酸盐 Al$_5$BO$_9$ 进行了计算预测,发现其热导率随温度变化关系为 $\kappa = 2\,071.9/T$,在 1 700 K 附近达到其理论最低热导率 1.42 W/(m·K)(图 9.20)[68];通过进一步的计算结果发现 Al$_5$BO$_9$ 直接带隙高达 6.4 eV,理论密度仅 2.94 g/cm^3,预测的弹性模量 E(200 GPa)、体积模量 B(157 GPa)、剪切模量 G(78 GPa)和显微硬度(8.3 GPa)均低于 3Al$_2$O$_3$·2SiO$_2$ 莫来石[69],低 G/B(0.497)预示着材料具有较好

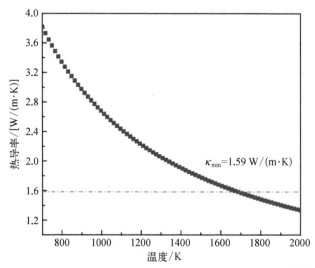

图 9.20   由 Slack 模型估算的 Al$_5$BO$_9$ 热导率与温度关系[68]

的延展性或抗损伤能力。同时,其德拜温度 Θ 高达 956 K,具有良好的热稳定性。Al_5BO_9 是一种低热导率、低密度和宽带隙的新型硼莫来石材料,在栅片式热密封结构中具有很好的应用前景。

除了 Al_5BO_9 材料以外,ZrP_2O_7 和 $\beta - Zr_2O(PO_4)_2$ 作为 Zr – P – O 体系中能够在高温下稳定存在的化合物,近年来逐渐引起了人们的关注。ZrP_2O_7 具有低密度(3.1 g/cm^3)和高热稳定性(1 400℃ 不分解)的特点;$\beta - Zr_2O(PO_4)_2$ 的理论密度为 3.86 g/cm^3,并且具有比 ZrP_2O_7 更高的热稳定性(1 600℃ 不分解)[70]。前期计算表明,ZrP_2O_7 的 G/B 很低,并且其柯西压力为正,说明 ZrP_2O_7 可能具有一定的"微塑性"[71]。ZrP_2O_7 的晶体结构中 P – O 键的结合强度明显强于 Zr – O 键,这种化学键的各向异性能够增强声子散射作用,降低声子的传递效率,可使 ZrP_2O_7 具有较低的热导率[72]。另外,计算预测 $\beta - Zr_2O(PO_4)_2$ 的最低本征热导率 κ_{min} 仅为 1.08 W/(m · K)[73],ZrP_2O_7 和 $\beta - Zr_2O(PO_4)_2$ 在新型热密封材料领域都有一定的发展潜力。

2. 热密封候选材料综合性能评价

力学性能参数(模量、硬度、强度及断裂韧性等)对新型热密封材料 Al_5BO_9、ZrP_2O_7 和 $\beta - Zr_2O(PO_4)_2$ 的应用前景有重要影响,在理论计算基础上,成功制备了相对致密的陶瓷块体,并对材料的力学、热物理性能进行了分析研究。

通过固相反应法及放电等离子烧结方法得到致密度为 99% 的 Al_5BO_9 块体材料,并对其力学性能进行探究[74]。表 9.10 列出了致密 Al_5BO_9 块体的体积模量 B、剪切模量 G、弹性模量 E、G/B 和维氏硬度 Hv 的理论值与实验值,可以看出二者数值接近、趋势相同。低剪切模量(85.0 GPa±0.5 GPa)表示 Al_5BO_9 具有低的剪切变形阻力,较低的硬度预示着材料具有较好的可加工性。根据测得剪切模量和体积模量计算得到 Al_5BO_9 的 G/B 为 0.574,仅略高于 0.571,但远低于已被实验证明的耐损伤陶瓷 Ti_3AlC_2(0.75)和 Ti_3SiC_2(0.71)[75,76],说明 Al_5BO_9 是一种耐损伤陶瓷。

表 9.10 Al_5BO_9 力学性能理论值与实验值比较

力学性能	B /GPa	G /GPa	E /GPa	V	G/B	Hv /GPa
计算值	170	79	205	0.299	0.465	7.5
实验值	148	85.0±0.5	214.0±2.7	0.258	0.574	10.8±0.2

表 9.11 列出了 Al_5BO_9 陶瓷的弯曲强度、压缩强度和断裂韧性,并与目前陶瓷热密封结构领域的候选材料进行了比较。由于 Al_5BO_9 陶瓷具有八面体链的莫来石结构,其力学性能与莫来石较为相近,但比莫来石具有更低的密度和更高的弯曲强度。

表 9.11　典型热密封候选材料的性能比较[72-82]

性　能	材　　　　料					
	Al_5BO_9	ZrP_2O_7	$\beta-Zr_2O(PO_4)_2$	Si_3N_4	ZrO_2	莫来石
d /(g/cm³)	2.92	2.98	3.71	3.29	5.68	3.20
H_v /GPa	10.8±0.2	4.5±0.2	5.9±0.1	14~18	10~13	16.0
σ_b /MPa	277.3±35.3	80±7	130±9	700~1 000	600~900	≈200
σ_c /MPa	813.7±75.2	831±48	674±32	≈3 500	1 200~5 200	1 310
K_{Ic} /(MPa·m$^{1/2}$)	2.40±0.3	1.3±0.3	2.2±0.22	5~10	8~12	≈2.5
α /×10⁻⁶/K	6.05±0.06	3.21	3.26±0.1	3.0	10.0	4.5
κ_{RT} /[W/(m·K)]	4.96	0.95	4.01	30	3.00	6.00
S /(×10⁶ g/m⁴·K)	14.48	2.831	14.89	98.70	17.04	19.20

采用化学沉淀结合高温煅烧的方法成功制备得到分散性良好的 ZrP_2O_7 粉末和 $\beta-Zr_2O(PO_4)_2$ 粉末,并通过无压烧结制备出致密度约96%的 ZrP_2O_7 和 $\beta-Zr_2O(PO_4)_2$ 块体材料[73]。探究 ZrP_2O_7 的力学性能发现,其弹性模量 (87 GPa)、剪切模量(35 GPa)和体积模量(60 GPa)远低于 Al_2O_3 和莫来石,其 G/B(0.58)也低于 SiO_2(0.76)和 Al_2O_3(0.67)的相应值,具有一定的抗损伤能力。根据实验值计算得到 ZrP_2O_7 的损伤容限 D_t 为 0.31 m$^{1/2}$,明显高于其他热密封材料,如莫来石为 0.24 m$^{1/2}$,由此证明 ZrP_2O_7 具有比传统热密封陶瓷材料更好的抗损伤能力。由表 9.11 可以看出 ZrP_2O_7 陶瓷具有低硬度(4.5 GPa±0.2 GPa),预示着材料良好的可加工性。采用硬质合金钻头对 ZrP_2O_7 块体进行

钻孔实验(图9.21),可以看出钻孔边缘完好、内壁平整无破损,说明能够使用硬质合金刀具对 ZrP_2O_7 陶瓷进行加工。

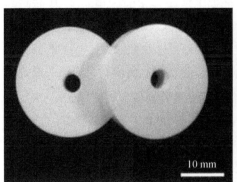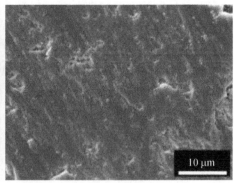

图9.21 钻孔后的 ZrP_2O_7 样品照片和钻孔内壁 SEM 照片

$\beta - Zr_2O(PO_4)_2$ 的维氏硬度、弯曲强度及断裂韧性均比 ZrP_2O_7 偏高(表9.11),其 G/B 为0.36,明显低于其他热密封候选材料,说明该材料具有较低的抗剪切能力和优异的抗损伤能力。根据实验值计算得到 $\beta - Zr_2O(PO_4)_2$ 的损伤容限 D_t 为 0.42 $m^{1/2}$,明显高于 ZrP_2O_7($0.31\ m^{1/2}$),说明 $\beta - Zr_2O(PO_4)_2$ 也是一种耐损伤陶瓷。实验结果证明,此前的理论预测具有较高准确性,几种候选材料均具有高损伤容限、低硬度、可加工等优良的力学性能。

对于 Al_5BO_9、ZrP_2O_7 和 $\beta - Zr_2O(PO_4)_2$ 等热密封候选材料而言,除了需要具备优异的力学性能,还需要具有良好的隔热能力。因此,研究材料的热膨胀系数、热导率、热稳定性及抗热振性等热学性能对评价材料在热密封领域的应用潜力有重要意义。

Al_5BO_9 陶瓷的热膨胀行为随温度呈近似线性的变化关系,其平均线膨胀系数为 $6.05\times10^{-6}/K\pm0.06\times10^{-6}/K$,低于 ZrO_2($10.0\times10^{-6}/K$),如表9.11所示。由于[100]方向存在边缘共享的八面体链,Al_5BO_9 陶瓷具有各向异性热膨胀性,在 777~1 473 K 温度区间的线膨胀系数分别为:$\alpha_a = 4.40\times10^{-6}/K\pm0.21\times10^{-6}/K$、$\alpha_b = 7.11\times10^{-6}/K\pm0.18\times10^{-6}/K$、$\alpha_c = 6.70\times10^{-6}/K\pm0.29\times10^{-6}/K$。实验得到 Al_5BO_9 陶瓷的热导率随温度变化关系为 $\kappa = \dfrac{1\ 336.39}{T} + 1.97$,其比热导率 $S[14.48\times10^6\ Wg/(m^4 \cdot K)]$ 比传统热密封材料都低,在栅片式热密封结构的应用中具有明显的优越性。同时,Al_5BO_9 陶瓷具有良好的热稳定性,在 1 400℃高温下,其相组成及尺寸均无明显变化。

ZrP$_2$O$_7$在常温~290℃的平均线膨胀系数为 15.01×10^{-6} K[82],从 290℃~1 200℃的平均线膨胀系数为 3.21×10^{-6} K。由于 ZrP$_2$O$_7$是一种高损伤容限陶瓷,这种非线性的热膨胀性能能使该材料在低温下产生一定的体积膨胀,从而起到更好的密封效果。同时,在高温下匹配氮化硅等基体材料,避免热密封组件因应力过大开裂,比传统热密封材料具有更好的气密性。实验测得随着温度从 25℃升至 1 200℃,ZrP$_2$O$_7$陶瓷的热导率从 0.95 W/(m·K)降至 0.71 W/(m·K)后回升至0.75 W/(m·K)。由此可知,ZrP$_2$O$_7$的最低热导率实验值仅为 0.71 W/(m·K),远低于许多热密封候选材料。同时,ZrP$_2$O$_7$陶瓷在 1 400℃以下具有良好的热稳定性,测试结果见表 9.11。

结果表明,β-Zr$_2$O(PO$_4$)$_2$陶瓷材料在 100~1 200℃范围内的线性热膨胀系数为 3.26×10^{-6}/K±0.1×10^{-6}/K,与 ZrP$_2$O$_7$和 Si$_3$N$_4$较为接近。β-Zr$_2$O(PO$_4$)$_2$的热膨胀同样具有各向异性,各方向线膨胀系数分别为 α_a = 5.00×10^{-6}/K,α_b = -2.04×10^{-6}/K 和 α_c = 5.64×10^{-6}/K。实验测得材料的热导率随温度变化的关系式为 $\kappa = \dfrac{847.472}{T} + 1.169$,在 1 050℃时热导率达到最低值 1.84 W/(m·K),是一种低热导率的陶瓷材料。根据临界应力断裂理论和热振损伤理论评价 β-Zr$_2$O(PO$_4$)$_2$陶瓷的抗热振性能,其具有较低的弹性模量和热膨胀系数,能够降低热振下产生的热应力,较低的弹性应变能也使其在服役过程中不容易发生灾难性失效[1]。通过冷水淬火实验进一步探究 β-Zr$_2$O(PO$_4$)$_2$的抗热振性,结果如图 9.22 所示,由图可知其临界热振温差 ΔT_c达到了 700℃,且此时的剩余弯曲强度

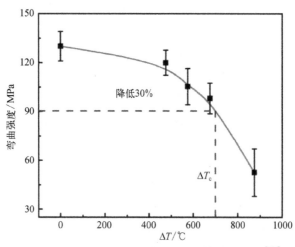

图 9.22 β-Zr$_2$O(PO$_4$)$_2$淬火后的剩余弯曲强度[26]

为 90 MPa,说明材料仍然具有足够的承载能力。综上可知,β-$Zr_2O(PO_4)_2$ 具有优异的抗损伤能力、优良的抗热振性能和低热导率,在热密封材料领域应用前景广阔。

9.3.3 热密封高变形密封材料设计与验证

1. 高温金属弹性元件设计与仿真验证

利用参数化建模方法分别建立了缠绕弹簧、斜圈弹簧、切割弹簧等三维几何模型,并对各种不同几何构型的金属弹性元件设计进行几何拓扑分析,研究了影响其形貌的几何参数,并分析了不同参数对弹性元件压缩回弹性能的影响规律。

1) 缠绕弹簧性能分析

研究较广泛的缠绕弹簧结构如 9.23 所示,通过合理的缠绕设计,可以使得弹簧在径向受载情况下保有良好的回弹性能。美国 NASA 等研究机构针对不同材料的缠绕弹簧都进行了研究。

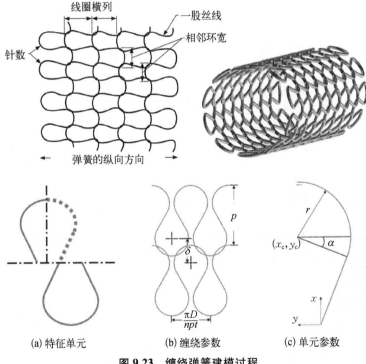

(a) 特征单元　　　(b) 缠绕参数　　　(c) 单元参数

图 9.23 缠绕弹簧建模过程

通过有限元计算,分别研究了弹簧丝径、螺距及周期对弹簧反弹力的影响规律。计算结果如图 9.24 所示。结果表明:随着丝径的增加,缠绕弹簧的弹性系数(即抵抗弹性变形的能力)显著增大。当丝径增加至 0.2 mm 时,缠绕弹簧的弹性系数显著增大。缠绕弹簧的弹性系数增长比例远大于丝径的增长比例。随着螺距的增加,缠绕弹簧的弹性系数显著减小。随着周期数的增加,缠绕弹簧的弹性系数显著增大。

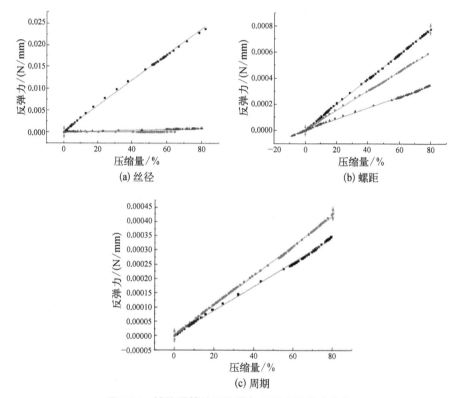

图 9.24 缠绕弹簧的压缩量与反弹力的关系曲线

2) 斜圈弹簧性能分析

通过将普通弹簧倾斜一定角度得到斜圈弹簧,如图 9.25 所示。在压力作用下斜圈弹簧沿螺旋径向方向发生变形,斜圈弹簧具有较好的回弹性能,可以在很大的位移区间提供近乎常量的反弹力。

通过有限元计算,分别研究了摩擦力、环宽和螺距对弹簧反弹力的影响规律,计算结果分别如图 9.26 所示。随着摩擦系数的增大,斜圈弹簧的变形方式发生了明显变化:在摩擦系数比较小的情况下,斜圈弹簧在加载情况下更易于发生滑移,因此弹簧的主要变形方式是有规律的倾侧,弹簧反作用力较小,且在变形区间内基本呈线性增长;随着摩擦力不断增大,斜圈弹簧发生滑移的难度增

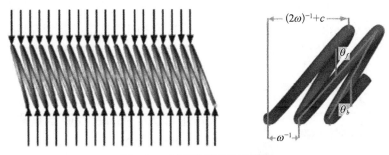

图 9.25　斜圈弹簧结构示意图

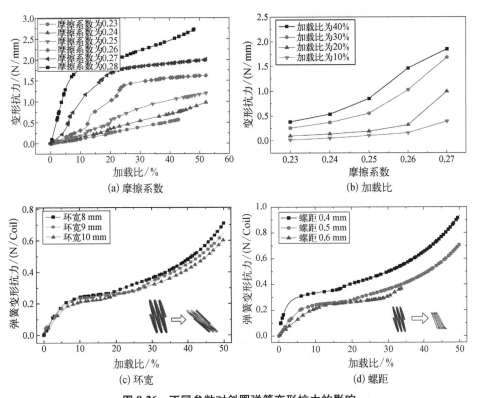

(a) 摩擦系数

(b) 加载比

(c) 环宽

(d) 螺距

图 9.26　不同参数对斜圈弹簧变形抗力的影响

加,除滑移倾侧外,弹簧在摩擦力作用下也发生弯曲变形,且随着摩擦系数的增大,弯曲现象越来越明显,出现不均匀变形,弹簧反作用力也不断增大,出现明显的拐点。当斜簧的加载比较小时,摩擦系数对变形抗力的影响较弱,随着加载比的增加,摩擦系数的增加导致更大的变形抗力增值。环宽对斜圈弹簧变形结果影响不大,变形及最终应力分布都比较接近,随着环宽的增大,变形抗力有下降的趋势。螺距对斜圈弹簧变形的影响比较明显,螺距越小,单位长度的线圈数越多。螺距较小时,在变形过程中,弹簧不同单元之间更易接触并相互影响,弹簧滑移距离很小,很快发生弯曲,从而使得反作用力增大;螺距增大使各个单元不易接触,因此反作用力减小。

利用高温合金丝材 GH145 制备了直径为 4~6 mm 的斜圈弹簧,典型实物如图 9.27 所示,并研究了高温合金丝径对斜圈弹簧回弹力的影响。

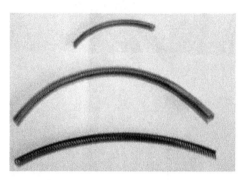

图 9.27　高温合金 GH145 斜圈弹簧元件

随着丝径的增大,斜圈弹簧元件的回弹力增大,回弹力和丝径之间呈现非线性高次关系,如图 9.28 所示,回弹力随着丝径的增加而急剧增大,丝径从 0.7 mm 增大到 1.2 mm,丝径增大了 1.7 倍,而回弹力增大了近 10 倍,可见丝径对弹性元件的刚度具有决定作用。

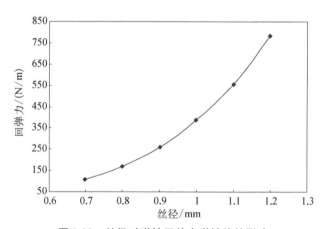

图 9.28　丝径对弹性元件力学性能的影响

3)切割弹簧性能分析

切割弹簧具有优秀的抗塑性变形能力,主要采用激光切割工艺在金属薄壁圆筒上切割出不同的设计孔洞(图 9.29)。

选取温度为 25℃、400℃、800℃时进行技术仿真分析,通过切割弹簧的压缩仿真模型研究不同温度下压缩性能的变化规律。仿真结果显示,温度越高,切割弹簧抵抗压力的能力越弱。如图 9.30 所示,随着压缩量增加,反弹力起初是线性增长,增长到一定程度后弹簧发生屈服,反弹力突增。高应力区域主要分布于

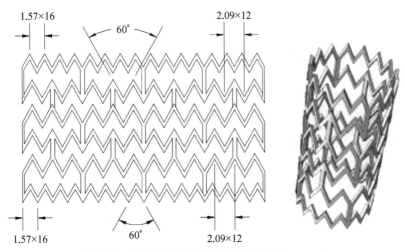

图 9.29　切割弹簧二维及三维模型(单位: mm)

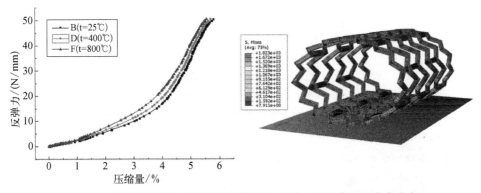

图 9.30　不同温度下切割弹簧的压缩量与反弹力关系曲线及应力分布

弹簧的左右两侧和上下受压区域,塑性变形也主要集中于弹簧的左右两侧,上下
受压区域也有少量的塑性变形区域。

2. 热密封组件设计与仿真

1) 热密封组件典型样件

热密封组件由外层无机纤维纺织套管、中层高温合金弹性元件、内层无机纤维
芯材制备而成,是一个三层同轴嵌套结构。图 9.31 是两种典型的弹性元件缠绕形
式,分别为 wallstent 结构和 strecker 结构。图 9.32～图 9.34 是典型热密封组件样
品。图 9.32 是以 0.3 mm 丝径的高温合金按照 wallstent 结构编织的典型工艺样件,
其中内层填充散棉,外层为包覆成型。图 9.33 所示的两类典型样件中,内层分别
填充散棉和连续纤维,外层为无机纤维编织成型。图 9.34 是 strecker 结构的典型

样件,其中内层填充散棉,外层为无机纤维编织成型。图 9.35 是 strecker 结构的典型样件在室温下的压缩性能曲线,当压缩量大于 15%时,内层填充散棉可以明显提高单位长度的接触压力。

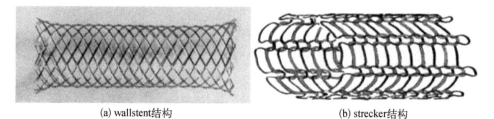

(a) wallstent结构　　　　　　　　　(b) strecker结构

图 9.31　两种典型的弹性元件缠绕形式

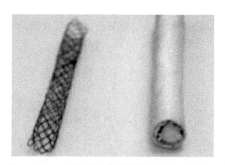

图 9.32　以 wallstent 形式缠绕的弹性元件工艺试验件及模型

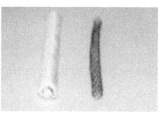

(a) wallstent弹性元件　　　　(b) 填充散棉　　　　(c) 填充连续纤维

图 9.33　wallstent 结构弹性元件/无机纤维热密封组件制备实物

(a) strecker弹性元件　　　　(b) 外编织纤维层　　　　(c) 内填充散棉

图 9.34　strecker 结构弹性元件/无机纤维热密封组件制备实物

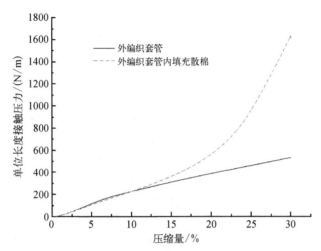

图 9.35　strecker 结构典型样件在室温下的压缩性能曲线

2）热密封组件传质行为仿真

将三层同轴嵌套结构的热密封组件的工作边界模型简化为在平行的上、下部位分别受平面接触而产生压缩形变，如图 9.36 所示。

如图 9.37 所示，热密封组件有较明显的密封效应，外部空间与内部压差明显。在热密封组件内部，压力和流速不均匀，在与内、外空间接触的部位出现气流压力减小、流速增高的区域，将导致类似湍流区域的出现。

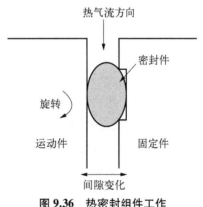

图 9.36　热密封组件工作边界简化模型

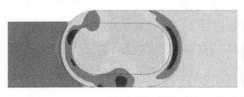

图 9.37　热密封组件整体包络空间模型建立与仿真

3）热密封组件传热仿真

通过数值模拟计算考察热密封组件服役时各部分的温度分布情况。设定边界条件如下：高温端（热密封组件左端）为恒温热源，温度为 1 000 ℃；低温端（热密封组件右端）温度为 25℃。如图 9.38 所示，工作 150 s 后，密封件右边界温度达到 567℃（840 K），与高温端相差 400 多摄氏度。

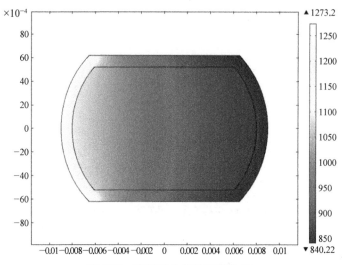

图 9.38 密封件内部的温度分布

在一维理论模型的基础上，针对完全固相热传导、对流传热两类不同机制，建立了两种二维传热模型：热密封组件左端是与热气流接触的热端，右端则为飞行器内部，设定外即热流空气从外流向内。通过 CFD-ACE 仿真，可获得温度场、等温面、温度梯度等关键信息。

为考察在热密封组件结构设计时所重点关注问题：弹性元件的存在是否会对热量的传导产生大的影响，首先对热气流的对流导热过程进行了屏蔽，研究了完全热传导机制这一极端状态下热密封组件的温度分布情况。

如图 9.39 所示，在 5～200 s 间等温面比较对称，基本未受到弹性元件金属丝存在的影响，虽然在金属部分温度有提高，但与附近区域相比变化不大，未出现明显的热量沿弹性元件"短路"向内传导的现象，更未对区域的整体温度产生影响。同时，由于内外温差较大，温度传递较快，温度场变化较明显。

图 9.40 为包含对流传热与热传导综合机制作用下热密封组件沿对称轴的竖直切面的温度分布。从图中可以看出，热密封组件沿对称轴的竖直切面温度分布仍然主要体现出气流传热的特性，上下面由于流速较低，且与较低温度的边界接触，温度相对较低，中部区域的流阻较小。

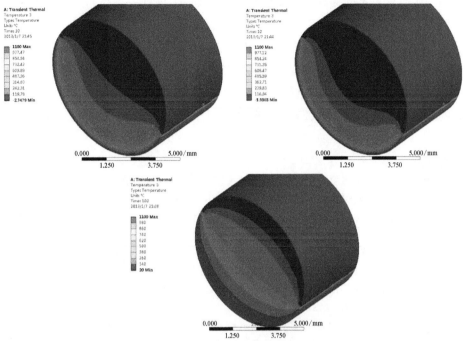

图 9.39　5~200 s 间热密封组件的温度分布

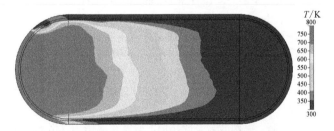

图 9.40　热密封组件沿对称轴的竖直切面温度分布

9.4　小结

  国内热密封材料的研究主要包括热密封陶瓷材料、热密封高变形材料,高温胶黏剂材料的研究主要包括无机磷酸盐胶黏剂、改性酚醛胶黏剂、陶瓷前驱体胶黏剂等,基本满足 600~1 000℃下的热密封和热连接应用需求。随着高超声速飞行器的发展,各种应用工况下的需求也不断增加,对热密封和热连接材料的耐高温等级要求也不断提高。在高温胶黏剂方面,除重点关注高温黏结强度及力学性能外,全温域黏结强度、不同基材的黏结适用性、力热复合工况下的综合性能评价等方面还有待继续深入研究;在热密封材料方面,目前热密封构件的耐高温等级受限于高温合金丝材、耐高温连续纤维、可加工耐高温陶瓷材料的自主生产,并且热密封组件设计及结构性能关系的研究仍有待继续深入,缺少热密封材料的测试方法和评价标准,需要加强热密封及热连接材料的评价与验证研究。

参考文献

[1] 靳旭红,黄飞,程晓丽,等.稀薄流区高超声速飞行器表面缝隙流动结构及气动热环境的分子模拟[J].航空动力学报,2019,34(1):201-209.

[2] 王振峰,高扬,徐晓亮,等.航天器高温热密封设计方法及性能评价[J].宇航学报,2018,39(7):793-800.

[3] Steinetz B M. Seal technology for hypersonic vehicles and propulsion systems: an overview [R]. NASA NTRS-NASA Technical Reports Sever 20080047343, 2008.

[4] John C, Francesco I. Thermal protection system of the space shuttle [R]. NASA-CR - 4227NAS1. 26: 4227NASW - 3841, 1989.

[5] Clancy T, Ulaby F, Dobson C. Detection of space shuttle tile defects using millimeter-wave radiometry[C]. IEEE Antennas and Propagation Society Internatinal Symposium, Salt Lake City, 2000.

[6] Dunlap P H, Steinetz B M, Curry D M, et al. Investigations of a control surface seal for reentry vehicles[J]. Journal of Spacecraft and Rockets, 2003, 40(4): 570-583.

[7] Glass D, Dirling R, Croop H, et al. Materials development for hypersonic flight vehicles [C]. 14th AIAA/AHI Space Planes & Hypersonic Systems & Technologies Conference, Canberra, 2013.

[8] 陈孜,张磊,周科朝.磷酸盐基耐高温无机胶黏剂的研究进展[J].粉末冶金材料科学与工程,2009,14(2):74-82.

[9] 刘继江,刘文彬,王超,等.磷酸盐基胶黏剂的研究与应用[J].化工科技,2007,15(1):55-58.

[10] 张恩天,陈维君,李刚,等.俄罗斯的冷固化超高温胶黏剂[J].化学与粘合,2003,5:242-244.

[11] Gladkikh S N, Mokrushin M G. Heat and high temperature resistant adhesives for joining carbon and ceramic materials[J]. Polymer Science, Series D, Glues and Sealing Materials, 2010, 3(4): 258-262.

[12] 赵飞明,孙春燕.俄罗斯耐500℃以上高温胶黏剂的研究进展[J].黏结,2017,12(38):17-21.

[13] 王超,刘文彬,刘济江,等.磷酸盐基耐高温胶黏剂的研制[J].化学与粘合,2007,29(2):90-91,130.

[14] Wang M C, Liu J C, Du H Y, et al. A new practical inorganic phosphate adhesive applied

under both air and argon atmosphere[J]. Journal of Alloys and Compounds, 2014, 617: 219－221.

[15] Wang M C, Liu J C, Du H Y, et al. Joining of C/C composites by using B_4C reinforced phosphate adhesive[J]. Ceramics International, 2014, 40: 11581－11591.

[16] Salvo M, Rizzo S, Casalegno V, et al. Shear and bending strength of SiC/SiC joined by a modified commercial adhesive[J]. International Journal of Applied Ceramic Technology, 2012, 9: 778－785.

[17] Colombo P, Riccardi B, Donato A, et al. Joining of SiC/SiC ceramic matrix composites for fusion reactor blanket applications[J]. Journal of Nuclear Materials, 2000, 278: 127－135.

[18] 盛磊.俄罗斯宇航工程中常用的胶黏剂[J].航天返回与遥感,2001,22(2): 48－55.

[19] 彭文庆,谢择民.高热稳定性硅橡胶的研究[J].高分子通报,2000(1): 1－8.

[20] Anikin L T, Kraretskii G T, Kuzina O A, et al. Heat-resistant adhesive for joining of carbon materials[J]. Plaste Kautsh, 1992, 39(2): 54－56.

[21] 王继刚.有机型超高温胶黏剂的制备与应用研究[J].功能材料信息,2014,11(2): 8－21.

[22] Wang J G, Jiang H Y, Guo Q G, et al. High-temperature joining of carbon/carbon composites by an organic resin adhesive[J]. Journal of Adhesion Science and Technology, 2009, 23(1): 115－123.

[23] Wang J G, Jiang N, Jiang H Y. Effect of the evolution of phenol-formaldehyde resin on the high-temperature bonding[J]. International Journal of Adhesion and Adhesives, 2009, 29(7): 718－723.

[24] 王继刚,郭全贵,刘朗,等.白炭黑、B_4C 改性酚醛树脂黏结石墨高温性能研究[J].材料工程,2001(9): 14－17.

[25] 王继刚,郭全贵,刘朗,等.高温黏结剂对碳材料的黏结性能[J].宇航材料工艺,2002(1): 38－41.

[26] 王继刚,郭全贵,刘朗,等.B_4C 改性酚醛树脂对石墨材料的高温黏结性能研究[J].耐火材料,2001,35(2): 72－75.

[27] Wang J G, Guo Q G, Liu L, et al. Study on the microstructural evolution of high temperature adhesives for graphite bonding[J]. Carbon, 2002, 40: 2447－2452.

[28] 刘伟,罗永明,徐彩虹.硅基聚合物陶瓷前驱体作为连接剂的研究进展[J].宇航材料工艺,2011(1): 14－19.

[29] Kroke E, Li Y L, Konetschny C, et al. Silazane derived ceramics and related materials[J]. Materials science and engineering, 2000, 26: 97－199.

[30] Colombo P, Mera G, Riedel R, et al. Polymer-derived ceramics: 40 years of research and innovation in advanced ceramics[J]. Journal of the American Ceramic Society, 2010, 93: 1805－1837.

[31] Noaki N. Production of ceramic-polysilazane joined molded body and joined ceramic molded body[P]. JP03205380A, 19910906.

[32] Orlov G I, Sytova I M, Vodyanitskij S J. Method for joint of metals and alloys[P]. RU2032701C1, 19950410.

［33］ Orlov G I, Sytova I M, Vodyanitskij S J. High-temperature adhesive material for joining of structural materials［P］. RU2034890C1, 19950510.

［34］ Orlov G I, Sytova I M, Vodyanitskij S J. Method of joining ceramic and composition materials ［P］. RU2047636C1, 19951110.

［35］ Graef R C, Paquette D G, Schwab S T. Polysilazane adhesive composition［P］. US5457151 A, 19951010.

［36］ Bearinger C R, Camilletti R C, Chandra G, et al. Use of preceramic polymers as electronics adhesives［P］. US5904791 A, 19990518.

［37］ Yajima S, Shishido T, Okamura K. SiC bodies sintered with three-dimensional cross-linked polycarbosilane［J］. Ceramic Bulletin, 1977, 56 (12): 1060 - 1063.

［38］ Pippel E, Woltersdorf J, Colombo P, et al. Structure and composition of interlayers in joints between SiC bodies［J］. Journal of the European Ceramic Society, 1997, 17: 1259 - 1265.

［39］ Sherwood W J, whitmarsh C K, Jacobs J M, et al. Joining ceramic composites using active metal/HPCS preceramic polymer slurries［J］. Ceramic Engineering and Science Proceedings, 1997, 18: 177 - 184.

［40］ Zheng J, Unal O, Akinc M. Green state joining of silicon carbide using polycarbosilane［J］. Journal of the American Ceramic Society, 2000, 83(7): 1687 - 1692.

［41］ Lewinsohn C A, Colombo P, Reimanis I, et al. Stresses occurring during joining of ceramics using preceramic polymers［J］. Journal of the American Ceramic Society, 2001, 84(10): 2240 - 2244.

［42］ Lewinsohn C A, Jones R H, Colombo P, et al. Silicon carbide-based materials for joining silicon carbide composites for fusion energy applications ［J］. Journal Nuclear Materials, 2002, 307 - 311(2): 1232 - 1236.

［43］ Greil P. Active-filler-controlled pyrolysis of preceramic polymers［J］. Journal of the American Ceramic Society, 1995, 78(4): 835 - 848.

［44］ Li J, Luo R, Bi Y, et al. The preparation and performance of short carbon fiber reinforced adhesive for bonding carbon/carbon composites［J］. Carbon, 2008, 46 (14): 1957 - 1965.

［45］ Wang X Z, Wang J, Wang H. Preparation and performance of a heat-resistant organic adhesive obtained via a liquid SiC precursor ［J］. International Journal of Adhesion & Adhesives, 2012, 35: 17 - 20.

［46］ Wang X Z, Wang J, Wang H. Performance and structural evolution of high-temperature organic adhesive for joining Al_2O_3 ceramics ［J］. International Journal of Adhesion & Adhesives, 2013, 45(2): 1 - 6.

［47］ Qin Y, Rao Z L, Huang Z X. Preparation and performance of ceramizable heat-resistant organic adhesive for joining Al_2O_3 ceramics ［J］. International Journal of Adhesion & Adhesives, 2014, 55: 132 - 138.

［48］ Wang M, Dong X, Tao X, et al. Joining of various engineering ceramics and composites by a modified preceramic polymer for high-temperature application［J］. Journal of the European Ceramic Society, 2015, 35: 4083 - 4097.

［49］ Luan X G, Wang J Q, Zou Y, et al. A novel high temperature adhesive for bonding Al_2O_3

ceramic[J]. Materials Science & Engineering A, 2016, 651: 517-523.

[50] Luan X G, Chang S, Riedel R, et al. An air stable high temperature adhesive from modi fied SiBCN precursor synthesized via polymer-derived-ceramic route[J]. Ceramics International, 2018, 44(7): 8476-8483.

[51] Wang M C, Tao X, Xu X Q, et al. High-temperature bonding performance of modified heat-resistant adhesive for ceramic connection[J]. Journal of Alloys and Compounds, 2016, 663: 82-85.

[52] Wang M C, Miao R, He J, et al. Silicon carbide whiskers reinforced polymer-based adhesive for Joining C/C composites[J]. Materials & Design, 2016, 99: 293-302.

[53] Li S Q, Luo Y M, Wang L H, et al. Polyborosilazane preceramic as matrix resin of high temperature adhesive for graphite bonding[J]. International Journal of Applied Ceramic Technology, 2017, 14: 999-1005.

[54] 西印.航天飞机的热密封件破裂[J].国外导弹与航天运载器,1992(2): 56.

[55] Taylor S, Demange J, Dunlap P H, et al. Evaluation of high temperature knitted spring tubes for structural seal applications[R]. AIAA Paper 2004-3890, 2004.

[56] Lührs H, Fischer R X, Schneider H. Boron mullite: formation and basic characterization[J]. Materials Research Bulletin, 2012, 47(12): 4031-4042.

[57] Finkbeiner J, Dunlap P, Steinetz B, et al. Investigations of shuttle main landing gear door environmental seals[C]. 41st AIAA/ASME/SAE/ASEE Joint Propulsion Conference & Exhibit, Tucson, 2005.

[58] Steinetz B, Proctor M, Dunlap P, et al. Overview of nasa glenn seal developments[R]. NASA/CP-2004212963/VOL1, 2004.

[59] Taylor S C, Demang J J. Evaluation of high temperature knitted spring tubes for structural seal applications[C]. 40th AIAA/ASME/SAE/ASEE Joint Propulsion Conference & Exhibit, Tucson, 2004.

[60] 王立研,王菁华,杨炳尉.高超声速飞行器控制面动密封技术[J].宇航材料工艺,2016, 46(3): 1-6.

[61] 薛俊川.高超声速飞行器陶瓷栅板式密封设计研究[J].飞机设计,2016,36(2): 48-52.

[62] Steinetz B. Evaluation of an innovative high-temperature ceramic-wafer seal for hypersonic engine applications[R]. NASA-TM-105556, 1992.

[63] Sato S, Taguchi K, Adachi R, et al. A study on strength characteristics of Si_3N_4 coil springs [J]. Fatigue & Fracture of Engineering Materials & Structures, 2007(19): 529-537.

[64] Slack G A. Nonmetallic crystals with high thermal conductivity[J]. Journal of Physics & Chemistry of Solids, 34(2): 321-335.

[65] Anderson O L. A simplified method for calculating the debye temperature from elastic constants[J]. Journal of Physics and Chemistry of Solids, 1963, 24(7): 909-917.

[66] Sanditov B D, Tsydypov S B, Sanditov D S. Relation between the grüneisen constant and poisson's ratio of vitreous systems[J]. Acoustical Physics, 2007, 53(5): 594-597.

[67] Liu B, Wang J Y, Li F Z, et al. Theoretical elastic stiffness, structural stability and thermal conductivity of $La_2T_2O_7$(T=Ge, Ti, Sn, Zr, Hf) pyrochlore[J]. Acta Materialia, 58(13):

4369 - 4377.

[68] Zhou Y, Xiang H. Al$_5$BO$_9$: a wide band gap, damage-tolerant, and thermal insulating lightweight material for high-temperature applications[J]. Journal of the American Ceramic Society, 2016, 99(8): 2742 - 2751.

[69] Ledbetter H, Kim S, Balzar D, et al. Elastic properties of mullite[J]. Journal of the American Ceramic Society, 2005, 81(4): 1025 - 1028.

[70] Harrison D E, Mckinstry H A, Hummel F A. High-temperature zirconium phosphates[J]. Journal of the American Ceramic Society, 1954, 37(6): 277 - 288.

[71] Xiang H, Feng Z, Zhou Y. Ab initio computations of electronic, mechanical, lattice dynamical and thermal properties of ZrP$_2$O$_7$[J]. Journal of the European Ceramic Society, 2014, 34(7): 1809 - 1818.

[72] 赵子樊.抗损伤、低热导率的隔热/热密封材料的制备与性能研究[D].北京: 中国地质大学, 2020.

[73] Zhao Z, Xiang H, Dai F Z, et al. Preparation and mechanical properties of β -Zr$_2$O(PO$_4$)$_2$: a soft and damage tolerant ceramic with machinability and good thermal shock resistance[J]. Journal of the European Ceramic Society, 2020, 40(1): 155 - 164.

[74] Ren Y, Dai F Z, Xiang H, et al. Mechanical and thermal properties of light weight boron-mullite Al$_5$BO$_9$[J]. Journal of the American Ceramic Society, 2020, 103: 5939 - 5951.

[75] Wang X, Zhou Y. Layered machinable and electrically conductive Ti$_2$AlC and Ti$_3$AlC$_2$ ceramics[J]. Journal of Materials Science & Technology, 2010, 26(5): 385 - 416.

[76] Zhou Y, Sun Z. Microstructure and mechanism of damage tolerance for Ti$_3$SiC$_2$ bulk ceramics[J]. Material Research Innovations, 1999, 2(6): 360 - 363.

[77] 陈力,冯坚.氮化硅陶瓷材料的研究现状及其应用[J].硬质合金, 2002, 19(4): 226 - 229.

[78] Riley F. Silicon nitride and related materials[J]. Journal of the American Ceramic Society, 2004, 83(2): 245 - 265.

[79] Schneider H, FIscher R, Schreuer J. Mullite: crystal structure and related properties[J]. Journal of the American Ceramic Society, 2015, 98(10): 2948 - 2967.

[80] Ambegaokar V. Thermal resistance due to isotopes at high temperatures[J]. Physical Review, 1959, 114(2): 488 - 489.

[81] Richards B, Sehr S, Franqueville F, et al. Fracture mechanisms of ytterbium monosilicate environmental barrier coatings during cyclic thermal exposure[J]. Acta Materialia, 2016, 103: 448 - 460.

[82] Birkedal H. The Room-temperature superstructure of ZrP$_2$O$_7$ is orthorhombic: there are no unusual 180℃ P - O - P bond angles[J]. Inorganic Chemistry, 2006, 45(11): 4346 - 4351.

第 10 章

热防护与热结构材料性能测试与评价

10.1 概述

性能测试与评价始终贯穿于材料设计与研发、产品研制与批产、装备定型与服役的全流程,是保证材料和产品高性能、高质量和高可靠的重要技术基础和保障。随着航空航天技术的飞速发展,与传统型号及飞行器相比,高超声速飞行器的服役环境更加苛刻,对材料和结构在超高温、复杂热力条件等极端环境下的性能测试与评价技术提出了更高要求。高温力学性能、热物理性能、介电性能、辐射性能及内部质量可靠性评价等直接影响热防护与热结构材料设计与优化,关乎高超声速飞行器的研制历程,更决定了重大背景型号的研制成败。

10.2 高温力学性能测试

碳基、陶瓷基防热与热结构材料在高温、超高温条件下使用,需要对其高温力学性能进行测试和表征。主要测试环境包括大气环境、真空/惰性气体环境、氧分压/水蒸气、复杂载荷等其他环境,测试温度需求为有氧环境下超过1 500℃、惰气环境下超过2 000℃。主要测试项目包括拉伸性能、压缩性能、弯曲性能、剪切性能、疲劳性能、持久性能等,性能参数包括强度、模量、泊松比、断裂应变等。

10.2.1 国内外研究进展

自 20 世纪 90 年代开始,美国 NASA、南方研究院等国外研究机构率先开展了陶瓷基复合材料高温力学性能测试研究,并建立了相应的测试方法与标准,包含拉伸、压缩、弯曲、层剪等,但并无相关面内剪切性能标准。随着材料研究和使用需求的不断增加,国内航天材料及工艺研究所、中国航天科工集团第三研究院306所、中国航天科技集团公司第四研究院43所、西北工业大学、哈尔滨工业大学、中国科学院金属研究所、中国建筑材料科学研究院等单位开展了大量的高温力学性能测试研究,建立了各自内部企业标准。其中,航天材料及工艺研究所从"九五"期间开始,便针对C/C复合材料研制需求,率先开展了高温力学性能测试技术研究,搭建了国内首台3 000℃通电加热力学性能测试系统[1],攻克了加载工装-电极一体化设计、通电加热自发热试样均温区保持、拉伸/压缩哑铃型棒状试样设计、高温接触式变形测量等关键技术,建立了通电加热力学性能测试方法标准;西北工业大学于2015年联合中国航发北京航空材料研究院,建立了高温力学性能测试行业级标准,包含拉伸、弯曲、压缩、层间剪切和面内剪切[2-6]。国内外典型高温力学性能测试标准如表10.1所示。

表 10.1　国内外典型高温力学性能测试标准[2-16]

温度	标准类别	拉伸	弯曲	压缩	层剪	面剪	备　注
高温	ISO	14 574	—	14 544	—	—	
	ASTM	C1359	—	—	C1425	—	
	EN	1 892	12 788	12 290	1 894	—	惰性气体
		1 893	12 789	12 291	—		空气环境
	Q/AVIC	06185.1	06185.2	06185.3	06185.4	06185.5	
	DqES	485	483	—	81	486	航天材料及工艺研究所内部标准

注:"—"表示目前无标准。

10.2.2　典型热防护及热结构材料高温力学性能测试与分析

高温力学性能测试的影响因素较多,加热方法、试样夹持方式、变形测量方式取决于测试温度、测试环境要求,也与导电性、组织结构等材料本征特性有关,具体测试过程中需要根据不同需求进行综合判断和选择。

1. 加热方法

常用的加热方式包括辐射加热、通电加热、感应加热,不同加热方式各有优缺点,根据不同的测试需求进行选择。

辐射加热是一种通过加热发热体、由发热体辐射传热对测试试样进行加热的方法,由于加热和控温技术成熟、均温区长、温度场均匀,辐射加热方式使用最为普遍,但存在升温速度慢、测试效率低的不足,同时受限于发热体材料本身的抗氧化性能,在空气或有氧环境下测试的最高温度相对偏低。

通电加热是一种对试样直接施加低压大电流,依据试样作为电阻直接升温的加热方式,其优点是升温速度快($>100℃/s$)、测试效率高、最高温度高,但通电加热试样标距段内的温度梯度大于辐射加热,温度分布受试样截面积变化影响大,电极与试样接触点容易因为接触电阻过大导致接触点温度过热,且不适用于非导电类材料。

感应加热是一种通过感应线圈对试样进行感应加热的加热方式,对于导电类材料,可以直接对试样进行感应加热;对于非导电材料,可以通过感应线圈感应导电套筒然后通过套筒对试样进行辐射加热。感应加热的优点是升温速度快($>100℃/s$),测试效率高,最高测试温度可达 2 500℃以上。但感应加热的温度梯度较大,试样的电阻特性不同、测试温度不同,需要更换不同的感应线圈。感应加热方法可设计性强,在高温有氧环境下力学性能测试过程中可以设计试样两端为冷加持方案,大幅降低了对试样夹持工装的耐高温、抗氧化性能要求。但是对于导电套筒加热方式,则需要对导电套筒进行抗氧化处理,抗氧化涂层技术决定了材料最高测试温度关键因素。

2. 夹持方式

根据拉伸、压缩、弯曲、剪切等不同载荷施加方式,依据夹具与高温炉的位置,试样夹持方式分为冷夹持和热夹持。试样夹持段与夹具接触的部位完全置于高温炉内部,即热夹持。夹持部位位于高温炉加热区以外,使试样夹持段与夹具接触的部位位于较低的温度环境,即冷夹持。

热夹持高温拉伸夹具材料需要具备优异的高温拉伸强度和断裂韧性,热夹持高温压缩、弯曲、剪切夹具材料应具备优异的高温压缩强度,空气环境热夹持夹具还需要具备优异的抗氧化性能。针对不同的试验温度,需要合理的选择夹具材料。空气及真空/惰气环境、1 200℃以下可选择镍基高温合金;空气环境、1 200℃以上的高温压缩、弯曲、剪切夹具,一般选用 Al_2O_3、Si_3N_4、ZrB_2 等抗氧化性好、压缩强度较大的陶瓷或陶瓷基复合材料;空气环境、1 200℃以上的高温拉伸夹具,没有成熟的可长期使用的夹具材料,一般选用冷加持方案;真空环境、1 200℃以上的夹具,可选择难熔金属、陶瓷基复合材料、C/C 复合材料等。

3. 变形测量方式

变形测量可以采用接触式引伸计和非接触式引伸计。接触式引伸计使用应变片弹性体、电容或差动变压器作为变形测量元件,水冷保证变形测量元件的正常工作温度,通过与变形测量元件连接的耐高温刚性杆将试样变形传递到变形测量元件从而获得试样的变形数据。

高温非接触式引伸计的测量方法较多,目前技术较为成熟的主要有基于数字图像相关(digital image correlation, DIC)法的光学引伸计、利用标志物遮挡光源的电荷耦合器件(charge coupled device, CCD)光学位移计。其中,DIC 法指通过在试样表面制作具有耐高温、较大灰度差的黑白随机散斑,或通过激光照射试样表面产生随机散斑,通过工业相机采集试样加载过程中的数字图像,利用相关算法识别并计算每幅图像中的散斑位移变化,计算得到试样变形信息;CCD 光学位移计法,指在试样表面粘贴或安装标记物,标记物的一侧安装激光发射光源,标记物的另一侧安装 CCD 光学采集器,试样表面的标记物对激光光源产生遮挡,在 CCD 光学采集器中产生遮挡影像,在加载过程中 CCD 光学采集器记录标记物的位移影响,从而通过计算得到试样的变形信息。

通过近几十年的研究和发展,在系列新材料研究和新装备研制的驱动下,航天材料及工艺研究所搭建了完备的高温力学性能测试系统,包含 3 000℃通电加热惰性气体力学性能测试系统、2 000℃和 2 500℃(建设中)辐射加热惰性气体力学性能测试系统、1 650℃辐射加热空气气体力学性能测试系统、2 000℃感应加热变氧分压条件力学性能测试系统(建设中),在高温/超高温防热及热结构材料性能测试与表征方面开展了大量研究工作,解决了不同试验形状及尺寸设计、不同环境变形量准确测量、高温均匀区设计与保持等核心关键问题,获得了典型测试数据,为系列在役及在研型号的研制批产提供了重要保障。哈尔滨工业大学、西北工业大学、中国科学院金属研究所等单位也分别搭建了不同温度、不同加热方式的高温力学性能测试系统,为高温防热与热结构材料研究提供了支撑。

为了使不同形状试样的满足高温性能测试的适应性和可行性,开展了圆形、板状等材料加载过程温度场、应力场计算分析研究(图 10.1),形成了相关测试方法和标准,支撑了实心块体类和大尺寸薄壁类材料高温力学性能测试需求。

图 10.2 是采用通电加热方式在惰气环境下通过测试获得的典型三向 C/C 复合材料的高温拉伸强度和模量随温度变化的规律曲线。由图可见,在 2 000℃以下,材料的拉伸强度随温度的上升而提高,2 500℃时的拉伸强度仍高于室温,表现出优异的高温强度保持特性。随着温度的进一步升高,拉伸强度表现出逐

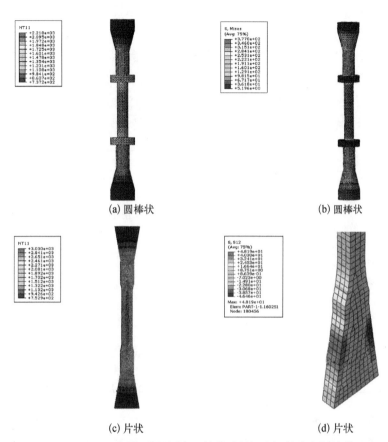

(a) 圆棒状　　　　　　　　　　(b) 圆棒状

(c) 片状　　　　　　　　　　(d) 片状

图 10.1　不同形状碳/碳材料高温拉伸过程温度场与应力场计算

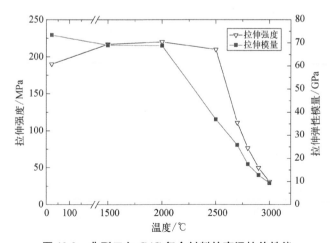

图 10.2　典型三向 C/C 复合材料的高温拉伸性能

渐下降的特征。当测试温度超过 2 000℃ ,弹性模量随温度升高而不断降低,材料在超高温条件下则表现出一定的塑性特征。

图 10.3 为采用通电加热方式在惰气环境下测试获得的典型高导热 C/C 复合材料的高温压缩强度。可以看出,室温条件下,材料的压缩强度为 86 MPa,在 2 800℃超高温条件下的压缩强度为 114 MPa,与室温相比提高 32.6% ,表明高导热 C/C 复合材料在 2 800℃超高温条件下能够保持优异的力学性能。

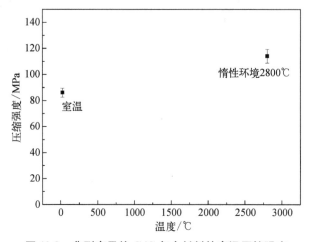

图 10.3 典型高导热 C/C 复合材料的高温压缩强度

图 10.4 为典型二维 C/SiC 复合材料高温面内剪切强度随温度变化测试结果,可以看出 1 200℃时的剪切强度最高,之后随温度升高单调下降,但高温条件

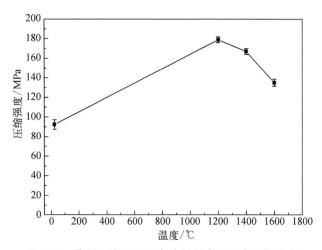

图 10.4 典型二维 C/SiC 复合材料高温面内剪切强度

下材料的剪切强度仍高于室温的剪切强度。材料宏观破坏形貌显示剪切破坏方
向为跨碳布厚度方向,在 1 200~1 600℃时,断口均沿厚度方向有凸起和凹陷,呈
现不平齐的韧性断口。

　　除了惰性气体以外,对热结构材料有氧环境下的高温力学性能也进行了测
试与表征,获得了基础性能数据。图 10.5 为典型二维 C/SiC 复合材料在 1 600℃
空气环境下保温时间 15 min 后的拉伸强度测试结果,从图中可以看出,与室温
相比,高温拉伸强度基本保持不变,表明材料在测试温度条件下具有较好的强度
保留率和抗氧化性能。

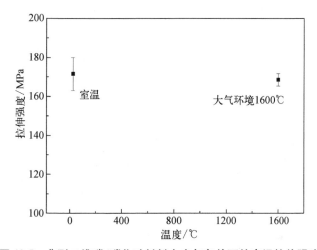

图 10.5　典型二维碳/碳化硅材料在空气条件下的高温拉伸强度

10.3　热物理性能测试

10.3.1　热导率测试

　　材料热导率的测量方法大多分为稳态法和非稳态法。稳态法是指待测试样
温度分布达到稳定后对其进行的测量,其分析的出发点是稳态导热微分方程,常
见的方法有防护热板法和热流计法。这一类测试方法的特点:计算公式简单,
实验时间长,需要测量导热量和若干点的温度。非稳态法是指待测试样的温度
在测量过程中随时间变化,其分析的出发点是非稳态导热微分方程,常见的方法
有闪光法。这种方法的特点是,计算公式不如稳态法简单、直观,但试样小巧、实
验时间短,只需要测量试样上若干点的温度随时间的变化规律,一般不必测量导

热量。此外,在稳态法和非稳态法的基础上,又发展了一种介于两者之间的准稳态法,如平面热源法、热线法、热带法等,该类方法的分析过程与非稳态法相似,测量试样的温度随时间变化,但变化比较缓慢,且测量时间、试样大小和非稳态相比显著延长或放大,介于稳态与非稳态之间。

对于高超声速飞行器热防护用材料,其室温和高温热导率一般要求小于 0.5 W/(m·K) 和 1.0 W/(m·K),对接近或低于同温度下静止空气的超低热导率材料,如纳米气凝胶类材料的需求更为迫切,近几年的研究重点多在低热导率材料的导热性能测试与表征。

由于低热导率材料一般具有多孔轻质等特点,同时可能具有各向异性,其热导率测试常选择稳态法中的防护热板法和热流计法,这两种测试方法在国内外均有较长的历史,认知比较成熟,且都建有国家级的测试标准。国际上有 ISO 8301 和 ISO 8302[17,18],国内对应有《绝热材料稳态热阻及有关特性的测定 防护热板法》(GB/T 10294—2008)和《绝热材料稳态热阻及有关特性的测定 热流计法》(GB/T 10295—2008)[19,20]。但是稳态法测试时间长,特别是对于具有各向异性和非均质特征的低导热材料,为实现近似一维热流的要求,需要增大试样面向的面积,从而导致测量的时间更长,高温实现的难度和成本显著增大。国际上目前能实现的最高常规测试温度,一般不超过 600℃。准稳态测量方法,如平面热源法,试样大小适中,试验时间比稳态法显著缩短,容易实现更高的测试温度,在材料研究领域广泛使用。

航天材料及工艺研究所早在 20 世纪 60 年代就开展了航天材料热导率测试方法研究,自行研制了适用于低热导率的保护热板法测试装置,包括双试样法和单试样法,测试温度为 -196~300℃[21,22]。采用防护热板法测试获得了大量热导率数据(表 10.2 和表 10.3),为系列材料研发和飞行器研制提供了基础和支撑。

表 10.2　四种典型隔热材料 300 Pa 的热导率测试结果

测试温度 /℃	热导率测试结果/[W/(m·K)]			
	隔热瓦 1	隔热瓦 2	隔热瓦 3	隔热毡
-150	0.020	0.022	0.025	0.012
-100	0.021	0.024	0.028	0.013
-50	0.023	0.026	0.030	0.014
0	0.025	0.029	0.032	0.015

（续表）

测试温度 /℃	热导率测试结果/[W/(m·K)]			
	隔热瓦 1	隔热瓦 2	隔热瓦 3	隔热毡
50	0.027	0.030	0.035	0.016
100	0.028	0.031	0.036	0.017
150	0.030	0.033	0.037	0.018

表 10.3　典型柔性隔热毡热导率测试结果

温度/℃	热导率测试结果/[W/(m·K)]				
	300 Pa	1 kPa	5 kPa	25 kPa	100 kPa
150	0.018	0.036	0.044	0.047	0.049
300	0.027	0.050	0.059	0.065	0.067
500	0.049	0.079	0.097	0.106	0.108

随着测试温度的进一步提高,研制开发了 1 200℃平面热源法热导率测试系统,可以实时动态调控气体压强,实现了高超声速飞行器在不同飞行高度的实际飞行工况模拟,测试能力如下:温度为室温~1 200℃,气体压力为 $5 \sim 1 \times 10^5$ Pa,热导率测试范围为 0.005~2 W/(m·K),测量的参数包括热导率、热扩散率和比热容。采用平面热源法获得了不同密度下的陶瓷瓦、氧化硅类和氧化铝类纳米隔热材料等多种类高效隔热材料在高温变温变压环境下的热导率数据,典型的测试结果见图 10.6~图 10.8。

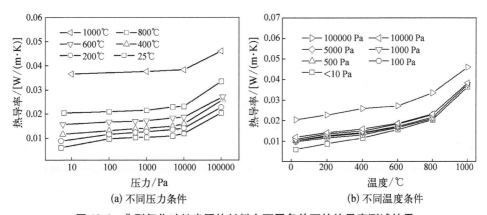

(a) 不同压力条件　　　　　(b) 不同温度条件

图 10.6　典型氧化硅纳米隔热材料在不同条件下的热导率测试结果

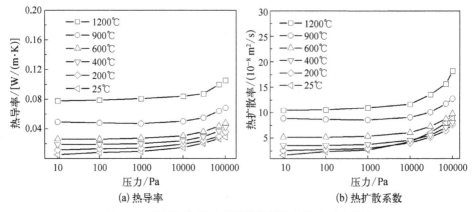

图 10.7 典型氧化铝纳米隔热材料的热导率测试结果

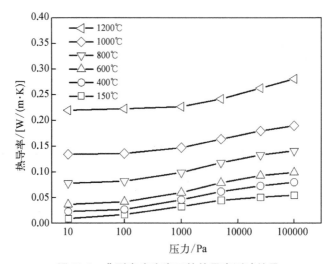

图 10.8 典型密度陶瓷瓦的热导率测试结果

10.3.2 比热容测试

针对不同温度区间的比热容测试方法有十几种,如下落混合法、绝热法、脉冲加热法、比较法等。在超高温测试中,下落混合法中的铜卡计是最准确、最可靠的方法,国际公认的高温热焓和比热容标准数据绝大多数是由该方法测得的。

下落混合法是将试样加热到设定温度后,落入温度为室温的绝热量热计,试样温度从设定温度降到室温附近的平衡温度,其释放的热量被绝热量热计中的标准量热块吸收,由量热块的温度变化即可得出试样从设定温度到室温所释放的总热量,即这一温度区间的热焓变化量,通过多温度点测试得到热焓在温度下的变化曲线,微分后即可得到材料的比热容。这种方法的优点是测试温度范围宽、测试精度高;缺点是每次只能测量特定温度点的平均比热容,后期还需要通过对热焓-温度曲线进行微分计算才能计算出该温度下的真比热容,并且在计算真比热容时,材料在测试的温度区间内需要保持相对稳定,不能有相变等发生,以免影响热量测试和计算。

航天材料及工艺研究所从 20 世纪 70 年代一直采用下落混合法进行比热容测试,得到了大量高温复合材料的比热容数据,在仪器设计和操作方面具有较丰富的经验,并制定了相应的国家军用标准。搭建了室温~2 800℃的比热容测试系统,在 900℃以下采用人造蓝宝石进行验证,结果与美国国家标准与技术研究院(National Institute of Standards and Technology, NIST)的报道数据[23]偏差不超过±1%;在 1 000~2 800℃时采用进口高性能石墨进行验证,结果与国外文献值[24]偏差不超过±3%(图 10.9)。

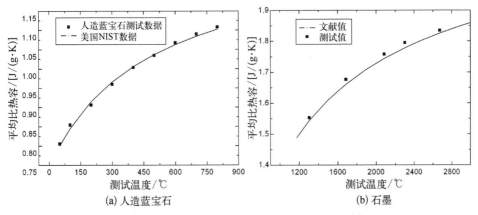

图 10.9 不同材料高温比热容测试系统试验验证情况

采用高温比热容测试系统开展了大量防热及热结构材料性能测试,获得了C/C、C/SiC、陶瓷瓦、石英/石英等材料基础性能数据(部分见图 10.10),为系列新材料研发及使用提供了重要基础和支撑。

10.3.3 热膨胀性能测试

材料的热膨胀性能测试方法较多,目前常用的包括顶杆法、光杠杆法、光干涉法、X 光法、直接观测法等。其中,顶杆法在航空航天材料研究领域使用较为广泛,其测试原理是将试样的膨胀量通过一根与载管相同材质、且膨胀系数较小

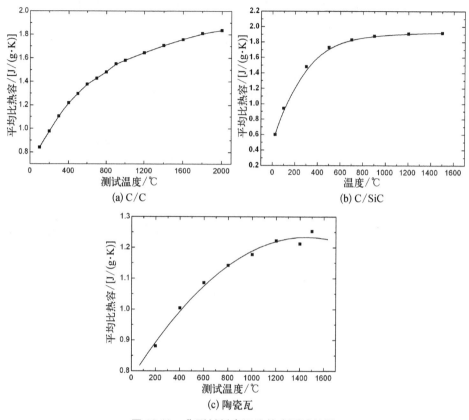

图 10.10　典型材料高温比热容测试结果

的顶杆传递出来进行测量,通常中高温顶杆采用石英材料,高温/超高温采用石墨材料;光杠杆法的基本原理是将试样的热膨胀通过一根传递杆引出,传递杆使一个带小镜子的光三脚架(或其他光杠杆机械)转动,将试样的膨胀量转化为光点的位移量,并借助于摄像或光电转换的方法观察和测量光点的位移;光干涉法是一种相对测量方法,基本原理是将试样的长度变化量转变成干涉光束的光程差,使之在视场中产生干涉条纹相对于参考标记移动,即用已知单色波长来测量试样的长度变化;X 光法是一种微观测量方法,基本原理是通过测量晶格常数的变化来获取膨胀系数,晶格常数的测量方法有粉末照相法、衍射法等。

　　高超声速飞行器中大量使用薄壁类低膨胀系数防热及热结构材料,其厚度方向的膨胀系数测试对传统顶杆法的测试精度提出了较大挑战。由于对低膨胀材料测试评价的需求相对较少,市售并没有专门的商品化小尺寸低膨胀系数测试设备。国内外对于低膨胀系数的测试技术研究和应用主要集中在各个国家的计量机构,用于长度计量传递,而且测试的温度范围大多局限于室温。工程方面,国外普遍采用激光干涉法研制专用测试设备测试低膨胀材料。激光干涉法测量超低热膨胀技术已经发展了近 30 多年,近 10 年来,这项技术已经基本成熟,特别是随着激光干涉仪技术的进步,采用干涉法可以在不同温度、气压和微振动环境下进行热膨胀系数的测量。

航天材料及工艺研究所在激光干涉法测试热膨胀系数方面开展了大量研究,取得了系列原创性研究成果:采用外差式双频激光干涉技术降低了激光干涉法的高精度测量对外部环境无振动的苛刻要求;设计制作了光学窗口补偿定位机构,消除气压压差和环境温度变化对光学窗口位移的影响;设计了涵盖多层金属反射屏的立体式隔热装置,在高温试验过程中,将激光干涉仪器件的温度变化控制在 1℃ 以内,消除了干涉仪温度漂移对测量精度的影响;突破了系列关键技术,搭建了室温~1 200℃ 激光干涉法热膨胀测试系统。

采用研制的激光干涉法热膨胀测试系统,在热膨胀系数为 10^{-7}/K 量级和 10^{-8}/K 量级材料上开展了测试与验证,包括熔融石英和超低膨胀微晶玻璃的中温和高温测试、金属钨材料和碳/碳材料的高温测试,测试重复性均在 ±6.5% 范围。

1. 熔融石英

熔融石英是一种典型的低膨胀系数材料,在 800℃ 以下温度范围内,其平均线膨胀系数基本都在 $6×10^{-6}$/K 以下。熔融石英也是一种标准参考材料(NIST SRM739),因此其常用于考核和校准各种热膨胀测量装置。图 10.11 为熔融石英在室温~200℃ 下的平均线膨胀系数测试数据,从图中可以看出,5 次测量的结果都在 NIST 标准值曲线 ±3% 误差限之内。测试过程中,被测试样热膨胀的绝对变形在较低温度时很小(几十纳米),因此在靠近常温附近的测试结果要比其他温度点下的测试误差大,进一步提高精度的措施是采用更长的试样来增大绝对热膨胀变形量。

2. 微晶玻璃

为考核激光干涉法热膨胀测试系统测试能力,对线膨胀系数为 10^{-8}/K 量级的微晶玻璃试样进行了测量,图 10.12 为室温~200℃ 下的测试结果。从图中可以看出,对于线膨胀系数为 10^{-8}/K 量级超低膨胀材料测试重复性为 10%~13%,如果增大试样,可以将测试重复性降低至 7% 左右。

3. C/C 复合材料

对 C/C 复合材料进行了高温条件线膨胀系数测试,测试垂直于纤维布铺层

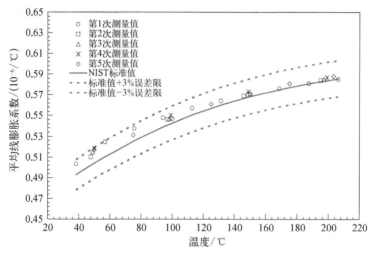

图 10.11　熔融石英的平均线膨胀系数测试结果

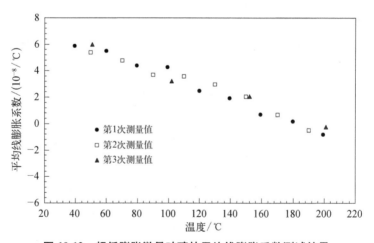

图 10.12　超低膨胀微晶玻璃的平均线膨胀系数测试结果

方向的热膨胀系数。依据顶杆法测试结果判断此种碳碳复合材料的热膨胀系数可能在 $10^{-7}/K$ 量级,并且在一定温度范围内是负膨胀,测试结果如图 10.13 所示。从图中可以看出,研制的测试系统对于 C/C 复合材料具有较好的适应性,3 次测试结果的重复性较好,误差保持在 ±6.5% 之内。

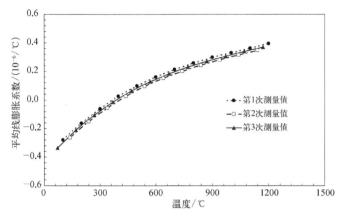

图 10.13　C/C 复合材料的平均线膨胀系数测试结果

10.3.4　高温热辐射性能测试

根据不同的测试原理,材料辐射系数的测试方法主要包括量热法、反射率法、能量比较法三类。相比于量热法和反射率法,能量比较法具有测试原理简单明确、测试精度高、适用材料范围宽广等优势,是近年来辐射系数测试方面的主流研究方法。针对高超声速飞行器热防护与热结构材料的材料特点与服役环境,能量比较法更为适用。

20 世纪 90 年代开始,伴随傅里叶光谱仪的普及和推广,能量比较法率先在欧美和日本得到了研究(光谱辐射系数测试)。美国 NASA 兰利研究中心曾于 1996 年公开了一份完成于 1966 年的研究报告,在报告中描述了当时应用于大力神洲际弹道导弹 MK-3、MK-6 型弹头防热结构中尼龙纤维增强酚醛复合材料的高温热辐射性能试验情况[25]。日本国家计量研究实验室研制了 5~12 μm、−20~100℃低温热辐射系数测试装置,测试可在真空环境下进行,测试系统采用直径为 20 mm 圆片状试样,测试视场直径为 5 mm[26,27]。德国学者 Lindermer 等于 1992 年建立了基于傅里叶红外光谱仪的材料光谱发射率测试装置(温度上限为 500 K,光谱为 1.3~5.4 μm),并针对黑体与试样测温误差问题,提出了红外光谱仪的三黑体标定法[28,29]。

2006 年,美国宾夕法尼亚大学等建立了材料光谱范围覆盖 1~20 μm 的法向光谱发射率测试装置,基于自行研制的真空垂直管式加热炉,实现了 1 550℃高温热辐射系数测试[30]。2019 年,法国国家科学研究中心建立了基于辐照聚焦加热的高温热辐射性能测试装置,对不同气压环境下的 SiC 高温发射率开展了试验研究,发现在高温有氧环境下,SiC 的热辐射性能受到表面氧化生成的 SiO_2 层厚度和试样氧化后表面粗糙度的共同影响,在这两方面因素的共同作用下,当环境压力由 300 Pa 提高至 1 atm 时,SiC 试样在 1 600 K 下的半球发射率随环境压力提高而呈先升高后降低的趋势,其绝对数值为 0.7~0.9[31]。

北京理工大学基于高性能铟砷化镓 InGaAs 短波近红外探测器研制出了测试温度覆盖 200~1 000℃、测试光谱范围覆盖 0.8~2.2 μm 的金属材料高温热辐射特性测试装置,并应用该装置首次获得了氧化镍、不锈钢等典型金属材料的高温近红外热辐射特性实测数据[32]。测试结果表明,所研究金属材料的热辐射系数随温度升高而增大,在 0.8~2.2 μm 光谱区域内随波长增大而降低。中国空气动力研究与发展中心建立了基于感应加热的材料高温瞬态热辐射性能测试装置,并通过多光谱比色法解决了瞬态加热过程中的试样表面测温问题[33]。以高纯石墨为标准试样的瞬态测试结果表明,在总时间为 32 s、温度变化范围为 1 100~1 600 K 的瞬态温度变化过程中,高纯石墨表面的热辐射性能基本保持稳定,其法向发射率基本维持为 0.9。西北工业大学建立了基于傅里叶红外光谱分析仪和能量比较法的高温热辐射特性测试装置(最高测试温度达 1 600℃、测试光谱范围为 6~16 μm),并以该装置为基础开展了 C/SiC 复合材料的高温热辐射特性试验研究,研究发现材料的致密度、SiC 基体含量对于复合材料的本征热辐射特性具有显著影响[34-36]。

航天材料及工艺研究所研制的高温热辐射性能测试系统,可以实现高温、高真空环境下材料辐射系数随波长变化数据的测试,测试温度范围覆盖室温~1 700℃、测试光谱范围覆盖 2.0~15.0 μm。利用研制的高温热辐射性能测试系统开展了大量防隔热材料高温热辐射性能测试,获得了系列材料的辐射系数数据,典型的测试结果见图 10.14~图 10.16。

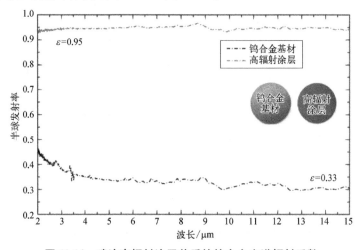

图 10.14 喷涂高辐射涂层前后的钨合金光谱辐射系数

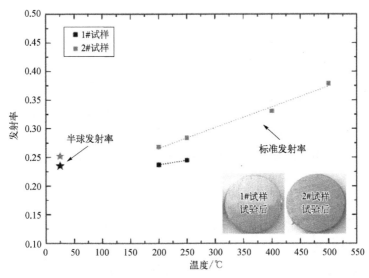

图 10.15　不同表面粗糙度铸造铝合金材料的平均辐射系数随温度的变化规律

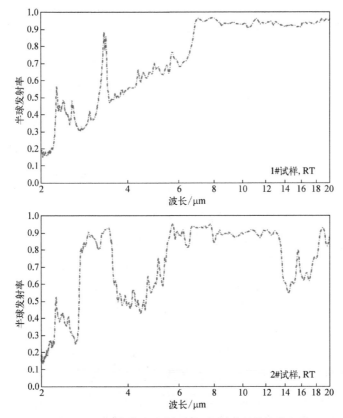

图 10.16　不同薄膜材料的辐射系数随波长的变化规律

10.3.5 介电性能测试

热透波材料是一类集结构承载、微波电磁信号传输、防隔热等多功能于一体的电介质材料。因此,除力学性能、防隔热性能需要重视外,微波电磁信号传输性能也是必须研究的关键性能。材料透波性能可以通过直接测量其透过率,即采用直接法得到;也可通过测量其介电常数、损耗角正切来计算介电性能,此为间接法。

直接法需要特定波段的发射天线和接收天线,多数情况下,一个频段对应一套天线及一套专用测试装置。直接法对测量环境要求较高,如近似"自由空间"条件的微波暗室等,一般对构件,如天线罩(窗)或热透波模拟时采用直接法,对材料样件级考核时通常采用间接法。间接法相比直接法更容易实现,可采用成熟的商用宽频矢量网络分析仪,一般可以覆盖多个频段,从米波至毫米波,能满足不同频段下的测试需要。

间接法有很多种,通常为谐振法和非谐振法[37]。谐振法指通过测试腔体加载试样前后的谐振频率及品质因数来计算复介电常数,适用于低损耗材料介电性能测试,包括高 Q 腔法、带状线法、带状线谐振腔法、微扰法等;非谐振法指通过测量加载试样前后传输系统(波导传输或同轴传输)中的反射与传输系数来计算复介电常数,包括终端短路波导法、自由空间法等。李仲平院士编写的《热透波机理与热透波材料》[37]中的高温介电性能测试与热透波模拟相关章节已对此进行了比较详细的叙述,本节不再重复。但该书中所涉及的相关测试方法主要适用于 $2\sim18\,\mathrm{GHz}$ 微波厘米波段,不涉及更高频率范围的介电性能测试。高超声速飞行器天线罩(窗)中除了需要关注厘米波的介电性能测试方法外,还需要关注更高频率的介电性能测试,特别是毫米波频段($30\sim300\,\mathrm{GHz}$)。因为毫米波介于微波与光波之间,与微波相比,其受恶劣气候条件的影响更大,但分辨力高,结构轻巧;与红外和可见光比,毫米波系统虽没有那样高的分辨力,但通过烟雾灰尘的传输特性好,且毫米波具有丰富的频带资源、高跟踪精度和制导精度,以及不易受电子干扰、多目标鉴别性能好等特性,所以备受关注。但更高频率的毫米波天线导引头技术离成熟应用尚有明显差距,近期有望投入使用的主要为 K 波段($18\sim26.5\,\mathrm{GHz}$)和 Ka 波段($26.5\sim40\,\mathrm{GHz}$),因此本章节重点介绍这两个波段的介电性能测试方法。

关于 $18\sim40\,\mathrm{GHz}$ 波段介电性能测试方法,国内外的研究多数集中于高 Q 腔法和准光腔法(准光学谐振腔法的简称)。准光腔法是谐振法中的一种,相比高 Q 腔法、微扰法、带状线谐振腔法等封闭式谐振腔体,其具有开放性高,品质因数 Q 值高、工作模式简单、操作简便、腔体结构设计容易及方便精确加工等诸多优点,特别适合于波长短的毫米波、亚毫米波甚至太赫兹等高频介电性能测试[38-40]。

准光腔法采用电磁开腔技术,通常由一个平面镜、一个球面凹镜或两个球面凹镜组建成单球面的平凹腔和双球面的双凹腔。后者与前者相比,具有更高的品质因数 Q 值,往往用于更高频率(40 GHz 以上)的介电性能测试;而对于 18 ~ 40 GHz 的介电性能测试,通常采用结构更为简单的单球面的平凹腔[41-46]。

航天材料及工艺研究所采用单球面平凹腔方法研制了跨厘米-毫米波(18 ~ 40 GHz)高温介电性能测试系统,其主要技术指标如下:温度为室温 ~ 1 600℃;频率为 18 ~ 40 GHz;介电常数为 1.2 ~ 10;损耗角正切为 1×10^{-4} ~ 2×10^{-2}。利用该系统开展了大量透波材料研制和性能测试研究,首次获得了蓝宝石、石英玻璃、氧化硅基复合材料、多孔氮化硅、陶瓷瓦等高温毫米波天线罩(窗)重点备选材料在高温、18 ~ 40 GHz 下的介电性能实测数据,典型测试结果见图 10.17 ~ 图 10.19,为系列热透波材料研发与相关装备研制提供了重要基础与支持。

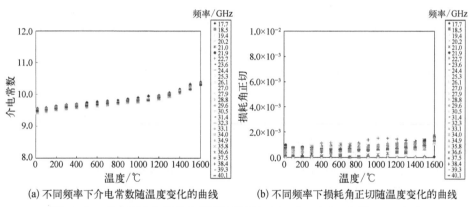

(a) 不同频率下介电常数随温度变化的曲线　　(b) 不同频率下损耗角正切随温度变化的曲线

图 10.17　蓝宝石准光腔法宽频测试结果(17.7 ~ 40.1 GHz/室温 ~ 1 600℃)

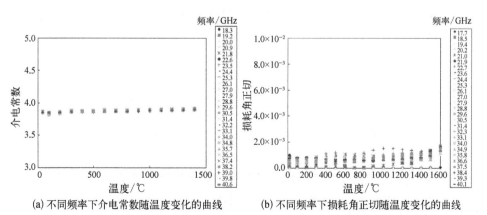

(a) 不同频率下介电常数随温度变化的曲线　　(b) 不同频率下损耗角正切随温度变化的曲线

图 10.18　石英玻璃准光腔法宽频测试结果(18.3 ~ 40.6 GHz/室温 ~ 1 400℃)

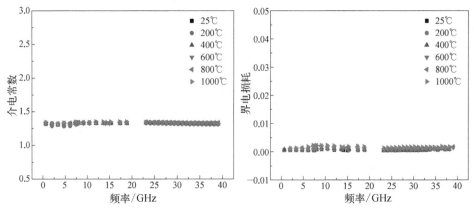

图 10.19　陶瓷瓦介电性能测试结果(1~40 GHz/室温~1 000℃)

10.4　热防护与热结构材料质量评价

10.4.1　射线检测技术

射线检测方法较多,在航空航天材料研究领域使用较多的有胶片射线照相技术、射线实时成像(real-time radioscopy,RTR)检测技术和计算机断层扫描(computer tomo-graphy,CT)技术。

胶片射线照相技术是指射线源发出的射线透过被检物体,利用被检物体与其内部缺陷介质对射线强度衰减的程度不同来区别被检物体内部特征,并用射线胶片记录下来,经显影、定影等处理,在胶片上形成透视投影影像,通过对影像的识别来评定被检物体内部是否存在不连续性,是当前应用最广泛的射线无损检测技术。

射线实时成像检测技术是指随着成像物体的变动,图像迅速改变的电子学成像方法,它与胶片射线照相检验技术几乎是同时发展起来的。与胶片射线照相技术相比,射线实时成像检测技术无须胶片的暗室处理,缩短了曝光时间,增大了图像的动态范围并对图像进行处理,并且在检测的实时性和对曝光时间的宽容性方面具有无比的优越性。对于复合材料,实时成像检测可以直接对装配线上的产品进行快速检测,通过改变产品的遥控装置使检测者观察产品工件的细节。射线实时成像检测技术包括计算机化的射线照相检测技术、数字射线照相检测技术,射线实时成像检测技术的最大优点是检测效率高。

计算机断层扫描(computer tomo-graphy,CT)技术是于20世纪80年代末发展起来的先进无损检测技术,在工业领域应用较为广泛,其工作过程可简单概括为:首先通过扫描过程,获取被检测物体断层的信息数据,然后用计算机进行图像重建与处理,给出直观、清晰、精确的图像。由于 CT 是在无损状态下得到被检测断层的二维灰度图像,它以图像的灰度来分辨被检断面内部的结构组成、装配情况、材质状况、有无缺陷、缺陷的性质与大小等,只需沿扫描轴线扫到足够多的断层二维图像即可得到被检物的三维图像,且图像清晰,与一般胶片照相技术相比不存在影像重叠与模糊,图像灵敏度优于传统胶片照相检测技术。

X 射线检测技术已在国内外防热及热结构材料领域获得广泛应用,尤其是其中的工业 CT 技术。由于其独特的优势,被大量用于检测材料内部各种缺陷、增强体及其复合材料的密度分布状况,同时也可用于辅助进行材料构件的失效分析,例如检测陶瓷基复合材料的截面密度分布和分层、纤维与基体的空间分布方向等。2003 年,美国哥伦比亚号航天飞机失事,美国 NASA 开始关注包括航天飞机机翼前缘 C/C 复合材料热防护系统的完整性评价。作为一种低密度非均质材料,RCC 中的细小缺陷对无损检测技术提出了巨大挑战。NASA 兰利研究中心尝试了包括数字射线照相技术、工业 CT 技术、红外热成像技术、超声及涡流技术等多种无损检测技术,研究结果表明高分辨工业 CT 技术及数字射线照相技术更适合于几何形状复杂的 RCC 局部区域内缺陷的检测。另外,NASA 格伦研究中心对 RCC 氧化考核后的内部空洞形态及尺寸进行了测试研究,结果表明显微 CT 技术、光学技术的结果和模型计算结果更为接近。

另外,Kim 等利用工业 CT 研究了 SiC/SiC 复合材料的孔隙率及其空间分布[47]。Ellingson 等利用工业 CT 技术研究了陶瓷基复合材料防热涂层的分层和剥离[48]。Abdul-Aziz 等利用 CT 三维重建技术配合有限元方法建立了复合材料的有限元模型,并模拟了材料内部空洞在受力前后的变化规律,计算了材料中孔隙导致的应力集中系数[49,50]。Kinney 等[51]和 Breunig 等[52]利用微焦点 CT 研究了 SiC 在 Nicalon 纤维束上的沉积过程,测定了 SiC/SiC 复合材料中各相的体积分数、密度和比表面积等。

国内关于射线检测技术在陶瓷基复合材料上的应用研究也形成了一定的规模。徐惠娟等利用工业 CT 有效地检测出了 C/C 复合材料中的各种缺陷[53],冯炎建等运用工业 CT 技术研究了 C/SiC 表面 SiC 涂层的氧化情况[54],梅辉等将工业 CT 技术运用到三维针刺 C/SiC 密度梯度板的密度梯度研究方面[55]。孙磊等通过工业 CT 研究了 3D C/SiC 复合材料喷管喉部密度分布,对比了三维编织和三维针刺两种预制体结构的 C/SiC 喷管的截面密度,探讨了两种预制体结构的优劣,为改善喷管相关结构和工艺提供了依据[56]。邓晓东等通过工业 CT 的方法,准确检测出了 C/SiC 试样中预制的盲孔缺陷[57]。

伴随系列防热及热结构材料研究,航天材料及工艺研究所开展了大量射线检测技术研究。经过几十年的积累和发展,目前已建立体系化射线检测系统,包括不同功率射线机、工业 CT 检测系统、加速器 CT 检测系统、微焦点射线机和微焦点 CT 检测系统,具备了大尺寸产品内部质量检测能力和小试样内部结构精细化分析能力。

通过大功率 CT 检测技术可以清晰检测和判定材料内部质量情况。如图 10.20 所示,被检测的典型 C/SiC 复合材料产品均存在多处分层缺陷,缺陷深度范围(距离外表面)为 5.5 ~ 12.6 mm,最大开口宽度为 0.5 mm。

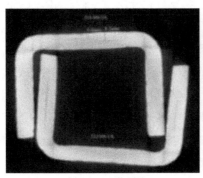 

(a) 175 mm截面处　　　　　　　　(b) 100 mm截面处

图 10.20　CT 检测图像

图 10.21 为典型高效隔热材料的 CT 检测图像,从图中可以看出利用 CT 检测技术可以有效检测出产品内部裂纹、孔洞、杂质及密度不均等缺陷,为材料工艺优化和工程应用提供了较好的支撑。

 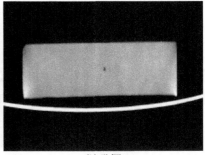

(a) 裂纹　　　　　　　　(b) 孔洞

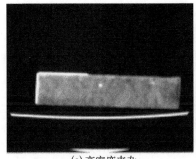

(c) 高密度夹杂　　　　　　　　　　　　　(d) 密度不均

图 10.21　高效隔热材料的 CT 检测图

图 10.22 为典型 C/SiC 复合材料螺钉的微焦点 CT 检测图像,从图中可以清晰看出螺钉内部组织结构及孔隙情况,也可对复合材料的螺牙完整性进行评价与表征。

(a) 横截面　　　　　　　　(b) 纵截面　　　　　　　　(c) 三维重构

图 10.22　C/SiC 复合材料螺钉的微焦点 CT 检测图像

图 10.23 为超高温陶瓷基复合材料和石英/石英材料的典型微焦点 CT 检测图像,可以按要求对特定断层进行内部质量检测与表征,包括内部孔洞、裂纹及不同密度基体组分分布状态等。

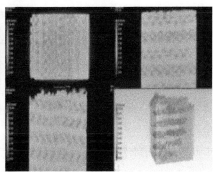

(a) 超高温陶瓷基复合材料　　　　　　　　(b) 石英/石英材料

图 10.23　典型材料微焦点 CT 检测图像

10.4.2　红外无损检测技术

红外热成像无损检测技术是新发展起来的一种材料缺陷和应力检测方法,作为一门跨学科、跨领域的通用型技术,红外热成像无损检测技术的研究和应用对新型复合材料的研究具有重要意义。

红外检测的原理是基于物体的热辐射特性,根据不同材料的结构特性、缺陷性质等,采用一定激励方式对试样进行加热,根据红外热成像理论,材料表面热辐射信号将发生变化,用红外热像仪记录表面温度的变化规律并将其转化为红外热图像序列,通过分析红外热成像图的温度分布,实现材料缺陷的检测。红外检测过程与被检物体的热扩散过程紧密相关,当热量加载于样件表面时,热量迅速在试件内部扩散,如果样件存在缺陷,其热扩散规律必将发生变化,通过时间的累积效应在缺陷附近发生热量堆积,导致样件表面温度梯度发生异常。用红外测温仪器扫描试件表面,测量试件表面的温度分布,检测到温度异常点时,即可断定该点表面或内部存在缺陷。

红外无损检测技术研究可追溯至 20 世纪 60 年代,国外最早应用于军事领域温度测量和无损检测[58]。随着现代化技术的发展,该技术在国外逐渐从军用转向民用,从简易上升至精密,应用范围也逐步扩大。例如,美国、俄罗斯等已把红外检测技术广泛应用于飞机复合材料构件内部缺陷、蒙皮铆接质量检测、锅炉及管道的腐蚀程度检测、建筑物的气密性或保温隔热性检测等[59]。从 20 世纪 90 年代中期开始,美国很多科研机构和研究单位开始设立了红外无损检测实验室,主要针对不同产品及不同用途开展无损检测技术问题研究。法国的 Krapez 等[60]改变了以往用高能量热源作为激励源的方法,采用低能量激励对复合材料进行红外检测研究,从而得出激励光源频率对热像及信噪比的影响规律。美国的 Forsyth 等[61]将红外无损检测技术应用于金属内部腐蚀缺陷的评价,分析得出可探测的缺陷深度为 0.5 mm,大小为 0.16 mm。Mulaveesala 等[62]指出采用方波函数形式作为激励源可以增加信号的平均能量,并且不增加信号的峰值能量,同时指出,探测深度受调制频率的影响和限制。在此基础上,Mabrouki[63]进行了铝-碳纤维增强结构-铝复合材料的检测试验,研究了光源能量对探测能力和检测结果的影响。

近几年来,随着计算机技术的发展,红外无损检测技术在理论研究和应用方面均有一定深入,从测量方法上趋向于采用提取信号相位的方式得到缺陷信息。但对于 C/C、C/SiC 等非均匀热结构材料,其缺陷几何参数的定量检测是一大难点。针对这一问题,航天材料及工艺研究所从 2000 年起,一直致力于开展脉冲红外辐射成像系统及缺陷分析技术的研究,分析了红外辐射及热成像系统稳定可靠性的主要影响因素及规律,实现了辐射热成像系统参数的优化设计;通过研究图像 K 值近邻高斯平滑滤波、缺陷中心检测、边缘检测及缺陷分割等预处理基础理论研究,实现了图像对比度的优化及缺陷的自动识别;根据时间序列图像中缺陷面积大小及深度的变化规律,结合仿真模拟数据,通过机器学习的方式,探索缺陷深度与温差对比度之间的关联关系,最终实现了米级尺寸热结构材料缺陷几何尺寸的定量测量(图 10.24)。

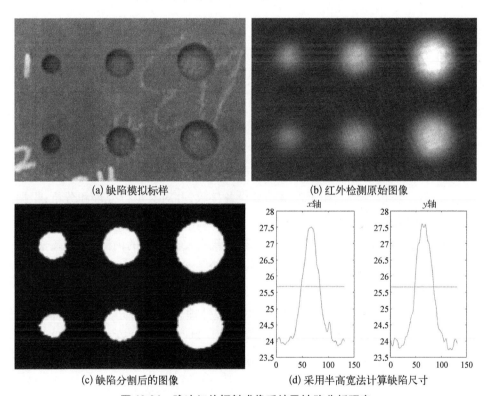

(a) 缺陷模拟标样　　　　　　　　(b) 红外检测原始图像

(c) 缺陷分割后的图像　　　　　　(d) 采用半高宽法计算缺陷尺寸

图 10.24　脉冲红外辐射成像系统及缺陷分析研究

采用上述方法构建了热结构材料红外检测系统,对大量不同尺度、不同结构材料件的检测表明,该系统可以有效检测出深度在 6 mm 以内、等效直径为 ϕ30 mm 以上的分层缺陷,且厚度越小时检测能力越强:厚度 ≥2.5 mm,检测能力 ϕ30 mm;厚度为 1.5~2.5 mm,检测能力为 ϕ20 mm;厚度 ≤1.5 mm,检测能力为 ϕ10 mm。图 10.25 为典型热结构材料内部分层缺陷检测图像。

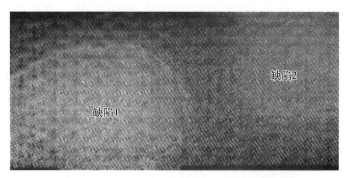

图 10.25　典型热结构材料内部分层缺陷检测图像

10.4.3　超声检测技术

超声检测是五大常规无损检测技术之一,一般是指通过研究超声波与工件发生的反射、透射和散射作用,对工件进行内部缺陷检测、几何特性测量、组织结构和力学性能变化的检测、表征和评价。

超声检测的工作原理如下:声源产生超声波,采用一定耦合方式使超声波进入工件;超声波在工件中传播,与工件材料及其中的缺陷相互作用,传播方向或特征被改变;改变后的超声波被检测设备接收,并对其进行处理和分析;根据接收的超声波的特征,评估工件内部是否存在缺陷及缺陷的特性。大量研究和应用表明,超声检测可有效检出陶瓷、蜂窝、层合复合材料的内部分层、疏松、孔隙等缺陷,也能够对涂层和黏结质量进行评价。常用检测方法包括喷水(或水浸)超声 C 扫描检测、超声导波检测、空气耦合超声检测、激光超声检测、相控阵超声检测、非线性超声检测等。基于轻量化设计理念和高效防隔热要求,高超声速飞行器热防护系统大量使用低密度或多孔材料,这类材料在超声检测过程中不允许使用水、甘油等耦合剂,因此必须采用空气耦合、激光超声等非接触式检测方法。

空气耦合超声技术在陶瓷基复合材料产品中的研究和使用可以追溯至 20 世纪 90 年代。1998 年,Sun 等[64]将空气耦合超声技术用于一种 SiC 纤维增强 SiNC 基体复合材料的无损检测,清晰检测出了材料中的分层缺陷。2002 年,Stoessel 等[65]对厚度为 20 mm 的 C/SiC 复合材料进行了空气耦合超声 C 扫描,检出了预制的分层缺陷,而采用水耦合方法检测时,水将进入分层区域,影响检测结果。2008 年,Krenkel 等[66]利用空气耦合超声波和红外检测法对 C/SiC 复合材料的前驱体、中间体和成型构件进行了无损检测,对比发现,红外检测法只能检测出近表面缺陷,而超声检测法还能检测出涂层与基体界面缺陷,信息更加丰富。2016 年,危荃等[67]对 CVI 法制备的厚度为 4.2 mm 的 C/SiC 复合材料试样进行了空气耦合超声无损检测。2017 年,Kwak 等[68]将空气耦合超声技术应用于 C/C 刹车盘缺陷检测,能够检测到直径 $\phi2$ mm 的平底孔和横穿孔人工缺陷。

伴随着系列热结构材料研究,航天材料及工艺研究所同步开展了空气耦合超声检测技术研究,搭建了手动、自动空气耦合超声检测系统,在 C/C、C/SiC 等热结构材料制备过程的内部质量监控中发挥了重要作用,目前已基本实现了米级尺寸样件内部等效直径 $\phi20$ mm 以上的分层缺陷和基体疏松缺陷的有效检测(图 10.26)。

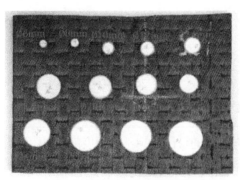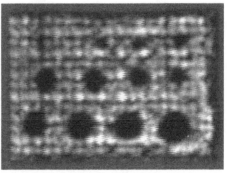

(a) 不同缺陷尺度的模拟缺陷样件　　　　(b) 空气耦合超声C扫描图像(400 kHz)

图 10.26　C/SiC 材料空气耦合超声 C 扫描结果

另外,尽管空气耦合超声技术在陶瓷基复合材料的无损检测中扮演了非常重要的作用,实用性较强,但考虑到构件外形和材料微结构复杂等因素的影响,缺陷的高精度定量检测技术仍有一定难度。近几年,航天材料及工艺研究所开展了基于机械手的自动无损检测技术和超声扫描图像自动识别技术研究,已达到工程实用化水平,有效提高了检测精度。

为解决这类高孔隙率、高声衰减材料的缺陷深度检测问题,航天材料及工艺研究所探索了专用双晶探头检测方案,提出了内部缺陷深度的标定方法。超声波双晶探头的检测原理如图 10.27 所示,通过隔声层将发射晶片、接收晶片分开,一个晶片发射超声波、另一个晶片接收材料中反射回来的超声波,根据接收到的反射波情况判断材料内部是否存在缺陷及缺陷深度。双晶探头有两个优点:一方面,晶片座起到延迟作用,有效地避免了近表面盲区问题;另一方面,将发射接收过程分开,进一步避免了信号阻塞、干扰。双晶探头的选材和角度设计决定了检测信号和强度,需要根据材料的衰减特性和缺陷深度进行优化。

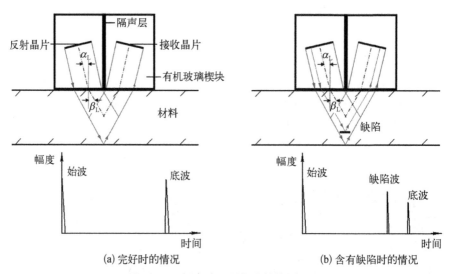

(a) 完好时的情况   (b) 含有缺陷时的情况

图 10.27 超声波双晶探头的检测原理

制作 C/SiC 材料台阶试样,利用不同厚度的台阶模拟不同深度缺陷,采用双晶探头反射法得到"缺陷深度-反射信号水平位置"线性关系,图 10.28 为在典型 6 mm 厚台阶试样上测得的线性关系曲线。然后,在产品分层缺陷位置测量反射信号,通过信号水平位置信息即可计算得到分层缺陷的深度。

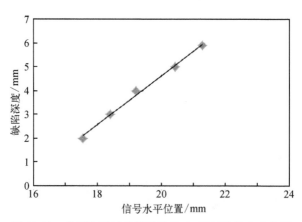

图 10.28 典型台阶试样的缺陷深度-反射信号水平位置

图 10.29 为使用双晶探头检测的 2 件含分层缺陷产品的超声 C 扫描图,其中 2#、4#、5#区域为分层缺陷位置,反射信号如图 10.30 所示。采用缺陷深度-反射信号水平位置关系,可推算得到分层深度分别为 3.4 mm、3.3 mm、2.9 mm。采用体式显微镜观测 2#、5#区域的分层深度分别为 3.63 mm、3.28 mm,2#区域的微观照片如图 10.31 所示。分层深度推算值与实测值偏差在 15%以内,证明了该检测方法的可行性。

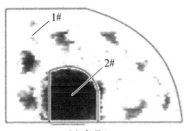

(a) 产品1

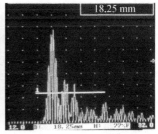

(b) 产品2

图 10.29　含分层缺陷产品的超声 C 扫描图

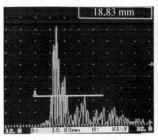

(a) 2#分层,波峰18.83

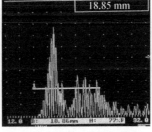

(b) 4#分层,波峰18.85

(c) 5#分层,波峰18.25

图 10.30　分层位置超声检测波形

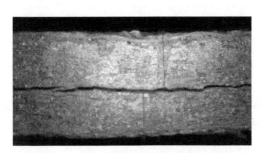

图 10.31　典型分层缺陷深度微观照片(2#)

10.5 小结

设计是主导,材料是基础,工艺是关键,检测是保证。近 20 年来,伴随新材料研发及新型武器装备的研制,热防护与热结构材料性能测试与评价技术得到了广泛关注与重视,在基础理论、测试技术、测试方法与标准、测试装备等方面开展了大量研究。力学及物理性能测试已由传统室温/中高温发展到高温/超高温、由单一惰性环境发展到有氧/氧分压环境,热辐射性能、介电性能测试范围和能力得到大幅提升,同步发展了适用于 C/C、C/SiC、低烧蚀 C/C、超高温陶瓷基复合材料、高性能陶瓷瓦等新材料、新结构的内部质量评价与考核方法和手段,基本满足了第一代临近空间高超声速飞行器用防热及热结构材料和产品的性能检测与评估要求。

但随着航天领域临近空间高超声速技术的飞速发展,现有的性能检测与评价分析在测试温度、测试环境、测试能力等方面离实际工程需求及国外先进技术方面仍存在一定差距,需要在极高温力学与热物理性能测试、高温疲劳及蠕变性能测试、超高温热/力/氧化环境性能表征、超高温介电及辐射性能测试、全尺寸热结构材料内部质量高效检测、复杂服役环境下复合材料储存试验与寿命评估等方面进一步开展研究和攻关,这也是未来一段时间该领域方向研究工作的难点和重点。

参考文献

[1] 武保华,刘春立,张涛,等.碳/碳复合材料超高温力学性能测试研究[J].宇航材料工艺,2001,31(6): 67-71.

[2] 张程煜,乔生儒,韩栋,等.连续纤维增强陶瓷基复合材料高温力学性能测试方法第一部分: 拉伸性能试验方法(QAVIC 06185.1—2015)[S].北京.中国航空工业集团公司,2015.

[3] 张程煜,乔生儒,韩栋,等.连续纤维增强陶瓷基复合材料高温力学性能测试方法第二部分: 弯曲性能试验方法(QAVIC 06185.2—2015)[S].北京: 中国航空工业集团公司,2015.

[4] 张程煜,乔生儒,韩栋,等.连续纤维增强陶瓷基复合材料高温力学性能测试方法第三部分: 压缩强度试验方法(QAVIC 06185.3—2015)[S].北京: 中国航空工业集团公司,2015.

[5] 张程煜,乔生儒,韩栋,等.连续纤维增强陶瓷基复合材料高温力学性能测试方法第四部

分：层剪剪切强度试验方法（QAVIC 06185.4—2015）［S］.北京：中国航空工业集团公司,2015.

[6] 张程煜,乔生儒,韩栋,等.连续纤维增强陶瓷基复合材料高温力学性能测试方法第五部分：面内剪切强度试验方法（QAVIC 06185.5—2015）［S］.北京：中国航空工业集团公司,2015.

[7] Standard test method for monotonic tensile strength testing of continuous fiber- reinforced advanced ceramics with solid rectangular cross-section specimens at elevated temperatures [S]. ASTM C1359, West Conshohocken, PA 19428－2959, US, 2013.

[8] Advanced technical ceramics — Mechanical properties of ceramic composites at high temperature under inert atmosphere — Determination of tensile properties [S]. BS EN 1892, 2005.

[9] Advanced technical ceramics — mechanical properties of ceramic composites at high temperature in air at atmospheric pressure — Determination of tensile properties[S]. BS EN 1893, 2005.

[10] 卢克非,章妮,李西颜,等.基于直接通电加热法的材料超高温拉伸性能试验方法［S］.北京：中国运载火箭技术研究院,Q/Y616,2015.

[11] Advanced technical ceramics — mechanical properties of ceramic composites at high temperature under inert atmosphere — determination of compression properties[S]. BS EN 12290, 2003.

[12] Advanced technical ceramics — mechanical properties of ceramic composites at high temperature in air at atmospheric pressure — determination of compression properties[S]. BS EN 12291, 2003.

[13] Advanced technical ceramics — mechanical properties of ceramic composites at high temperature under inert atmosphere — determination of flexural properties [S]. BS EN 12788, 2005.

[14] Advanced technical ceramics — mechanical properties of ceramic composites at high temperature under air at atmospheric pressure-determination of flexural properties[S]. BS EN 12789, 2002.

[15] Standard test method for interlaminar shear strength of 1－d and 2－d continuous fiber-reinforced advanced ceramics at elevated temperatures[S]. ASTM C1425, 2013.

[16] Advanced technical ceramics — mechanical properties of ceramic composites at high temperature under inert atmosphere — determination of shear strength by compression loading of notched specimens[S]. BS EN 1894, 2005.

[17] International standardization organization. thermal insulation determination of steady-state thermal resistance and related properties-guarded hot plate apparatus[S]. ISO 8302, 1991.

[18] International Standardization Organization. Thermal insulation determination of steady-state thermal resistance and related properties-heat flow meter apparatus[S]. ISO 8301：1991.

[19] 中华人民共和国国家质量监督检验检疫总局,中国国家标准化管理委员会.绝热材料稳态热阻及有关特性的测定防护热板法（GB/T 10294—2008）［S］.北京：中国标准出版社,2009.

[20] 中华人民共和国国家质量监督检验检疫总局,中国国家标准化管理委员会.绝热材料稳态热阻及有关特性的测定热流计法(GB/T 10295—2008)[S].北京：中国标准出版社,2009.

[21] 卫锦先.绝热材料中温稳态热导率测试方法(GJB328—1987)[S].北京：国防科学技术委员会,1987.

[22] 卫锦先.绝热材料中温稳态热导率测试方法(GJB328—1987)[S].北京：国防科学技术委员会,1987.

[23] Standard reference material 720 synthetic sapphire (α-Al$_2$O$_3$)[S]. NIST. NBS certificate, 1982.

[24] Barin I. Thermochemical data of pure substances[M]. Weinheim：VCH, 1997.

[25] Engelke W T, Pyron C M, Pear C D. Thermophysical properties of a low-density phenolic-nylon ablation material[R]. NASA Technical Report, CR−809, 1967.

[26] Ishii J, Ono A. Fourier transform spectrometer for thermal-infrared emissivity measurements near room temperatures[J]. Proceedings of SPIE — The International Society for Optical Engineering, 2000, 4103：126−132.

[27] Ishii J, Ono A. Uncertainty estimation for emissivity measurements near room temperature with a Fourier transforms spectrometer[J]. Measurement Science and Technology, 2001, 12：2103−2112.

[28] Lindermeir E, Tank V, Haschberger P. Contactless measurement of the spectral emissivity and temperature of surfaces with a fourier transform infrared spectrometer[J]. SPIE, 1992, 1682：354−364.

[29] Tank V, Lindermeir E, Dietl H. Calibration of a fourier transform spectrometer using three black body sources[J]. SPIE, 1991, 1575：241−243.

[30] Bharadwaj S, Modest F, Riazzi R. Medium resolution transmission measurements of water vapor at high temperature[J]. Journal of Heat Transfer, 2006, 121：374−381.

[31] Balat-Pichelin M, Bousquet A. Bousquet. Total hemispherical emissivity of sintered SiC up to 1850 K in high vacuum and in air at different pressures[J]. Journal of the European Ceramic Society, 2018, 38：3447−3456.

[32] Zhang F, Yu K, Zhang K, et al. An emissivity measurement apparatus for near infrared spectrum[J]. Infrared Physics and Technology, 2015, 73：275280.

[33] Wang H, Chen D, Wang G, et al. Measurement technology for material emissivity under high temperature dynamic heating conditions[J]. Measurement, 2013, 46：4023−4031.

[34] Wang F, Cheng L, Mei H, ea al. Effect of surface microstructures on the infrared emissivity of graphite[J]. International Journal of Thermophysics, 2014, 35(1)：62−75.

[35] Wang F, Cheng L, Xie Y, Jian J, et al. Effects of SiC shape and oxidation on the infrared emissivity properties of ZrB$_2$−SiC ceramics[J]. Journal of Alloys and Compounds, 2015, 625：1−7.

[36] Wang F, Cheng L, Xiang L, Zhang Q, et al. Effect of SiC coating and heat treatment on the thermal radiation properties of C/SiC composites[J]. Journal of the European Ceramic Society, 2014, 34(7)：1667−1672.

[37] 李仲平.热透波机理与热透波材料[M].北京：中国宇航出版社,2013.

[38] 李恩.透波材料介电性能高温宽频测试技术研究[D].成都：电子科技大学,2009.

[39] 蔡德龙,陈斐,何凤梅,等.高温透波陶瓷材料研究进展[J].现代技术陶瓷,2019,40 (171)：6-122.

[40] 朱大红.毫米波宽频带低损耗介质复介电常数测试技术的研究[D].成都：电子科技 大学.

[41] 雷丹.用准光腔法测大面积介质片复介电常数及其分布[D].成都：电子科技大学.

[42] Cullen A L. The accurate measurement of permittivity by means of an open resonator[J]. Proceedings of the Royal Society A Mathematical Physical & Engineering Sciences, 1971: 493-509.

[43] 国家标准局.固体电介质微波复介电常数的测试方法 "开式腔"法(GB 7265.2—1987) [S].北京：中国标准出版社,1987.

[44] 信息产业部.毫米波频段固体电介质材料介电特性测试方法 "准光腔"法(GB 9534— 1988)[S].北京：中国标准出版社,1988.

[45] The American Society for Testing and Materials. Standard Test Method for Complex Permittivity (Dielectric Constant) of Solid Electrical Insulating Materials at Microwave Frequencies and Temperatures to 1 650℃[S]. ASTM-D2520-2001.

[46] von Hipple. Dielectric material s and application [M]. New York：Jonh Wiley and Sers, 1958.

[47] Kim J, Liaw P K, Hsu D K, et al. Nondestructive evaluation of nicalon/SiC composites by ultrasonics and X-ray computed tomography [J]. Ceramic Engineering and Science Proceedings, 1997, 18(4)：287.

[48] Ellingson W A, Koehl R D, Stuckey J B, et al. Development of nondestructive evaluation methods for structural ceramics[C]. Proceedings of the 11th Annual Conference on Fossil Energy Materials, Knoxville, 1997.

[49] Abdul-aziz A, Ghosn L J, Baaklini G, et al. A combined NDE/finite element technique to study the effects of matrix porosity on the behavior of ceramic matrix composites [J]. Proceedings of SPIE-The International Society for Optical Engineering, 2003, 5046： 144-151.

[50] Abdul-aziz A, Saury C, Xuan V B, et al. On the material characterization of a composite using micro CT image based finite element modeling [J]. Proceedings of SPIE-The International Society for Optical Engineering, 2006, 61：617605-617608.

[51] Kinney T H, Breunig T M, Starr T L, et al. X-ray tomographic study of chemical vapor infiltration processing of ceramic composites[J]. Science, 1993, 260(5190)：789-792.

[52] Breunig T M, Nichols M C, Kinney J H, et al. quantitative microstructural characterization of a composite material using destructive and non-invasive techniques[M]. New Jersey：John Wiley & Sons, Ltd, 2008.

[53] 徐惠娟,黄启忠.工业 CT 在 C/C 复合材料无损检测中的应用[J].新型碳材料,1998,13 (2)：26-28.

[54] 冯炎建,冯祖德,李思维,等.C/SiC 表面 SiC 涂层氧化显微 CT 无损检测与分析[J].复合

材料学报,2011,28(5):127-132.

[55] 梅辉,陈曦,邓晓东,等.三维针刺 C/SiC 密度梯度板的无损检测与评价[J].复合材料学报.2010,27(6):107-111.

[56] 孙磊,张立同,梅辉,等.2D C/SiC 缺陷的无损检测与评价[J].复合材料学报,2008,25(5):86-90.

[57] 邓晓东,成来飞,梅辉,等.C/SiC 复合材料的定量红外热波无损检测[J].复合材料学报,2009,26(5):112-119.

[58] 戴景民,汪子君.红外热成像无损检测技术及其应用现状[J].自动化技术与应用,2007,26(1):1-7.

[59] 朱建堂.激光、红外和微波无损检测技术的应用与发展[J].无损检测,1997,19(11):314-319.

[60] Krapez J C, Taillade F, D Balageas. Ultrasound-lockin-thermography NDE of composite plates with low power actuators. Experimental investigation of the influence of the Lamb wave frequency[J]. Quantitative InfraRed Thermography Journal, 2005, 2(2):191-206.

[61] Forsyth D S, Genest M, Shaver J, et al. Evaluation of nondestructive testing methods for the detection of fretting damage[J]. International Journal of Fatigue, 2007, 29(5):810-821.

[62] Mulaveesala R, Tuli S. Phase sensitive digitized frequency modulated thermal wave imaging and pulse compression for NDE applications[C]. Thermosense XXVIII. International Society for Optics and Photonics, Orlando, 2006.

[63] Mabrouki F. Numerical modeling for thermographic inspection of fiber metal laminates[J]. Ndt & E International, 2009, 42:581-588.

[64] Sun J G, Petrak D R, Pillai T, et al. Nondestructive evaluation and characterization of damage and repair to continuous-fiber ceramic composite panels [M]. New York: John Wiley & Sons, Inc., 1998.

[65] Stoessel R, Krohn N, Pfleiderer K, et al. Air-coupled ultrasound inspection of various materials[J]. Ultrasonics, 2002, 40(1-8):159-163.

[66] Krenkel W, Hausherr J M, Frie M, et al. Design, manufacture and quality assurance of C/C-SiC composites for aeronautics and space transportation systems[C]. 28 th International Cocoa Beach Conference and Exposition on Advanced Ceramics & Composites, Cocoa Beach, 2004.

[67] 危荃,金翠娥,周建平,等.空气耦合超声技术在航空航天复合材料无损检测中的应用[J].无损检测,2016,38(8):6-11.

[68] Kwak N S, Kim J Y, Gao J C, et al. Detection of small-flaw in carbon brake disc (C-C) using air-coupled ultrasonic C-scan technique [J]. International Journal of Precision Engineering and Manufacturing, 2017, 18(7):987-994.